EPOXY ADHESIVE

环氧胶黏剂

张玉龙　主编

化学工业出版社

·北京·

本书主要对通用环氧胶黏剂、改性环氧胶黏剂、功能环氧胶黏剂、环保环氧胶黏剂和专用环氧胶黏剂的实用配方与制备实例进行介绍。每一例制备实例都对原材料与配方、制备实例、性能与应用等进行了详细论述。

　　本书可供从事环氧胶黏剂研究、配方设计、制备、管理的各类人员参考，也可作为培训教材使用。

图书在版编目（CIP）数据

环氧胶黏剂/张玉龙主编. —2 版. —北京：化学工业出版社，2017.6
ISBN 978-7-122-29556-9

Ⅰ.①环…　Ⅱ.①张…　Ⅲ.①环氧胶黏剂　Ⅳ.TQ433.4

中国版本图书馆 CIP 数据核字（2017）第 088851 号

责任编辑：赵卫娟　　　　　　　　　　装帧设计：史利平
责任校对：吴　静

出版发行：化学工业出版社（北京市东城区青年湖南街 13 号　邮政编码 100011）
印　　装：北京虎彩文化传播有限公司
787mm×1092mm　1/16　印张 18½　字数 483 千字　　2017 年 8 月北京第 2 版第 1 次印刷

购书咨询：010-64518888　　　　　　　售后服务：010-64518899
网　　址：http://www.cip.com.cn
凡购买本书，如有缺损质量问题，本社销售中心负责调换。

定　　价：88.00 元　　　　　　　　　　　　　　　版权所有　违者必究

编委会名单

主　编：张玉龙

副主编：李　萍　石　磊　宫　平　谭晓婷

编　委（按姓氏笔画排序）：

王　升	王志强	王敏芳	王瑞鑫	牛利宁
孔祥海	石　磊	白　真	白国厚	全识俊
孙平川	孙佳春	刘　川	刘向平	刘宝玉
任崇刚	陈　国	吴　迪	杜仕国	张文雨
张文栋	张火荣	张吉雷	张玉龙	张军营
张婷婷	张振文	李　哲	李旭东	李桂变
李　萍	李青霞	杨　华	杨晓冬	邵颖惠
郑戌华	郑顺奇	官周国	姚春臣	宫　平
贺同正	胡海燕	高九萍	黄　晖	黄晓霞
程兴德	程如强	普朝光	蔡玉海	谭晓婷

前言
FOREWORD

环氧树脂胶黏剂又称"万能胶"和"大力胶",是目前最重要的胶黏剂之一,因其原材料充足易得,制备工艺技术娴熟,且简便可行,性能优良,功能多样,应用极为广泛。在国民经济建设、国防建设和人们的日常生活中发挥了极大的作用。近年来,随着高新技术在环氧树脂及其胶黏剂配方设计、制造技术与表征技术中的应用,环氧树脂胶黏剂有了长足进步,在功能化、环保化、高性能化和专用化方面的研究不断深入,涌现出一大批新品种,成果丰硕,展示了这一胶种的发展前景。

该书第一版行业反响较好,为了融入近几年的研究和应用新成果,为广大读者提供更新、更及时的环氧胶黏剂发展动态,我们再版了《环氧胶黏剂》一书,全书共 7 章。本书在扼要介绍环氧胶黏剂基础知识研究发展状况以及配方设计、制备及性能检测的基础上,重点介绍了通用环氧胶黏剂、改性环氧胶黏剂、功能环氧胶黏剂、环保环氧胶黏剂和专用环氧胶黏剂的实用配方与制备实例,并按照原材料与配方、制备方法、性能与效果的编写格式叙述了每一配方实例,是业内研究、配方设计、制造、管理、销售与教学人员必读必备之书,也是专业培训的良好教材。

本书突出实用性、先进性、可操作性,理论叙述从简,侧重于用实例与实用数据说明问题,全书结构严谨、数据翔实可靠、信息量大、图文并茂,本书出版发行能为我国的胶黏剂发展起到积极作用,编者感到十分欣慰。

由于编者水平有限,文中不妥之处在所难免,敬请读者批评指教。

编者
2017. 6

目 录
CONTENTS

◎ 第三章　通用环氧树脂胶黏剂　　　　　　　　27

◎ 第四章　改性环氧胶黏剂

◎ 第五章　环氧树脂功能胶黏剂

168

◎ 第七章　环氧专用胶黏剂　226

◎ **参考文献**

第一章　概述

第一节　简　　介

环氧树脂胶黏剂是由环氧树脂、固化剂、增韧剂、促进剂、稀释剂、填充剂、偶联剂、阻燃剂、稳定剂等组成的液态或固态胶黏剂。其中环氧树脂、固化剂、增韧剂是不可缺少的组分，其他则根据需要来选择。环氧胶黏剂的胶黏过程是一个复杂的物理和化学过程，包括浸润、黏附、固化等步骤，最后生成三维交联结构的固化物，把被粘物结合成一个整体。

环氧胶的种类很多，在各类环氧树脂中，双酚 A 环氧树脂是产量最大、用途最广的一大品种。根据它的分子量不同可分为低、中等、高、超高分子量环氧树脂（聚酚氧树脂）。低分子量的树脂可在室温或高温下固化，但高分子量的环氧树脂必须在高温下才能固化，而超高分子量的聚酚氧树脂不需要借助固化剂，在高温情况下能形成坚韧的膜。随着各种胶黏理论的相继提出，以及胶黏剂化学、胶黏剂流变学和胶黏破坏机理等基础研究工作的深入进展，使胶黏剂性能、品种和应用有了突飞猛进的发展。环氧树脂及其固化体系也以其独特的、优异的性能和新型环氧树脂、新型固化剂和添加剂的不断涌现，成为性能优异、品种众多、适应性广泛的一类重要的胶黏剂。

胶黏剂的胶接性能（强度、耐热性、耐腐蚀性、抗渗性等）不仅取决于其结构和性能以及被粘物表面的结构和胶黏特性，而且和接头设计、胶黏剂的制备及胶接工艺等密切相关，同时还受周围环境的制约。因此环氧胶黏剂的应用是一个系统工程。环氧胶黏剂的性能必须与上述影响胶接性能的诸因素相适应，才能获得最佳结果。用相同配方的环氧胶黏剂胶接不同性质的物体，或采用不同的胶接条件，或在不同的使用环境中，其性能会有极大的差别，应用时应充分给予重视。

环氧胶黏剂的粘接强度高、通用性强，曾有"万能胶""大力胶"之称，在航空、航天、汽车、机械、建筑、化工、轻工、电子、电器以及日常生活等领域得到广泛的应用。随着我国环保法规的日趋健全，以及人们自身健康意识的提高，质量好、无污染、与国际标准接轨的环保型环氧胶黏剂正在逐渐成为合成胶黏剂的主流产品。

第二节　环氧树脂胶黏剂的分类

环氧胶黏剂因其性能优良、应用面广、工艺简便、投入极少，绝大多数品种可现用现配，故而备受业内人员重视，对其研究也投入较大，发展迅速。新品种较多，其分类方法也较多，目前尚不统一，常用分类方法有以下几种。

（1）按功能分类可分为通用品种（包括室温固化、中温固化、高温固化和低温固化胶）、功能胶、环保胶和专用胶等。

为叙述方便，本书将按照此方法加以介绍，其他分类方法仅做扼要说明。

（2）按其专业用途可分为机械用环氧树脂胶黏剂（如农机胶）、建筑用环氧树脂胶黏剂（如粘钢加固胶）、电子用环氧树脂胶黏剂（如灌封胶）、修补用环氧树脂胶黏剂（如混凝土灌注胶）以及交通用胶、船舶用胶等。

（3）按照固化条件，环氧树脂胶黏剂可分为高温固化（固化温度$\geqslant 150℃$）、中温固化（固化温度$80 \sim 150℃$）、室温固化（固化温度$15 \sim 40℃$）和低温固化（固化温度$< 15℃$）四类。其中室温固化是指在室温下为液状的，调制后可于室温条件下几分钟到几小时内凝胶，在不超过$7d$的时间内完全固化并达到可用强度。它具有很大的优越性。其特点是：固化工艺简单，使用方便，不需固化设备，所以能源省，成本低；室温使用期短，故多以双组分供应，或现用现配；通常固化$24h$达到适用强度，$3 \sim 7d$达到最高强度，并随气温的高低有所变化。

（4）按包装形态可分为单组分胶、双组分胶等。

（5）按照胶接接头受力情况，可分为结构胶和非结构胶两大类。国家标准对结构胶黏剂的定义是：用于受力结构件胶接的，能长期承受许用应力和环境作用的胶黏剂。要求形成的粘接接头不但能承受而且可以传递较大的应力，接头有较高的机械强度。我国对结构胶黏剂的分类还没有国家标准，通常根据胶接对象的受力情况和胶接强度把结构胶黏剂分为高强度、高韧性和中等强度、中等韧性两类。参考指标为：主受力结构用胶的钢-钢剪切强度$\geqslant$ $25MPa$，拉伸强度$\geqslant 33MPa$，不均匀扯离强度$> 4kN/m$。次受力结构用胶的剪切强度为$17 \sim 25MPa$，不均匀扯离强度为$2 \sim 5kN/m$。非结构胶即通用型胶黏剂，其室温强度还比较高，但随温度的升高，胶接强度下降较快，只能用于受力不大的部分。一般情况下，在$82℃$以下使用的结构胶称为一般结构胶黏剂，在$82℃$以上使用的结构胶称为耐热结构胶黏剂。环氧结构胶黏剂应具有的主要性能如下。

① 强度和韧性高。

② 抗蠕变性好，蠕变量应很小。

③ 有良好的抗疲劳性能和耐冲击性能。

④ 有一定的耐热性。

⑤ 耐介质性能、耐大气老化性能，尤其是耐湿热老化性能好。

⑥ 有良好的持久强度和足够的安全可靠性。

第三节　环氧树脂胶黏剂的特点与性能

一、优点

（1）黏附力好　由于具有环氧基、羟基、氨基等极性基团，故对金属、玻璃、塑料、陶瓷等都有较强的黏附力。

（2）内聚力大　当树脂固化后，胶层的内聚力很大，以致应力断裂往往出现在被粘物上，而不在胶层内或黏合界面上。

（3）100％的固体　与酚醛树脂或其他热固性胶黏剂不一样，环氧树脂在固化时不会放出水或其他缩合副产物，因而黏合时可以不用压力或仅使用接触压力。

（4）低收缩率　加入硅、铝或其他填料后，收缩率可降至1％左右。

（5）低蠕变性　像其他热固性树脂一样，在长期应力下不会变形。

（6）耐潮湿和溶剂，对潮气不敏感。

（7）可以改性　如通过改变环氧树脂和固化剂的类型、加入其他树脂、与特种填料复合来改性。

（8）可室温固化　选择特殊的固化剂，可在室温或低温下5min内固化。

（9）耐温性能好　可配制成在低温或超过250℃的高温下长期使用的胶液。

二、缺点

（1）毒性　一些环氧树脂和稀释剂会引起皮炎，某些胺类固化剂是有毒的，但固化的环氧树脂对身体无害。

（2）适用期短　大部分双组分胶黏剂必须在配制后立即使用，否则就会固化。

（3）价格较高。

（4）环氧胶黏剂的主要缺点包括：不增韧时，固化物偏脆，在胶接接头处抗剥离、耐冲击性能差；对极性小的材料（如聚乙烯、聚丙烯等）粘接力小，必须先进行活化处理；胶接质量受到较多因素的影响，使得用胶接制造的产品质量分散性大，通常胶接强度的分散性高达20％，这大大降低了设计取值，使应用受到约束；质量测试手段不完善，非破坏性的、可靠、直观、快速的质量测试方法还很罕见；长期持久强度与耐老化性能的研究数据仍然较少，使得在实际老化问题上，尚未有明确的答案，这也限制了该类胶种的推广应用。

三、环氧类胶黏剂的性能

一般环氧树脂结构中含有羟基、醚键，使它有高的粘接性，这些极性基团能使相邻界面产生电磁力，在固化过程中，伴随固化剂的化学作用，还能进一步生成羟基和醚键，所以环氧胶黏剂不仅有较高的内聚力，而且具有很强的黏附力，对许多种材料如金属、塑料、玻璃、木材、纤维等都具有很强的粘接强度，俗称"万能胶"。

环氧树脂的分子排列紧密，在固化过程中不析出低分子物，而且它可以配制成无溶剂型胶黏剂，所以它的收缩率一般比较低。如果选用适当填料，可使收缩率降至0.1％～0.2％。

环氧树脂结构中存在稳定的苯环、醚链且固化后结构致密，这决定了环氧胶黏剂对大气、潮湿、化学介质、细菌等的作用有很强的抵抗力，因此它可应用在许多较为苛刻的环境中。

环氧胶黏剂粘接力大，粘接强度高，收缩率小，尺寸稳定，环氧树脂胶在固化时几乎不放出低分子产物，线膨胀系数受温度影响小，因此，粘接件的尺寸稳定性好。环氧树脂胶的固化产物具有优异的电绝缘性能，体积电阻率为 $10^{13} \sim 10^{16} \Omega \cdot cm$，介电强度为 $30 \sim 50 kV/mm$。环氧树脂分子中含有醚键，且分子链间排列紧密，交联密度又大，故有良好的耐溶剂、耐油、耐酸、耐碱、耐水等性能，特别是耐碱性强。环氧树脂与很多橡胶（弹性体）及热塑性树脂相容性好，甚至能发生化学反应；与填料分散性好，可在很大范围内改变环氧树脂胶的性能；工艺性好，使用方便，毒性较低，危害性小；树脂中含有很多的苯环和杂环，分子链柔性小，加之固化后的交联结构不易变形，未增韧的环氧树脂胶韧性不好，脆性较大，剥离强度很低，不耐冲击振动。

环氧树脂含有多种极性基团和活性很大的环氧基，因而与金属、玻璃、水泥、木材、塑料等多种极性材料，尤其是表面活性高的材料具有很强的粘接力，同时环氧固化物的内聚强度也很大，所以其胶接强度很高。环氧树脂固化时基本上无低分子挥发物产生。胶层的体积收缩率小，为 $1\%\sim2\%$，加入填料后可降到 0.2% 以下，环氧树脂是热固性树脂中固化收缩率最小的品种之一。环氧固化物的线膨胀系数也很小，因此内应力小，对胶接强度影响小。加之环氧固化物的蠕变小，所以胶层的尺寸稳定性好。环氧树脂、固化剂及改性剂的品种很多，可通过合理而巧妙的配方设计，使胶黏剂具有所需要的工艺性（如快速固化、室温固化、低温固化、水中固化、低黏度、高黏度等），并具有所要求的使用性能（如耐高温、耐低温、高强度、高柔性、耐老化、导电、导磁、导热等）。环氧胶黏剂与多种有机物（单体、树脂、橡胶）和无机物（如填料等）具有很好的相容性和反应性，易于进行共聚、交联、共混、填充等改性，以提高胶层的性能。环氧胶黏剂能耐酸、碱、盐、溶剂等多种介质的腐蚀。

根据所选用的固化剂种类不同，环氧胶黏剂可分别在常温、中温或高温下固化。一般固化时只需要接触压力 $0.1\sim0.5MPa$，大部分环氧树脂胶黏剂不含溶剂，操作方便。一般环氧胶的施工黏度、适用期限和固化速度可通过配方调节，满足各种要求。这不但易于保证粘接质量，也简化了固化工艺及设备。环氧树脂固化后，可获得良好的电绝缘性能；击穿电压 $>35kV/mm$，体积电阻率 $>1015\Omega\cdot cm$，介电常数 $3\sim4$（50Hz），抗电弧 $100\sim140s$。改变环氧树脂胶黏剂的组成（固化剂、增韧剂、填料等），可以得到一系列不同性能的胶黏剂配方，以适应各种不同的需要，且与许多改性剂混合可产生各种性能不同的品种。一般双酚A型环氧树脂的使用温度为 $-60\sim175℃$，有时短时间达 $200℃$，若采用耐高、低温的新型环氧树脂，使用温度可更高或更低，而且环氧树脂的吸水性小。

通用型环氧树脂，固化剂及添加剂的产地多，产量大，配制简易，可接触压成型，能大规模生产与应用。环氧胶黏剂的根本弱点是若不加增韧剂，固化物呈脆性，抗剥离、抗开裂、抗冲击性能差；对极性小的材料（如聚乙烯、聚丙烯等）粘接力小；必须进行表面活化处理；有些原材料，如活性稀释剂、固化剂等有不同程度的毒性和刺激性，配方设计时应尽量避免选用，施工时也应加强通风防护。

上述可见，环氧树脂具有良好的综合力学性能，特别是高度的黏合力、很小的收缩率、很好的稳定性、优异的电绝缘性能，为黏合剂、复合材料基质、粉末涂料等制品提供了物质基础。

第四节　环氧胶黏剂的应用

在国民经济与科学技术飞速发展的今天，环氧树脂胶黏剂作为一种新型的化工材料，在各行业与领域中发挥着越来越大的作用。此类胶黏剂用作各种材料的胶接，可以部分替代机械传统工艺的焊接、铆接、螺栓连接，而且由于此种材料的出现还开发出了一类新型的质地轻、性能优的材料，如环氧玻璃钢、环氧碳纤维增强复合材料、塑钢（玻璃）复合管材、环氧聚合物水泥等。环氧胶黏剂已渗透到了各个部门，如航空工业飞机的制造，汽车工业的装配，轻工机械的制造，电子工业的绝缘封装，建筑的加固维修、公路机场的修补等。环氧胶黏剂除了对聚烯烃等非极性塑料粘接性不好之外，对于各种金属材料如铝、钢、铁、铜，非金属材料如玻璃、木材、混凝土等，以及热固性塑料如酚醛、氨基、不饱和聚酯等都有优良的粘接性能。环氧胶黏剂的主要用途见表 1-1。

在建筑行业中，环氧结构胶大量应用于各种构件的粘钢加固，包括修复桥梁、老厂房的梁柱缺损补强、柱子接长、悬臂梁粘接、水泥桩头接长、牛腿粘接等。我国处于地震多发的地层结构带上，以前的建筑物抗震设计级别低，据资料报道，我国有 14 亿平方米的旧建筑需要加固改造。建筑胶的应用技术可解决许多传统建材和工艺无法解决的问题，如水泥桩头接长，用焊接方法需高级焊工方能保障桩头的垂直，但胶黏剂初级工经培训后就能操作。如在粘接钢梁时，不用电焊工艺，节省器材，又没有着火问题，粘钢加固性能好，可提高断裂承载力 2 倍。环氧胶黏剂在土木建筑上的主要用途见表 1-2。

表 1-1 环氧胶黏剂的主要用途

应用领域	被粘材料	主要特征	主要用途
土木建筑	混凝土,木材,金属,玻璃,热固性塑料	低黏度,能在潮湿面(或水中)固化,低温固化性	混凝土修补(新旧面的衔接),外墙裂缝修补,嵌板的粘接,下水道的连接,地板粘接,建筑结构加固
电子电器	金属,陶瓷,玻璃,FRP(纤维增强塑料)等热固性塑料	电绝缘,耐腐蚀,耐热冲击,耐热,低腐蚀	电子元件,集成电路,液晶屏,光盘,扬声器,磁头,铁芯,电池盒,抛物面天线,印制电路板
航天航空	金属,热固性塑料,FRP	耐热,耐冲击,耐腐蚀性,耐疲劳,耐辐射	同种金属、异种金属的粘接,蜂窝芯和金属的粘接,复合材料,配电盘的粘接
汽车机械	金属,热固性塑料,FRP	耐湿,防腐,油面粘接,耐磨,耐久性(疲劳特性)强	车身粘接,薄钢板补强,FRP 粘接,机械结构的修复、安装
体育用品	金属,木,玻璃,热固性塑料,FRP	耐久,耐冲击	滑雪板,高尔夫球杆,网球拍
其他	金属,玻璃,陶瓷	低毒性,不泛黄	文物修补,家庭用

表 1-2 环氧胶黏剂在土木建筑上的主要用途

工程类别	粘接对象	典型用途	主要组成
基础结构	岩石-岩石 金属-石或混凝土 金属-混凝土 金属-金属	疏松岩层的补强、基础加固、预埋螺栓、底脚等,柱子、桩头接长,悬臂梁加粗、桥梁加固、路面设施敷设	环氧-稀释剂-改性胺 环氧-填料-改性胺 双酚 S 环氧-缩水甘油胺树脂-丁基橡胶-改性胺
地面	瓷、花岗石-混凝土 金属-混凝土 砂石-混凝土 PVC-橡胶-金属	耐腐蚀地坪制造中粘接结构及勾缝;地面防滑和美化、净化;地板的铺设	环氧-填料-改性胺 环氧-聚硫橡胶-改性胺丙烯酸酯-环氧共聚乳液
维修	混凝土、钢筋、灰浆	堤坝、闸门、建筑物的裂缝、缺损、起壳的修复,新旧水泥粘接	环氧-糖醇-改性胺 环氧-沥青-改性胺 环氧-活性石灰-改性胺
装潢	金属、玻璃、大理石、瓷砖、有机玻璃、聚碳酸酯	墙面、门面、招牌、广告牌的安装和装潢	环氧-聚氨酯 环氧-有机硅橡胶
给排水	金属、混凝土	管道、水渠衬里,管接头密封	环氧-改性芳香胺

环氧胶黏剂在汽车工业中的主要用途见表 1-3，车身胶黏剂的品种及用量在不断增加，其特点是油面胶接性能提高；单组分化，能在 40℃保存半年；完全固化前能经受磷化处理，不渗流、不污染电泳漆；为高强度结构胶。

表 1-3 环氧胶黏剂在汽车中的主要用途

用途	粘接材料	粘接部位	典型组成
卷边、点焊	钢板-钢板	发动机罩、门、行李箱底	单组分、环氧-聚氨酯
补强	钢板-FRP 钢板-发泡材料	门把手 门中部	环氧-偏硼酸三甲酯 环氧-聚酰胺

用途	粘接材料	粘接部位	典型组成
结构粘接	碳、玻纤、钢、生铁	驱动轴、刹车片	单组分环氧原浆料
粘接密封	FRP-涂装钢板	车顶-窗框	环氧-聚硫橡胶
装饰粘接	聚丙烯酸酯-聚丙烯	后背灯座	改性环氧树脂

环氧胶黏剂在航空、航天工业中主要用于制造蜂窝夹层结构、全胶接钣金结构、复合金属结构（如钢-铝、铝-镁、钢-青铜等）和金属-聚合物复合材料的复合结构，一般都为结构胶，这种结构胶已成为整个飞机设计的基础之一。如一架波音 747 客机需用胶膜 $2500m^2$，三叉戟飞机的胶接面积占全部连接面积的 67%，某型号超音速重型轰炸机胶接壁板达 $380m^2$，占全机总面积的 85%，其中蜂窝结构占 90%，用胶量超过 $40kg/$架。

环氧胶黏剂在电器工业中的应用有电机槽楔钢棒间的绝缘固定，变压器中硅钢片之间的粘接，电子加速器的铁芯及长距离输送的三相电流的位相器的粘接等。在电子工业中颇具特色的应用有环氧导电胶和环氧导热胶。

第二章 环氧树脂胶黏剂的配方设计、制备与性能

第一节 环氧树脂胶黏剂的组成与固化剂的反应机理

一、环氧胶黏剂的组成及其各组分的作用

环氧树脂胶黏剂的主要成分是环氧树脂和固化剂，根据不同的性能要求，还可加入其他添加剂，如增塑剂、增韧剂、稀释剂、填充剂、偶联剂等。

（一）环氧树脂

1. 环氧树脂的分类和代号

环氧树脂不能单独使用，只有用固化剂固化后才能交联成热固性树脂。环氧树脂的品种很多，在胶黏剂配方中使用的环氧树脂可分为两大类。

第一类属于缩水甘油基型环氧树脂，这类结构的环氧树脂是由环氧氯丙烷与含有活泼氢原子的有机化合物如多元酚与多元醇、多元酸、多元胺等缩聚而成的；第二类属于环氧化烯烃型环氧树脂，这类结构的环氧化合物是由含不饱和双键的低分子量的直链或环状化合物被过氧化物环氧化而成的。这两大类环氧树脂，根据其分子结构特征，可进一步细分为五类。其中1～3类属于缩水甘油基型，4类和5类属于环氧化烯烃型。

缩水甘油醚类：

$$\sim\!\!\sim\!\!R\!-\!O\!-\!CH_2\!-\!CH\!\underset{O}{\diagup}\!CH_2$$

缩水甘油酯类：

$$\sim\!\!\sim\!\!R\!-\!COOCH_2\!-\!CH\!\underset{O}{\diagup}\!CH_2$$

缩水甘油胺类：

$$\sim\!\!\sim\!\!R\!-\!N\!\!\begin{array}{c} CH_2\!-\!CH\underset{O}{\diagup}CH_2 \\ CH_2\!-\!CH\underset{O}{\diagup}CH_2 \end{array}$$

线型脂肪族类：

$$\sim\!\!\sim\!\!R\!-\!CH\!\underset{O}{\diagup}\!CH\!-\!R\!-\!CH\!\underset{O}{\diagup}\!CH\!-\!R\!\sim\!\!\sim$$

脂环族类：

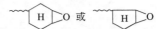

上列诸式中，—R—为二价基。实际上，以上分类范围还是比较大的，还可进一步细分，例如缩水甘油醚类环氧树脂，又可分为二酚基丙烷型（双酚 A 型）、二酚基甲烷型（双酚 F 型）、二酚基砜型（双酚 S 型）、环氧化酚醛型、间苯二酚型、均苯三酚型、四酚基乙烷型、脂肪族多元醇型等。而且，仅双酚 A 型又可再分为溴改性双酚 A 型、氯改性双酚 A 型、硅改性双酚 A 型、钛改性双酚 A 型等。为了使用方便，对环氧树脂的分类型号及命名，我国已颁发了国家标准，其规定如下。

（1）分类　环氧树脂按其主要组成物质不同而分类，并分别给以代号。例如 E 代表二酚基丙烷型，F 代表酚醛多环氧型等，详见表 2-1。

表 2-1　环氧树脂的分类及其代号

代号	类别
E	二酚基丙烷环氧树脂
ET	有机钛改性二酚基丙烷环氧树脂
EG	有机硅改性二酚基丙烷环氧树脂
EX	溴改性二酚基丙烷环氧树脂
EL	氯改性二酚基丙烷环氧树脂
EI	二酚基丙烷侧链型环氧树脂
F	酚醛多环氧树脂
B	丙三醇环氧树脂
ZQ	脂肪酸甘油酯环氧树脂
IQ	脂环族缩水甘油酯
L	有机磷环氧树脂
G	硅环氧树脂
N	酚酞环氧树脂
S	四酚基环氧树脂
J	间苯二酚环氧树脂
A	三聚氰酸环氧树脂
R	二氧化双环戊二烯环氧树脂
Y	二氧化乙烯基环己烯环氧树脂
W	二氧化双环戊烯基醚树脂
D	聚丁二烯环氧树脂
H	3,4-环氧基-6-甲基环己烷甲酸-3′,4′-环氧基-6′-甲基环己烷甲酯

（2）型号

① 环氧树脂以一个或两个汉语拼音字母与两位阿拉伯数字作为型号，表示类别及品种。

② 型号的第一位采用主要组成物质名称。取其主要组成物质汉语拼音的第一个字母，若遇相同取其第二个字母，以此类推。

③ 第二位是组成中若有改性物质，则用汉语拼音字母表示；若不是改性则划一横线。

④ 第三和第四位标识出该产品的环氧值平均数。

举例：某一牌号环氧树脂，以二酚基丙烷为主要物质，其环氧值指标为 0.48～0.54，则其平均值为 0.51，该树脂的全称为"E-51 环氧树脂"。

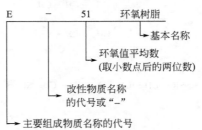

（3）环氧树脂的新旧牌号对照　环氧树脂的新旧牌号对照见表 2-2。

表 2-2　环氧树脂生产厂产品牌号与国家统一牌号对照表

国家统一牌号	原产品牌号	国家统一牌号	原产品牌号
E-03	609	B-63	662
E-06	607	A-95	695
E-12	604	ET-40	670
E-14	603	EG-02	605
E-20	601	H-71	6201
E-31	638	R-122	6207
E-35	637	W-95	6300
E-42	634	W-95	6400
E-44	6101	YJ-118	6269
E-51	618	Y-132	6206
F-44	644	D-17	6200
F-46	648		

2. 环氧树脂的性能

（1）双酚 A 型环氧树脂的组成、结构和性能　虽然环氧树脂有许多种类，然而发展是不均衡的。其中双酚 A 型环氧树脂最早商品化，综合性能好，产量也最大，占环氧树脂总产量的 90%，也是环氧胶黏剂中应用最普遍、工艺最成熟的一种环氧树脂。了解双酚 A 型环氧树脂的组成、结构和性能，是从事环氧胶黏剂实践的基础，也是对整个环氧胶黏剂领域认识的起点，因而是很重要的。

双酚 A 型环氧树脂是双酚 A 与环氧氯丙烷在碱催化下的缩聚产物。视反应条件不同，生成低分子量或中等分子量的树脂，通常其组成可用以下理想的结构式表达。

（Ⅰ）

式中，n 为缩聚度，同时 n 也表示分子链中的羟基数目。当树脂的分子链短时（$n \leqslant 2$），在常温下树脂为黄色至琥珀色黏稠的糖浆状液体；当分子链较长时（$2 < n < 10$），常温下树脂为琥珀色固体；当 $n=0$ 时，则环氧树脂的分子量为 340，实际上是低分子环氧化物。

表 2-3 列出了国产双酚 A 型环氧树脂的型号与物性。其中，液体 618 和 6101 环氧树脂在环氧胶黏剂配方中用得最多；固体 637 和 601 环氧树脂有时在制备胶膜中用到。后两种环氧树脂的环氧值相当低，即树脂的分子量较高。在很多场合，环氧树脂的固化机理或固化反应速率与羟基含量有关，故在粘接技术中，人们把 618 环氧树脂定为标准环氧树脂，作为各种类型环氧树脂性能相对比较的标准。618 环氧树脂相当于国外型号中的 Epon 828（Shell）、Aradite 6010（Ciba）、DER 331（Dow）和 ERL 2774（U.C.C）等。人们曾对 618 环氧树脂进行了凝胶层析，确定其中 $n=0$ 的组分占 87.4%，$n=1$ 的组分占 11.1%，$n=2$ 的组分仅占 1.5%。

表 2-3　双酚 A 环氧树脂的物理化学性能

型号（部颁型号）	25℃黏度/Pa·s	环氧值	n 值
616（E-55）	6~8	0.54~0.56	0.1
618（E-51）	10~16	0.48~0.54	0.2
6101（E-44）	20~40（软化点 12~20℃）	0.41~0.47	0.4

续表

型号(部颁型号)	25℃黏度/Pa·s	环氧值	n 值
634(E-42)	＞90(软化点 21～27℃)	0.38～0.45	0.5
637(E-33)	(软化点 30～35℃)	0.28～0.38	1.4
601(E-20)	(软化点 64～76℃)	0.18～0.22	2.3

由表 2-3 可见,随双酚 A 型环氧树脂 n 值的增加,黏度或软化点也增加,而环氧值则降低。通常,每种树脂都有其特定的黏度、软化点、环氧值和外观,统称环氧树脂的物性。其中,黏度是低分子量环氧树脂的必测性能,也是与胶黏剂使用工艺有关的指标。黏度低、流动性好,有利于胶黏剂润湿制件表面。软化点是中等分子量环氧树脂的必测性能。环氧值是在环氧树脂使用时,确定配方中固化剂用量的计算依据,因此是十分重要的指标。环氧值是指 100g 环氧树脂内所含环氧基克当量数,环氧值越大,树脂分子量越小。国内习惯上采用环氧值表示环氧树脂中环氧基的含量,国外标准则常采用环氧当量来表示。环氧当量是指含有 1g 当量环氧基的环氧树脂的质量 (g),环氧当量越高,树脂分子量越大。环氧当量与环氧值两者本质上是相同的。环氧值与环氧当量的乘积恰好等于 100,故可相互进行换算。

下面介绍双酚 A 型环氧树脂的物理化学性能。由 (Ⅰ) 式可见,分子中两个环氧基分别位于分子两端,中间含有醚键、次甲基键、苯环、异亚丙基以及少量的羟基侧链。一般情况下,中间部位的基团比较稳定,主要赋予分子链力学性能。如苯环赋予刚性,次甲基、醚键等赋予柔性,刚性、柔性的结合使它在固化后具有良好的承载性能和适当的热性能。两端的环氧基是活泼的,在固化过程中可进一步形成羟基和醚键,赋予固化树脂较高的内聚力和对被粘物表面产生很强的黏附力。侧链的羟基则对环氧树脂的固化起着有利的作用。应当指出,双酚 A 型环氧树脂的结构,还赋予它对极性溶剂、增塑剂、稀释剂、固化剂及极性聚合物良好的溶解性和相容性,这也促进了它在粘接技术中的应用。

在双酚 A 环氧树脂中所含的环氧基为三元环醚,由于三元环的张力、氧原子与乙烯型 π 键的结合,使该三元环很不稳定,碳-氧键容易发生断裂,因而环氧基显示活性。同时,双酚 A 型环氧树脂中的环氧基具有不对称结构,环氧基通过次甲基与醚键相邻。醚键中的氧原子具有电负性,能对环氧基发生静态亲电诱导效应;醚键的另一端为苯环,氧原子对苯环也存在静态亲电诱导效应。同时,氧原子上未共享电子对又与苯环上 π 电子云形成 p-π 共轭体系,具有超共轭效应。氧原子与苯环结合,静态亲电诱导效应使苯环电子云密度降低;超共轭效应使苯环电子云密度增加。在反应时,动态共轭效应占主导地位。换句话说,苯环使醚键上氧原子未共享的电子对与本身共轭,这就加强了氧原子对环氧基的静态亲电诱导效应,使环氧基上的碳原子更具正电性,更易受亲核攻击而开环。上述诸效应可表达如下。

$$\overset{\frown}{\underset{}{\bigcirc}}\!-\!\overset{\curvearrowright}{O}\!-\!CH_2\!-\!\overset{\curvearrowleft}{CH}\!-\!CH_2^{\delta+} \qquad\qquad (Ⅱ)$$
$$\underset{O_\delta}{}$$

可见,双酚 A 型环氧树脂的结构,决定了它适宜的开环活性,这是它具有良好储存稳定性和工艺性的内在原因。

双酚 A 型环氧树脂在胶黏剂中应用了几十年,并未发现明显的中毒症状。动物试验表明,这类树脂无毒,有人将试验动物置于双酚 A 型环氧树脂的蒸气中 50d,亦无显著毒性可见。

(2) 非双酚 A 型缩水甘油醚环氧树脂的结构和性能　双酚 A 型环氧树脂生产的发展带动了其他类型缩水甘油醚环氧树脂的研究和应用。从胶黏剂的应用角度看,很多部门的大型或精细部件都需要在室温甚至低温下进行粘接,因而希望新开发的环氧树脂有足够的活性。

以双酚 A 型环氧树脂作参考标准,以胺为固化剂,某些缩水甘油醚环氧树脂的结构与活性见表 2-4。

表 2-4　某些缩水甘油醚环氧树脂的结构与活性

序号	名称	结构式①	相对活性
1	双酚 A 双缩水甘油醚	G—O—⟨苯环⟩—C(CH₃)(CH₃)—⟨苯环⟩—O—G	1
2	邻羟甲基双酚 A 双缩水甘油醚	G—O—⟨苯环⟩—C(CH₃)(CH₃)—⟨苯环,CH₂OH⟩—O—G	10
3	o,o′-二羟甲基双酚 A 双缩水甘油醚	G—O—⟨苯环,CH₂OH⟩—C(CH₃)(CH₃)—⟨苯环,CH₂OH⟩—O—G	20
4	四溴双酚 A 双缩水甘油醚	G—O—⟨苯环,Br,Br⟩—C(CH₃)(CH₃)—⟨苯环,Br,Br⟩—O—G	<1
5	双酚 F 双缩水甘油醚	G—O—⟨苯环⟩—CH₂—⟨苯环⟩—O—G	1.2
6	双酚 S 双缩水甘油醚	G—O—⟨苯环⟩—SO₂—⟨苯环⟩—O—G	略>1.2
7	间苯二酚二缩水甘油醚	G—O—⟨苯环⟩—O—G	10
8	均苯三酚三缩水甘油醚	G—O—⟨苯环⟩(—O—G)—O—G	20
9	季戊四醇双缩水甘油醚	G—O—CH₂—C(CH₂OH)(CH₂OH)—CH₂—O—G	9

① G 代表缩水甘油基 $CH_2\!-\!CH\!-\!CH_2\!-$（环氧基）。

　　由表 2-4 可见，在缩水甘油醚键的邻位有羟甲基存在时，有利于提高该环氧基的开环活性。如在双酚 A 双缩水甘油醚环氧基的邻位引入一个羟甲基，活性提高 9 倍；如在其中两个环氧基的邻位引入两个羟甲基，活性提高 19 倍。这类树脂可在室温下快速固化，甚至可作为在 −10℃ 左右低温固化的环氧胶黏剂。这不仅因为羟甲基具有吸电子性，由于电子效应的传递，影响醚键上氧原子的未共享电子对倾向于苯环，从而有助于提高环氧基的活性；而且含羟基的物质对使用胺类固化剂固化的环氧树脂开环有促进作用，故活性大大增加；相反，在双酚 A 双缩水甘油醚环氧基的邻位引入四个溴原子时，会降低环氧基的活性，这显然是因为溴原子的存在降低了醚键上氧原子的未共享电子对与苯环的共轭效应。类似的道理在单环多元酚缩水甘油醚中也存在。由于间位氧原子上未共享电子对与苯环的共轭效应，大大加强了环氧基的活性，故均苯三酚三缩水甘油醚显示最高的活性。间苯二酚二缩水甘油醚的活性也为双酚 A 型环氧树脂的 10 倍。

邻羟甲基对环氧化合物活性的影响在脂肪族结构中也存在，如季戊四醇双缩水甘油醚的活性高达双酚 A 型环氧树脂的 9 倍，因此羟基对胺固化剂的促进作用也是十分重要的。至于两个苯环之间二价基不同的影响，比苯环上其他取代基的影响要小。例如，将双酚 A 型环氧树脂苯环之间的异亚丙基换成次甲基时，双酚 A 型环氧树脂的活性与双酚 F 型环氧树脂相当，由于甲基的斥电子性，后者的活性略大于前者。同理，将双酚 A 型环氧树脂中的异亚丙基换成强极性的砜基时，由于砜基的吸电子性，增加了环氧基的开环活性，其活性超过双酚 F 型环氧树脂。应当指出，反应活性与反应程度不应混淆，如均苯三酚三缩水甘油醚的活性比间苯二酚二缩水甘油醚大一倍，但由于其官能度较高，随着三维网络开始形成而影响分子链的活动能力，在室温凝胶后活性逐渐被冻结，限制其反应程度。相比之下，间苯二酚二缩水甘油醚的反应活性相当高，也可以室温达到相当高的反应程度，故可配制成一种室温固化的快速修补用胶黏剂，用于航空工业部门。对于官能度高的环氧树脂，其反应程度是应当引起注意的。

（3）其他缩水甘油基型环氧树脂的结构和性能　除缩水甘油醚型环氧树脂外，其他缩水甘油基型环氧树脂也在环氧树脂胶黏剂配方中成为有用的品种，例如缩水甘油酯型环氧树脂，一般都具有黏度低、活性高、胶接强度大的优点，固化制品的电性能、耐候性和光学透明性也不错，可作为环氧树脂胶黏剂的基料或稀释剂；又如缩水甘油胺型环氧树脂，黏度低、活性高，可与缩水甘油醚型环氧树脂混用。以双酚 A 型环氧树脂为标准，其他缩水甘油基型环氧树脂的相对活性见表 2-5。由表 2-5 可知，缩水甘油醚环氧树脂的开环活性大约比双酚 A 型环氧树脂高一倍，而缩水甘油胺环氧树脂的活性则为双酚 A 型环氧树脂的 4～5 倍。

表 2-5　其他缩水甘油基型环氧树脂的相对活性

序号	名称	结构式①	相对活性
1	双酚 A 双缩水甘油醚	G—O—[苯环]—C(CH₃)(CH₃)—[苯环]—O—G	1
2	对（N,N-二缩水甘油基）氨基苯酚缩水甘油醚	G—O—[苯环]—N(G)(G)	5
3	N,N-二缩水甘油基苯胺	[苯环]—N(G)(G)	4
4	四氢化苯二甲酸二缩水甘油酯	[H 环]—COO—G / COO—G	2
5	对（缩水甘油基）羧基苯酚-缩水甘油醚	G—O—[苯环]—COO—G	2

① G 代表缩水甘油基 CH_2—CH—CH$_2$—（环氧基）。

（4）脂环族环氧树脂和脂肪族环氧化物　在脂环族环氧树脂中，环氧基大都位于脂环骨架上，具有结构紧密的特点。固化制品的热变形温度较高，耐化学药品性及耐候性也很突出。不少脂环族环氧树脂是低黏度液体，可作为高黏度环氧树脂的活性稀释剂，且不影响树脂的性能。

与双酚 A 型环氧树脂不同，脂环族环氧树脂对脂肪族胺类反应活性很低，咪唑及叔胺几乎不固化脂环族环氧树脂。从结构上看，脂环族环氧树脂的环不具有共轭结构，其上的环氧基也不与极性基团相连，与环氧基相邻的键一般都具有斥电子性，因而脂环族的环氧基不缺电子，也就不易受亲核试剂的进攻。就脂肪族环氧树脂的环氧基而言，也不与极性基团相连，但环氧基不在脂环上，位于柔性脂肪链的中间或位于侧链上，因此反应活性稍大，可用芳香胺在含羟基化合物促进的条件下固化。

此外，环氧化烯烃由于结构与缩水甘油基环氧树脂不同而造成性能的差异，在胶黏剂配方设计时应予以重视。

（5）非双酚 A 型环氧树脂性能　除双酚 A 型环氧树脂经常使用外，为了达到胶黏剂的某些性能指标，常常要用到其他类型的环氧树脂，因此有必要在这里对几种比较有用的品种做一简单的介绍。

① 环氧化线型酚醛树脂　它提高了官能度（平均 2.5～5.8），增加了固化制品的交联度，常用于耐热胶黏剂配方中。这种树脂室温固化程度不太高，需要高温后处理。树脂中常含有少量酚羟基，往往引起环氧基开环自聚，存放期较短，活性也较大。环氧化酚醛的黏度较高，常与低黏度的其他环氧树脂混用。

② 1,1,2,2-四（对羟苯基）乙烷四缩水甘油醚　平均官能度为 3.2～3.5，用于 200～250℃耐热性能高的场合，熔点为 80℃左右，常与其他环氧树脂混用。

③ 对羟基苯甲酸缩水甘油酯型环氧树脂　它黏度低，活性高，粘接强度大，电性能好，可用于电气工业。

④ 氨基四官能环氧树脂　实际官能度为 3～3.5。固化后树脂交联密度高，在高温下热稳定性好。

⑤ 双（2,3-环氧基环戊基）醚　这是一种顺、反异构体的混合物。顺便指出，有的文献中把这种化合物说成是具有顺式、反式、顺-反式三种异构体，这显然是错误的。其中顺式异构体是低熔点固体，熔区为 40～60℃；反式异构体是低黏度液体，25℃时黏度为 0.03～0.05Pa·s。在无促进剂存在下树脂凝胶时间较长，如添加 0.5％左右辛酸亚锡等促进剂则可缩短凝胶时间而不影响性能。用该树脂配成的胶黏剂固化后强度高，韧性好，既可用于耐热场合，也可配成优良的导电胶黏剂。

⑥ 环氧化聚丁二烯树脂　随聚丁二烯类型不同而有低黏度或高黏度等不同品种，可用酸酐固化。由于其中除了环氧基外还存在不饱和双键，可作为良好的改性剂以改进环氧树脂的柔性，可用于铜箔印刷电路层压板的粘接。

⑦ 季戊四醇双缩水甘油醚　实际官能度比 2 略大，固化活性高，可溶于水，与其他环氧树脂混用有助于降低体系黏度，并可粘接潮湿的表面且显示良好的粘接性能。

从上述各类环氧树脂的结构和性能可以看出，树脂的黏度、软化点、环氧值是胶黏剂的重要技术指标。为便于查找，现将部分常用环氧树脂的主要技术指标列于表 2-6。

表 2-6　部分常用环氧树脂的主要技术指标

牌　号	外　观	黏度/Pa·s	软化点/℃	环氧值
E-51	浅黄色至浅棕色高黏度透明液体	11～14(优等品)(25℃)		0.48～0.54
		7～20(一等品)		
		6～26(合格品)		
E-55	浅黄色透明黏性液体	5～7(25℃)		0.54～0.56
E-56	略微淡黄色透明黏性液体	4～6(25℃)		0.55～0.57
E-42	黄色至琥珀色高黏度液体		21～27	0.38～0.45
E-44	黄色至琥珀色高黏度液体	20～40(25℃)	12～20	0.41～0.47

牌 号	外 观	黏度/Pa·s	软化点/℃	环氧值
E-20	黄色至琥珀色透明固体		64～76	0.18～0.22
E-35	黄色至琥珀色透明液体	—	20～35	0.30～0.40
E-12	黄色至琥珀色透明液体	—	90～102(优等品)	0.09～0.15
			85～104(一等品)	
			85～106(合格品)	
F-76	橙黄色黏稠液体	20～27(75℃)		0.75～0.77
F-44	浅黄色固体		≤40	0.40
F-46	浅黄色固体		≤70	>0.44
JF-43	黄色至琥珀色固体		65～75	0.40～0.48
JF-45	黄色至琥珀色固体		55～65	0.42～0.50
AFG-90	棕色黏稠液体	1.6～2.3(25℃)	—	0.85～0.95
TDE-85	浅黄色黏稠液体	1.5～2.0(25℃)		0.85
BE-4	浅黄色至琥珀色液体		17～25	0.38～0.45
BE-1938	浅黄色至琥珀色液体		25～32	0.34～0.41
BE-2620	浅黄色至琥珀色固体		60～70	0.18～0.22
HBE	浅黄色透明液体		63～66	0.23～0.27
712	浅黄色黏稠液体	25～60(40℃)		0.40～0.50
731	黄色黏稠液体	0.8(25℃)		0.60～0.65
732	白色固体粉末		60～63	0.60～0.65
FA-68				0.68～0.72
AG-80	红棕色至琥珀色黏稠液体	8.0～120.0(25℃)		0.70～0.80
EA-70	浅黄色透明液体	≤0.3(25℃)		≤0.70
A95	白色结晶粉末			0.90～0.95
W-95(300#)	白色结晶体			0.95
W-95(400#)	琥珀色液体	0.038(25℃)		0.95
双酚 S	白色结晶固体		162～163	≥0.40

（二）固化剂

环氧树脂加入适量固化剂后，线型结构的环氧树脂分子交联成网状结构的环氧树脂大分子，而使其胶黏剂显示出各种优异性能。因此，固化剂是构成环氧树脂胶黏剂不可缺少的重要组分。其种类繁多，可以根据它所要求的固化温度大致分为室温固化剂、中温固化剂和高温固化剂。一般来说，可室温固化的有脂肪族多元伯胺、肿胺以及低分子聚酰胺等。芳族多元伯胺及叔胺、咪唑为中温固化剂，酸酐类则为高温固化剂。环氧树脂胶黏剂常用的部分固化剂见表 2-7。

潜伏型固化剂在与环氧树脂配合后，其组成物在室温下可放置较长的时间，性能比较稳定，然而一旦受光、热、湿气或压力作用，就可引发固化反应，使环氧树脂发生固化，成为交联型固化物，潜伏型固化剂有路易斯酸络合物离子型固化剂；双氰胺、咪唑化合物、有机酸酰肼、二氨基马来腈、三聚氰胺衍生物和多盐胺等溶解型固化剂；芳香重氮盐、二芳基碘镓盐、三芳基硫镓盐、三芳基硒镓盐等光分解固化剂；酮亚胺湿气分解固化剂：分子筛吸附溶出固化剂和微胶囊化固化剂等。

除以上介绍外，还有一些特种固化剂。特种固化剂是指除胺类、酸酐类或树脂固化剂之外的，能使环氧树脂发生固化的一种固化剂。使用这类固化剂的目的是弥补普通固化剂的不足，改进环氧树脂的工艺性能及赋予环氧树脂一些新的性能。主要包括以下几种。

（1）柔性固化剂 螺环二胺（ATU）及其加成物、端氨基聚醚、含氨基甲酸酯的二元胺，芳醚酯二芳胺及热致性液晶等。

（2）低温固化 聚硫醇、多胺-硫脲加成物和多元异氰酸酯等。

（3）活性酯固化剂。

（4）耐湿热固化剂 2,3,5-三甲基酚醛树脂和2-磺基对苯二甲酸酰亚胺及酸酐等。

（5）改性环氧胶固化剂等。

表 2-7 环氧树脂胶黏剂常用的部分固化剂

名 称	英文缩写或组成	状 态	用量/(g/100g 树脂)	固化条件
乙二胺	EDA	有刺激性臭味，淡黄色液体	6～8	室温 1d 或 80℃,3h
二亚乙基三胺	DTA	有刺激性臭味，淡黄色液体	8～11	室温 1d 或 100℃,2h
三亚乙基四胺	TTA	无色黏稠液体	9～11	室温 2～7d 或 100℃,2h
多亚乙基多胺	PEDA	棕色黏稠液体	14～15	室温 2～7d 或 100℃,2h
三乙醇胺			10	120～140℃,4～6h
间苯二胺	MPDA	淡黄色结晶	14～16	120～150℃,2h
双氰胺		白色结晶	6	150℃,4h
105 缩胺	改性苯二甲胺	浅黄色油状液体	12～14	室温
苄基二甲胺			6	80℃,3h
咪唑		结晶固体	3～5	60～80℃,6～8h
2-乙基-4-甲基咪唑		室温下为过冷液体	2～5	60～80℃,6～8h
2-甲基咪唑		结晶固体	3～5	60～80℃,6～8h
704	2-甲基咪唑与环氧丙烷丁基醚反应物	棕黑色液体	10	70℃,6h
邻苯二甲酸酐	PA	白色结晶	30～45	130℃,2h,再 150℃,4h
顺丁烯二酸酐	MA	白色结晶	30～40	160～200℃,2～4h
308 酸酐	桐油改性顺丁烯二酸酐		20	80℃,2h,再 100℃,5h
均苯四甲酸酐	PMDA	白色粉末	50～60	180℃,15min
六氢邻苯二甲酸酐	HHPA	玻璃状固体	80	80℃,1h,再 200℃,1h 或 150℃,4h
203	亚油酸二聚酯与二亚乙基三胺反应物	棕黄色液体	40～100	80℃,1h,再 200℃,1h,或 150℃,4h
300	亚油酸二聚酯与三亚乙基四胺反应物	棕红色液体	40～100	80℃,1h,再 200℃,1h,或 150℃,4h
3051	亚油酸二聚酯与四亚乙基五胺反应物	棕红色液体	40～100	80℃,1h,再 200℃,1h,或 150℃,4h
400	二聚桐油酸与二亚乙基三胺反应物	棕红色黏稠液体	40～100	80℃,1h,再 200℃,1h,或 150℃,4h
500	二聚桐油酸甲酯与三亚乙基四胺反应物	棕黄色液体	40～100	80℃,1h,再 200℃,1h,或 150℃,4h
600	己内酰胺与二亚乙基三胺反应物	棕黄色液体	20～30	80℃,1h,再 200℃,1h,或 150℃,4h
650	低分子量聚酰胺树脂（又称 H-4 固化剂）	棕色液体	80～100	常温或 65℃,3h
651	低分子量聚酰胺树脂	浅黄色液体	45～65	常温或 65℃,3h

（三）增韧剂

环氧树脂固化后脆性较大，往往需要加入增韧剂改进韧性。按其是否参与固化反应可分为惰性增韧剂和活性增韧剂。

惰性增韧剂加入环氧树脂中只是物理混合，并不参与固化反应，时间长了可能会离析，用量一般为5％～20％。常用的惰性增韧剂有邻苯二甲酸二丁酯、邻苯二甲酸二辛酯、磷酸三甲酚酯等高沸点液体物质。惰性增韧剂的加入可使胶黏剂的黏度降低，并适当延长胶的适用期。活性增韧剂既能参与环氧树脂的固化反应，又可起增韧作用。常用的活性增韧剂为液体聚硫橡胶、液体丁腈橡胶、液体氯丁橡胶、液体聚醚等。

（四）稀释剂

环氧树脂胶黏剂较黏稠，为便于操作，可加入稀释剂稀释。稀释剂有惰性稀释剂和活性稀释剂两类。胶黏剂的溶剂都能作稀释剂用。溶剂作稀释剂时，不参与固化反应。最终要从胶层中挥发出去的稀释剂称为惰性稀释剂。应选择溶解性强，易从胶黏剂中挥发出来的溶剂，以防溶剂包藏于固化了的胶层中而降低胶接强度。但室温固化胶黏剂最好不使用溶剂。此外，还要尽可能选择低毒性溶剂，以免对环境和人体造成危害。常用的惰性稀释剂有邻苯二甲酸二辛酯、邻苯二甲酸二丁酯、磷酸三乙酯等；溶剂有丙酮、丁酮、甲苯、二甲苯、甲乙酮、环己酮、正丁醇等。

活性稀释剂能够参与固化反应，可成为交联结构的组成物。这类稀释剂主要有环氧基化合物或低黏度的环氧树脂。其用量一般不大于5％～10％。常用的活性稀释剂有丁基缩水甘油醚、甘油环氧树脂、间苯二酚双缩水甘油醚、苯基缩水甘油醚、甲酚类缩水甘油醚等。

（五）填充剂（填料）

根据产品的要求，在环氧树脂胶黏剂中加入适当填料，不仅可以相对地减少树脂的用量，降低成本，还可以改善胶黏剂的物理机械性能。许多有机物和无机物都能作填充剂，但常用金属粉、金属氧化物粉、某些矿物粉、玻璃粉、黏土等，也可以使用石棉纤维、玻璃纤维、玻璃布及合成纤维织物。

填充剂使用前必须充分干燥，除去吸收的水分和其他气体。水分会影响胶对填充粒子的润湿性，润湿不好的填充粒子会导致胶接强度降低。还应注意，填充剂的颗粒要细而均匀，用量应适当，一般为树脂量的3％～20％。常用填充剂及其作用见表2-8。

表2-8 常用的填料

名　称	作　用	参考用量/％
石英粉	提高硬度,降低成本,绝缘	50～100
氯化铝粉	提高粘接强度和硬度	20～80
钛白粉	提高黏附力,增白,介电,耐老化	30～100
云母粉	提高强度和耐热性及吸湿稳定性,并可降低成本、绝缘	20～25
氧化铁粉	提高粘接强度	50～80
生石灰	吸水	30～50
氧化锌粉	提高粘接强度	30～50
三氧化二硼粉	提高耐热性	50～80
三氧化二锑粉	提高耐热性,并具阻燃性	10～30
五氧化二砷粉	增强高温耐老化性	30～50
三氧化二铬	提高耐腐蚀性	20～30
二硫化钼	提高耐磨性	20～100
氧化铍粉	增强导热性	30～50
石墨粉	增强耐磨性、导热性、导电性	20～80
铬酸锌	耐盐雾	
硼酸锌	具有阻燃性	

续表

名称	作用	参考用量/%
硅酸铝	增强吸温稳定性	
立德粉	增加黏度,降低收缩率	40～80
滑石粉	提高润滑性,降低成本	20～80
石棉粉	提高耐热性	10～50
金刚砂	提高硬度	40～100
白炭黑	增强触变性、分散性	1～10
瓷粉	提高耐电弧性	40～80
膨润土	增强触变性	30～60
陶土	提高强度,降低成本	30～90
轻质碳酸钙	增加黏度,降低成本,增白	10～50
铁粉	导热,增黏	40～200
铜粉	导热和导电性	100～200
锌粉	提高粘接强度,加速固化反应	30～100
铝粉	提高粘接强度,耐高温,导热	20～100
银粉	导电性	200～300
水泥	增加黏度,降低成本	50～150
羰基铁粉	增强导磁性	50～60
玻璃纤维	提高强度、抗冲击性和耐久性	10～40
石棉纤维	提高抗冲击强度和耐热性	10～30
碳纤维	提高强度和耐烧蚀性	10～40
炭黑	导热,导电,着色,耐老化	30～100

(六) 偶联剂

偶联剂是分子两端含有性质不同基团的化合物,其分子的一端可与被粘物表面反应,另一端与胶黏剂分子反应,以化学键的形式将被粘表面与胶黏剂紧密地连接在一起。

偶联剂使用较多的是有机硅偶联剂,如 γ-氨丙基三乙氧基硅烷、γ-环氧丙氧基丙基三甲氧基硅烷、γ-硫醇丙基三乙氧基硅烷等,见表2-9。

表 2-9 有机硅烷偶联剂

牌号	名称	化学结构式
KH-550	γ-氨基丙基三乙氧基硅烷	$H_2NCH_2CH_2CH_2Si(OC_2H_5)_3$
KH-560(A-187、KBM-403)	γ-环氧丙氧基丙基三甲氧基硅烷	$CH_2{-}CH{-}CH_2{-}OCH_2{-}CH_2{-}CH_2Si(OCH_3)_3$ (环氧基 O)
KH-570(A-174、KBM-503)	γ-甲基丙烯酸酯丙基三甲氧基硅烷	$H_2C{=}C{-}C{-}(CH_2)_3Si(OCH_3)_3$ (含 O 双键, CH_3)
KH-580(Z-6062)	γ-硫醇丙基三乙氧基硅烷	$HS{-}(CH_2)_3{-}Si(OC_2H_5)_3$
KH-590(V-TPS)	乙烯基三叔丁基过氧化硅烷	$H_2C{=}CHSi[OOC(CH_3)_3]_3$
702	β-羟乙基-γ-氨丙基三乙氧基硅烷	$(HOCH_2CH_2)_2NCH_2CH_2CH_2Si(OC_2H_5)_3$
南大-42	苯胺甲基三乙氧基硅烷	$C_6H_5NHCH_2Si(OC_2H_5)_3$
B-201	二亚乙基三氨基丙基三乙氧基硅烷	$H_2N{-}(CH_2)_2{-}NH{-}(CH_2)_2{-}NH{-}(CH_2)_3{-}Si(OC_2H_5)_3$

续表

牌　　号	名　　称	化学结构式
南大-73	苯胺甲基三甲氧基硅烷	$C_6H_5NHCH_2Si(OCH_3)_3$
NS	α-甲基三乙氧基硅烷	$\overset{\displaystyle O}{H_2C=CCH_3COCH_2Si-(OC_2H_5)_3}$
A-151	乙烯基三乙氧基硅烷	$H_2C=CHSi(OC_2H_5)_3$
A-172	乙烯基三(β-甲氧乙氧基)硅烷	$H_2C=CHSi(OC_2H_4OCH_3)_3$

理论上讲，偶联剂只需在被粘表面构成一个单分子层即可。因此偶联剂的用量很少，一般为 0.1%～3%，可以直接将它加到胶液里，也可以将偶联剂配制成稀溶液浸渍或涂在被粘物表面上。然而，对不同的胶黏剂和被粘物体系，应选用不同的偶联剂。这是因为品种不同的偶联剂在性能上是有差异的。例如，γ-氨基丙基三乙氧基硅烷适合环氧树脂胶黏剂，但对聚酯胶黏剂则效果不够理想。实际操作中，人们应根据胶黏剂的用途和性能来选择使用偶联剂。

（七）阻燃剂

为提高环氧树脂胶黏剂的阻燃性能，可以加入阻燃剂，常用的阻燃剂为三氧化二锑、磷酸三乙酯、硼酸锌、氢氧化铝、氯化石蜡等。

（八）着色剂

为改变胶黏剂的颜色，可加入着色剂。国内已有白、黄、红、绿、蓝、棕黑色等着色剂，这些着色剂能使环氧树脂染上均匀、规则、色泽稳定、漂亮的颜色。人们可根据应用范围选择合适的着色剂。

二、环氧胶黏剂用固化剂的反应机理

固化反应本质上涉及环氧树脂大分子链中环氧基的开环反应。由于开环反应没有小分子放出，不会在胶层或粘接界面形成气泡，因而不必加压固化。开环反应通常要在固化剂参与下进行，因而固化制品的性能不仅取决于环氧树脂的类型、结构，在很大程度上还与固化剂的类型与结构有关。固化剂按结构可分为碱性及酸性两类：前者包括脂肪族二胺或多胺、改性多胺、芳胺以及双氰双胺、咪唑类化合物；后者包括有机酸、酸酐及三氟化硼络合物等。有的固化剂可在低温（-5℃）或常温下使环氧树脂初步固化；有的固化剂只有在高温下才使环氧树脂固化。为了能从理论上掌握环氧树脂的固化原理，有必要对环氧化物的开环反应进行探讨。

（一）环氧树脂中环氧基的开环反应

从化学结构看，环氧基是一个三元环醚，环的键角平均为 60°，比正常的四面体碳的 109.5°键角或开链醚的二价氧的 110°键角要小得多。由于原子所处的位置不能使轨道有最大的交叠，因此这类键比一般的醚键要弱，即环氧基的稳定性差，容易开环。

环氧基的开环反应，随固化剂本身的碱性或酸性差异而有不同的历程。

在碱性条件下环醚与普通醚不一样，可开环。碱性固化剂起亲核试剂的作用，它所攻击的是环醚本身。以双酚A环氧树脂为例：

$$Z + \overset{\delta+}{\underset{\underset{\delta-}{O}}{CH}} - CH - CH_2 - \overset{..}{O} \hspace{-0.3em}\bigcirc \longrightarrow Z - CH_2 - CH - CH_2 - O - \bigcirc - \overset{\ominus}{O} \xrightarrow{ZH} Z - CH_2 - \underset{OH}{CH} - O - \bigcirc - + Z:$$

（Ⅰ）

式中，Z 代表亲核试剂，它进攻环醚上的 $C^{\delta+}$ 原子。顺便指出，各种缩水甘油基树脂正是基于亲核试剂对单体环氧氯丙烷的进攻，发生加成反应，再经碱作用闭环而得。

酸催化环氧基开环的历程与碱催化的情况不一样。在酸作用下环醚和普通醚一样，易转化为质子化的环醚，然后再与亲核试剂作用。仍以双酚 A 型环氧树脂为例：

$$\underset{O}{CH_2 - CH} - CH_2 - O - \bigcirc - \rightleftharpoons \underset{\underset{H}{\overset{\oplus}{O}}}{CH_2 - CH} - CH_2 - O - \bigcirc -$$

（Ⅱ）

$$ZH + \underset{\underset{\underset{H}{O}}{\oplus}}{CH_2 - CH} - CH_2 - O - \bigcirc \longrightarrow \underset{OH}{\overset{\overset{Z}{\oplus}}{CH}} - CH - CH_2 - O - \bigcirc \longrightarrow \underset{OH}{\overset{Z}{CH}} - CH - CH_2 - O - \bigcirc - + H^+$$

（Ⅲ）

这里，ZH 表示亲核试剂。可以看出，在酸催化环氧基开环反应的过程中，中性分子 ZH 已能使质子化环醚的环打开；而在碱催化环氧基开环时，未质子化环氧化物的活性低（相对于质子化环氧基而言），要用碱性较强、亲核性较强的试剂来补偿。例如所用的胺类固化剂要有足够的碱性。

下面再讨论环醚开环反应的取向问题。因为在绝大多数环氧树脂中，环氧基都具有不对称结构，所以三元环醚中的两个碳原子是不等同的。那么优先进攻哪一个呢？结论是优先的进攻点主要随反应是酸催化还是碱催化而定。一般来说，酸催化开环中，亲核试剂进攻取代较多的碳，而在碱催化开环中则进攻取代较少的碳。实验证明，不论酸催化开环或碱催化开环，一般遵守 SN_2 机理，因而在过渡状态中都包括键的断裂和形成。在酸催化开环时，质子化使碳氧键进一步削弱，键的断裂比键的形成更甚一些，离子基团所带走的电荷比亲核试剂带来的电荷更多一些。这就使碳获得相当程度的正电荷。同时，由于离去基团与亲核试剂之间离得较远，主体障碍显得不重要，过渡态的稳定性主要由电子因素而不是由主体因素决定，故进攻不发生在位阻较小的碳上，而是发生在最能容纳正电荷的碳上：

酸催化的SN₂开环

$$Z: + \underset{\underset{\underset{H}{O}}{\oplus}}{CH} - CH_2 \longrightarrow \left[\underset{\underset{\underset{H}{O}}{\overset{\delta+}{}}}{\overset{Z}{\vdots}} \atop {CH} - CH_2 \right]^{\delta+} \longrightarrow \underset{OH}{\overset{Z}{CH}} - CH_2$$

（Ⅳ）

键的断裂超过键的形成
正电荷在碳上

在碱催化开环时，亲核试剂是一个碱性的试剂，离去基团也是一个碱性的负离子，链的断裂和键的形成差不多平衡。这时反应活性像通常一样，是由立体因素所控制的，故进攻发生在位阻较小的碳上：

碱催化的SN₂开环

$$Z: + \underset{O}{CH_2 - CH} \longrightarrow \left[H_2\overset{Z}{\underset{\underset{O}{\overset{\delta-}{}}}{C}} - CH \right] \longrightarrow \underset{\underset{O}{\ominus}}{\overset{Z}{CH_2}} - CH$$

（Ⅴ）

键的形成与键的断裂平衡
碳上没有特定的正电荷

（二）有机胺类固化剂的固化机理

有机胺是氨的衍生物，按氮原子上取代基数目不同分为伯胺、仲胺和叔胺；按分子中氮原子数目的不同又可分为单胺、二胺和多胺；按结构又可分为脂肪胺、脂环胺和芳香族胺类。

已知伯胺对环氧树脂的固化作用是按亲核加成机理进行的。氨基上每一个活泼氢都可打开一个环氧基，使之交联固化。与此同时，原来的胺转化为次一级的胺。固化时胺参加交联结构，因此形成杂聚物。

深入研究表明，如果体系不存在羟基或其他给质子基团，那么胺类和环氧基几乎不发生反应。这一点与上面的理论分析是完全一致的。事实上，双酚 A 型环氧树脂本身总有一些羟基存在，因而容易发生反应。若在固化体系中加入含有给质子基团的化合物（如酚类），则可促进胺类固化。其机理可用下式描述：

$$R-\underset{\underset{H}{|}}{\overset{\overset{H}{|}}{N}} + CH_2-CH-CH_2-O-R' + HOR'' \longrightarrow$$

$$\left[R-\underset{\underset{H^{\delta+}\cdots}{|}}{\overset{\overset{H}{|}}{N:^{\delta-}}}\cdots\overset{\delta+}{C}\underset{\underset{O^{\delta-}}{}}{}H-CH_2-O-R' \right] \longrightarrow RNH-CH_2-\underset{\underset{OH}{|}}{CH}-CH_2-O-R'+R''OH \qquad (Ⅵ)$$

$$\downarrow$$
HOR''(给质子基团化合物)

而且，各种羟基化合物对胺固化的促进作用，按羧酸＞苯酚＞醇类次序；醇类中按伯醇＞仲醇＞叔醇次序。在胶黏剂配方中，有时加入这类促进剂，可加速室温固化；反之，如果固化体系中有羰基、氰基、硝基等吸电子基团，则会抑制胺类的固化作用。

叔胺属催化型固化剂，可引发环氧基开环自聚而交联；虽然用伯胺或仲胺固化的环氧树脂分子中会形成叔胺结构，但由于立体阻碍效应，此种叔胺几乎不再起催化作用。

胺类固化剂若是多胺，用量亦需符合当量关系：

$$胺用量(phr)＝胺当量×环氧值＝胺分子量/活泼氢数×环氧值$$

式中　phr——100 份环氧树脂中胺用量的份数。

为得到适宜的工艺性能，胺常过量 10% 左右。芳香胺碱性较弱，又有位阻，单独使用时要加热固化，但可被醇、酚、三氟化硼、辛酸亚锡等加速。多胺类化合物有刺激性，可与环氧乙烷、丙烯腈、二聚亚油酸等反应而改性。商品 DMP-30（2,4,6-N,N-二甲氨甲基苯酚）对改性多胺的活性有促进作用。有一类改性胺是由酮类与多元伯胺反应制得的，即酮亚胺，与环氧树脂混合后隔绝空气相当稳定，遇水立即恢复为原来的多元伯胺，可用于潮湿环境中固化的粘接场合。

（三）有机酸酐的固化机理

酸酐很难直接与环氧基作用，一般先要打开酸酐的环。酸酐开环通常有两种形式。

其一，酸酐受活泼氢化合物的影响而开环。一般双酚 A 型环氧树脂中有羟基，可以打开酸酐的环。加入含羟基的化合物如乙二醇、丙三醇、端羟基聚醚等可加速酸酐开环。酸酐开环反应产生的羟基，再与环氧基加成，形成酯基。一个羧基与一个环氧基加成，这是酸酐固化的主要形式。以苯酐为例：

$$\text{邻苯二甲酸酐} + ROH \longrightarrow \text{邻羧基苯甲酸酯} \qquad (Ⅶ)$$

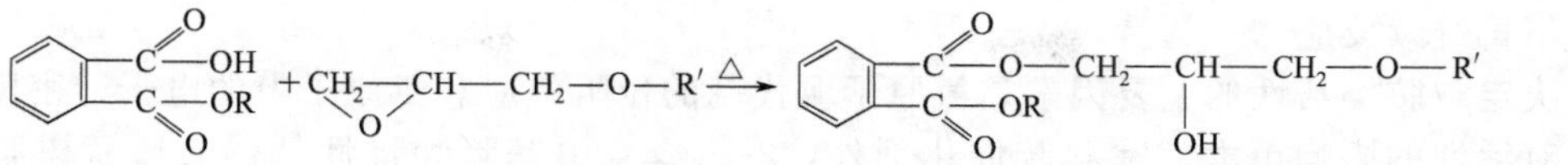

$$（Ⅷ）$$

酯化反应生成的羟基，可进一步使酸酐开环。故一般活泼氢化合物用量为 1～5 份。应当注意，若固化温度较高，羟基也可催化环氧基开环，生成以醚键为主的结构，这里是醚化反应。

其二，酸酐受叔胺影响而开环。叔胺可与酸酐结合并开环成羧酸盐离子（Ⅸ）；羧酸盐离子可打开环氧基形成酯键，同时形成烷氧阴离子（Ⅹ）；烷氧阴离子和酸酐反应再生成酯（Ⅺ）。重复上述反应，导致生成含酯键结构的固化产物。以苯酐为例：

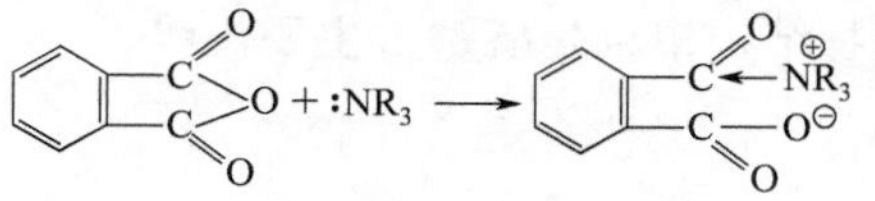

$$（Ⅸ）$$

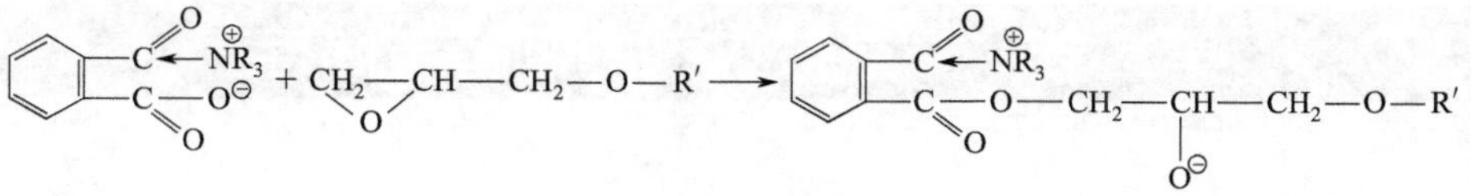

$$（Ⅹ）$$

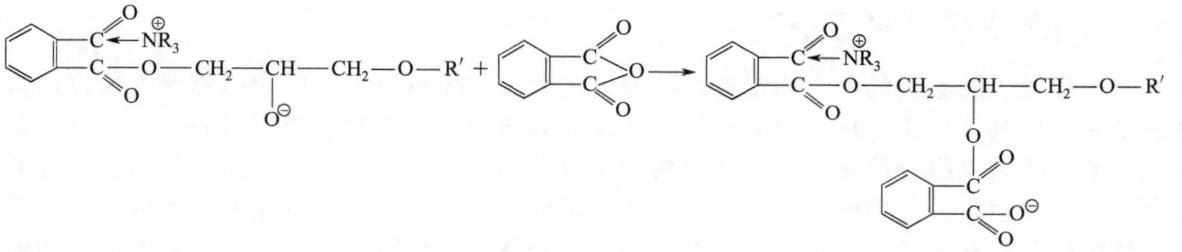

$$（Ⅺ）$$

由上可见，这里仍然是一个羧基和一个环氧基加成。叔胺用量一般也是 1～5 份。应当注意，温度较高时烷氧阴离子也会与环氧基作用形成醚键。在实际工作中，不论用哪一种方式使酸酐开环，主要是形成酯键而固化，同时也形成少量醚键。因此酸酐固化时不一定按当量计算，酸酐通常使用环氧当量的 70%～90% 即可，可按下式计算：

$$W = K A_E E_V$$

式中　W——每 100g 环氧树脂所需酸酐的质量，g；

A_E——酸酐当量；

E_V——环氧值；

K——系数，为 0.7～0.9，由经验决定。

酸酐类固化剂本身熔点较高，而双烯加成改性的顺酐则为液态，但不论熔点如何均需加热固化，用芳香族高熔点多元酸酐固化的环氧树脂制品耐热性较好。

（四）催化型固化剂的固化机理

前述胺固化及酸酐固化，一般认为属逐步加成型，而催化型固化剂的作用在于打开环氧基，生成以醚键为主要结构的均聚物。催化型固化剂亦可分为酸性和碱性两类，前者有三氟化硼、辛酸亚锡等，后者有叔胺、咪唑等。

叔胺对双酚 A 型环氧树脂反应活性大，黏附性好，但耐热性较差。一般认为，叔胺中氮原子上未共享电子对可进攻环氧基上的 $C^{\delta+}$ 形成一个负离子中心，体系中羟基的存在可使环氧基上的 C—O 键极化，有利于 $C^{\delta+}$ 和叔胺形成活性中心，使环氧基形成的负离子中心发生转移。这个转移过程也是链增长和交联的过程。最终的活性中心往往被冻结在交联网络之中而不再继续反应。

决定叔胺类活性的主要因素是氮原子取代基的位阻效应和氮原子上的电子云密度，其中位阻对活性的影响更大。除叔胺催化剂外，2-乙基-4-甲基咪唑毒性低，与环氧树脂混容性好。双氰双胺可与双酚 A 型环氧树脂配成单组分体系，适用期可达半年到一年，加热立即固化，故称潜伏型固化剂，胶接强度也很好。

三氟化硼络合物是一类重要的固化剂。硼原子有空电子轨道，可以接纳配位电子，可与含氧、氮的化合物络合。因为给电子体碱性越强，形成的络合物越稳定，所以三氟化硼和胺的络合物活性较低。它与环氧树脂混合后室温下很稳定，而在高温下便自动分解，迅速使环氧树脂固化，所以它也是一种潜伏型固化剂。三氟化硼的胺络合物固化环氧树脂的机理是阳离子链式反应机理，固化产物结构中也是醚键占主要优势。

第二节　环氧胶黏剂的制备与储存

一、胶黏剂制备工艺

当环氧树脂胶黏剂的配方确定后，一般可按配方将各组分按顺序放入容器内搅拌均匀后涂胶使用。但具体来说，环氧树脂胶黏剂的配方确定后，既可配制成双组分的，也可配制成单组分的。所谓双组分胶黏剂是以环氧树脂和改性剂等作为一种组分，而固化剂、促进剂作为另一组分，两组分分别储存，使用前再按确定的比例混合。单组分胶黏剂是将固化剂预先加入环氧树脂和其他各组分中充分混合，构成混合体，可以直接使用，使用前不需再调配。

（一）环氧树脂胶黏剂的配制工艺

原材料和器具准备→按配方准确称量→混合搅拌均匀→质量检验。

（1）原料及器具准备　常用的环氧树脂的黏度都比较大（E-51 除外）。

E-44 和 E-42 环氧树脂在室温低于 15℃时很黏稠，不宜于从容器中取出与其他组分相混合，可通过加热降低黏度，增加流动性。若在水浴上加热，温度控制在 50～60℃即可，应特别注意不要使水蒸气凝结在环氧树脂里。

小量配制，如果用烧杯盛装，可盖上玻璃，直接放入烘箱内，保持一定时间，也可将烧杯放在带有石棉网的电炉上加热，切勿局部过热，一定要搅拌。

固体环氧树脂，可以用加热法熔化，也可以用溶剂法溶解，或将其研细过筛之后，再与其他组分混合。

配制环氧树脂胶黏剂用的无机固体填料，应在添加前于 110～120℃烘干 2h，以除去水分及所吸附的气体。有的填料须在 600～900℃高温下进行活化。填料最好是现用现烘，也可预干后，置入密闭的容器内储存，但放置时间不宜太久。

固体状态的固化剂，最好变成液体形式后再加入。为了能让固化剂与环氧树脂混合均匀，固化剂可在使用前加热熔化或溶剂溶解，也可制成过冷液体，如间苯二胺。若固化剂以固态形式加入树脂内，则需研细过筛（一般为 75μm），以利分散均匀。

配制环氧树脂胶黏剂用的容器可以是金属或搪瓷的，为了减少环氧树脂与器壁的粘连，便于清理和反复使用，器壁最好镀铬抛光或涂硅树脂涂料。

如果配胶量较小，最好使用聚烯烃塑料或橡皮制的容器，残余的环氧树脂胶黏剂即使固化了，也易弯曲剥离脱落，也可用小烧杯配制环氧树脂胶黏剂，用后及时清洗干净。

若配制剂量较大，可用不锈钢或镀铬钢做成的搅拌器。至于用量较小的手工混合，可用玻璃棒、竹棒或铜棒搅拌。

应当注意，配胶用的容器、搅拌器或其他辅助工具，都要求洁净干燥，无油污或脏物。取用甲、乙两组分的工具不可串用，否则未用的两组分可能局部混合固化，会影响胶黏剂的性能。

（2）准确称量　各组分的称量必须准确无误，不可马虎大意，尤其是低分子胺类固化剂用量要求非常严格，如不加以控制，加多加少都会带来不良后果。

每次使用前都要对天平进行零点校正，以确保称量准确。

（3）混合均匀　配制环氧树脂胶黏剂时，将各组分混合均匀相当重要，否则就难以确保性能的一致性，也有可能造成粘接的失败。配制双组分胶黏剂或单组分胶黏剂，最好是将各液体组分和固体组分先各自分别混合均匀后，再将两者放在一起最后混合均匀。

若是一次配成可固化的环氧树脂胶黏剂或单组分胶黏剂，应将树脂与填料混合均匀后，再添加固化剂混合。

若能将填料加热到 50～60℃进行热混，有利于环氧树脂与填料的浸润，效果较好。

搅拌应上下左右依次反复进行，不能留有死角，直至均匀一致为止。

（二）双组分环氧胶黏剂的制备

双组分环氧树脂胶黏剂的生产工艺：原料及器具准备→按配方称量→混合搅拌均匀→检查与检验→包装。

（三）注意事项

（1）大批量制备液态胶黏剂通常采用反应釜，小批量可采用三口瓶、烧杯等器具。固态胶黏剂通过采用挤出机。

（2）首先应按配方比例精确称量，按照规定顺序依次加入制备器具中，在一定温度下，经搅拌使其反应一段时间以便制成胶黏剂。若是双组分胶黏剂应分别进行反应，分别存放；待使用时再将两组分混合。

（3）胶黏剂的配制要求特别仔细。胶黏剂经冷储存后，如果要进行涂覆，必须将其加热至适当的温度，一般情况下以室温为佳，但如果使用热熔胶，施加温度应明显提高。而对于那些混合组分要求比较严格的胶黏剂，必须严格控制配比，才能取得最佳性能，对催化反应尤其如此。以环氧胶黏剂为例，如果胺类固化剂、催化剂用量少，易导致胶黏剂聚合物反应不完全；若催化剂过量易造成胶层脆性大；另外，未反应的多余固化剂也易引起金属被粘接物腐蚀。某些双组分胶黏剂（如环氧树脂）的混合比例不太严格，通常用肉眼测定其组分即可，对粘接体系的极限粘接强度也没有大的影响。

（4）必须将称出的多组分胶黏剂的各组分充分混合，混合应持续到无色纹或无明显的密度层叠现象为止。多组分胶黏剂应防止空气在混合搅拌时进入，若进入空气会使胶黏剂在热固化期起泡，导致带孔（可渗透）粘接。如果空气混入了胶黏剂，在施加之前，应进行真空脱气。必须在胶黏剂开始固化之前进行充分混合。当环境温度升高和批料量变大时，胶黏剂的适用期变短。单组分和某些热固性双组分胶黏剂在室温下具有很长的适用期，而且涂覆和装配速度或批料量要求也不严格。

二、环氧胶黏剂的储存

绝大多数胶黏剂必须储存在暗色或不透明的容器内，有的胶黏剂为延长使用寿命，要在低温下储存。有关胶黏剂的储存要求，制造厂家在说明书中都有清楚的提示。如环氧-酚醛薄膜胶黏剂 HT-424（可喷霜的品级），生产的新胶通常应加以冷却，以延长储存期。其储存有效期见表 2-10。

表 2-10　环氧-酚醛的储存有效期

储存温度/℃	−23	−18	−1	24~29	38
储存有效期/d	180	150	75	12	31

在储存热固性胶黏剂时，应将基体树脂组分与固化剂组分分开存放，以防容器意外损坏时造成污染、混杂，无法使用。而溶剂型胶黏剂储存时，应对盛有胶黏剂的容器加以密封，以防溶剂泄漏或损失，产生有毒或易燃气体。

第三节　环氧胶黏剂的性能要求与检测

一、检测标准和方法

（1）环氧胶黏剂理化性能检测　主要包括外观、密度、固含量、黏度、pH 值、适用期、固化速度、储存期、耐化学试剂性能的检测。其他性能的检测还包括耐热性检验，方法主要有恒定温度试验和高低温交变试验；阻燃性通常参照塑料燃烧性能试验方法 GB/T 2406.1—2009 用氧指数法测定燃烧行为和 GB/T 8323.2—2008 单室法测定烟密度试验方法；耐辐射性参考 ASTM D1879—99 标准；耐霉菌性参照 ASTM D1286 标准；耐腐蚀性参照 ASTM D3310—00 标准。

（2）环氧胶黏剂粘接力学性能检测　强度是最重要的力学性能参数，粘接强度是指胶黏体系破坏时所需要的应力，目前主要通过破坏试验测得，还有无损检测方法。环氧胶黏剂拉伸剪切强度的测试执行 GB/T 7124—2008 标准，对接接头拉伸强度的测试执行 GB/T 6329—1996 标准，T 型剥离强度的测定执行 GB/T 2791—1995 标准，剪切冲击强度试验方法执行 GB/T 6328—1999 标准。

二、主要性能要求与检测

（一）粘接强度

环氧树脂最重要的性能就是粘接强度，粘接性能的好坏决定了胶黏剂性能的优劣。

环氧胶黏剂粘接强度的测试包括拉伸剪切强度和压缩剪切强度。

经过长期的反复试验得知，当对不锈钢的拉伸强度较大时，被粘材料的拉伸剪切强度也相应较大，由于材料本身的不均匀性，为了保证检测的稳定性和可对比性，用金属-金属拉伸剪切强度来客观表现胶黏剂的拉伸剪切强度，将 100mm×25mm×2mm 不锈钢片对粘，粘接面为 25mm×12.5mm，准备 5 组试样，在标准状态下养护 48h，采用万能试验机进行测试。试验中要保证不锈钢片粘接面粗细一致，试验环境相同，并且对粘后的试样的渗胶应清理干净，尽量减少外因对测试结果的影响。

压缩剪切强度采用的是同质材料粘接的方法，将 50mm×50mm×（20~25）mm 的材料对粘，粘接面为 50mm×40mm，准备 5 组试样，在标准状态下养护 48h，采用万能试验机进行测试。试验中要保证材料性能稳定，且为机切面或细面，试验前试样需打磨修边。

依据材料使用的环境及要求，可增加在不同状态下的剪切强度的测试，如浸水、冻融、热处理等状态。

（二）黏度

环氧树脂的黏度是在实际使用中的重要指标之一。不同温度下，环氧树脂的黏度不同，并且影响使用期。材料加工过程中，环氧树脂黏度对能否均匀涂布，是否易于操作，在材料表面的流动性及渗透性等方面都有很大的影响。环氧树脂黏度的测试分为 A、B 组分，采用旋转黏度计进行测试，经过长期的实验得知，黏度越低，环氧树脂对材料表面的渗透性越好。

（三）收缩率

环氧树脂固化过程中发生的体积收缩，是影响胶黏剂的粘接强度的重要因素，胶黏剂收缩率越小表示对面胶的抛光性越好，对材料的粘接强度也越好。

胶黏剂收缩率采用比重法进行测试。干燥比重瓶，称其质量 m_0，取下瓶塞并灌满蒸馏水，擦去从毛细管溢出的多余水分，再称其质量 m_1；倒出液体，烘干比重瓶，灌满被测液体，用上述方法称量被测液体的质量 m_2；计算被测液体密度：

$$\rho_1 = \frac{m_2 - m_0}{m_1 - m_0} \times \rho_{水}$$

同样方法，称得比重瓶质量 m_0，水和比重瓶的总质量 m_1，在烘干后的比重瓶内填装 5g 固体胶膜，称其质量 m_2，在填装固体胶膜的比重瓶内加满水，称其质量为 m_3，则被测固体胶膜密度为：

$$\rho_2 = \frac{m_2 - m_0}{(m_1 - m_0) - (m_3 - m_2)} \times \rho_{水}$$

收缩率：

$$\varphi = \frac{\rho_2 - \rho_1}{\rho_2} \times 100\%$$

（四）耐紫外光（老化黄变）性

环氧树脂的耐老化性能也是一个很重要的影响因素，不仅影响胶黏剂的使用年限，还对材料的表面有很大的影响，尤其是浅色系的材料。

耐紫外光（老化黄变）的测试是将胶黏剂均匀涂抹在白色系列的材料表面上，标准状态下 24h 后放入紫外老化试验箱中，调节设备的温湿度，相隔一定时间后电子记录黄变程度，同时用比色卡对黄变程度进行比较。

（五）凝胶时间、表干时间

环氧树脂的凝胶时间和表干时间这两个参数是结合实际生产应用的需要而设定的。

（1）凝胶时间　胶黏剂各组分按比例混合均匀后静置，反应温度从 30℃ 到达最高温度所用的时间。

（2）表干时间　相同单位面积用量的胶黏剂均匀涂抹于石材表面，将石材放置于恒温烘箱里，用 PE 薄膜对胶膜进行测试，胶黏剂对 PE 薄膜不发生粘连所用的时间。

凝胶时间测试反映了胶黏剂配好后可供使用时间的长短，表干时间则直接影响生产效率。凝胶时间的测定过程中要保证环境条件以及操作过程的一致性；表干时间测定过程中则应模拟材料加工现场的使用环境、控制温度和用量。

（六）胶膜镜向光泽度、硬度

环氧树脂的镜向光泽度和胶膜硬度是针对被粘材料特殊性的需要而测定的。在材料加工过程中，镜向光泽度和肖氏硬度对材料表面的修补、光度、磨抛有着很大的影响，但并非是寻常所认为的镜像光泽度和硬度越高越好，因为有些时候对产品光泽度的要求是低光或哑光；而硬度越高，对磨料的损耗越大，相应对被粘材料表面的光泽度提高也有帮助，但是硬度过高，会导致胶膜脆性变大，容易在磨料强大的磨削力作用下脱落，从而对材料本身缺陷起不到很好的作用，也会降低光泽度。故只可根据实际生产要求和不同的材料选择不同技术参数的环氧面胶。

环氧树脂固化后胶膜镜向光泽度测试采用的仪器是光泽度计。将调配好的胶黏剂（定量）均匀涂抹于材料（50mm×50mm）的表面，标准状态下 24h 后测试胶膜表面光泽度即可。不同部位测量 3～5 个点后，求平均值，测试结果修约到 0.1 个光泽度单位。

环氧树脂的硬度一般使用肖氏硬度计进行测定，将调配好的胶黏剂（定量），在不粘胶模型（直径为 30～50mm）内成模，形成厚度为 25～30mm 的胶块，标准状态下 24h 后测量其肖氏硬度，不同部位测 3～5 个点，求平均值，结果修约到 0.1 个肖氏硬度。

（七）环氧树脂表面成膜

环氧树脂在固化过程中，由于所使用的固化剂类型不一样，以及空气湿度及气温的影响，在凝胶过程中胶料中的活性物质与空气中的水分、二氧化碳发生反应而使得胶膜表面产生形状大小各异的胶斑、油斑。固化后胶膜会有不同的外观形式，这些胶膜主要对面胶质量产生视觉影响。

胶膜的测试：将调好的胶黏剂在不粘胶模型内成模，标准状态下静置 24h 后，将胶膜取出，观察胶膜表面变化情况。

第三章 通用环氧树脂胶黏剂

第一节 室温固化环氧胶黏剂

一、简介

（一）基本概念与范畴

所谓室温固化胶黏剂，通常是指室温下为液体的，调制后可于 $20\sim40℃$ 条件下几分钟到几小时内凝胶，在不超过 7d 的时间内完全固化并达到可用强度的一类胶黏剂。就其应用而言，室温固化环氧胶可分为结构型和非结构型两大类，其包装形式大多数为糊状双组分。双组分室温固化环氧胶，通常在其组分中分别含有一种或几种环氧树脂和胺类固化剂，固化主要是通过两组分混合后的加成-放热固化反应来实现，因此胶的 A、B 组分一经混合，胶黏剂就存在工作寿命（working life）或适用期（potlife）问题。超过适用期的胶液，由于固化反应程度加深，胶黏剂的表观黏度增大，不宜再用于胶接。

（二）基本特点与研究进展

室温固化的胶黏剂在使用时具有省时、省力、省工、节省能源、使用方便等一系列优点，长期以来被人们广泛关注。半个世纪以来，伴随着增韧技术和核壳微观结构理论的探讨与应用，其研制工作取得了重大进展，室温固化型胶黏剂已在航空航天飞行器材的制造，汽车、电器、仪表、舰船制造，以及建筑的装饰、装修、维修，医用、医药，日常生活用品的维修等行业获得广泛应用，已经成为胶黏剂领域中应用面最广且用量最大的重要品种之一。

近 20 年来，双组分包装、糊状供货的室温固化环氧胶的研究取得了很大进展，但现在市售各牌号的胶大都是单项或几项性能突出，而综合性能优异者极少，这类胶研制难度较大的主要原因如下。

（1）不能加热固化，这就使固化过程中反应物的分子、链段以及活性端基没有足够的能量进行运动、迁移或转动，特别是在部分端基相互反应后，分子量相对增大，使未反应的分子或活性端基相对定位，反应概率降低，反应程度降低，使固化反应难以完全进行。

（2）可用于胶黏剂室温固化的材料以及化学反应的类型有限，其中主要有双酚 A 型环氧树脂与胺类活泼氢的加成反应；二官能度以上异氰酸酯与二官能度及以上端羟基聚醚的活泼氢的加成反应；双酚 A 型环氧树脂在叔胺催化剂催化作用下的离子型加聚反应以及含烯类双键的丙烯酸酯单体在氧化还原体系的催化作用下由过氧化物引发的自由基加成反应。

（3）使胶黏剂具有耐高温机制的三个官能结构的单体、高强度机制的核壳结构、内增韧机制的结构或链段，必须预先合成出来，固化反应只能用于在室温下将上述结构连接或组装起来。

在我国，这类胶黏剂在航天领域已用于人造卫星复合材料的组装，太阳能电池板等部件的胶接。在航空领域直升机的制造中，有17种室温固化结构胶用于机身和发动机等部位，也有数种室温固化胶黏剂用于螺钉锁固、导线及热电偶的固定。但也应该看到，比起室温固化胶黏剂在民品修理以及电子工业中的应用，室温固化结构胶黏剂在航空、航天领域，特别是在飞机关键部件的制造中尚未得到广泛使用，这主要是由于室温固化型结构胶黏剂的综合性能尚未达到军工产品生产和使用方面的要求，特别是在耐高温及耐持久方面的苛刻要求。人们尚不敢应用固化温度低于飞机飞行工作温度的各种胶黏剂去粘接这些部件，这恰好就给今后室温固化型结构胶黏剂的发展指出了方向。

（三）主要品种与性能

部分国外双组分室温固化环氧胶及其性能见表3-1和表3-2。

表 3-1　部分国外双组分室温固化环氧胶及其性能

胶的牌号	生产厂家	组分配比	适用期	固化条件	耐温范围/℃
CC-825	Products Resarch	100：100（质量比）	2h/250℃	3d/21.10℃	−40～1210
Scotch-Weld 1751 B/A	3M	3：2（质量比）	45min/250℃	7d/250℃	−55～1490
Master Bood EP 76-F	Master Bood	1：1（质量比）	75min/250℃	2h/250℃	
EA 9394	Dexter Corp	100：33（质量比）	45min/250℃	1d/250℃	−55～170
Master Bood	Master	100：75（质量比）	2h/250℃		−51～1770
EP 39 M Master Bood	Bood Master	1：1（质量比）	45min/250℃	14h/250℃	−51～2040
Phillybood Epoxy Repair	Philacephia Resin	3：1（质量比）	25min/220℃	18h/220℃	−73～2600
Super Ceramic Repair Putty	Philacephia Resin	4.3：1（质量比）	20min/220℃	1d/220℃	−72～2600
Fomulated Resine ER-	Fomulated Resin	100：15（质量比）	1h/250℃	1d/250℃	−50～2750

表 3-2　部分国外双组分室温快固化环氧胶及其性能

胶的牌号	生产厂家	组分配比	凝胶时间	完全固化时间
Cybond	American	1：1	4min/250℃	8h/250℃
Quick Cure	Castall	100：100（质量比）	3min/250℃	3h/250℃
Fastweld 10 Resin/hardener	Ciba CEIGY	100：100	4min/250℃	4h/250℃

续表

胶的牌号	生产厂家	组分配比	凝胶时间	完全固化时间
Easy Poxy	Conap.Inc	100：100（质量比）	5min/250℃	1d/250℃
Cres2057A/B	Crest Products	1：1（质量比）	2min/250℃	1d/250℃
Fasemetal 5	Devcon Corp	1：1	4min/250℃	4h/250℃
Hysol EA	Devcon Corp	170：70（质量比）	6min/250℃	6d/250℃
Formulated	Formulated	100：100（质量比）	4min/250℃	5min/250℃
Resin/hardener				耐温−50～1490℃

我国研制的性能较为优异的部分双组分室温固化环氧胶见表 3-3。

表 3-3 我国研制的性能较为优异的部分双组分室温固化环氧胶

胶的牌号	主要成分	固化条件	主要性能
J-11	环氧,聚酰胺	3d/250℃	室温剪切强度 20～25MPa,耐温−60～600℃
HY-914	混合环氧,703 固化剂	3d/250℃	室温剪切强度 24MPa
KH-520	环氧,聚酰胺,703 固化剂	1d/100℃	室温剪切强度 25MPa
WJ-53-HN501	环氧,硫醇叔胺	30min/200℃	室温剪切强度 25MPa
JGN	环氧,固化剂,催化剂	室温固化	耐 1200℃
DG-2 及 DG-3 等	环氧,增韧剂,耐高温固化剂	室温固化	耐 2000℃,室温剪切强度 18～30MPa(0℃),剥离强度 3.9kN/m
J-135	环氧,端羧丁腈醚胺,催化剂等	4～7d/250℃	室温剪切强度 ≥33MPa,800℃ 剪切强度 ≥12MPa,室温剥离强度≥4.5MPa
J-153	改性环氧及改性胺类固化剂等	4～7d/250℃	室温剪切强度 ≥30MPa,800℃ 剪切强度 ≥12MPa,室温抗压强度≥50MPa

（四）室温固化高温使用的环氧胶黏剂及研究进展

1. 国外室温固化耐高温 EP 胶黏剂

基体树脂的选择和改性、耐热固化剂和耐热填料的合成，都是研发室温固化耐高温 EP 胶黏剂的重要方面。

（1）高活性固化剂和 EP 树脂的改性　固化反应的本质是 EP 中的环氧基团与固化剂发生开环聚合反应并形成交联网状结构。EP 胶黏剂的耐温性能主要取决于固化产物的结构，若固化产物为交联度较高的网状结构或含有较多能限制固化产物分子链段运动的基团，则固化物会有较好的耐温性能。因此可采用高官能度或高芳核密度的固化剂来固化 EP。选用液体端羧基丁腈橡胶（CTBN）对 EP 进行改性，并以 2,4,6-三（二甲氨基甲基）苯酚为固化剂，制备了室温固化的 EP 胶黏剂，其使用温度达到 120℃。该研究还发现，CTBN 虽然能够起到良好的增韧作用，但过量的 CTBN 会削弱固化产物的耐温性能。使聚醚砜（PES）与联苯基型 EP 反应生成均相的半互穿网络聚合物，研究表明，当聚醚砜的用量为基体树脂用量的 10% 时，改性后 EP 的 T_g 比改性前升高了 20%。研究者常采用多官能度 EP 作为基体树脂，或采用其他多官能度物质改性 EP 制备胶黏剂。将四官能团和三官能团缩水甘油醚型 EP 交联反应的产物作为基体树脂，用多烯基多胺和氨基或者羧基封端的二烯烃橡胶为组合固化体系，制备了室温固化，且在 120℃ 仍具备良好性能的胶黏剂。虽然这些 EP 胶黏剂的耐温性能都不太好，但却为室温固化 EP 胶黏剂的研制提供了一个思路。

采用多面低聚倍半硅氧烷改性含有双酚 F 二乙二醇醚的 EP，多面低聚倍半硅氧烷在改性后的树脂中起交联枢纽的作用，限制了 EP 中基团的运动。用改性 EP 制备的材料在室温固化后的屈服强度可达 281MPa，200℃ 以下的弯曲应变小于 0.1%，具有较好的耐温性能，可用于大型工业设备的制造。采用聚乙二醇与 4-氨基苯甲酸通过酯化反应合成了端氨基聚乙二醇/苯甲酸（ATPEGB），并用其改性双酚 A 二缩水甘油醚 EP（DGEBA），使二者反应形成交联网状结构，再以三乙烯四胺为固化剂制备了一种室温固化耐高温 EP 胶黏剂。研究发现，当 ATPEGB 的用量为 12.5 份时，胶黏剂室温固化后，耐温可达 315℃。Amit 以 EP 为原料，采用真空辅助树脂传递成型工艺制成了碳纤维增强复合材料，能够在室温固化，有望取代因含有致癌物苯乙烯而被限制使用的乙烯基酯树脂复合材料。

（2）耐热填料　填料是 EP 胶黏剂的重要组成部分，合适的填料不仅能够降低胶黏剂的生产成本，还能提高其力学性能及耐热性，其中新型纳米级填料已成为研究热点。采用经阴离子型表面活性剂改性的纳米二氧化硅和液体丁腈橡胶改性环氧树脂，采用溶液浇铸法制备的环氧树脂胶黏剂能够在室温固化且可耐受高温。研究表明，当纳米二氧化硅的质量分数为 2% 时，胶黏剂的剪切强度为 17.9MPa，T_g 达到 216.5℃。研究了不同纳米级填料对高温固化的四官能团环氧树脂 MY721 和低温固化的双官能团环氧树脂 LY5052 固化产物耐温性能的影响。研究表明，对于室温固化 LY5052 环氧树脂，填料为含溴化乙烯基三苯基磷的黏土或为经十八烷基铵离子改性的蒙脱土时，室温固化产物能耐 400℃ 高温。Makom-1 型胶黏剂以矿物质作为填料，具有良好的耐湿耐油性，在温度为 -10℃ 即开始固化，在 20~25℃ 条件下 15~24h 能完全固化，其耐温范围为 -150~200℃。

随着研究的开展，许多性能优良的室温固化耐高温 EP 胶黏剂已经开始在市场上销售，如表 3-4 所示。其中，EP21TCHT-1 型胶黏剂是一种可室温固化，具有高导热性和优异电绝缘性的环氧胶，使用温度为 -269~204℃，线膨胀系数低，黏度低，粘接性能优异，被 NASA 授权用于低温除气及用于真空环境。

表 3-4　国外部分室温固化耐高温 EP 胶黏剂及其耐温性能

型号	公司名称	固化温度/℃	固化时间/h	耐温性能描述
Scotch-Weld 100B/A	3M	23	24~48	307℃ 时的收缩率仅为 5%
Dynaloy325	Dynaloy	室温	24	耐温范围 -60~175℃
Epoxy4002	HARDMAN	25	72	最高使用温度 150℃
Epoxy021906-1T	ResinDesigns	25	72	耐温范围 -50~155℃
EP-750	Resinlab	室温	24~72	耐温范围 -40~150℃
Hysol9460	LOCTITLE	25	72	121℃ 时剪切强度 4.14MPa
EP21TCHT-1	Master Bond	室温	18~24	耐温范围 -269~204℃
EP30HT	Master Bond	室温	24	耐温范围 -204℃
EP39-2	Master Bond	室温	4~6	耐温范围 -16~148℃
EP50	Master Bond	室温	0.083~0.25	耐温范围 -16~121℃
EP51TH	Master Bond	室温	4~6	耐温范围 -16~76℃
Black Magic HT	Master Bond	室温	24~48	耐温范围 -16~204℃
Steel Master 43HT	Master Bond	室温	24	耐温范围 -16~204℃

2. 国内室温固化耐高温 EP 胶黏剂

（1）EP 树脂的改性　以环氧 E-51 和环氧 TDE-85 为主体树脂加入适量石墨粉，以三乙烯四胺、双马来酰亚胺（BMI）和三乙醇胺为复合固化体系，TDE-85 型 EP 树脂改性的聚硫橡胶为增韧剂，研制了用于粘接聚苯硫醚膜（PPS）与石油输送管道的室温固化耐高温 EP 胶黏剂。通过 TG、DSC 和耐介质性测试表明：当所用石墨粉的量为基体树脂的 2%，BMI 用量为 3% 时，胶黏剂可在 100~150℃ 长期使用，且具有较好的耐油性，既解决了聚苯硫醚膜难以与钢材粘接的问题，又适用于石油管道这种高温的油性环境。

① 用聚氨酯增韧改性 EP，用胺类固化剂固化后它具有良好的韧性和耐温性能。由此配制出一种室温固化方舱大板结构胶，室温剪切强度达到 15MPa，且具有较好的耐热性能，成本也比较低廉。

② 研制了一种组成为环氧改性有机硅树脂的胶黏剂，兼具环氧的高剪切强度，又具有有机硅树脂耐高温的特点，能在室温固化，可在 300℃短期使用，在 200℃长期使用。

③ 用环氧 E-20 和有机硅低聚物（PS）合成了一种 EP 改性有机硅树脂，当 m_{E-20}：$m_{PS}=2:8$ 时，改性有机硅树脂的综合性能得到了明显改善。采用改性芳香胺固化剂，硅烷偶联剂 KH-550 以及适当的颜填料制备的涂料具有良好的耐热防腐性能，可常温固化，能在 500℃长期使用。

（2）组合耐热填料和耐热固化剂 近年来，通过高活性耐热固化剂及耐热填料制备室温固化耐热 EP 胶黏剂的报道也有所增多。

① 采用硅烷偶联剂（γ-GPS）为交联剂，二月桂酸二丁基锡为催化剂，使 EP 与硅树脂发生交联生成 SR-EP 互穿网络聚合物。将聚合物除气净化处理后与玻璃粉、碳化硼、铝粉按照 3.2：4：3 的比例混合，以 LMPA650 为固化剂，制成了一种新型的室温固化耐高温陶瓷胶黏剂。该胶黏剂所用填料 B_4C 在高温下能结合氧气与水，与陶瓷表面发生反应生成 $Al_2O_3 \cdot B_2O_3$，因此经室温固化后再将温度上升至 600℃，粘接强度可进一步提高。在 435℃时的质量损失仅 10%，在 1000℃时不仅出现增重，且压剪强度高达 9.44MPa。在设计胶黏剂配方时，通过预测高温条件下胶黏剂与粘接面之间可能发生的反应是一条新的思路。与此类似，还可以从粘接层破坏机理入手，通过预测特定应用环境中粘接层可能会受到的主要应力类型来制备合适的胶黏剂。

② 以 R-140 和 F-51 混合树脂、酚醛胺固化剂、偶联剂、触变性填料为主要成分，制备了能够室温固化，并可在 160℃长期工作的 HT-160 胶黏剂，该胶黏剂经室温 24h 固化后，160℃的剪切强度为 9.1MPa。经应用证明，该胶满足耐磨陶瓷粘贴的技术要求。

③ 用丁基缩水甘油醚型环氧树脂改性聚丙烯亚胺，并按照环氧树脂与聚胺的比例为 1：2 和 1：4 分别制成了 PB2 和 PB4 两种固化剂。这两种固化剂能在室温下固化环氧树脂且固化产物具有较好的耐温性能，其热失重率为 0.5%时对应的温度超过 220℃。

④ 以 E-44 为基体树脂、HD 和 LMPA650 为复合固化剂、硅烷偶联剂 A-171 处理过的高岭土为填料，配以增强剂，实验得出了最优配方，即 $m_{LMPA650}$：$m_{固化剂HD}$：$m_{偶联剂}$：$m_{增强剂}$：$m_{填料}=20:20:2:10:50$。该胶黏剂可在室温下 2~3h 固化，使用温度达到 200℃，适用于钢铁、铝合金及磨料等工件的粘接，且成本较低。

另外，中蓝晨光化学研究院生产的 DG 系列胶黏剂，能够在室温固化，最高使用温度达到 150℃，具有良好的耐油、水、酸、碱性能。黑龙江石油化工研究院研制的 J-241、J-200 型环氧胶黏剂均能室温固化，使用温度达到 120℃，而 J-234 型环氧胶黏剂室温固化后最高使用温度达 250℃，可作为航天用胶黏剂。

二、实用配方

1. 耐热型室温固化环氧胶黏剂（质量份）

F-44 酚醛环氧树脂	70	填料	5~10
E-51 环氧树脂	30	胺类固化剂	3~15
氨基硅油	20	促进剂	1~3
液体端羧基丁腈橡胶	10~20	其他助剂	适量

说明：室温剪切强度 6.07MPa，130℃剪切强度 4.59MPa，180℃剪切强度 1.67MPa，可用作结构胶黏剂。

2. 耐热结构粘接用室温固化环氧胶黏剂 （质量份）

A 组分		B 组分	
AG-80 环氧树脂	50	聚硫橡胶(JIY-155)	100
E-51 环氧树脂	50	固化剂	3～5
液体端羧基丁腈橡胶	20	促进剂	1～3
填料	5～10	其他助剂	适量
溶剂	适量		
其他助剂	适量		

说明：该胶粘接强度高、韧性好，室温固化 10d，固化完全后，剪切强度为 25.9MPa，120℃ 剪切强度为 14.9MPa，室温剥离强度为 6.6N/m，主要用于航天、航空耐热结构件的粘接。

3. 聚氨酯/环氧室温固化胶黏剂 （质量份）

环氧树脂(E-51)	100	固化剂	20～30
聚氨酯预聚体	30	促进剂	1～3
液体端羧基丁腈橡胶	20	溶剂	适量
TDE-85	10	其他助剂	适量

说明：在室温下固化 2～4d 后，拉伸剪切强度为 12～20MPa，可用于机械、电气和化工结构部件的粘接。

4. 耐高室温固化环氧胶黏剂 （质量份）

环氧树脂(E-51)	100	二甲基甲酰胺	50
聚砜树脂	80	填料	5～8
双氰胺	12	其他助剂	适量
三氯甲烷	适量		

说明：可在室温下固化 2～4h，接头剪切强度可达 27MPa，拉伸强度达 34MPa，属于高性能结构胶。

5. 耐湿热老化室温固化环氧胶黏剂 （质量份）

A 组分		固化剂 B	5
环氧树脂(E-51)	100	填料	5～8
其他助剂	适量	偶联剂(KH-550)	1～2
B 组分		溶剂	适量
低分子聚酰胺	100	其他助剂	适量
液体芳胺	10		
固化剂 A	5		

A：B＝1：1

说明：剪切强度为 24.5MPa（－60℃），26.9MPa（20℃），6.2MPa（100℃）；均匀扯离强度为 45.5MPa。耐溶剂性良好，主要用于船舶工业和化学工业结构件的粘接。

6. 耐湿热型室温固化环氧胶黏剂 （质量份）

A 组分		B 组分	
环氧树脂(双酚 A 量)	100	聚酰胺	100
气相二氧化硅	10～20	叔胺	10～20
滑石粉	5～10	促进剂	1～2
偶联剂	1～2	其他助剂	适量
其他助剂	适量		

A：B＝1：1

说明：该胶在 20℃下固化 24～48h，剪切强度为 24.4MPa；在 40℃下固化 14～24h，剪切强度为 23～24MPa；在 70℃下固化 1h，剪切强度为 19.9MPa；在 100℃下固化 15min，其剪切强度达 21.2MPa。在 70℃相对湿度 95%～100% 的条件下老化 500h，性能保留率为 85%。该胶可作为结构胶使用。

7. 高速固化室温环氧结构胶黏剂（质量份）

A 组分		B 组分	
环氧树脂(711)	75.0	固化剂(701)	100.0
环氧树脂(E-20)	20.0	促进剂(DMP-30)	3.0
石英粉(>270 目)	50.0	气相二氧化硅	1.2
712 环氧树脂	25.0	偶联剂(KH-550)	1.0
液体聚硫橡胶	60.0	石英粉(>270 目)	30.0
气相二氧化硅	1.0～2.0	溶剂	适量
偶联剂	1.0	其他助剂	适量
其他助剂	适量		

A∶B＝2∶1

说明：室温固化 6～8h，即可达到完全固化可作为结构酸使用。

8. 超低温下使用的室温固化环氧胶黏剂（质量份）

四氢呋喃聚醚型环氧树脂	100	偶联剂	1～2
固化剂(590)	10～15	溶剂	适量
填料	10～20	其他助剂	适量

说明：主要用于粘接金属构件，使用温度为 -196～150℃。室温下加压 19.6MPa 固化 24h，60℃下加压 19.6MPa 固化 4h。

9. 抗剥离型耐湿室温固化环氧胶黏剂（质量份）

A 组分		B 组分	
双酚 A 型环氧树脂	80	改性芳胺固化剂	100
多官能团脂肪环类环氧树脂	20	叔胺催化剂	2～5
液体端羧基丁腈橡胶	20	溶剂	适量
填料	10～15	其他助剂	适量
其他助剂	适量		

A∶B＝1∶1

说明：可在室温下固化 4d，在 60℃下固化 4h。25℃下剪切强度为：粘接铝合金构件为 33～35MPa，粘接 45 钢为 32MPa，粘接玻纤复合材料为 14.2MPa，粘接碳纤维复合材料为 12.5MPa；120℃下剪切强度：粘接铝合金 14MPa，粘接 45 钢 13.6MPa，粘接玻纤复合材料为 9.6MPa，粘接碳纤维复合材料为 9.7MPa。

10. 高强度室温固化环氧胶黏剂（质量份）

A 组分		B 组分	
E-44 环氧树脂	100	一缩二乙二醇双 γ-氨丙基醚	100
端羧基丁腈橡胶	20	N-氨乙基哌嗪	10～20
TiO_2	10	胺类催化剂	2～3
气相二氧化硅	5	蓝色染料	适量
偶联剂	1～2	溶剂	适量
其他助剂	适量	其他助剂	适量

A∶B＝1∶0.23

说明：该胶粘接铝合金板材的剪切强度为 28～39MPa，剥离强度达 54～85N/cm。

11. 高剥离强度室温固化环氧胶黏剂（质量份）

A 组分		B 组分	
双酚 A 型环氧树脂	100	聚酰胺(200#)固化剂	100
液体聚硫橡胶	60	间苯二胺	20～30
其他助剂	适量	液体聚硫橡胶	10
		增黏树脂	5～6
		其他助剂	适量

A：B＝1：1

说明：剥离强度（20℃）为 6.1kN/m。剪切强度：－60℃ 为 29MPa，20℃ 为 32.9MPa，85℃ 为 7.0MPa，100℃ 为 5.4MPa。

12. 室温快速固化高强度环氧胶黏剂（质量份）

A 组分		B 组分	
E-51 环氧树脂	100	固化硫醚	100
E-44 环氧树脂	10	叔胺催化剂	1～3
增黏剂	10	其他助剂	适量
填料	5～10		
偶联剂	2		
其他助剂	适量		

A：B＝1：1

说明：剪切强度为 26.7MPa，剥离强度为 3.7kN/m。

13. 全透明室温快速固化环氧胶黏剂（质量份）

A 组分		B 组分	
E-51 环氧树脂	100	混合固化剂	100
不饱和聚酯	10	固化促进剂	5
气相白炭黑	2	偶联剂 KH-550	1
其他助剂	适量	其他助剂	适量

A：B＝1：1

说明：初黏时间 5～9min，剪切强度 28MPa、剥离强度 9.65N/mm，主要用于粘接玻璃、宝石、航空与航天透明结构件等。

14. PVC 粘接用室温固化环氧胶黏剂（质量份）

E-51 环氧树脂	60.0	轻质 CaCO$_3$	20.0
E-44 环氧树脂	40.0	偶联剂 KH-550	1.5
聚酰胺固化剂	30.0	其他助剂	适量

说明：固化条件为室温下固化 24h，或 70℃下固化 1h。剪切强度为 26MPa，剥离强度为 2.2kN/m。且生产工艺简便、成本低，适于大量推广。

15. 室温固化环氧胶黏剂 1（质量份）

A 组分		B 组分	
E-44 环氧树脂	80	聚酰胺(651)固化剂	100
E-42 环氧树脂	20	其他助剂	适量
600 环氧树脂稀释剂	20		
癸二酸二辛酯	10		
其他助剂	适量		

A：B＝1.5：1.3

说明：该胶配方设计合理，工艺简便，产品质量好，可广泛推广应用。

16. 室温固化环氧胶黏剂 2（质量份）

环氧树脂(E-42)	100	过氧化二苯甲酰	2
聚酯(3193)	30	填料	10
邻苯二甲酸酐	8	其他助剂	适量
苯乙烯	30		

说明：该胶配方设计合理，工艺简便可行，产品质量好，应大力推广应用。

17. 室温固化环氧胶黏剂 3（质量份）

环氧树脂(E-51)	100	邻苯二甲酸二丁酯	15
多缩水甘油醚(ZH-41)	20	偶联剂 KH-550	1
β-羟乙基乙二胺	15	其他助剂	适量
石英粉(200 目)	40		

说明：配方设计合理，工艺简便，产品质量好，应用范围广泛。

18. 室温固化双组分环氧胶黏剂（质量份）

A 组分		B 组分	
E-44 环氧树脂	100	二乙烯二胺	100
邻苯二甲酸二丁酯	15	DMP-30 促进剂	3
生石灰	20	硫脲类物质	20
其他助剂	适量	其他助剂	适量

A：B＝1：1

说明：该配方设计合理，工艺简便，产品质量好，应用范围广，应予以推广。

19. 室温固化双组分环氧胶黏剂（质量份）

A 组分		B 组分	
环氧树脂(E-42)	100	聚酰胺(650)	100
稀释剂	10	Al_2O_3 粉(300 目)	50
偶联剂	1	其他助剂	适量
其他助剂	适量		

说明：配方设计合理，工艺简便可靠，产品质量稳定，应大力推广。

20. 室温固化双组分环氧胶黏剂（质量份）

A 组分		B 组分	
环氧树脂(E-51)	100	三氟化硼-顺丁烯二胺/四氢糖醛络 合物	40～50
二苯胺	10		
酸洗石棉粉	40	酸洗石棉(250 目)	20
其他助剂	适量	其他助剂	适量

A：B＝1.4：0.33

说明：配方设计合理，工艺性良好，产品质量稳定，应用范围广。

21. 室温固化快干环氧胶黏剂（质量份）

E-51 环氧树脂	100.0	Al_2O_3 粉(200 目)	50.0～80.0
线型聚脲树脂	20.0	偶联剂 KH-550	1.5
邻苯二甲酸酐	40.0	其他助剂	适量

说明：固化条件为室温固化 2～3h。配方设计合理，工艺简便，产品质量良好，应大力推广。

22. 室温固化 24h 环氧胶黏剂 （质量份）

环氧树脂(E-51)	100	Al_2O_3 粉（300 目）	10～20
稀释剂(501#)	10	偶联剂 KH-550	1
聚酰胺固化剂	10	其他助剂	适量

说明：配方设计合理，工艺简便，产品性能良好，应用范围广。

23. 室温快速固化环氧胶黏剂 （质量份）

A 组分		B 组分	
环氧树脂	100	聚硫醇	70
硅粉	60	聚酰胺	12
炭黑	10	叔胺	8
石棉	5	硅粉	50
其他助剂	适量	二氧化钛	10
		石棉	4
		偶联剂	1
		其他助剂	适量

A：B＝1：1

说明：室温固化 8h，配方设计合理，产品性能良好，应用范围广。

24. 室温快速固化堵漏用环氧胶黏剂 （质量份）

A 组分			
E-44 环氧树脂	100	聚硫橡胶	10
稀释剂(600)	20	偶联剂(B201)	2～3
其他助剂	适量	促进剂(DMP-30)	1～3
B 组分		其他助剂	适量
硫醇-环氧加成物	100		
酸洗石棉粉(250 目)	30		

A：B＝1.2：1.4

说明：配方设计合理，工艺简便可靠，产品质量优良，应推广应用。

25. 耐高温环氧胶黏剂 （质量份）

环氧树脂(509#)	100	SiO_2（200 目）	3
丁二醇双缩水甘油醚	20	偶联剂	1
咪唑固化剂	6	其他助剂	适量

说明：该胶配方设计合理，工艺简便，产品质量稳定，主要用于耐高温场合。

26. 室温固化水中使用的环氧胶黏剂 1 （质量份）

环氧树脂(E-42)	100	双丙酮丙烯酰胺	15
生石灰(180 目)	50	二乙烯三胺	25
石油磺酸	5	其他助剂	适量

说明：该胶配方设计合理，工艺简便，产品质量良好，适用性强。

27. 室温固化水中使用的环氧胶黏剂 2 （质量份）

E-42 环氧树脂	100	生石灰(160 目)	50

| 双丙酮丙烯酰胺/二乙烯三胺混合 | 40 | 石油磺酸 | 5 |
| 固化剂 | | 其他助剂 | 适量 |

说明：该胶配方设计合理，制备工艺简便可靠，产品质量稳定，可广泛推广应用。

28. 水中固化环氧胶黏剂 （质量份）

E-51 环氧树脂	100	二乙烯三胺	10
聚酯树脂	20	生石灰	50
石油磺酸	5	其他助剂	适量

说明：可在室温或水中固化，粘接强度高，适用性强。

29. 室温固化环氧修补胶黏剂 （质量份）

A 组分		B 组分	
E-42 环氧树脂	100.0	三氟化硼-四氢呋喃络合物	70.0
PVC 溶液	15.0	磷酸	100.0
石英粉(200 目)	35.0	α-甲基咪唑	40.0
气相 SiO_2	1.5	气相 SiO_2	2.0
偶联剂	1.0	其他助剂	适量
其他助剂	适量		

A：B＝5：7

说明：该胶配方设计合理，制备工艺简便，质量稳定可靠，应用面广。

30. 室温固化耐湿热老化环氧胶黏剂 （质量份）

A 组分		B 组分	
E-51 环氧树脂	100	混合胺(氯苯二胺/DMP-30)	100
聚丁二烯环氧树脂	18	γ-氨基丙基三乙氧基硅烷	1
聚酰胺	50	DMP-30 促进剂	1
其他助剂	适量	其他助剂	适量

A：B＝1：0.8

说明：该胶配方合理，制备工艺简便，产品质量可靠，应用面广。

31. 低温性能优越的室温固化环氧胶黏剂 （质量份）

E-44 环氧树脂	100.0	填料	5.0～10.0
聚酰胺	80.0	偶联剂 KH-550	2.5
稀释剂(600)	20.0	其他助剂	适量
间苯二胺	5.9		

说明：该胶配方合理，制备工艺简便，产品质量稳定可靠，应用面广。

32. 耐磨蚀室温固化环氧胶黏剂 （质量份）

E-44 环氧树脂	100.0	钴粉(200 目)	100.0～200.0
邻苯二甲酸二丁酯	10.0	二硫化钼(200 目)	20.0
聚丙烯酰胺	7.0	偶联剂 KH-550	1.5
聚酰胺(650)	50.0	其他助剂	适量

说明：该胶配方设计合理，制备工艺简便，产品质量稳定可靠，适用性强。

33. 防火型室温固化环氧胶黏剂 （质量份）

| 618 环氧树脂 | 100.0 | TiO_2 | 30.0 |
| 双(2,3-溴丙基)反丁烯二酸酯 | 20.0 | 过氧化二异丙苯 | 1.0 |

| 三氧化二锑 | 15.0 | 酞菁蓝 | 0.5~1.5 |
| 偶联剂 | 1.5 | 其他助剂 | 适量 |

说明：该胶配方设计合理，制备工艺简便，产品质量稳定可靠，应用范围广，室温固化8~12h。

34. 耐油型室温固化环氧胶黏剂（质量份）

A 组分		B 组分	
E-44 环氧树脂	75.0	2-乙基-4-甲基咪唑	50.0
B-63 环氧树脂	10.0	二乙烯二胺	50.0
聚硫橡胶（TLY-121）	30.0	DMP-30 促进剂	1~3
锌粉（200 目）	100.0	偶联剂 KH-550	1.5
E-51 环氧树脂	15.0	其他助剂	适量
其他助剂	适量	固化条件：室温固化 12h	

说明：该胶配方设计合理，制备工艺简便，产品质量稳定可靠，适用面广。

35. 耐化学药品型室温固化环氧胶黏剂（质量份）

A 组分		B 组分	
E-51 环氧树脂	60	聚酰胺固化剂（651#）	100
E-42 环氧树脂	40	促进剂	3
稀释剂	20	其他助剂	适量
癸二酸二辛酯	10		
其他助剂	适量		

A：B＝1：0.3

说明：该胶配方设计合理，制备工艺简便，产品质量稳定可靠，适用性强。

36. 可替代金属焊接的室温固化环氧胶黏剂（质量份）

E-44 环氧树脂	100	三乙烯四胺	12
邻苯二甲酸二丁酯	20	其他助剂	适量
乙二胺	10		

说明：该胶配方设计合理，工艺简便，产品质量可靠，成本低，适用性强。

37. 耐磨材料粘接用室温固化环氧胶黏剂（质量份）

E-44 环氧树脂	100	二硫化钼	5~10
邻苯二甲酸二丁酯	20	偶联剂 KH-550	1~3
乙二胺	5~8	其他助剂	适量
铁粉（200 目）	200~400		

说明：该胶配方设计合理，制备工艺简便，产品质量可靠，适用性强。

38. 织布机粘接用室温固化环氧胶黏剂（质量份）

E-44 环氧树脂	100	稀释剂	20
邻苯二甲酸二丁酯	20	其他助剂	适量
乙二胺	10		

说明：该胶配方设计合理，制备工艺简便，产品质量稳定，成本低，适用性强。

39. 纺织机粘接用室温固化环氧胶黏剂（质量份）

| E-44 环氧树脂 | 100 | 丙酮 | 20 |
| 邻苯二甲酸二丁酯 | 20 | 乙二胺 | 5~8 |

| 三乙烯四胺 | 15 | 其他助剂 | 适量 |
| 增黏剂 | 5～8 | | |

说明：该胶配方设计合理，制备工艺简便，产品质量可靠，适用性强。

40. 可低温下粘接的室温固化环氧胶黏剂（质量份）

E-44 环氧树脂	100	聚酰胺固化剂	20
聚硫橡胶	15	稀释剂	适量
填料	5～10	其他助剂	适量

说明：该胶配方设计合理，制备工艺简便，产品质量稳定可靠，适用性强。

41. 管道粘接用室温固化环氧胶黏剂（质量份）

E-44 环氧树脂	100.0	石英粉(200 目)	30.0
邻苯二甲酸二丁酯	20.0	偶联剂	1.5
氧化锌	10.0	其他助剂	适量
乙二胺	5.0		

说明：该胶配方设计合理，制备工艺简便，产品质量稳定可靠，适用性强。

42. 金属粘接用室温固化环氧胶黏剂（质量份）

A 组分		B 组分	
环氧树脂	100.0	三氧化硼甘油醚	100.0
PVC 溶液	15.0	三氧化硼苯胺	50.0
石英粉(200 目)	35.0	二缩三乙二醇	适量
白炭黑	1.5	磷酸	50.0
稀释剂	20.0	白炭黑	8.0～9.0
其他助剂	适量	其他助剂	适量

说明：该胶配方设计合理，制备工艺可行，粘接强度高，适用性强。

43. 金属/非金属粘接用室温固化环氧胶黏剂 1（质量份）

A 组分		B 组分	
E-44 环氧树脂	100	四乙烯五胺-硫脲缩合物	100
聚硫橡胶 620	20	稀释剂	适量
磷酸三甲酚酯	10	其他助剂	适量
Al_2O_3 粉(300 目)	50		
偶联剂	2		
其他助剂	适量		

A∶B＝1∶0.3

44. 金属/非金属粘接用室温固化环氧胶黏剂 2（质量份）

A 组分		B 组分	
E-51 环氧树脂	100	聚酰胺(200#)固化剂	100
聚乙烯醇缩丁醛	20	偶联剂(KH-550)	2
稀释剂	20	无水乙醇	100
其他助剂	适量	其他助剂	适量

45. 金属/非金属粘接用室温固化环氧胶黏剂 3（质量份）

E-44 环氧树脂	100	稀释剂	20
聚硫橡胶	25	促进剂	3
多乙烯多胺	10	其他助剂	适量

46. 金属/非金属粘接用室温固化环氧胶黏剂 4（质量份）

711 环氧树脂	100.0	Al$_2$O$_3$ 粉	50.0～60.0
二乙烯三胺	30.0	偶联剂	1.5
邻苯二甲酸二丁酯	10.0	其他助剂	适量

47. 金属与玻璃钢粘接用室温固化环氧胶黏剂 1（质量份）

E-51 环氧树脂	100	白炭黑	2～5
端羟基丁腈橡胶	15	2-乙基-4-甲基咪唑	8
Al$_2$O$_3$ 粉（300 目）	25	其他助剂	适量

48. 金属与玻璃钢粘接用室温固化环氧胶黏剂配方 2（质量份）

A 组分		B 组分	
环氧树脂（E-51）	100	固化剂-苯酚-甲醛-四乙烯五胺	45
聚醚（N330）	20	促进剂（DMP-30）	5
石英粉（300 目）	30		
偶联剂（KH-550）	5		
其他助剂	适量		

A∶B＝3∶1

49. 金属与玻璃钢粘接用室温固化环氧胶黏剂配方 3（质量份）

环氧树脂（E-51）	100	气相法二氧化硅	5
邻苯二甲酸二丁酯	15	四乙烯五胺	13
Al$_2$O$_3$（300 目）	25	其他助剂	适量

50. 铜、钢粘接用耐水耐油型室温固化环氧胶黏剂配方（质量份）

环氧树脂（E-51）	100	石英粉（200 目）	50
聚硫橡胶（N-210）	20	其他助剂	适量
乙二胺	10		

51. 铝合金粘接用室温固化环氧胶黏剂配方（质量份）

A 组分		B 组分	
环氧树脂（E-44）	100	环氧树脂（E-51）	3
环氧树脂（B-63）	20	2-乙基-4-甲基咪唑	3
聚硫橡胶（JLY-121）	30	二乙烯三胺	10
其他助剂	适量	其他助剂	适量
		促进剂（DMP-30）	6
		偶联剂（KH-550）	3

52. 金属、橡胶、塑料、木材等粘接用室温固化环氧胶黏剂配方（质量份）

A 组分		B 组分	
环氧树脂（E-51）	100.0	二乙烯三胺	12.5
丁腈橡胶（40）	4.0	其他助剂	适量
磷酸三甲酚酯	75.0		
Al$_2$O$_3$ 粉（300 目）	50.0		

A∶B＝1.44∶0.33

53. 金属、陶瓷、塑料粘接用室温固化环氧胶黏剂配方（质量份）

A 组分		B 组分	
环氧树脂（E-42）	50	聚酰胺（651）	40
环氧树脂（E-51）	50	二甲基苯胺	15
环氧树脂（B-63）	25	二乙烯三胺	5
聚硫橡胶（JLY-121）	15	Al_2O_3 粉（300 目）	50
其他助剂	适量	偶联剂（KH-550）	3
		其他助剂	适量

A：B＝150：113

54. 铝、钢、玻璃等粘接用室温固化环氧胶黏剂配方（质量份）

A 组分		B 组分	
环氧树脂（E-42）	100	聚酰胺（650）	140
环氧树脂（B-63）	20	Al_2O_3 粉（300 目）	50
环氧稀释剂（690）	10	偶联剂	3
其他助剂	适量	其他助剂	适量

A：B＝100：147

55. 金属与玻璃粘接用室温固化环氧胶黏剂配方 1（质量份）

A 组分		B 组分	
环氧树脂（E-51）	100	聚酰胺（651）	100
环氧树脂（B-63）	20	二甲基苯胺	5
环氧稀释剂（501）	10	偶联剂（B201）	3
磷酸三甲酚酯	15	聚硫橡胶（JLY-121）	20
其他助剂	适量	Al_2O_3 粉（300 目）	50
		其他助剂	适量

A：B＝100：124

56. 金属与玻璃粘接用室温固化环氧胶黏剂配方 2（质量份）

A 组分		B 组分	
环氧树脂（E-51）	100	苯酚-甲醛-四乙烯五胺	45
聚醚（N330）	20	促进剂（DMP-30）	5
石英粉（200 目）	30	C 组分	
其他助剂	适量	偶联剂（KH-550）	5

A：B：C＝3：1：0.1

57. 金属与陶瓷粘接用室温固化环氧胶黏剂配方（质量份）

环氧树脂（E-51）	100	二乙烯三胺	8～10
邻苯二甲酸二丁酯	10	其他助剂	适量

58. 金属、木材及多孔材料粘接用室温固化环氧胶黏剂配方（质量份）

A 组分		B 组分	
环氧树脂（D-17）	100	草酸	15
聚乙烯缩丁醛	40	乙醇	适量
乙醇	适量	其他助剂	适量

A：B＝150：15

59. 金属与塑料粘接用室温固化环氧胶黏剂配方 1（质量份）

环氧树脂（E-44）	50	其他助剂	适量
聚酰胺（650）	50		

60. 金属与塑料粘接用室温固化环氧胶黏剂配方 2（质量份）

环氧树脂（E-44）	100	滑石粉（200 目）	30～40
二乙烯三胺	10	其他助剂	适量
苯乙烯	5～10		

61. 金属与 PS 泡沫塑料粘接用室温固化环氧胶黏剂配方（质量份）

环氧树脂（E-42）	100	水	10
乙二胺氨基甲酸酯	15	其他助剂	适量
生石灰（100 目）	60		

62. 金属和橡胶塑料与木材粘接用室温固化环氧胶黏剂配方（质量份）

A 组分		B 组分	
环氧树脂（E-51）	100.0	二乙烯三胺	12.5
液体丁腈橡胶（40）	4.0	其他助剂	适量
磷酸三甲酚酯	15.0		
Al_2O_3 粉（300 目）	50.0		

A：B＝100：7.4

63. 金属与胶木粘接用室温固化环氧胶黏剂配方（质量份）

环氧树脂（E-44）	100	Al_2O_3 粉（300 目）	20～30
苯二甲胺	20	偶联剂（KH-560）	15
邻苯二甲酸二丁酯	10	其他助剂	适量

64. 玻璃钢粘接用室温固化环氧胶黏剂配方（质量份）

环氧树脂（E-51）	100	白炭黑	2～5
邻苯二甲酸二丁酯	15	四乙烯五胺	13
Al_2O_3 粉（300 目）	25	其他助剂	适量

65. 塑料管道粘接用室温固化环氧胶黏剂配方（质量份）

A 组分		B 组分	
E-44 环氧树脂	100	二乙烯三胺	8
聚硫橡胶	30	DMP-30 促进剂	5
其他助剂	适量	硫脲	3
		其他助剂	适量

66. 粘接与密封用室温固化环氧胶黏剂配方（质量份）

环氧树脂（E-42）	100	二乙烯三胺	10
聚酯（202）	10～20	石油磺酸	5
生石灰（200 目）	50	其他助剂	适量

67. 真空粘接与密封用室温固化环氧胶黏剂配方（质量份）

环氧树脂（E-51）	100.0	2-乙基-4-甲基咪唑	2.5～5.0
聚酰胺（200）	50.0	其他助剂	适量

68. 常温堵漏密封用室温固化环氧胶黏剂配方（质量份）

A 组分		B 组分	
环氧树脂(E-44)	100.0	硫醇-环氧加成物	100.0
稀释剂(ZH-122)	20.0	酸洗石棉粉(250 目)	30.0
		聚硫橡胶(JLY-121)	10.0
		偶联剂(B201)	2.6
		促进剂(DMP-30)	1.6
		其他助剂	适量

A∶B＝1.2∶1.44

69. 机械粘接修复用室温固化环氧胶黏剂配方 1（质量份）

环氧树脂(E-42)	100	偶联剂(KH-550)	3
稀释剂(690)	10	聚酰胺(650)	14
甘油环氧树脂(662)	20	其他助剂	适量
三氧化二铝粉末(300 目)	适量		

70. 机械粘接修复用室温固化环氧胶黏剂配方 2（质量份）

环氧树脂(E-44)	100	铜粉(600 目)	15
聚酰胺(650)	50～80	其他助剂	适量

71. 铸铁件修复用室温固化环氧胶黏剂配方（质量份）

环氧树脂(E-44)	100	二乙氨基丙胺	7
聚酰胺(650)	100	其他助剂	适量
邻苯二甲酸二丁酯	10		

72. 水泥制品修复打底用室温固化环氧胶黏剂配方（质量份）

环氧树脂(E-44)	100	多乙烯多胺	15
瓷粉(200 目)	20	其他助剂	适量

73. 化工设备修复粘接用室温固化环氧胶黏剂配方（质量份）

环氧树脂(E-44)	100	瓷粉(200 目)	15
多乙烯多胺	20	其他助剂	适量
邻苯二甲酸二丁酯	10		

74. 扬声器磁回路粘接用环氧胶黏剂配方（质量份）

环氧树脂(E-44)	100	苯二甲胺	20
邻苯二甲酸二丁酯	10	其他助剂	适量

75. 蓄电池壳修复用室温固化环氧胶黏剂配方（质量份）

环氧树脂(E-44)	50.0	石墨粉(300 目)	2.5
邻苯二甲酸二丁酯	7.5	石英粉	2.5
二乙烯三胺	3.5	其他助剂	适量

76. 毛刷猪鬃与铁皮粘接用室温固化环氧胶黏剂配方（质量份）

环氧树脂(E-51)	100	滑石粉(200 目)	30
邻苯二甲酸二丁酯	10	β-羟乙基乙二胺	15
丙酮	10	其他助剂	适量

77. 板式冲压模粘接用室温固化环氧胶黏剂配方（质量份）

环氧树脂(E-44)	100	乙二胺	8
邻苯二甲酸二丁酯	25	石英粉(200目)	50～100
间苯二胺	15～20	其他助剂	适量

78. 微电机定子硅钢片粘接用室温固化环氧胶黏剂配方（质量份）

环氧树脂(E-42)	100	碳化铁	750
三乙醇胺	10	其他助剂	适量
邻苯二甲酸二丁酯	10		

79. 电气元件粘接用室温固化环氧胶黏剂配方1（质量份）

环氧树脂(E-51)	100	六亚甲基四胺	1～5
聚硫橡胶(JLY-121)	20	石英粉(200目)	50
乙二胺	10	其他助剂	适量

80. 电气元件粘接用室温固化环氧胶黏剂配方2（质量份）

环氧树脂(E-44)	100.0	云母粉(300目)	20.0～50.0
酚醛树脂(2127)	20.0	二乙烯三胺	10.0
液体丁腈橡胶(40)	2.5	其他助剂	适量
癸二酸二苄酯	5.0		

81. 电气元件粘接用室温固化环氧胶黏剂配方3（质量份）

环氧树脂(E-51)	100	邻苯二甲酸二丁酯	15
多缩水甘油醚(ZH-41)	20	石英粉(200目)	40
β-羟乙基乙二胺	18	其他助剂	适量

82. 汽缸粘接用室温固化环氧高温结构胶黏剂配方（质量份）

二氨基二苯醚环氧树脂	100	铁粉(300～400目)	20
液体丁腈橡胶(40)	10	其他助剂	适量
704固化剂	10		

83. 船体修复用（水下用）室温固化环氧胶黏剂配方（质量份）

环氧树脂(E-44)	100	二乙烯三胺	10
聚酯(702)	20	石油磺酸	5
生石灰(160目)	50	其他助剂	适量

84. 强碱性容器粘接修复用室温固化环氧胶黏剂配方（质量份）

A组分		B组分	
环氧树脂(E-51)	100	聚酰胺(200)	200
双酚S环氧树脂	100	偶联剂(KH-550)	4
环氧树脂(D-17)	20	其他助剂	适量

85. 汽车与拖拉机管路修复用室温固化环氧胶黏剂配方（质量份）

A组分		B组分	
环氧树脂(E-20)	20	固化剂(703)	36
聚硫橡胶(JLY-121)	20	偶联剂(KH-530)	2
石英粉(200目)	40	促进剂(DMP-30)	1
气相二氧化硅	2	其他助剂	适量
其他助剂	适量		

A：B＝4：1

86. 发动机汽缸补漏用室温固化环氧胶黏剂配方（质量份）

环氧树脂(E-44)	100	促进剂(DMP-30)	3
液体聚硫橡胶	20～25	其他助剂	适量
多乙烯多胺	12		

87. 灌缝用室温固化环氧胶黏剂配方（质量份）

E-44 环氧树脂	100	三乙醇胺	3
三羟基聚氧化丙烯醚(N-303)	20	其他助剂	适量
间苯二甲胺	16		

88. 室温固化混凝土构件用环氧胶黏剂配方（质量份）

E-44 环氧树脂	100	石英砂(200 目)	适量
邻苯二甲酸二丁酯	15	固化剂：二乙醇胺	4
三氧化二铝(300 目)	30	二乙烯三胺	15
42.5 级水泥	100	DMP-30	2

89. 混凝土制品修复用室温固化环氧胶黏剂配方（质量份）

环氧树脂(E-44)	100	水泥	500
铜亚胺	20	砂	550
水	5	其他助剂	适量

90. 环氧浇注件用室温固化环氧胶黏剂配方（质量份）

环氧树脂(R-71)	170	轻质碳酸钙	102
固化剂(MNA)	142	其他助剂	适量
促进剂	0.85		

91. 室温固化环氧灌封胶黏剂（质量份）

双酚 A 环氧树脂	100	聚酰胺固化剂	20～50
环氧丙烷丁基醚	30～40	其他助剂	适量

说明：固化条件为 25℃下固化 48h。可用于机械、电子、航空航天各种部件的灌封。

92. 陶瓷粘接用室温固化环氧胶黏剂（质量份）

R-140 环氧树脂	60	Al_2O_3 粉	20～40
E-51 环氧树脂	40	偶联剂	2～5
液体羧基丁腈橡胶	60	陶瓷耐热填料	适量
酚醛胺固化剂	30	其他助剂	适量

说明：室温固化 24h。剪切强度为 16.4MPa。主要用于火电厂一次风管、二次风管、引风机、钢铁厂冷拔管、发动机部件的粘接。

三、室温固化环氧胶黏剂配方与制备实例

（一）高性能双组分室温固化环氧胶黏剂

1. 原材料与配方（质量份）

A组分

E-51 环氧树脂	100	偶联剂 KH-560	2
增韧剂 R-1000	16	其他助剂	适量

B 组分

聚酰胺 651	50	DMP-30 促进剂	12
酚醛胺	50	其他助剂	适量

2. 制备方法

（1）A 组分的制备　500L 反应釜中，按配方投入烘好的环氧 E-51、增韧剂 R-1000 和 KH-560。加热，温度升到 60℃后开动搅拌，当温度达 80～90℃，保温 1h，回料，冷却，物料温度降至 70℃左右停止搅拌，出料，得到无色透明、黏稠状液体，黏度（25℃）为 3000～3500mPa·s。

（2）B 组分的制备　按配方量投入烘好的酚醛胺和聚酰胺 651 于 500L 反应釜中，加入 DMP-30。开动搅拌，升温。当温度达 60℃时，保温 1h，回料，冷却，物料温度降至 45～50℃时停止搅拌，出料，得到棕黄色透明、黏稠状液体，黏度（25℃）为 3500～4000mPa·s。

（3）配胶和铝合金粘接试样制备

① 配胶　按 $m_A : m_B = 3.0 : 1.0$ 称量 A、B，投入塑料杯中搅拌 5～10min，混合均匀，待用。

② 试样制备　在打磨好的铝合金（LY-12CZ）试片粘接面上均匀涂一层配好的环氧胶黏剂，搭接，用铁夹固定，放在 25℃烘箱中固化 24h。

3. 性能

$m_A : m_B = 3.0 : 1.0$，固化条件：25℃/24h。

环氧室温胶的性能指标：

室温剪切强度/MPa	19.3（16.5～21.5）
60℃剪切强度/MPa	12.7（11.9～14.3）
室温不均匀扯离强度/（N/mm）	15.2（14.1～16.5）

（二）室温快速固化高性能环氧胶黏剂

1. 原材料与配方（质量份）

A 组分		B 组分	
E-44 环氧树脂	100	固化剂（FS-2B）	95
高岭土（1250 目）	60～80	无水乙醇	1～3
稀释剂（D-669）	5～6	丙酮	适量
消泡剂（BYK141）	1～3	其他助剂	适量
硅烷偶联剂（KH-560）	1		

2. 制备方法

（1）A 组分的制备　按配方比例将称量好的环氧树脂加入一个洁净干燥的容器中，放入烘箱加热到 80～100℃，保温 10min；依次加入定量的偶联剂、稀释剂、消泡剂沿同一方向充分搅拌均匀，然后加入称量好的高岭土沿同一方向充分搅拌冷却至室温即得到该胶黏剂的 A 组分。

（2）B 组分的制备　按配方比例将称量好的固化剂加入一个洁净干燥的容器中，放入烘箱加热到 80～100℃，保温 10min；加入定量的促进剂沿同一方向充分搅拌均匀，冷却至室温即得到该胶黏剂的 B 组分。

使用时，按比例混合均匀，涂到被粘接的部件上即可，固化条件为 25℃，15min。

3. 性能与效果

（1）固化剂含量变化对胶黏剂的固化时间和剪切强度有较大影响，固化剂含量过多或过少，固化时间均要延长，所得的固化物的性质均比使用最佳含量时要差。固化剂含量为95～100份时树脂胶黏剂的固化速度最快，粘接性能也较好。

（2）高岭土填料可以显著提高环氧树脂胶黏剂的剪切强度、弯曲强度，改善其力学性能。高岭土填料含量为60～80份时环氧树脂胶黏剂综合性能最好。

（3）该新型快速固化环氧树脂胶黏剂在25℃条件下，12min完全固化；固化后的胶黏剂剪切强度达13.8MPa；拉伸强度和弯曲强度分别达到43.1MPa、83.2MPa。

（三）室温固化环氧树脂胶黏剂

1. 原材料与配方（质量份）

A组分			
E-51环氧树脂	100.0	2,4,6-三(二甲氨基甲基)苯酚	1.0～3.0
聚乙烯醇缩丁醛（PVB）	10.0	其他助剂	适量
硅微粉（粒径23μm）	30.0～50.0	B组分	
偶联剂KH-550	1.5	腰果酚醛/三乙烯四胺固化剂	适量

2. 制备方法

（1）腰果酚醛/三乙烯四胺的制备　将75%腰果酚/二甲苯溶液加入带有搅拌器、温度计和回流冷凝管的三口烧瓶中，按配比加入甲醛，搅拌均匀后升温至80～90℃，反应50min；逐滴加入计量的三乙烯四胺，升温至（90±5）℃，恒温回流反应60min；降温至室温，减压蒸馏分离出水后，得到所需产品。

（2）胶黏剂的制备　将PVB、EP、KH-550、DMP-30和硅微粉在（25±2）℃水浴中混合搅拌均匀后，制得A组分；B组分是自制的腰果酚醛/三乙烯四胺固化剂。制作试样时，将A组分和B组分按比例混合搅拌均匀，晾置20min；然后将上述物料注入涂有脱模剂的模具中，室温放置1d，脱模后（25±2）℃固化若干时间即可。

3. 性能与效果

（1）随着PVB含量的增加，EP胶黏剂的各项力学性能均呈先升后降态势；当$w(PVB)=10\%$时，EP胶黏剂的拉伸强度（30.58MPa）、冲击强度（6.30kJ/m².）和剪切强度（17.71MPa）相对最大。

（2）改性EP胶黏剂的起始分解温度均有所提高；当$w(PVB)=10\%$时，EP胶黏剂的热稳定性相对最好。

（3）改性EP试样的冲击断面为韧性断裂，说明加入的PVB实现了对EP胶黏剂的增韧改性。

（四）低成本室温固化双组分环氧密封胶黏剂

1. 原材料与配方（质量份）

A组分		B组分	
双酚A型液体环氧树脂	100	810固化剂	25
硅微粉（HD3000）	45	γ-氨丙基三乙氧基硅烷（KH-550）	2
邻苯二甲酸二辛酯（DOP）	20	其他助剂	适量
其他助剂	适量		

2. 制备工艺

（1）A 组分　环氧树脂、邻苯二甲酸二辛酯、硅微粉、着色剂等原材料按配比加入动混行星机中，混合为色泽均一、胶料细腻的黏稠液态胶状物，在抽真空条件下低速搅拌，尽量除去胶料中的气泡，之后压胶分装。

（2）B 组分　将 810 固化剂、KH-550、其他助剂按配比加入容器中，采用高速分散机混合为均一黏稠液态物，之后分装。

3. 性能与效果

温度变化对该产品的适用期影响较大。温度升高，适用期变短。硅微粉加入量在 30～75 份时，胶的湿润性变差，固化后的胶层缺陷增多，拉伸剪切强度随硅微粉用量的增大而下降。邻苯二甲酸二辛酯的加入降低固化后的交联密度，使环氧胶的胶接强度下降。

该胶主要应用于石材抛光设备金属板材间的填缝密封。该环氧密封胶的工艺操作性、适用期、胶接强度、固化后的硬度均能满足钢板填缝密封的工程技术要求，已批量生产，客户用其取代 Araldite 产品，节约了成本，经济效益显著。

（五）低成本常温固化高温使用的环氧胶黏剂

1. 原材料与配方（质量份）

E-44 环氧树脂	100	增强剂	10
低分子聚酰胺 650	20	高岭土	50
固化剂（HD）	20	其他助剂	适量
偶联剂（A-171）	2		

2. 制备方法

在容器中先加入低分子聚酰胺 650，在机械搅拌下，依次加入 HD、A-171、增强剂，搅拌均匀后，加入高岭土，搅匀出料即可。

使用时按 E-44 环氧树脂∶固化剂＝1∶1，现配现用。室温下凝胶时间为 1h 左右，固化时间为 2～3h。长期使用温度可达 200℃。

3. 性能与效果

以 E-44 环氧树脂为基料，加入固化剂 HD、增强剂、填料等，制备出可在室温下 2～3h 固化，使用温度达到 200℃的胶黏剂体系。该胶黏剂适用于钢铁、铝合金及磨料等工件的粘接，成本远低于市场同类产品。

（六）室温固化耐高低温环氧胶黏剂

1. 原材料与配方（质量份）

E-51 环氧树脂	80.0	复合固化剂	10.0～20.0
711 环氧树脂	20.0	偶联剂 KH-550	1.5
含环氧基丙烯酸酯低聚物	20.0	其他助剂	适量

2. 制备方法

（1）含环氧基丙烯酸酯低聚物的合成　采用 BA、AN 和 GMA 合成 BA-AN-GMA 三元共聚物，合成出在主链上随机含有环氧基的丙烯酸酯低聚物，具体反应式如下：

$$xH_2C=CH + yH_2C=CH + zH_2C=\overset{\overset{CH_3}{|}}{C}$$
$$\overset{|}{COOC_4H_9} \quad \overset{|}{CN} \quad \overset{|}{COOCH_2-CH-CH_2} \longrightarrow$$
$$\overset{\diagup O \diagdown}{}$$

$$\cdots(CH_2-CH)_x(CH_2-CH)_y(CH_2-\overset{\overset{CH_3}{|}}{C})_z\cdots$$
$$\overset{|}{COOC_4H_9} \quad \overset{|}{CN} \quad \overset{|}{COOCH_2-CH-CH_2}$$
$$\overset{\diagup O \diagdown}{}$$

（2）胶黏剂的制备 将 E-51 与 711 环氧树脂按比例混合，再加入一定量自制的增韧剂混合均匀制得胶黏剂 A 组分，以自制复合固化剂和少量 KH-550 为胶黏剂 B 组分。将 A、B 组分按配比混合，在 100℃下固化 3h，得到耐高低温环氧树脂胶黏剂。

3. 性能

固化工艺对粘接性能的影响见表 3-5。

表 3-5　固化工艺对粘接性能的影响

固化温度 /℃	固化时间 /h	剪切强度/MPa				90°剥离强度 /(kN/m)
		−60℃	25℃	80℃	120℃	
25±1	12	—	10.1	8.6	2.4	3.5
	24	25.9	26.7	16.7	6.8	4.6
	72	27.7	28.3	17.5	7.3	5.2
	144	27.8	28.5	17.4	7.5	5.3
65±1	1	—	29.3	17.7	8.1	5.6
	2	28.2	28.9	18.2	8.6	5.4
	3	28.6	27.9	18.6	8.7	5.2

胶黏剂的耐介质性能见表 3-6。

表 3-6　胶黏剂的耐介质性能

介质	25℃剪切强度/MPa		
	3d	5d	7d
pH=4 的 NaOH 溶液	28.6	28.9	28.7
pH=10 的硫酸溶液	27.6	28.3	28.3
柴油	29.2	28.7	28.9
液压油	29.1	28.6	28.9
海水	28.4	28.0	26.9
异丙醇	27.2	27.0	26.5

胶黏剂的耐湿热老化性能见表 3-7。

表 3-7　胶黏剂的耐湿热老化性能

老化时间/h	剪切强度/MPa		老化时间/h	剪切强度/MPa	
	25℃	120℃		25℃	120℃
0	28.3	7.3	500	29.6	7.7
100	30.8	7.4	1000	28.5	7.0
300	29.5	8.2			

经过 1000h 的湿热老化后，粘接试件常温和 120℃下的强度有小幅度的波动，没有明显的降低，胶黏剂的耐湿热老化性能优异。

（七）低放热室温固化环氧胶黏剂

1. 原材料与配方（质量份）

A组分		B组分	
E-51 环氧树脂	40	聚硫醇	50
E-44 环氧树脂	10	促进剂	2~5
氢氧化铝	50	巯基乙酸	1~3
其他助剂	适量	气相法二氧化硅	2~3
		氢氧化铝	39~45
		其他助剂	适量

2. 制备方法

（1）A组分配制　将 E-44 与 E-51 混合均匀后，加入 $Al(OH)_3$，混合均匀，制备出需要的黏度，待用。

（2）B组分配制　将聚硫醇与促进剂进行预催化，再加入 $Al(OH)_3$ 填料，混合均匀，分批加入气相法二氧化硅，最后加入巯基乙酸，混合均匀，待用。

A、B组分按质量份 1∶1 混合用胶。

3. 性能与效果

（1）DMP-30 作为聚硫醇的促进剂效果较好，当 DMP-30 质量分数为 10％左右时，热变形温度最佳。

（2）在聚硫醇固化剂中加入巯基乙酸，环氧胶黏剂放热明显降低，有效降低了环氧胶黏剂固化过程中的热应力。

（3）加入巯基乙酸，环氧胶黏剂的耐水性明显提高，吸水率由 0.9％下降到 0.4％，拉伸剪切强度水中浸泡 1 周后几乎没有下降。

（4）当巯基乙酸的质量分数为 2％时，环氧胶黏剂的放热峰为 80.1℃，凝胶时间为27~30min，拉伸剪切强度为 24.2MPa。

（八）室温固化环氧结构胶黏剂

1. 原材料与配方（质量份）

A组分		B组分	
E-51 环氧树脂	80	硫脲/1,6-己二胺液状固化剂	80
E-44 环氧树脂	20	促进剂	20
氯化亚锡	10~20	其他助剂	适量
1,2-环己二醇二缩水甘油醚	20		
其他助剂	适量		

2. 制备方法

（1）固化剂的合成　将硫脲与 1,6-己二胺进行反应，两者的摩尔比为 1∶1.6，在 135℃下反应 3.2h，得到液状固化剂。

（2）结构胶的合成　将结构胶合成体系分成 A、B 两组分，A 组分为环氧树脂、稀释剂、填料；B 组分为固化剂和促进剂。A、B 两组分分别搅拌均匀后，静置一段时间，然后进行混合。

3. 性能与效果

采用硫脲与 1,6-己二胺合成了活性较高、可使环氧树脂室温快速固化的固化剂。

制得的环氧树脂结构胶在较低预热温度（23～27℃）下便可达到较短的凝胶时间（14～18min），并且在室温下固化便可达到较高的粘接强度，具有高效高强的特点，有望在建筑结构胶领域得到广泛的应用。

（九）室温固化高剥离强度耐中/低温环氧结构胶黏剂

1. 原材料与配方（质量份）

环氧树脂	100.0	球形硅微粉	10.0
改性聚氨酯增韧剂	15.0	偶联剂 KH-550	1.5
改性聚酰胺 651/耐热固化剂 B＝5：2	50.0	其他助剂	适量

2. 制备方法

（1）改性环氧树脂组分的制备　将环氧树脂胺一定比例投入装有搅拌器、温度计和冷凝器的三口烧瓶中，加热升温至一定温度后开始搅拌，按一定比例加入改性聚氨酯增韧剂，保温反应一段时间，待反应完全后即可出料，得到浅黄色半透明的改性环氧树脂，将改性环氧树脂转移至星形搅拌釜中，加入一定比例的球形硅微粉，搅拌均匀，再用胶体磨研磨，所得胶液即为改性环氧树脂组分。

（2）改性固化剂组分的制备　在装有搅拌器、温度计和冷凝器的三口烧瓶中，按比例加入改性聚酰胺 6511、自制耐热固化剂 B，搅拌保温反应一段时间，混合均匀，即可出料。所得胶液即为改性固化剂组分。

3. 性能与效果

开发了一种可室温固化、高剥离强度、耐中/低温的改性环氧结构胶，其具体性能特点如下：室温 24h 固化、90°剥离强度在－40℃或室温（23℃）或 100℃下均大于 75N/25mm，而且具备结构胶的剪切强度，对多种材质具有良好的粘接性能，在需要结构粘接不同材质的场合，特别是汽车业、复合板材、航空材料等领域均可得到广泛应用。

（十）室温固化环氧树脂灌封胶黏剂

1. 原材料与配方（质量份）

E-51 环氧树脂	100.0	2-乙基-4-甲基咪唑	0.5
QS-070N 奇士增韧剂	20.0～30.0	丙酮	适量
活性硅微粉	10.0	其他助剂	适量
固化剂	20.0～25.0		

2. 制备方法

在环氧树脂中加入奇士增韧剂 QS-070N、活性硅微粉，搅拌均匀，经过三辊研磨机研磨后制成 A 组分，按配方计算量称取 A 组分，真空脱净气泡后加入计量好的复配固化剂和促进剂，混合均匀，真空脱净气泡后浇注到已预先处理好的模具内，按一定固化条件进行固化后制得样品。

3. 性能

不同增韧剂的改性效果对比见表 3-8。

促进剂用量对胶黏剂剪切强度的影响见表 3-9。

室温固化时间对胶黏剂性能的影响见表 3-10。

在室温下，随着固化时间的延长，剪切强度逐渐提高，6d 后逐渐趋于平稳。

表 3-8　不同增韧剂改性效果对比

项目	增韧	
	液态端羧基丁腈橡胶	奇士增韧剂 QS-070N
剪切强度/MPa	11.4	12.1
弯曲强度/MPa	10.2	11.8
冲击强度/(kJ/m²)	12.7	13.4
体积电阻率/Ω·cm	$1×10^{14}$	$1×10^{15}$
冲击强度/(J/m²)	71	650
微观结构	不分相	海岛结构分相

表 3-9　促进剂用量对胶黏剂剪切强度的影响

促进剂用量/%	剪切强度(室温)/MPa	促进剂用量/%	剪切强度(室温)/MPa
0	4.5	1.0	7.2
0.5	12.1	2.0	4.7

表 3-10　室温固化时间对胶黏剂性能的影响

固化时间/d	剪切强度(25℃)/MPa	固化时间/d	剪切强度(25℃)/MPa
1	—	5	11.2
2	2.8	6	12.1
3	3.5	7	12.5
4	6.4	8	12.8

（十一）室温固化耐热环氧树脂胶黏剂

1. 原材料与配方（质量份）

E-44 环氧树脂	100	偶联剂	1～2
酚醛胺固化剂	30	溶剂	适量
碳化硼填料	10	其他助剂	适量

2. 制备方法

（1）环氧胶黏剂的配制　将环氧树脂 E-44 和自制酚醛胺室温固化剂按 100:30 质量比各自称重，置于一次性塑料杯中搅拌混合均匀，待用。

（2）样块的制作　利用自制的简易模具（5.00mm×12.50mm×3.00mm），将已混合均匀的 E-44 与固化剂迅速放入模具中，涂匀，尽量保证其内部无气泡，固化 48h 后，进行样块修边后处理加工。

（3）粘接件的制作　将环氧树脂（E-44）和固化剂按 100:30 的质量比混合均匀，加入适量的 KH-560 和碳化硼填料，给经处理后的不锈钢片（100mm×25mm×2mm）涂胶，粘接，25℃固化 24h，得到粘接件。

3. 性能

表 3-11 为最优室温固化耐热环氧胶黏剂的耐化学介质性能。

表 3-11　最优室温固化耐热环氧胶黏剂的耐化学介质性能

试剂	室温		150℃		200℃	
	剪切强度/MPa	强度变化率 S（下降）/%	剪切强度/MPa	强度变化率 S（下降）/%	剪切强度/MPa	强度变化率 S（下降）/%
10% NaOH 溶液	15.79	29.92	15.06	29.12	10.89	43.85
10% HCl 溶液	15.02	33.36	12.39	35.17	10.62	45.24

续表

试剂	室温		150℃		200℃	
	剪切强度/MPa	强度变化率 S（下降）/%	剪切强度/MPa	强度变化率 S（下降）/%	剪切强度/MPa	强度变化率 S（下降）/%
10% H_2SO_4 溶液	13.86	38.50	13.77	41.65	9.06	53.25
自来水	20.12	10.72	18.18	14.42	15.60	19.55
乙酸乙烯酯	16.43	27.11	15.24	28.24	11.03	43.10
甲苯	19.32	14.28	17.71	16.63	15.03	22.49
煤油	21.24	5.74	20.52	3.39	17.62	9.10
汽油	21.14	6.19	20.22	4.78	17.03	12.16
乙醇	21.01	6.79	19.05	10.29	16.03	17.32

注：空白试验中的室温、150℃、200℃剪切强度为 22.53MPa、21.24MPa、19.39MPa。

4. 效果

通过上述实验可以得出自制酚醛胺室温固化剂 T-31 环氧胶黏剂固化物具有优良的耐介质腐蚀性，其粘接件具有优良的耐常用介质的腐蚀性能以及在常用介质中腐蚀后的耐热性能。

四氢呋喃对环氧胶黏剂固化物的降解作用最为强烈，其次为乙酸乙烯酯，可以考虑用这些介质制备一种环氧树脂固化物清洗剂；环氧树脂固化物具有优良的耐介质性能，其中浸泡 38d 后质量变化率小于 2% 的有无水乙醇（减少 0.69%）、煤油（减少 0.04%）、汽油（减少 0.02%）、甲苯（减少 1.5%）、自来水（减少 0.18%）、10% NaOH 溶液（减少 1.7%）。

介质溶液对环氧胶黏剂粘接件的腐蚀性强烈顺序为：$H_2SO_4 >$ HCl $>$ NaOH $>$ 乙酸乙烯酯 $>$ 甲苯 $>$ 自来水 $>$ 乙醇 $>$ 汽油 $>$ 煤油，与介质的极性大小关系密切。在大多数介质中，改性环氧胶黏剂粘接件的耐介质后耐热的温度在 150～200℃。粘接件对汽油、煤油、自来水、无水乙醇的耐腐蚀性能和腐蚀后的耐热性能优越。该配方可以用于对耐介质腐蚀和耐热等条件要求苛刻的粘接领域或制作复合材料。

（十二）双组分室温固化环氧结构胶黏剂

1. 原材料与配方（质量份）

A 组分		B 组分	
双酚 A 环氧树脂	100.0	改性聚酰胺固化剂	100.0
硅烷偶联剂 KH-560	3.0～10.0	碳酸丙烯酯稀释剂	适量
二月桂酸二丁基锡	0.5	其他助剂	适量
其他助剂	适量		

2. 制备方法

（1）KH-560 改性 EP 的制备　分别在 250mL 的三颈烧瓶内加入 100g 环氧树脂及不同含量的 KH-560（用量分别为 0 份、3 份、6 份、9 份，编号分别记为 EP-1～EP-4），加入总质量 0.5% 的二月桂酸二丁基锡作为催化剂，在 95℃搅拌反应 4h，真空抽滤除去副产物小分子醇，得到改性产物。

（2）胶黏剂制备　称取一定量的预反应物，加入碳酸丙烯酯作为稀释剂（占 EP 质量的 5%）、化学计量比的改性聚酰胺固化剂，搅拌混合均匀，注入 GB/T 2567 规定的模具中成型，并于（23±2）℃、RH（50±5）% 养护 7d。

3. 性能

结果表明，KH-560 含量从 0 增加至 9 质量份（每 100 份 EP 中加入量）时，胶体拉伸强度从 51MPa 降低至 36.5MPa；压缩强度从 79.7MPa 降低至 53MPa；粘接强度从 8.7MPa 增至 11.7MPa。同时，固化物的热稳定性也有一定程度提高，未改性及 9 份 KH-560 改性的 EP 固化物 50%热失重的温度分别为 382.1℃与 403.6℃。

（十三）复合板用室温固化环氧结构胶黏剂

1. 原材料与配方（质量份）

A 组分		B 组分	
环氧树脂	100	固化剂(改性脂肪胺∶聚酰胺∶聚	40
聚醚类增韧剂	20	醚类固化剂＝1∶2∶1)	
硫酸钙晶须	18	促进剂	3
其他助剂	适量	偶联剂	3
		其他助剂	适量

2. 制备方法

（1）硫酸钙晶须的表面处理　按照 $m_{硫酸钙晶须}∶m_{KH-550}＝100∶5$ 的比例，将两者混合均匀，90℃保温反应 0.5h 即可。

（2）EP 结构胶的制备

① A 组分的制备　按照 $m_{EP}∶m_{增韧剂}＝100∶20$ 的比例，将两者在 40℃时混合均匀；然后在相同温度下加入适量填料（硫酸钙晶须），混合均匀即可。

② B 组分的制备　将 40%固化剂、适量促进剂和 3% KH-550 在常温下混合均匀即可，其中固化剂中 $m_{改性脂肪胺类固化剂}∶m_{聚酰胺类固化剂}∶m_{聚醚类固化剂}＝1∶2∶1$。

③ EP 结构胶的配制　按照 $m_{A组分}∶m_{B组分}＝3∶1$ 的比例，将两者混合均匀即可。

3. 性能

最佳配方结构胶的性能见表 3-12。

表 3-12　最佳配方结构胶的性能

性能	A 组分	B 组分	EP 结构胶
颜色	灰色	棕色	
密度(20℃)/(g/cm³)	1.80±0.05	1.20±0.05	约 1.60
黏度/Pa·s	浆状	0.2±0.1	200.0～300.0(浆状)
固化时间(100g,23℃)/min			90
产生初始(或最终)强度的时间(23℃)/h			4～5(或 7)
室温(或高温)剪切强度/MPa			>15.0(或>6.5)

4. 效果

（1）以 E-51 为基体树脂，采用聚醚类增韧剂和自制促进剂，当 $w_{促进剂}＝3\%$ 时，制得的复合板用室温固化 EP 结构胶的综合性能相对最佳，其适用期为 1.5h，93℃时的剪切强度达 6.65MPa。

（2）以耐温型 F-51 与 E-51 共混物作为基体树脂，并不能提高相应 EP 结构胶的耐温性能，并且其常温剪切强度和高温（93℃）剪切强度均下降。

（3）以改性硫酸钙晶须作为填料，可以明显提高相应 EP 结构胶的剪切强度、剥离强度和耐温性能；当 $w_{改性硫酸钙晶须}＝18\%$ 时，EP 结构胶的常温剪切强度从 8.45MPa 增至 15.26MPa、常温剥离强度从 4.23N/mm 增至 6.57N/mm。

（十四）室温快固环氧密封胶黏剂

1. 原材料与配方（质量份）

A组分		B组分	
DER331/DER791 环氧树脂	80	聚硫醇	60
聚氨酯改性环氧树脂	20	聚醚胺	40
纳米二氧化硅	3	偶联剂 KH-550	2
纳米碳酸钙	3	硅微粉	10
重质 $CaCO_3$	10	CYH-277	50
其他助剂	适量	促进剂 DMP-30	3
		其他助剂	适量

2. 制备方法

（1）A组分　将 DER 331、DER 791、聚氨酯改性环氧树脂、纳米二氧化硅、纳米碳酸钙、普通钙粉等原料按配比加入搅拌机中，混合均匀，在真空条件下高速分散机中混合均匀，之后分装。

（2）B组分　聚硫醇、聚醚胺、KH-550、硅微粉、纳米二氧化硅、纳米碳酸钙、普通钙粉等原材料按配比加入搅拌机中，在真空条件下高速分散机中混合均匀，之后分装。

3. 性能

表 3-13 为不同 A/B 组分配比对环氧密封胶固化时间及性能的影响。

表 3-13　不同 A/B 组分配比对环氧密封胶固化时间及性能的影响

A/B组分配比	固化时间/min	固化温度/℃	剪切强度（钢/钢）/MPa	凝胶时间/min
0.7	44	25	6.8	18
0.8	37	25	7.5	16
0.9	32	25	9.4	10
1.0	31	25	9.2	9
1.1	30	25	8.8	11
1.2	36	25	8.2	13
1.3	42	25	7.9	19

（十五）室温固化高低温使用环氧胶黏剂

1. 原材料与配方（质量份）

	配方 1	配方 2	配方 3
聚氨酯改性环氧树脂（S 树脂）	100	—	—
AG-80 环氧树脂	—	100	—
AFG-90 环氧树脂	—	—	100
间苯二甲胺/聚醚胺固化剂	25	25	25
DMP-30 促进剂	3	3	3
溶剂	适量	适量	适量
其他助剂	适量	适量	适量

2. 制备方法

称料—配料—混料—反应—卸料—备用。

3. 性能

该胶黏剂体系在 25℃ 固化 7d 后的固化物玻璃化转变温度（T_g）为 67.5℃，此时，在 −150℃～室温（20℃）的使用温度下，固化体系处于玻璃态，链段的运动已经处于被冻结的状态。随后进行的后固化，虽然固化物固化度提高，玻璃化转变温度（T_g）随之提高，但其对于低温下胶黏剂体系的韧性影响较小，这也解释了经后固化后的体系固化度虽然有约 20% 的提高，但其断裂伸长率只有微小降低。

该胶黏剂在 −150～100℃ 范围内都具有较高的剪切强度和剥离强度，并且在液氮温度（−196℃）150℃ 范围内的高低温冲击对其室温下的剪切强度几乎没有产生影响，同时 150℃ 的高温使其固化物的链段适度调整，热应力降低，剪切强度反而有微弱提高。

（十六）室温固化柔性环氧胶黏剂

1. 原材料与配方（质量份）

丙烯酸酯改性环氧树脂	100.0	DMP-30 促进剂	0.5
聚氨酯改性胺类固化剂 A	100.0	其他助剂	适量
200# 聚酰胺	10.0		

2. 胶黏剂的制备

以丙烯酸酯改性环氧树脂为甲组分，以聚氨酯改性胺类固化剂 A 或复配固化剂为乙组分，甲乙组分按一定比例混合均匀即为环氧胶黏剂。

3. 性能

室温下不同固化工艺的胶黏剂的性能见表 3-14。

随着温度的升高，胶黏剂在 250℃ 左右开始失重，失重 5% 对应的温度为 281.4℃。在 300～550℃ 的区间内快速降解，最终残重 1.2%。

表 3-14　室温下不同固化工艺的胶黏剂的性能

固化工艺		室温/1d	室温/3d	室温/7d	100℃/3h
剪切强度/MPa	25℃	15.3	20.4	30.5	29.9
	80℃	1.9	2.2	3.4	3.6
	150℃	0.8	1.2	1.9	2.0
90°剥离强度/(kN/m)		7.2	10.3	9.2	8.5
拉伸强度/MPa		7.9	15.0	18.8	20.8
弹性模量/MPa		50	177	435	498
伸长率/%		146	121	97	81

4. 效果

（1）以自制的丙烯酸酯改性环氧树脂为甲组分，聚氨酯改性胺类固化剂 A 和 200# 聚酰胺固化剂复配体系为乙组分，DMP-30 为促进剂制得了一种柔性环氧胶黏剂。

（2）红外监测表明，胶黏剂常温条件下 3d 即可达到很高的反应程度，但为了获得良好性能则需要 7d 的固化时间，剥离强度为 9.2kN/m，断裂伸长率为 97%。

（3）热分析表明，胶黏剂起始固化温度在 70℃ 左右，最大放热峰对应 112.5℃。

（十七）室温固化双酚 A 型环氧树脂胶黏剂

1. 原材料与配方（质量份）

双酚 A 型环氧树脂	100.0	乙二胺固化剂	7.5
轻质 CaCO₃	60.0	其他助剂	适量
邻苯二甲酸二丁酯增塑剂	8.6		

2. 制备方法

(1) 双酚A型环氧树脂的合成　将22g双酚A，28g环氧氯丙烷加入装有搅拌器、滴液漏斗、回流冷凝管及温度计的三口烧瓶中，搅拌并加热至70℃，使双酚A全部溶解；称取8g氢氧化钠溶解在20mL水中，倾入60mL滴液漏斗中，慢慢滴加氢氧化钠溶液至三口烧瓶中，保持反应液温度在70℃左右；在75～80℃继续反应1.5～2.0h，可观察到反应混合物呈乳黄色；向反应瓶中加入30mL蒸馏水和60mL苯，充分搅拌，倒入分液漏斗，静置分层后，分去水层；油层用蒸馏水洗涤数次，直至分出的水相呈中性（无氯离子）；先常压蒸馏，除去苯；然后减压蒸馏，除去苯、水及未反应的环氧氯丙烷，得到淡黄色透明黏稠液。

(2) 环氧树脂胶黏剂的配制与固化　按配方比例，先将树脂与增塑剂混合均匀，然后加入填料混匀，最后加入固化剂，混匀后就可进行涂胶了。取少量胶黏剂分别涂于两片铝片、玻璃与铜电极、玻璃与铝电极上，胶层要薄而均匀，放置在室温下，测定其固化时间。

3. 性能与效果

通过一步法采用2,2-二羟苯基丙烷与环氧氯丙烷在碱的作用下合成低分子量的双酚A型环氧树脂。双酚A与环氧氯丙烷的配比为11∶14，碱的浓度为0.1mol/L，反应温度为75℃时，环氧树脂的环氧值最高为0.475。固化剂胺的用量为7.137，环氧树脂在常温下可稳定储存。

双酚A型环氧树脂通过与增塑剂邻苯二甲酸二丁酯、轻质碳酸钙、固化剂乙二胺混合，得到环氧树脂胶黏剂，测得胶黏剂的室温固化时间为3.0h，然后对两片铝片进行黏合，在无外力作用下测定室温固化时间为2.5h，在有外力作用的情况下，固化时间为2.0h。玻璃与铜电极进行粘接的室温固化时间为3.5h，玻璃与铝电极粘接的固化时间为3.5h。这说明双酚A型环氧树脂胶黏剂在外力作用下的固化时间比无外力作用的固化时间短；双酚A型环氧树脂胶黏剂既适合于相同材料的黏合，又适合与不同材料的黏合而且对于相同材料的黏合时间比不同材料之间的黏合时间短。

（十八）低黏度耐超低温室温固化环氧密封胶黏剂

1. 原材料与配方（质量份）

711环氧树脂	30	二乙烯二胺（DETA）	90
JX-023二乙二醇缩水甘油醚	30	其他助剂	适量

2. 制备方法

(1) 制胶　将适量的711EP、JX-023和DETA按比例混合搅拌均匀制得EP密封剂。

(2) 样品的制备　将EP密封剂制成浇铸体或铝/铝胶接件，25℃固化24h后，待用。

3. 性能

密封剂A01配方的部分实测性能见表3-15。

表3-15　密封剂A01配方的部分实测性能

初始黏度/Pa·s	邵尔A硬度	断裂伸长率/%	压缩永久形变/%	固化度/%
0.07	77.8	186.7	16.9	99.9

密封剂A01的铝/铝粘接性能见表3-16。

表 3-16 密封剂 A01 的铝/铝粘接性能

剪切强度/MPa			剥离强度/(kN/m)		剪切强度保留率/%
室温	低温	循环	室温	低温	循环
16.3	16.5	23.8	31	31.2	146

注：低温指液氮温度（−196℃），循环指高低温（−196~100℃）循环。

（十九）端羧基液体丁腈橡胶双组分室温固化环氧结构胶黏剂

1. 原材料与配方（质量份）

A 组分		B 组分	
双酚 A 环氧树脂	100.00	改性聚酰胺	60.00
液体端羧基丁腈橡胶（CTBN）	20.00	聚醚胺	40.00
三苯基磷	0.25	丁基缩水甘油醚	适量
其他助剂	适量	其他助剂	适量

2. 制备方法

（1）CTBN/EP 预聚物的制备 将环氧树脂、CTBN 和催化剂三苯基磷加入带有温度计的三口烧瓶中，加热搅拌并于 140℃反应 4h。

$$H_2C\underset{O}{\overset{H}{\underset{\diagdown\diagup}{C}}}-R_1 + -COOH \xrightarrow{\text{催化剂}} -COO-\overset{H_2}{C}\overset{H}{\underset{OH}{C}}-$$

（2）试样制备 由于 CTBN/EP 预聚物黏度较高，加入 10 份丁基缩水甘油醚以调整组分黏度（记为组分 A）。将上述组分 A 与化学计量比的固化剂（记为组分 B）搅拌混合均匀，注入 GB/T 2567 规定的模具中成型，并于（23±2）℃、（50±5）%湿度下养护 7d。

3. 性能与效果

CTBN 用量从 0 增加至 20 份时，胶体拉伸强度从 45MPa 降低至 29MPa，降低了 35.56%；压缩强度从 98MPa 降低至 60.2MPa，降低了 38.6%；当 CTBN 加到 10 份时，极大地提升了粘接强度，钢-钢剪切强度从 4.1MPa 上升到 16.7MPa，增加了 3.07 倍；结构胶加热至 400℃时，EP 质量损失达 73.7%，而 CTBN 改性 EP 的质量损失为 59.4%。SEM 结果表明，CTBN 在胶体固化过程中析出橡胶相，还有一定的空穴出现，橡胶粒子通过空化以及界面脱粘释放其弹性，使材料的韧性得以提高。

（二十）单组分湿气固化环氧建筑胶黏剂

1. 原材料与配方（质量份）

聚氨酯改性环氧树脂	100	填料	10~20
聚酰胺固化剂	20~30	偶联剂	1~2
促进剂	3	其他助剂	适量

2. 制备方法

称料—配料—混料—反应——卸料—备用。

3. 性能与效果

表 3-17 为该胶黏剂的性能。

表 3-17　胶黏剂的性能

项目名称	指标	指标条件
外观	单组分包装黏稠液体	—
表干时间/min	25	23℃，湿度50%
完全固化深度	6mm(24h)	23℃，湿度50%
	8mm(72h)	23℃，湿度50%
硬度	A60	—
拉伸强度/MPa	2.65	—
断裂伸长率/%	>350	—
热稳定性	-30～95℃	可长期使用
毒性	无毒	
化学稳定性	良好稳定性	水、海水、油、脂肪性溶剂、碱水等
	中度稳定性	脂、酮、芳烃
	稳定性较差	浓酸、氯化物溶剂、含氯游泳池水
储存期/月	12	室温、干燥环境

（二十一）单组分丙烯酸改性环氧建筑胶黏剂

1. 原材料与配方（质量份）

丙烯酸酯改性环氧树脂	100.0	偶联剂	1.5
氧化还原固化剂体系	30.0	溶剂	适量
填料	10.0～20.0	其他助剂	适量

2. 制备方法

称料—配料—混料—反应—卸料—备用。

3. 性能与效果

表 3-18 为该胶黏剂的性能。

表 3-18　胶黏剂的性能

项目	指标
外观	玻璃管单组分包装黏稠液体
黏度(25℃)/mPa·s	10000～12000
压缩强度/MPa	65
套筒型拉伸剪切强度/MPa	18
拉拔力	ϕ12mm 螺纹钢筋，C30 混凝土埋深 120mm，钢筋屈服
固含量/%	>99

（二十二）单组分环氧/潜伏型酮亚胺固化建筑胶黏剂

1. 原材料与配方（质量份）

环氧树脂	100.0	填料	10.0～15.0
潜伏型酮亚胺固化剂	30.0	偶联剂	1.5
促进剂	3.0	其他助剂	适量

2. 制备方法

称料—配料—混料—反应—卸料—备用。

3. 性能与效果

单组分建筑结构胶与 PC-1 胶的性能对比见表 3-19。

表 3-19　单组分建筑结构胶与 PC-1 胶的性能对比

项目名称	单组分建筑胶	PC-1 胶
拉伸强度/MPa	17.43	17.00
拉伸弹性模量/MPa	2900.00	—
压缩强度/MPa	80.01	78.00
弯曲强度/MPa	36.61	—
钢-钢拉伸剪切强度/MPa	15.97	14.00
与混凝土的正拉粘接强度/MPa	3.00(混凝土破坏)	—
室温干燥条件下的储存期/d	90	—

第二节　中温固化环氧胶黏剂

一、简介

中温固化环氧树脂体系的研究始于 20 世纪 60 年代，与高温体系相比，具有成型温度低、周期短、对工装模具要求不严、制作内应力小、尺寸稳定性好、抗断裂韧性高等优点。理想的中温固化体系应具有：①高度活性，可把固化温度降到 120℃左右，中温固化反应能进行到足够的深度；②良好的潜伏性，纤维预浸料室温储存期应在 1 个月以上；③优异的综合性能。从简化工艺、防止污染等方面考虑，潜伏型中温固化剂是较好的选择。现对环氧树脂胶黏剂中几种重要的潜伏型中温固化体系做详细介绍。

（一）潜伏型中温固化体系的研究

环氧树脂固化体系中的基体树脂一般为双酚 A 缩水甘油醚型环氧树脂，固化体系由潜伏型固化剂和促进剂组成，高度活性的潜伏剂也可以单独使用。促进剂在固化过程中不仅起催化作用，还参与固化反应或自身分解，分解后的产物有固化和促进作用，并结合到固化物的结构中去。目前国内外采用的环氧树脂潜伏型固化剂有双氰胺、咪唑类、某些酸酐类和微胶囊类等。

1. 双氰胺体系

双氰胺作为环氧树脂的潜伏型固化剂，其固化物力学性能和介电性能优异。但环氧树脂/双氰胺体系的固化温度高于 160℃，这使它的应用受到了一定的限制。解决此问题的方法有两种，一是加入有效的促进剂，主要有咪唑类化合物及其衍生物、脲类衍生物、有机胍类衍生物、含磷化合物、过渡金属配合物及复合促进剂等，二是通过分子设计对双氰胺进行化学改性。

脲类衍生物是一种较好的环氧/双氰胺体系的促进剂。以取代脲为主的脲类衍生物，可以使双氰胺的固化温度降低到 130℃左右，但同时降低了树脂基体的储存期。降低脲在环氧树脂中的溶解性，可以提高储存期。

研究分析了采用双氰胺和 N-苯基-N，N'-二甲基脲复合固化体系对环氧树脂的影响。结果表明，采用双氰胺和取代脲的复合固化体系能使环氧树脂的表观活化能 E_a 比单独使用双氰胺时降低 58kJ/mol，固化温度降低 50℃左右，并能使反应缓和。

采用 E-51 与 E-20 的混合物作为树脂基体，应用 N-(3,4-二氯苯基)-N',N'-二甲基脲 (DCMU) 为促进剂的双氰胺固化体系，通过设计不同配比的双氰胺用量，分别研究了体系的黏度、力学性能、热学性能及溶胀性能的变化规律。

采用 DSC 研究了以双氰胺和取代脲 (UR-D) 作为环氧树脂的中温固化体系的固化反应动力学，并确定了最佳的固化工艺参数。结果表明，固化温度＞150℃后，体系的等温固化行为可用自催化反应模型很好地描述，其表观活化能为 86.33kJ/mol。综合变温 DSC 和等温 DSC 的实验结果可确定体系的最佳固化工艺条件为：120℃预固化 1h 后再升温至 150℃固化 1h。

为了使促进剂在环氧树脂中均匀分散且不沉淀，利用超细微双氰胺固化剂与自制脲促进剂制成了单组分环氧树脂结构胶。通过对超细微双氰胺表面进行钝化处理有效降低了其团聚现象。当 $w_{促进剂}$＝1%，$w_{固化剂}$＝6% 时，该结构胶可中温固化（125℃固化 1h），其室温储存期超过 180d。

咪唑类化合物不但具有良好的固化、促固化特征，而且还可以大幅度降低双氰胺的固化反应温度。咪唑类化合物和异氰酸酯反应得到的改性咪唑类化合物是一类性能优良的固化促进剂，但是其适用期很短，仅数天即凝胶，因此需要对咪唑进行改性。

合成了一种改性咪唑化合物，通过差示扫描量热法研究了该化合物对环氧树脂/双氰胺潜伏型固化体系的促进作用。研究结果表明，该化合物可使体系的固化温度降低 50℃左右，表观活化能降低 110kJ/mol。通过黏度测试，研究了固化体系的储存性能，25℃环境中放置的固化体系黏度增加 1 倍的时间为 5 个月。通过动态热机械法测得固化物的 T_g 在 140℃以上。因此，合成的改性咪唑化合物是性能良好的环氧树脂中温固化促进剂。

以 $NiCl_2$ 改性咪唑，生成一种配位络合物，用它作环氧树脂/双氰胺体系的固化促进剂。实验结果表明，$NiCl_2$ 改性的咪唑促进剂可使环氧树脂/双氰胺体系的固化温度降低，可在中温（90～120℃）固化，并且储存期显著延长，耐水性和耐热老化性能提高。

设计并合成了一系列改性双氰胺衍生物，从中筛选出固化性能较为优良的一种作为潜伏型固化剂，与环氧树脂复配成单组分环氧树脂胶黏剂，并对固化体系的固化反应进行了分析和研究。结果表明，改性双氰胺与双氰胺相比，具有较高的活性，显著降低了固化反应温度，所配制的单组分环氧树脂胶黏剂具有较长的储存期和良好的固化性能。

2. 咪唑类体系

咪唑类环氧树脂固化剂具有用量少、固化活性高，固化物耐化学介质性能、力学性能和电绝缘性能好等特点，具有广阔的应用前景。但作为潜伏型中温固化剂其潜伏性不够，需对它进行改性，以钝化其活性。咪唑类化合物的改性通常是利用咪唑环上 1 位氮原子和 3 位氮原子的反应活性与其他化合物反应来实现，通过对咪唑分子上的活性点（仲氨基、叔氨基）形成空间位阻进行封闭，从而降低其反应活性，并改善其与环氧树脂的相容性及固化物的性能。

用不同的多元酸（MA）与 2-甲基咪唑（MI）及 2-乙基己酸（EHA）进行酰胺化反应形成盐，得到咪唑酰胺化衍生物盐（MIADS），作为环氧树脂 CYD-128 中温固化剂。对固化剂结构及环氧树脂固化物的性能进行了表征。由实验结果可知，常温下，CYD-128/MIADS 固化体系比 CYD-128/MI 固化体系具有更长的适用期，并且多元酸取代链越长，空间位阻越大，生成的 MIADS 越稳定，潜伏期越长。由表 3-20 可看出环氧树脂固化物的力学性能得到明显提高。这表明多元酸改性咪唑降低了咪唑的固化反应活性，提高了它与环氧树脂的相容性。因此 MIADS 是一种综合性能优良的改性咪唑类环氧树脂中温固化剂。

表 3-20　多元酸改性咪唑固化环氧树脂体系的力学性能

固化剂	拉伸强度/MPa	伸长率/%	弯曲强度/MPa	冲击强度/(kJ/m²)
MI	18.40	1.31	38.50	4.65
EHA-MIADS	18.65	1.39	59.56	6.57
HA-MIADS	26.84	2.67	46.09	5.17
CA-MIADS	27.63	2.61	40.27	6.77
CTB-MIADS	30.67	2.80	60.82	5.27
CPB-MIADS	22.08	2.35	47.06	4.76

注：EHA 代表 2-乙基己酸、HA 代表己二酸、CA 代表柠檬酸、CTB 代表端羧基三羟甲基丙烷丁酸酯、CPB 代表端羧基季戊四醇丁酸酯。

（二）有机酸酐类体系

酸酐是最早用作环氧树脂胶黏剂的固化剂，至今仍为 EP 固化剂的重要品种之一，其用量仅次于多元胺固化剂。然而，有机酸酐类固化剂的酸酐键容易水解且不易进行化学改性，需要在较高的温度下进行固化反应，固化周期也较长。故需加入固化促进剂以达到降低反应温度，提高反应速率和中温固化的目的。

采用 TDE-85 改性普通双酚 A 环氧树脂 E-51，2,4-EMI 促进四氢邻苯二甲酸酐作固化体系，质量分数为 0.5% 的 2,4-EMI 不仅可以改善固化工艺性，实现中温固化，而且可以获得性能优良的固化产物。

研究了以多官能团环氧树脂及液体酸酐为基体，以叔胺为促进剂组成的中温固化、高温使用树脂体系。利用正交试验优选了树脂配方。该树脂体系黏度低、适用期长、力学性能良好、耐热性高，其 T_g 达 163℃。树脂体系固化条件为 120℃/6h。复合材料在高温下的力学性能保持率较高。

以 BH-1、2,4,6-三（二甲氨基甲基）苯酚（DMP-30）和 2-乙基-4-甲基咪唑（2,4-EMI）作为促进剂，研究了 3 种不同促进剂对环氧树脂/酸酐固化体系力学性能和耐热性能的影响。结果表明，当 $w_{促进剂}=1.0\%$ 时，固化物的力学性能最好。其中以 BH-1 为促进剂的酸酐体系具有最好的韧性和综合力学性能，其最大拉伸强度超过 80MPa，断裂伸长率为 3.80%。

（三）微胶囊类体系

微胶囊固化剂是指将固化剂用微胶囊技术包覆起来并能阻止其与基体树脂（通常为环氧树脂）在室温下反应，提高树脂及其预浸料的室温储存期，然后在一定的条件（温度或压力等）下，微胶囊破裂，释放出固化剂完成固化反应的一种新型固化剂。固化剂或促进剂微胶囊广泛应用于潜伏型预浸料、修复用复合材料、半导体器件的密封材料等领域。由于该方法具有制备简便、操作灵敏等特点，故深受人们的广泛关注。

用界面聚合法制得聚脲包覆的 2-甲基咪唑微胶囊。将质量分数为 33% 的微胶囊化固化剂和质量分数为 67% 的双酚 A 型环氧树脂混合，制得环氧固化体系，其固化温度为 115～120℃，在 40℃储存期达 30d 以上，黏度增幅小于 50%。

以 2-乙基-4-甲基咪唑（2,4-EMI）为芯材、聚乙二醇（PEG-6000）为壁材，采用熔融喷雾法制备了一种环氧片状模塑料用微胶囊固化剂。对微胶囊进行表征，对环氧树脂的固化行为进行了研究。研究表明，该胶囊固化剂中囊芯材料 2,4-EMI 的质量分数约为 13.7%。ESMC 树脂糊体系的最佳固化工艺为：101℃/10min＋111℃/10min＋150℃/10min＋180℃/10min。固化剂的微胶囊化不会引起固化机理的变化。

以 2-甲基咪唑（2MMZ）为芯材，聚苯乙烯（PS）为壁材，采用溶剂挥发技术，制备了一种新型潜伏型 2MMZ-PS 微胶囊固化剂。通过红外光谱仪、热重分析仪、扫描电子显微镜、粒度分析仪和差热扫描量热仪对微胶囊固化剂的化学结构、芯材含量、表面形貌、粒径分布及固化性能等进行了表征。结果表明，所制备的微胶囊固化剂表面光滑，粒径分布较窄，平均粒径约为 10.18μm，芯材 2MMZ 含量为 40.36%。由微胶囊固化剂与环氧树脂 E-51 制备的单组分胶黏剂具有优良的固化特性和潜伏性能，可在 100℃/1h 内实现固化，室温储存期可达 1 个月以上。

中温潜伏型固化剂以其优异的性能得到了广泛的关注。目前虽然中温潜伏型固化剂的种类很多，但依然有很多问题有待解决。需解决的主要问题是选择适当的固化剂与促进剂配合在降低固化温度的同时保证树脂具有较高的耐热温度和较长的室温储存期，这将是中温固化体系的重要发展方向。

二、中温固化环氧胶黏剂实用配方

1. 通用型中温固化环氧胶黏剂配方 1（质量份）

环氧树脂(E-51)	100	2-甲基咪唑	1
液体丁腈橡胶	20	其他助剂	适量

固化条件：60℃/(2～6)h。

2. 通用型中温固化环氧胶黏剂配方 2（质量份）

环氧树脂 W-95	89	N-对氯代苯基-N,N'-二甲基脲	2.86
对氨基苯酚环氧树脂	11	双氰胺	4.4
端羟基丁腈橡胶	26.9		

3. 通用型中温固化环氧胶黏剂配方 3（质量份）

对氨基苯酚环氧树脂	60	铬酸锶	10
环氧化酚醛树脂	40	双氰胺	适量
石棉粉	30	其他助剂	适量

4. 通用型中温固化环氧胶黏剂配方 4（质量份）

A 组分		B 组分	
环氧树脂(E-44)	150	聚酰胺(650)	100
聚醚(N-330)	10	间苯二胺(DMP-30)	25
乙醇胺	10	其他助剂	适量
高岭土	51		

A：B＝2：1；固化条件：60℃/2h。

5. 通用型中温固化环氧胶黏剂配方 5（质量份）

环氧树脂(E-51)	100	邻苯二甲酸二丁酯	10
聚氨酯预聚体	50	滑石粉(200 目)	30
二乙烯三胺	10	其他助剂	适量

固化条件：60℃/4h。

6. 通用型中温固化环氧胶黏剂配方 6（质量份）

环氧树脂(E-51)	100	2-乙烯-4-甲基咪唑	10
液体端羟基丁腈橡胶	30～40	其他助剂	适量

固化条件：120℃/3h。

7. 通用型中温固化环氧胶黏剂配方 7（质量份）

环氧树脂(E-51)	100	间苯二胺	10～15
液体端羟基丁腈橡胶	30～40	其他助剂	适量

固化条件：120℃/3h。

8. 通用型中温固化环氧胶黏剂配方 8（质量份）

环氧树脂(E-51)	100	苯基二丁脲	16
液体丁腈橡胶(90)	20	白炭黑	2.0
双氰胺	10	其他助剂	适量
苯氧胺	10		

固化条件：90℃/8h 或 130℃/2h。

9. 双组分通用型中温固化环氧胶黏剂配方（质量份）

A 组分		B 组分	
环氧树脂(E-44)	100	2-乙基-4-甲基咪唑	7
环氧树脂(D-17)	30	邻苯二甲酸二丁酯	5
聚硫橡胶(JLY-121)	10～20	石英粉(200 目)	30～50
其他助剂	适量	偶联剂(KH-550)	2
		其他助剂	适量

A∶B＝10∶1；固化条件：100℃/2h。

10. 中温快速固化环氧胶黏剂配方（质量份）

A 组分		B 组分	
环氧树脂(E-51)	100.0	三氟化硼-四氢呋喃络合物	70.0
邻苯二甲酸二丁酯	15.0	磷酸	147.0
石英粉(270 目)	35.0	2-甲基咪唑	43.7
白炭黑	1.5	白炭黑	适量
其他助剂	适量	其他助剂	适量

A∶B＝(5～7)∶1；固化条件：(100～130)℃/3h。

11. 耐-100℃的中温固化环氧胶黏剂配方（质量份）

A 组分		B 组分	
环氧树脂(E-51)	100.0	聚酯树脂(241)	100.0
2-乙基-4-甲基咪唑	4.0	2,4-二甲苯二异氰酸酯	8.5
		三氧化二铝粉(300 目)	适量
		其他助剂	适量

A∶B＝3∶2；固化条件：100℃/h。

12. 超低温用中温固化环氧胶黏剂配方（质量份）

A 组分		B 组分	
环氧树脂(E-51)	100.0	聚酯树脂(N-215)	100.0
2-乙基-4-甲基咪唑	4.0	2,4-二甲苯二异氰酸酯	8.5
三氧化二铝粉(200 目)	4.0		
偶联剂(KH-550)	2.0		
其他助剂	适量		

A∶B＝3∶2；固化条件：加热 100℃/4h。

13. 超低温用中温固化环氧胶黏剂配方（质量份）

四氢呋喃环氧树脂	100	偶联剂（KH-550）	4
固化剂（S90）	20	其他助剂	适量

固化条件：60℃/4h。

14. 耐油性、高强度中温固化环氧胶黏剂配方（质量份）

环氧树脂（E-51）	100	乙醇	250
羟甲基化聚酰胺（SY-61）	90	其他助剂	适量

固化条件：100℃/1h；150℃/3h。

15. 耐水、耐油性中温固化环氧胶黏剂配方（质量份）

环氧树脂（E-42）	100	间苯二酚	7～10
氨酚醛树脂	20～60	其他助剂	适量

固化条件：80℃/30min；0.5MPa下150℃/10h。

16. 耐老化中温固化环氧胶黏剂配方（质量份）

环氧树脂（E-51）	100	聚酰胺（650）	100
环氧树脂（D-17）	20～30	三氧化二铝粉（250～300目）	20
二缩水甘油醚（ZH-122）	10	其他助剂	适量

固化条件：80℃/1h，150℃/1.5h。

17. 耐老化、高强度中温固化环氧胶黏剂配方（质量份）

环氧树脂（E-51）	100	聚酰胺（650）	94
环氧树脂（D-17）	30	三氧化二铝粉（300目）	20
环氧稀释剂（600）	10	其他助剂	适量

固化条件：80℃/1h；150℃/1h。

18. 高强度中温固化环氧胶黏剂配方（质量份）

环氧树脂（E-51）	100	2-乙基-4-甲基咪唑	2
MNA酸酐	80	其他助剂	适量
液体丁腈橡胶（40）	20		

固化条件：80℃/0.5h；120℃/3h。

19. 耐热、耐老化中温固化环氧胶黏剂配方（质量份）

A组分		B组分	
碳酸钙粉	71	环氧树脂E-51	100
聚硫橡胶JLY-121	100	碳酸钙（200目）	79
DMP-30促进剂	15		

A：B＝1：1；120℃固化1h。

20. 耐热性中温固化环氧胶黏剂配方（质量份）

环氧树脂（E-51）	50.0	双氰胺	9.0
酚醛树脂（2127）	100.0	8-羟基喹啉酮	1.5
三氧化二铝粉（200目）	150.0	其他助剂	适量

固化条件：150℃/1h。

21. 耐磨性好的中温固化环氧胶黏剂配方 (质量份)

A组分		B组分	
环氧树脂(E-44)	100	三乙烯四胺	50
环氧丙烷丁基醚(501)	10	二乙烯三胺环氧丙烷丁基醚缩合物	126
邻苯二甲酸二丁酯	10	二乙烯三胺	45
还原铁粉(200目)	15	乙二胺	30
钛白粉(200目)	30	其他助剂	适量
二硫化钼(300目)	80		
胶体石墨	20		
气相二氧化硅	1		
其他助剂	适量		

A:B=100:25；固化条件：100℃/3h。

22. 抗震、耐老化抗辐射中温固化环氧胶黏剂配方 (质量份)

环氧树脂(E-44)	100	液体丁腈橡胶(40)	20
间苯二胺	10	乙炔炭黑	5
间苯二酚	1	其他助剂	适量
石英粉(200目)	30		

固化条件：85℃/2h；140℃/5h。

23. 金属粘接用中温固化环氧胶黏剂配方 1 (质量份)

环氧树脂(E-51)	100	其他助剂	适量
聚硫橡胶(JLY-121)	30		

固化条件：100℃/3h。

24. 金属粘接用中温固化环氧胶黏剂配方 2 (质量份)

环氧树脂(E-44)	100	酚醛树脂	30~50
乙二胺	10	其他助剂	适量

固化条件：120℃/(2~4)h。

25. 金属粘接用中温固化环氧胶黏剂配方 3 (质量份)

A组分		B组分	
环氧树脂(E-51)	100	聚酰胺(651)	50
环氧树脂(D-17)	20	间苯二胺/4,4-二氨基二苯基甲烷	20
		促进剂(DMP-30)	1
		偶联剂(KH-550)	1

A:B=1:1；固化条件：60℃/3h。

26. 金属粘接用中温固化环氧胶黏剂配方 4 (质量份)

环氧树脂(E-20)	100	其他助剂	适量
双氰胺	10		

固化条件：140℃/3h。

27. 金属粘接用中温固化环氧胶黏剂配方 5 (质量份)

环氧树脂(E-44)	100	羰基铁粉(200目)	250
邻苯二甲酸二丁酯	10	其他助剂	适量
多乙烯多胺	15		

28. 金属粘接用中温固化环氧胶黏剂配方 6 （质量份）

羟甲基环氧树脂	100	聚酰胺(650)	15～30
环氧稀释剂(600)	15～30	硫脲己二胺缩合物	20
液体端羧基丁腈橡胶	15～25	其他助剂	适量

固化条件：60～80℃/2h。

29. 金属粘接用中温固化环氧胶黏剂配方 7 （质量份）

环氧树脂(E-51)	100	液体丁腈橡胶	10～20
三氧化二铝粉(300 目)	20～35	2-乙基-4-甲基咪唑	10
气相法二氧化硅	5	其他助剂	适量

固化条件：70℃/3h。

30. 铝合金粘接用中温固化环氧胶黏剂配方 （质量份）

环氧树脂(E-51)	100.0	聚酰胺(650)	94.0
环氧树脂(D-17)	28.5	二硫化钼(250 目)	20.0
稀释剂(600)	10.0	其他助剂	适量

固化条件：80℃/1h；150℃/1h。

31. 铝、铜、钢粘接用中温固化环氧胶黏剂配方 （质量份）

环氧树脂(E-51)	100	3,3-二氯-4,4-二氨基二苯基甲烷	20
聚氨酯	20～30	其他助剂	适量

固化条件：在 0.02MPa 下，60℃/1h；100℃/2h。

32. 铸铁件粘接用中温固化环氧结构胶配方 （质量份）

环氧树脂(E-44)	100	铁粉(160 目)	100
聚硫橡胶(JLY-124)	30	其他助剂	适量
间苯二胺	16		

固化条件：80℃/3h。

33. 多孔金属材料粘接用中温固化环氧胶黏剂配方 （质量份）

A 组分		B 组分	
环氧树脂(D-17)	100	草酸	15
聚乙烯醇缩丁醛	30～50	乙醇	适量
乙醇	适量		
其他助剂.	适量		

A：B＝50：3；固化条件：100～120℃/4h。

34. 金属与非金属粘接用中温固化环氧胶黏剂配方 1 （质量份）

环氧树脂	100	苯基二丁脲	16
液体丁腈橡胶	20	白炭黑	2.0
双氰胺	10	其他助剂	适量

固化条件：90℃/8h；100℃/10h。

35. 金属与非金属粘接用中温固化环氧胶黏剂配方 2 （质量份）

A 组分		B 组分	
环氧树脂(E-42)	100	己二胺	10
酚醛-丁腈共聚物	100	其他助剂	适量
丙酮	100		

A：B＝30：1；固化条件：80℃/（3～6）h。

36. 金属与非金属粘接用中温固化环氧胶黏剂配方 3（质量份）

羟甲基环氧树脂	100	聚酰胺（650）	20
环氧稀释剂（ZH-22）	20	硫脲己二胺缩合物	20
液体端羧基丁腈橡胶	20	其他助剂	适量

固化条件：60～80℃/2h。

37. 金属与非金属粘接用中温固化环氧胶黏剂配方 4（质量份）

环氧树脂（E-51）	100.0	2-甲基咪唑或二苯胺	1.0
端羟基丁腈橡胶	20.0	二氧化硅粉（200目）	1.5
双氰胺	10.0	其他助剂	适量

固化条件：80℃/1h。

38. 金属与非金属粘接用中温固化环氧胶黏剂配方 5（质量份）

环氧树脂（E-44）	100	羰基铁粉（200目）	200～300
邻苯二甲酸二丁酯	10～15	其他助剂	适量
间苯二胺	10～15		

固化条件：130～140℃/3h。

39. 金属与非金属粘接用中温固化环氧胶黏剂配方 6（质量份）

环氧树脂（E-51）	70	双氰胺	10
环氧树脂（E-44）	30	白炭黑	3
聚醚（N-330）	20	其他助剂	适量
聚硫橡胶	10		

固化条件：150℃/4h。

40. 金属与非金属粘接用中温固化环氧胶黏剂配方 7（质量份）

环氧树脂（E-44）	100	稀释剂（ZH-122）	20
羟基硅氧烷	5	聚酰胺（200）	100
多乙烯多胺	2～5	其他助剂	适量
双氰胺	8		

固化条件：120℃/4h。

41. 金属、陶瓷粘接用中温固化环氧胶黏剂 1（质量份）

环氧树脂（E-51）	100	丁腈橡胶	10
乙二胺	7～10	瓷粉（200目）	50～100
邻苯二甲酸二丁酯	10～20	其他助剂	适量

固化条件：60℃/2～3h。

42. 金属、陶瓷粘接用中温固化环氧胶黏剂 2（质量份）

环氧树脂（E-42）	100	邻苯二甲酸二丁酯	10
乙二胺	10	其他助剂	适量

固化条件：60℃/（2～3）h。

43. 金属、玻璃钢粘接用中温固化环氧胶黏剂配方 1（质量份）

环氧树脂（E-51）	100	间苯二胺	10～15
液体丁腈橡胶	20	其他助剂	适量
2-乙基-4-甲基咪唑	4		

固化条件：120℃/3h。

44. 金属、玻璃钢粘接用中温固化环氧胶黏剂配方 2（质量份）

环氧树脂(E-51)	100.0	六亚甲基四胺	4.0
酚醛树脂	10.0	8-羟基喹啉	1.1
三氧化二铝粉(300 目)	50.0	其他助剂	适量

固化条件：100℃/12h。

45. 金属、塑料粘接用中温固化环氧胶黏剂配方（质量份）

环氧树脂(E-44)	100	滑石粉(200 粉)	40
二乙烯三胺	10	其他助剂	适量
苯乙烯	10		

固化条件：60℃/2h。

46. 金属、橡胶粘接用中温固化环氧胶黏剂配方（质量份）

A 组分		B 组分	
环氧树脂(E-51)	100	间苯二胺	15
液体丁腈橡胶(40)	4	其他助剂	适量
磷酸三酚酯	15		
三氧化二铝粉(300 目)	50		

A：B＝10：1；固化条件：150℃/2h。

47. 金属、塑料、橡胶、木材等粘接用中温固化环氧胶黏剂配方 1（质量份）

A 组分		B 组分	
环氧树脂(E-44)	150	聚酰胺(650)	100
聚醚(N-330)	10	间苯二胺/DMP	25
		乙醇胺	10
		高岭土	50
		偶联剂(KH-550)	2
		其他助剂	适量

A：B＝2：1；固化条件：80℃/1h 或 60℃/2h。

48. 金属、橡胶、塑料、木材等粘接用中温固化环氧胶黏剂配方 2（质量份）

A 组分		B 组分	
环氧树脂(E-51)	100	二乙烯三胺	10~15
丁腈橡胶(40)	5~10		
磷酸三甲苯酯	10~20		
三氧化二铝粉(300 目)	50~60		
其他助剂	适量		

A：B＝100：74；固化条件：80~90℃/2h。

49. 非金属粘接用中温固化环氧胶黏剂配方（质量份）

环氧树脂(E-44)	100	多乙烯多胺	2~4
羟基硅氧烷	5	双氰胺	8
环氧稀释剂(600)	20	其他助剂	适量
聚酰胺(200)	10		

固化条件：120℃/4h。

50. PVC 粘接用中温固化环氧胶黏剂配方（质量份）

环氧树脂	100	环己酮	10
过氯乙烯	20	二乙烯三胺	10
二氯乙烯	90	其他助剂	适量

固化条件：70℃/2h。

51. 点焊用中温固化环氧胶黏剂配方 1（质量份）

环氧树脂(E-51)	70	双氰胺	10
环氧树脂(E-44)	30	白炭黑(200 目)	3
聚醚树脂(N-330)	20	其他助剂	适量
低分子聚硫橡胶(JLY-121)	10		

固化条件：在 0.5MPa 下，150℃/4h。

52. 点焊用中温固化环氧胶黏剂配方 2（质量份）

A 组分		B 组分	
环氧树脂(E-51)	100.0	2-乙基-4-甲基咪唑	10.0
环氧树脂(D-17)	30.0	咪唑	2.0~3.0
聚硫橡胶(JLY-121)	10.0	邻苯二甲酸二丁酯	5.0
其他助剂	适量	过氧化甲乙酮	0.5~1.0
		丙烯腈改性 E 二胺	4.0
		其他助剂	适量

A：B＝150：16；固化条件：70℃/1h；100℃/3h。

53. 点焊用中温固化环氧胶黏剂配方 3（质量份）

环氧树脂(E-51)	100	双亚戊基胺四硫化物	1
环氧树脂(D-17)	30	偶联剂(KH-560)	4
聚硫橡胶	35	丙基三乙氧基硅烷	6
液体丁腈橡胶	10	其他助剂	适量
4,4-二氨基二苯基甲烷	44		

固化条件：90℃/1h；150℃/4h。

54. 点焊用中温固化环氧胶黏剂配方 4（质量份）

A 组分		B 组分	
环氧树脂(N-95)	100	环氧树脂(N-95)	30
4,4-二氨基二苯基甲烷	50	环氧树脂(E-52)	100
偶联剂(KH-550)	2	顺丁烯二酸酐	30
氯化亚锡/乙二醇	适量	液体丁腈橡胶	20
其他助剂	适量	其他助剂	适量

A：B＝2：1；固化条件：150℃/4h。

55. 铝合金点焊用中温固化环氧胶黏剂配方（质量份）

环氧树脂(E-51)	100	间苯二胺	13
邻苯二甲酸二丁酯	15	聚硫橡胶(JLY-121)	20
滑石粉(200 目)	40	其他助剂	适量
二乙烯三胺	1		

固化条件：80℃/3h。

56. 代替锡、银焊的中温环氧胶黏剂配方（质量份）

环氧树脂（E-51）	70.0	端羟基丁腈橡胶	10.0
环氧树脂（W-95）	30.0	稀释剂（600）	10.0
聚乙烯醇缩丁醛	7.0	2-乙基-4-甲基咪唑	1.5
间苯二胺	20.0	其他助剂	适量
银粉（200 目）	250.0～300.0		

固化条件：80℃/1h；150℃/（2～3）h。

57. 机械主轴粘接修理用中温固化环氧胶黏剂配方（质量份）

环氧树脂（E-44）	100	石墨粉（180 周）	适量
聚酰胺（651）	40	其他助剂	适量
聚硫橡胶（620）	10		

固化条件：100～150℃/2h。

58. 汽车、拖拉机刹车片粘接用中温固化环氧胶黏剂配方（质量份）

环氧树脂（E-44）	100	三氧化二铝粉（300 目）	适量
邻苯二甲酸二丁酯	12	酚醛树脂（2127）	40
乙二胺	8	其他助剂	适量

固化条件：150℃/1h。

59. 机床修复粘接用中温固化环氧胶黏剂配方（质量份）

A 组分		B 组分	
环氧树脂（E-44）	100.0	三乙烯四胺	51.6
环氧丙烷丁基醚（501）	10.0	二乙烯三胺环氧丙烷丁基醚缩合物（593）	125.6
二硫化铜	80.0	二乙烯三胺	43.9
气相二氧化硅	1.0	乙二胺	31.9
其他助剂	适量	其他助剂	适量

A∶B＝100∶25；固化条件：100℃/3h。

60. 硅钢片粘接用中温固化环氧胶黏剂配方（质量份）

环氧树脂（E-42）	40	邻苯二甲酸二丁酯	15
酚醛树脂（F-45）	60	其他助剂	适量
潜伏型固化剂（594）	10		

固化条件：120℃/2h。

61. 玻璃钢制品制备用中温固化环氧胶黏剂配方（质量份）

酚醛环氧树脂（644）	100	丙酮	100
NA 酸酐	68	其他助剂	适量
二甲基苯胺	2		

固化条件：90～100℃机压固化。

62. 电子元件粘接用中温固化环氧胶黏剂配方（质量份）

环氧树脂（E-44）	100	云母粉（300 目）	20～60
酚醛树脂	10～20	二乙烯三胺	10～12
液体丁腈橡胶	2～5	其他助剂	适量
癸二酸二辛酯	5～6		

固化条件：60℃/2h。

63. 电子器件微晶玻璃粘接用中温固化环氧胶黏剂配方（质量份）

环氧树脂(E-42)	100	一缩二乙二醇	5~6
邻苯二甲酸二丁酯	5~10	石英粉(200目)	40
2-甲基咪唑	2~4	其他助剂	适量

固化条件：60℃/20h。

64. 电器产品粘接修理用中温固化环氧无毒胶黏剂配方（质量份）

环氧树脂(E-44)	100	4,4-二氨基二苯基甲烷微胶囊	50
聚硫橡胶(JLY-121)	10	其他助剂	适量

固化条件：130℃/2h。

65. 集成电路硅片粘接与封装用中温固化环氧胶黏剂配方（质量份）

环氧树脂(E-51)	100	N,N'-苯基二甲胺	1.15
聚壬二酸酐	50	其他助剂	适量

固化条件：80℃/1h；100℃/1h；120℃/1h。

66. 变压器铁芯粘接用中温固化环氧胶黏剂配方（质量份）

环氧树脂(E-51)	100	羰基铁粉(200目)	400
顺丁烯二酸酐	24	其他助剂	适量

固化条件：70~80℃配制，130~140℃/(5~6)h。

67. 变压件粘接用中温固化环氧胶黏剂配方（质量份）

A组分		B组分	
环氧树脂(711)	60	固化剂(703)	40
环氧树脂(712)	40	偶联剂(KH-550)	2
环氧树脂(E-20)	20	促进剂(DMP-30)	1
聚硫橡胶(JLY-121)	10	其他助剂	适量
其他助剂	适量		

A：B=5：1；固化条件：60℃/1h。

68. 磁性材料粘接用中温固化环氧胶黏剂配方（质量份）

环氧树脂(E-44)	100	羰基铁粉(200目)	200~300
邻苯二甲酸二丁酯	10~15	其他助剂	适量
间苯二胺	10~15		

固化条件：(130~140)℃/3h。

69. 磁铁元件粘接用中温固化环氧胶黏剂配方（质量份）

环氧树脂(E-42)	100	丙酮	10~15
己二胺	5~15	石墨粉(300目)	10~20
邻苯二甲酸二丁酯	10~15	其他助剂	适量
铁粉(300目)	100~150		

固化条件：140℃/(1~2)h。

70. 电磁铁铁芯粘接用中温固化环氧胶黏剂配方（质量份）

环氧树脂(E-51)	100	聚壬二酸酐	15
六羟邻苯二甲酸酐	80	其他助剂	适量

固化条件：120℃/2h。

71. 耐高温结构件粘接用中温固化环氧胶黏剂配方（质量份）

环氧树脂(E-44)	100	玻璃粉(200目)	50
647酸酐	80~100	其他助剂	适量
三氧化铝粉(200目)	50		

固化条件：120℃/3h。

72. 蜂窝状制品粘接用中温固化环氧胶黏剂配方（质量份）

环氧树脂(E-51)	100	聚酰胺(200)	10
羟基硅氧烷	5	多乙烯多胺	8
稀释剂(600)	20	其他助剂	适量

固化条件：120~140℃/4h。

73. 电视机灌封用中温固化环氧胶黏剂配方（质量份）

环氧树脂(E-51)	100	三乙醇胺	150~200
邻苯二甲酸酐	15	其他助剂	适量
石英粉(200目)	15		

固化条件：80~100℃/10h。

74. 中温固化高强度环氧胶黏剂配方（质量份）

环氧树脂(E-51∶E-44＝1∶1)	100	偶联剂(KH-550)	2~3
奇士增韧剂	23~30	固化剂(SL-1)	33
		其他助剂	适量

说明：此种胶黏剂合理的固化温度应为 50℃/1h＋80℃/1h。拉伸剪切强度为12~37MPa。

75. 中温固化耐高温环氧胶黏剂配方（质量份）

环氧树脂	100	端氨基丁腈橡胶(ATBN)	20
聚酰胺固化剂	65	填料	5~10
促进剂	5	其他助剂	适量
钛白粉	30		

说明：固化条件为80℃固化4h。剪切强度为37MPa、该胶黏接强度高，耐高温，耐介质性、电绝缘性优良。

76. 中温固化常用环氧胶黏剂配方（质量份）

环氧树脂(E-54)	100	咪唑改性物	1
改性苯二甲胺(A-50)	24	其他助剂	适量
聚酰胺固化剂(650)	20		

说明：在40℃下固化5h，60℃下固化30min，80℃下固化2h。弯曲强度为86MPa，弯曲模量为 2.12GPa，冲击强度为 14.6kJ/m²，热变形温度为75℃，拉伸剪切强度为7~9MPa。主要用作金属粘接用胶。

77. 中温固化低黏度环氧胶黏剂配方（质量份）

A组分

环氧树脂(YD128)	100	偶联剂(KH-550)	1
活性稀释剂(EPG660)	15	其他助剂	适量
气相 SiO$_2$	5		

B 组分

固化剂	100	其他助剂	适量
促进剂	30		

固化条件：80℃下固化 3h。

说明：拉伸强度为 50MPa，拉伸弹性模量为 3000MPa，伸长率为 1.5%，弯曲强度为 88MPa、压缩强度为 86MPa。主要用于金属粘接。

78. 中温固化桐马环氧胶黏剂配方（质量份）

桐马环氧树脂	100.0	填料	5.0~6.0
固化剂	10.0	偶联剂	1.5
高效液体促进剂	5.0	其他助剂	适量

说明：固化条件为 80℃下固化 2h，主要用于电机装备制造。

79. 中温固化双组分高强度环氧胶黏剂配方（质量份）

A 组分		B 组分	
E-51 环氧树脂	100.0	端氨基聚醚	50.0
E-390 环氧树脂	50.0	叔胺促进剂	3.0
聚醚多元醇	15.0	纳米 $CaCO_3$	15.0
纳米 $CaCO_3$	30.0	偶联剂 KH-550	0.5
偶联剂	1.5	其他助剂	适量
其他助剂	适量		

说明：在 120℃下固化 2h，粘接强度达 45MPa（铝/铝）、51MPa（钢/钢）。

80. 中温固化单组分环氧胶黏剂配方（质量份）

环氧树脂	100	炭黑	5~8
双氰胺	5	消光粉	20
有机脲	8	其他助剂	适量
端羟基丁腈橡胶	20		

说明：可在 120℃下固化 30min，其外观为黑色膏状物。黏度为 23Pa·s，拉伸强度为 24.5MPa，剪切强度为 17.8MPa，储存期为 3 个月。

81. 中温固化耐烧蚀环氧胶黏剂配方（质量份）

E-51 环氧树脂	100	偶联剂 KH-550	1~3
甘油环氧树脂	30	2-乙基-4-甲基咪唑	30
云母粉(200 目)	30	气相法炭黑	3~5
Al_2O_3 粉(200 目)	10	其他助剂	适量

说明：拉伸强度为 27MPa，剪切强度为 22MPa，冲击强度为 6.1kJ/m^2，烧蚀时间为 6.64s，线烧蚀率为 0.46mm/s，质量烧蚀率为 0.15g/s，主要用于火箭发动机烧蚀部件的粘接。

82. 换温器粘接用中温固化环氧胶黏剂配方（质量份）

E-51 环氧树脂	100.0	填料	10.0~20.0
E-44 环氧树脂	50.0	偶联剂	1.5
液体丁腈橡胶	25.0	其他助剂	适量
双氰胺改性固化剂	30.0		

说明：在 140℃下固化 6h，120℃下黏度为 18Pa·s，剪切强度为 11.9MPa，剥离强度

为 5～6kN/m。主要用于不锈钢与橡胶的粘接。

三、中温固化阻燃环氧胶黏剂配方与制备实例

1. 原材料与配方（质量份）

改性双酚 A 环氧树脂(438)	100	偶联剂	1～2
增韧剂	25	超细双氰胺固化剂	20
氢氧化铝(H-WF-10)	8.0	改性咪唑促进剂	3
微胶囊包覆红磷	2	其他助剂	适量

2. 制备方法

（1）胶膜的主体成分　将超细双氰胺、改性咪唑促进剂和酚醛环氧用三辊研磨混合成糊状物，再搅拌加入双酚 F 环氧、低黏度环氧、偶联剂，制成胶料。

（2）阻燃环氧结构胶膜　由胶膜的主体成分和包覆红磷、氢氧化铝、增韧剂组成，经过热熔预混、开炼机制成胶料后，热熔法压制胶膜。

3. 性能

不同主体树脂阻燃胶黏剂的性能见表 3-21。

表 3-21　不同主体树脂阻燃胶黏剂的性能

树脂种类	粘接性能		阻燃性能
	室温剪切强度/MPa	90°板芯剥离强度/(N/mm)	氧指数/%
酚醛环氧(A)	35.2	1.1	26
双酚 A 环氧(B)	37.6	3.3	25
A∶B=1∶1	37.2	2.5	25

注：包覆红磷用量为 4 份。

含有不同种类阻燃剂的胶黏剂的力学性能见表 3-22。

表 3-22　含有不同种类阻燃剂的胶黏剂的力学性能

编号	各阻燃剂及其用量/g				粘接性能	
	三聚磷酸盐	有机磷酸酯	DOPO 预反应物	包覆红磷	室温剪切强度/MPa	90°板芯剥离强度/(N/mm)
FR01	4				26	1.1
FR02		4			30	1.7
FR03			6		32	0.9
FR04				4	36	1.8

注：所制备胶黏剂树脂含量均为 100g，固化剂 13.4g，90°剥离所用蜂窝为铝蜂窝。

阻燃结构胶膜的综合性能见表 3-23。

表 3-23　阻燃结构胶膜的综合性能

胶膜厚度/mm	剪切强度/MPa		滚筒剥离强度/(N/76mm)		平均拉伸强度/MPa	阻燃性能	
	25℃	82℃	金属	复材		氧指数/%	垂直燃烧
0.12	32.6	18.9	150	320			
0.25	31.5	19.2	390	410	6.7	25	FV-0
0.36	30.9	17.9	580	450	8.1		

不同阻燃剂含量胶黏剂的热失重数据见表 3-24。

表 3-24　不同阻燃剂含量胶黏剂的热失重数据

阻燃剂用量/份	第一阶段热分解		第二阶段热分解		750℃残炭率/%
	最大分解速率/[%(质量分数)/s]	温度/℃	最大分解速率/[%(质量分数)/s]	温度/℃	
0	0.14	420	0.073	554	2.22
5	0.22	415	0.035	600	4.99
10	0.141	409	0.089	614	7.98

第三节　高温固化环氧胶黏剂

一、高温固化环氧胶黏剂实用配方

1. 耐热型高温固化环氧胶黏剂配方（质量份）

环氧树脂(E-51)	39	双氰胺	10
酚醛树脂(2127)	100	8-羟基喹啉酮	1.5
三氧化二铝粉(300目)	149	其他助剂	适量

固化条件：170℃/1h。

2. 耐高温用高温固化环氧胶黏剂配方（质量份）

酚醛树脂(2127)	150	没食子酸丙酯	1.5
环氧树脂(E-51)	20	醋酸乙酯	20.0
1-羟基萘	3		

固化条件：170℃/1h。

3. 可在300℃长期使用的高温固化环氧胶黏剂配方（质量份）

酚醛环氧树脂	100	三氧化二铝粉(300目)	20
双酚A-有机硅树脂	33	其他助剂	适量
五氧化二砷	32		

固化条件：150℃/1h。

4. 高强度耐老化高温固化环氧胶黏剂配方（质量份）

环氧树脂(E-42)	100	聚酰胺(500)	80
双氰胺	2	其他助剂	适量
甲醇：苯溶剂(7∶2)	450		

固化条件：165～170℃/2h。

5. 250℃下可使用的高温固化环氧耐烧蚀胶黏剂配方（质量份）

环氧树脂(E-44)	100	石英粉(200目)	50
647#酸酐	80～100	其他助剂	适量
钛白粉(200目)	50		

固化条件：170℃/3h。

6. 电子焊泥用高温固化环氧胶黏剂配方（质量份）

环氧树脂(E-42)	100	邻苯二甲酸二丁酯	20
邻苯二甲酸酐	40	滑石粉(200目)	160

其他助剂 适量

固化条件：180℃/1h。

7. 电子元件焊泥胶黏剂配方（质量份）

环氧树脂（E-42）	100	锌粉（200目）	250
邻苯二甲酸酐	10	虫胶	300
酚醛树脂	40	孔雀绿	1～10
六亚甲基四胺	15	乙醇	
碳酸钙（300目）	200	其他助剂	适量
滑石粉（200目）	200		

固化条件：150～160℃/15min。

8. 纺织机械粘接用高温固化环氧胶黏剂配方（质量份）

环氧树脂（E-44）	100	三氧化二铝粉（200目）	10
邻苯二甲酸二丁酯	15～20	其他助剂	适量
三乙醇胺	10～15		

固化条件：160℃/1h。

9. 耐高温环氧胶黏剂配方（质量份）

环氧树脂（690）	100	4,4-二氨基二苯砜	30
双马来酰亚胺	50	其他助剂	适量
2,6-二氨基蒽醌	30		

固化条件：200℃/2h。

说明：双马来酰亚胺改性环氧树脂胶黏剂满足-55～200℃剪切强度20MPa、250℃剪切强度10MPa的技术要求。

10. 发泡型汽车点焊密封胶黏剂配方（质量份）

环氧树脂	20.0～40.0	偶联剂	0.5～1.0
增韧剂	10.0～20.0	触变剂	0.2～1.0
导电剂	5.0～8.0	消烟剂	5.0～10.0
碳酸钙	20.0～30.0	复合固化剂［固化剂：促进剂＝	3～6
发泡剂	0.2～0.5	10：（2～4）］	

发泡型汽车点焊密封胶黏剂的性能见表3-25。

表 3-25　发泡型汽车点焊密封胶黏剂的性能

项　目	性能指标	项　目	性能指标
外观	黑色糊状	阻燃性	30s自熄
不挥发分/%	98	收缩性	不收缩
密度/(g/cm³)	1.3	可焊性	强度下降<10%
黏度/Pa·s	300～330	对水阻漏性	不漏
流动性/mm		低温性	-29℃不开裂
常温	4～5	耐腐蚀性	合格
140℃	3～4	剪切强度/MPa	5.7
耐磷化冲洗	30s后无影响	拉伸强度/MPa	1.6
抗电泳漆冲洗	洗不掉	储存期（室温）/月	＞3

固化条件：最低150℃/20min，最高170℃/20min，正常160℃/20min。

用于汽车挡泥板、车身侧面与底板、轮罩、仪表板等处的粘接与密封。

11. 航天用环氧耐高温胶黏剂配方（质量份）

四官能团环氧树脂（TGDDM）	100	固化剂（DDS）	10~20
聚醚酰亚胺（PEI）	25	其他助剂	适量

该胶黏剂的粘接效果测试见表 3-26。

表 3-26 粘接效果测试

性 能	指 标	测试结果
剪切强度（Al-Al）/MPa	15	20.9（室温）、19.3（150℃）、18.1（200℃）
剥离强度（Al-Al）/（N/cm）		190（室温）、78（室温纯环氧树脂）

该胶黏剂的剪切强度提高 1 倍左右，200℃高温剪切强度仅下降 10%，不均匀扯离强度提高 1.5 倍，玻璃化温度为 256℃。该胶黏剂有望应用于航空航天及微电子等高科技领域。

12. 新型含氟固化剂高温固化环氧胶黏剂配方（质量份）

A 组分

环氧树脂	100	液体端羧基丁腈橡胶（CTBN）稀释剂	10
N,N,N',N'-四缩水甘油基-4,4'-二氨基二苯甲烷（TGDDM）	20	其他助剂	适量

B 组分

2,2-双(3-氨基-4-羟基苯基)六氟丙烷（BAHPFP）	100	促进剂	2
		丙酮	适量

说明：

① 粘接强度 用电子拉力机对粘接试片进行拉伸剪切强度测试，6 个试样的算术平均值为 26.2MPa（25℃），可见，该胶黏剂的粘接强度较高。

② 吸水性 将尺寸为 50mm×50mm×2mm 的固化物试样，在 25℃的纯水中浸泡 168h 后，测得其吸水性为 2.3%，说明该胶黏剂具有良好的疏水性。

13. 耐高温单组分环氧胶黏剂配方（质量份）

氢化双酚 A 环氧树脂	100	丙酮	适量
含酚羟基聚醚酰亚胺（HPEI）	10	甲苯	适量
潜伏型固化剂	10~20	其他助剂	适量

说明：在 150℃下固化时，随着固化时间的延长，25℃和 120℃的拉伸剪切强度均增大；在 4.0h 后均达到了最大值，分别为 24.8MPa 和 24.1MPa。

25℃和 120℃的拉伸剪切强度，随着固化温度的提高而增大，但在 150℃以上固化时，其 25℃和 120℃的拉伸剪切强度趋向平衡，并达到最大值，分别为 24.8MPa 和 24.1MPa。

14. 耐高温环氧胶黏剂配方（质量份）

原材料	A 胶	B 胶	原材料	A 胶	B 胶
环氧树脂	100	100	B 型促进剂	—	1~2
双氰胺固化剂	10~20	10~20	填料	10~30	10~30
A 型促进剂（咪唑）	1~2	—	其他助剂	适量	适量

说明：对以咪唑类金属化合物和芳香酰胺作为双氰胺潜伏型固化剂的促进剂而配制的单组分环氧 A 胶和 B 胶，进行了固化行为的研究和剖析。确证它们为高温（250~200℃）快速（2~5min）固化单组分环氧胶黏剂，具有储存期长的特点，它们是高强度金属结构胶的新品种，已用于机电产品零部件和电子元件的粘接，适用于流水线生产。

15. 二氮杂萘酮改性环氧胶黏剂 （质量份）

E-44 环氧树脂	50	促进剂	3
二氮杂萘酮改性环氧树脂	50	其他助剂	适量
聚酰胺固化剂	10		

说明：

① 低分子量二氮杂萘酮改性环氧树脂与 E-44 环氧树脂配合使用，以低分子聚酰胺为固化剂，当配方为 $m_{E-44} : m_{ER} : m_{H-4} = 4 : 4 : 9$ 时，在 180℃下固化 3h 后，测其常温下的拉伸剪切强度为 17.65MPa，80℃下为 19.71MPa，100℃下为 14.58MPa。

② 随着固化时间的延长、固化温度的升高，胶黏剂的粘接性能尤其是 80℃下的粘接性能有很大的提高。

③ 该胶黏剂对除了 N,N-二甲基乙酰胺以外的大部分溶剂都有较好的耐受能力。

该胶黏剂可应用于金属材料和非金属材料的粘接。

二、高温固化环氧树脂胶黏剂配方与制备实例

（一）高温固化环氧胶黏剂

1. 原材料与配方 （质量份）

A 组分		B 组分	
酚醛环氧树脂(F-51)	100	聚酰胺(PA651)	55
		气相白炭黑	15
		高岭土	80
		其他助剂	适量

2. 制备方法

（1）EP 胶黏剂的制备　分别在 F-51 和固化剂中加入填料，经初步混合、三辊研磨机强力剪切混合均匀后，分别得到 A 组分（F-51/填料）和 B 组分（固化剂/填料）；使用时，按一定比例将 A 组分和 B 组分混合均匀即可。

（2）浇铸体的制备　将混合均匀的胶黏剂注入自制模具中，按预定的固化条件进行固化，自然冷却后脱模即可。

3. 性能

不同固化条件下 EP 胶黏剂的力学性能见表 3-27。

表 3-27　不同固化条件下 EP 胶黏剂的力学性能

固化条件	剪切强度/MPa	压缩强度/MPa	压缩模量/GPa
100℃/3h	12.7	84.7	5.2
室温/1d→170℃/1h	13.8	85.1	5.7
指标	≥6.9	≥55.1	≥1.6

不同固化条件下 EP 浇铸体的耐介质浸泡性能见表 3-28。

表 3-28　不同固化条件下 EP 浇铸体的耐介质浸泡性能

介质类型	浸泡前后质量增量/%		
	中温固化	高温固化	指标
MIL-S-3136Ⅲ型测试流体	0.1	0.1	≤1.0

续表

介质类型	浸泡前后质量增量/%		
	中温固化	高温固化	指标
MIL-H-5606 液压油	0.5	0.5	≤1.5
BMS 3-11 液压油	0.6	0.4	≤3.5
蒸馏水	0.3	0.3	≤2.5

注：高温固化条件为"室温/1d→170℃/1h"；中温固化条件为100℃/3h。

EP 浇铸体经中温固化或高温固化后，其在不同介质中浸泡若干时间后的质量增量基本相近，并且均满足相关标准中的指标要求。

4. 效果

当 $m_{F-51} : m_{PA651} = 100 : 55$、$m_{气相白炭黑} : m_{高岭土} = 15 : 80$ 时，制成的 EP 胶黏剂的凝胶时间、流动性、力学性能和耐介质浸泡性能等均满足复合材料修补用胶黏剂的使用要求，并且其操作方便、快捷。

（二）高温固化耐高温环氧胶黏剂

1. 原材料与配方（质量份）

原材料	配方 1(J-1)	配方 2(J-2)	配方 3(J-3)
TGDDM 环氧树脂	100	—	—
TGDDM 环氧树脂	—	100	—
TGDDM 环氧树脂	—	—	100
DDRS 多官能团环氧树脂	30	30	30
甲基四氢苯酐(MTHPA)	30	30	30
促进剂(E-24)	3	3	3
B-410 活性苯基物	10～20	10～20	10～20
其他助剂	适量	适量	适量

2. 制备方法

称取一定量的 TGDDM 环氧树脂（基于 3 家不同公司产品，分别称取）与 DDRS 多官能环氧树脂和适量活性稀释剂 CE-793，放入反应器中，室温下搅拌混合均匀后，加入 B-410 活性苯基物，于 40～60℃下搅拌反应 1～2h 后，冷却至室温，加入甲基四氢苯酐（MTHPA），在室温下搅拌均匀，随后加入促进剂 E-24，搅拌混合均匀，分别得到 3 种耐高温环氧胶黏剂，即 J-1、J-2 和 J-3。

3. 性能

不同测试温度下耐高温环氧胶黏剂的断裂拉伸剪切强度见表 3-29。

表 3-29　不同测试温度下耐高温环氧胶黏剂的断裂拉伸剪切强度

测试温度/℃	σ/MPa		
	J-1	J-2	J-3
30	14.9	15.6	13.7
100	15.1	16.6	15.7
150	17.2	17.2	19.6
200	16.1	15.6	18.6

耐高温环氧胶黏剂 J-1、J-2、J-3 的拉伸剪切强度都是从常温到 150℃逐渐增大，体系在

150℃的高温状态下具有更高的粘接强度，常温的拉伸剪切强度都在 14MPa 左右，其中 J-3 的常温值最小，J-2 的常温值最大。在 200℃时拉伸剪切强度 J-3 最大。因此，J-3 的高温（200℃）粘接性能最好，J-1、J-2 胶黏剂的性能次之，但是差距并不大。

胶黏剂各升温速率对应的反应速率常数参数见表 3-30、表 3-31。

表 3-30 胶黏剂各升温速率对应的反应速率常数参数（第 1 个峰）

β/(K/min)	T_p/K	$A/10^9$	K_p/(1/s)
2.5	393.9	0.5	0.1
5	406.6	0.5	0.3
10	416.3	0.5	0.5
15	422.6	0.4	0.7
20	381.3	0.4	0.9

表 3-31 胶黏剂各升温速率对应的反应速率常数参数（第 2 个峰）

β/(K/min)	T_p/K	$A/10^9$	K_p/(1/s)
2.5	398.1	0.6	0.4
5	409.9	0.5	0.6
10	424.1	0.5	1.2
15	436.1	0.4	1.8
20	441.9	0.4	2.2

第四节　低温固化环氧胶黏剂

一、低温固化环氧胶黏剂实用配方

1. 铸铁件修复用低温固化环氧胶黏剂配方（质量份）

| 环氧树脂（E-44） | 100 | 铁粉（200 目） | 30 |
| 聚酰胺（650） | 70～80 | 石棉粉（200 目） | 适量 |

固化条件：10～20℃/3h。

2. 扬声器修复用低温固化环氧胶黏剂配方（质量份）

| 环氧树脂（E-44） | 100 | 苯二甲胺 | 20 |
| 邻苯二甲酸二丁酯 | 10 | | |

固化条件：10～20℃/21h。

3. 低温固化车辆修复用环氧胶黏剂配方（质量份）

A 组分

| 环氧树脂 | 100 | 石英粉（200 目） | 50 |
| 聚硫橡胶 | 30 | 气相二氧化硅 | 5～6 |

B 组分

| 固化剂 | 40 | 促进剂 | 1～2 |
| 偶联剂（KH-550） | 2 | | |

固化条件：10～20℃/3h。

4. 低温固化环氧修补胶黏剂配方（质量份）

A 组分

环氧树脂	100.0	石英粉（200 目）	4.0
PVC 溶液	20.0	气相二氧化硅	1.5

B 组分

三氟化硼-四氢呋喃	100.0	2-甲基咪唑	40.0
磷酸	100.0		

固化条件：10～20℃/2h。

5. 船体修复用低温固化环氧胶黏剂配方（质量份）

环氧树脂(E-42)	100	二乙烯三胺	10～20
聚酯树脂	20～30	石油磺酸	3～5
生石灰(160 目)	50～80		

固化条件：10～20℃/20h。

6. 水下粘接用环氧胶黏剂配方（质量份）

环氧树脂(E-42)	100	双丙酮丙烯酰胺/二乙烯三胺混合固化剂	4
生石灰	50		
		石油磺酸	5

固化条件：10～20℃/24h。

7. 耐磨型低温固化环氧胶黏剂配方（质量份）

环氧树脂(E-44)	100	铁粉(200 目)	200
邻苯二甲酸二丁酯	15	二硫化钼(200 目)	10～15
聚酰胺(650)	100	其他助剂	适量
聚酰基丙烯	10		

固化条件：10～20℃/24h。

8. 金属与塑料粘接用低温固化环氧胶黏剂配方（质量份）

环氧树脂(E-44)	50	聚酰胺(650)	50

固化条件：10～20℃/24h。

9. 真空粘接用低温固化环氧胶黏剂配方（质量份）

环氧树脂(E-51)	100	2-乙基-4-甲基咪唑	5～6
聚酰胺	40～60	其他助剂	适量

固化条件：10～20℃/24h。

10. 玻璃布粘接用低温固化环氧胶黏剂配方（质量份）

环氧树脂(E-44)	100	陶瓷粉(200 目)	20
邻苯二甲酸二丁酯	10	乙二胺	10
氧化锌	10	其他助剂	适量

固化条件：10～20℃/24h。

11. 低温固化阻燃环氧胶黏剂配方（质量份）

A 组分

E-44 环氧树脂	100	超细化 MH 粉	40～60
环氧树脂 662 活性稀释剂	10～20	MoO_3 粉	5～10
超细化 ATH 粉	170～200	Fe_2O_3 粉	5～10

B 组分

X-89A 环氧固化剂	10~20	间甲酚固化促进剂	3~5
液态低分子量聚酰胺(651)	50~70	硅烷偶联剂 KH-550	3~5

说明：

① 以环氧树脂 E-44 为黏料、改性胺类 X-89A 为固化剂，配以间甲酚固化促进剂和液态低分子量聚酰胺固化增韧剂，在 -3~4℃ 的低温下胶黏剂经过 30h 即可以固化完全。固化物粘接强度较高，耐酸、耐碱等性能优良。

② 选用以 ATH 和 MH 为主、其他阻燃抑烟填料为辅的复合阻燃抑烟填料，并经超细化处理，使胶黏剂获得了满意的阻燃抑烟性能。

12. 低温固化防腐蚀环氧胶黏剂配方（质量份）

A 组分

E-44 环氧树脂	100	石英粉	35
F-44 环氧树脂	40	云母粉	20
环氧氯丙烷	20~25	二氧化钛	15
滑石粉	18		

B 组分

T-31 固化剂	45	DMP-30	3
低分子量聚酰胺(651)	10	KH-550	2

说明：该胶料在低温下的固化性能良好。10℃ 固化 3~5h 即可固化干硬，1~2d 固化完全，且固化后胶层的粘接强度较佳，耐酸性能良好，是一种性能优良的铅酸蓄电池用防腐耐酸胶。

二、低温固化环氧胶黏剂配方与制备实例

（一）低温快速固化环氧树脂灌浆胶黏剂

1. 原材料与配方（质量份）

A 组分		B 组分	
E-51 环氧树脂	100.0	硫脲改性胺	100.0
活性稀释剂(SY-669)	25.0	促进剂 DMP-30	2.5
硅烷偶联剂(KH-570)	1.5	其他助剂	适量
其他助剂	适量	A：B=5：1	

2. 制备方法

（1）固化剂 SMA 的合成　将二乙烯三胺与硫脲按一定比例混合，在氮气保护下，持续机械搅拌，加热至 55~60℃，待硫脲完全融化将温度升至 135~140℃，回流反应 3h 后，降温至 50~55℃，继续搅拌 1h，得到低黏度、深黄色的硫脲改性胺。

将硫脲改性胺、苯酚按一定比例混合，在 55~60℃ 分批加入多聚甲醛，待反应釜温度稳定后，升温继续反应 3h，室温冷却后，通过减压蒸馏除去产物中的水，得到含硫脲基酚醛胺固化剂（SMA）。SMA 的合成反应机理见图 3-1。

（2）低温固化环氧树脂灌浆胶的制备　由环氧树脂（E-51）、活性稀释剂（SY-669）和偶联剂（KH-570）配制成 A 组分，固化剂（SMA）与促进剂（DMP-30）配成 B 组分，将 A 组分与 B 组分按照实际需要进行配比，即制得低温固化环氧树脂灌浆胶。

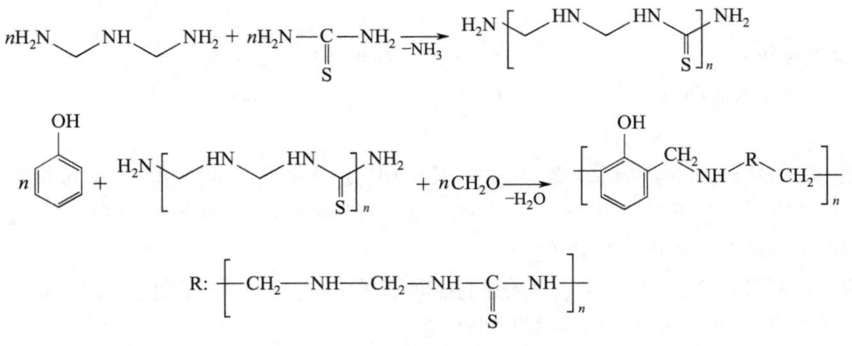

$$n\,H_2N\!-\!\!-\!NH\!-\!\!-\!NH_2 + n\,H_2N\!-\!\underset{\underset{S}{\|}}{C}\!-\!NH_2 \xrightarrow{-NH_3} H_2N\!-\!\!-\!HN\!-\!\!-\!HN\!-\!\underset{\underset{S}{\|}}{C}\!-\!\left[NH_2\right]_n$$

图 3-1 SMA 的合成反应原理

3. 性能与效果

(1) 以硫脲与二乙烯三胺为原料，合成含有硫脲基团的改性胺，再让多聚甲醛、苯酚与硫脲改性胺发生曼尼斯反应，制备含硫脲基团的曼尼斯碱固化剂，配以活性稀释剂（SY-669）、偶联剂（KH-570）与促进剂（DMP-30）制备出低温快速固化环氧树脂灌浆材料。该环氧树脂灌浆材料具有低温固化时间短、抗压强度与剪切强度高等优点。

(2) 曼尼斯碱固化剂 SMA 在硫脲与二乙烯三胺摩尔比为 1.0:1.5，苯酚、多聚甲醛与硫脲改性胺摩尔比为 1.0:1.0:1.5 时，黏度适宜，活性与胺值最高。

(3) SY-669 稀释剂的最佳用量为 23%～27%，A 组分与 B 组分质量比为 1:5，促进剂（DMP-30）含量为 0.8%～1.5%，浆液的黏度低于 200mPa·s，并且抗压强度维持在 73～80MPa，剪切强度为 13～15MPa。在 2℃条件下，30min 左右初凝，可满足低温施工要求。

（二）低温固化环氧灌注结构胶黏剂

1. 原材料与配方（质量份）

A 组分		B 组分	
环氧树脂(E-51)	100.0	硫醇胺固化剂	40.0
稀释剂	30.0	自制改性胺固化剂	40.0～80.0
滑石粉	3.0～11.0	促进剂	2.0
其他助剂	适量	偶联剂(KH-550)	0.5～2.0
		其他助剂	适量

2. 制备方法

称料—配料—混料—反应—卸料—备用。

3. 性能

该胶黏剂在不同温度下的力学性能见表 3-32。

表 3-32 胶黏剂在不同温度下的力学性能

固化时间/h			2	4	12	24	48
拉伸剪切强度/MPa	0℃	I	0.7	2.0	5.0	10.0	17.0
		II	—	0.2	2.0	6.5	16.7
	25℃	I	0.8	10.0	15.8	15.8	17.2
		II	0.2	3.2	9.7	16	16.9

续表

固化时间/h			2	4	12	24	48
与混凝土正拉粘接强度/MPa	0℃	Ⅰ	0.2	0.3	1.0	1.8	3.6
		Ⅱ	—	—	0.5	0.9	1.8
	25℃	Ⅰ	0.5	0.7	1.7	2.5	3.8
		Ⅱ	—	0.3	1.0	1.9	3.9

4. 效果

选择加入活性稀释剂 669、填料滑石粉加入量为 7 质量份、偶联剂 KH-550 加入量为 1 质量份、硫醇胺与自制改性胺固化剂的质量比为 20∶60 时，制备出的胶黏剂黏度小且适用期适中，随固化时间的延长其在 0℃或 25℃时的拉伸剪切强度、与混凝土的正拉粘接强度均增长较快且与混凝土的正拉粘接强度在 0℃固化 48h 时为不加硫醇胺固化剂的 2 倍。其低温、常温综合性能优异。

（三）低温固化高强度环氧结构胶黏剂

1. 原材料与配方（质量份）

环氧树脂（E-51）	100	二乙烯三胺（DETA）	6
碳酸丙烯酯（PC）	20	其他助剂	适量
增韧改性脂肪胺固化剂	24		

2. 制备方法

（1）EP 结构胶的 A 组分由 EP 和 PC 组成，B 组分由 421 固化剂和 DETA 固化剂组成。

（2）常温配胶　将 A 组分、B 组分在室温条件下按照一定比例混合均匀，充分搅拌后将胶液倒入模具中，25℃恒温恒湿培养箱中养护 1d，拆模后继续在培养箱中养护若干时间。

（3）低温配胶　将 A 组分、B 组分在 5℃冰箱中预冷 60min，取出后按照一定比例混合均匀，充分搅拌后将胶液倒入预冷至 5℃的模具中，5℃养护 1d，拆模后继续在冰箱中养护若干时间。

3. 性能与效果

以碳酸丙烯酯（PC）作为活性稀释剂 [其结构式见式（3-1）]，自制增韧改性脂肪胺（421）/二乙烯三胺（DETA）作为复合固化剂，制备出一种低黏度、高强度且可低温固化的 EP 结构胶。这是由于 PC 易与脂肪胺发生开环反应形成酰胺结构，并释放出大量热量，其反应过程如式（3-2）所示；在低温环境下，PC 与固化剂的放热反应可促进 EP 后续固化，从而达到低温固化的目的。

$$\hspace{8cm} (3\text{-}1)$$

$$\hspace{8cm} (3\text{-}2)$$

该 EP 胶黏剂具有初始黏度（60mPa·s）低、强度（拉伸强度 45MPa、压缩强度 70MPa）高、粘接性能（剪切强度 12.0MPa）好且可低温固化（5℃或常温固化 7d 后的拉伸强度基本一致）等诸多优点，是一种适用于冬季施工的低黏度高强度 EP 结构胶。

第五节　其他环氧胶黏剂

一、新型环氧胶黏剂

1. 原材料与配方 （质量份）

	配方1	配方2	配方3	配方4	配方5	配方6
环氧树脂（ECC）	100	100	100	100	100	100
改性胺类潜伏固化剂（LRC30）	20	18	20	20	18	20
十二烯基琥珀酸酐（K-12）	10	6	5	—	—	—
甲基四氢苯酐（MTHPA）	—	—	—	10	6	5
促进剂（2E4MI）	1～3	1～3	1～3	1～3	1～3	1～3
填料	10～20	10～20	10～20	10～20	10～20	10～20
偶联剂（KH-550）	1	1	1	1	1	1
其他助剂	适量	适量	适量	适量	适量	适量

2. 新型单组分环氧胶黏剂的制备

实验分为 6 组，往制好的 1、2、3 号 ECC 中加入固化剂 K-12 和促进剂 2E4MI，搅拌使促进剂溶解，然后加入固化剂 LRC30，搅拌溶解，LRC30 与 K-12 的物质的量之比分别为 2∶1、3∶1、4∶1，3 组实验中 LRC30 和 K-12 的总物质的量相同；往制好的 4、5、6 号 ECC 中加入固化剂 MTHPA 和促进剂 2E4MI，搅拌促进剂溶解，然后加入固化剂 LRC30，搅拌溶解，LRC30 与 MTHPA 的物质的量之比分别为 2∶1、3∶1、4∶1，3 组实验中 LRC30 和 MTHPA 的总物质的量相同。

3. 性能

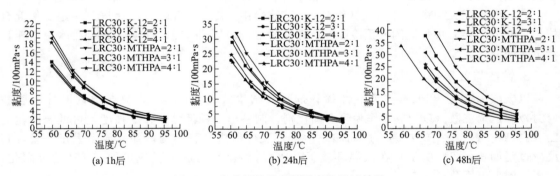

图 3-2　胶黏剂的黏度随温度的测试结果

从图 3-2 可以看出，随着固化剂 LRC30 在混合固化剂中比例的不断增加，所得改性胶黏剂的黏度不断降低，随着时间的延长，黏度差异不断变大，说明了固化反应不断进行；采用 MTHPA 固化的胶黏剂的黏度比用 K-12 固化的胶黏剂的黏度稍高，随着时间的延长，这种黏度差异逐渐变得不明显；各样品的黏度随着时间的延长而变大，在 48h 后某些样品甚至出现了低温下黏度超过量程的现象，这是常温固化的结果。

从表 3-33 可以看出，活化能并没有明显的差别，说明反应速率相差不大。活化能小于 40kJ/mol，说明反应速率很快，活化能大于 120kJ/mol，说明反应速率很慢，1～6 号试样的表观活化能几乎都在 70～75kJ/mol，说明反应速率处于中间水平。

表 3-33 胶黏剂的表观活化能 单位：kJ/mol

时间	试　样					
	1 号	2 号	3 号	4 号	5 号	6 号
1h 后	69.56	71.72	73.79	71.83	73.38	73.78
24h 后	74.62	74.13	73.76	75.30	72.30	72.92
48h 后	71.41	74.26	74.51	73.41	72.69	73.64

表 3-34 胶黏剂的拉伸剪切强度测试结果

试样	最大力/N	最大形变/%	最大拉伸剪切强度/MPa
1 号	9014.317	4.368933	30.04772
2 号	9829.137	4.684431	32.76379
3 号	10408.58	6.500687	34.69526
4 号	8353.104	4.561134	27.84368
5 号	8609.99	4.820636	28.69999
6 号	10072.39	5.126910	33.57463

从表 3-34 可以看出，各组试样的拉伸剪切强度都在 25MPa 以上，说明各组试样的强度较大；随着 LRC30 固化剂用量的增加，胶黏剂的强度不断增大。黏度影响着实际生产中涂胶操作的难易程度，凝胶化时间对于储存期也有一定的影响，所以在满足涂胶工艺和储存要求的前提下，胶黏剂的强度越高越好。

二、对苯二胺（PPDA）型多官能环氧树脂胶黏剂

1. 原材料与配方（质量份）

PPDA 型多官能环氧树脂（TGPP-DA）	100	2,4,6-三（二甲氨基甲基）苯酚（DMP-30）	3
2,2-双[4-(4-氨基苯氧基)苯基]丙烷（BAPP）	10	甲基四氢苯酐（MTHPA）	20
活性稀释剂（CE93）	15	其他助剂	适量

2. 制备方法

（1）PPDA 型多官能环氧树脂（TGPPDA）的合成　N,N,N',N'-四缩水甘油基对苯二胺（以下用 TGPPDA 表示）是由对苯二胺（PPDA）与环氧氯丙烷反应，经开环、闭环和后处理而制成的，该 2 步法反应过程可用下式表示。

将一定比例的环氧氯丙烷、助剂 A-50、催化剂 C-50 加入三口烧瓶中，室温搅拌下分批

加入 PPDA，后升温至一定温度进行亲核取代开环反应。开环反应结束后，于 40℃往体系中滴加氢氧化钠水溶液，进行闭环反应。反应结束后用一定量的甲苯对反应液进行萃取，再用沸水洗涤，直至体系呈中性，最后对洗涤好的有机溶液进行减压蒸馏，即得目标产物——PPDA 型多官能环氧树脂 TGPPDA。

（2）环氧胶黏剂 TPA 与 TMA 的制备　将一定量的 TGPPDA、BAPP 混合，于 80～90℃下搅拌反应至均相透明，后加入活性稀释剂 CE793，80～90℃下搅拌反应 5min 并冷却至室温，再依次加入 DMP-30、MTHPA，室温下搅拌均匀，即得环氧胶黏剂 TPA。同理，利用商品化的 TGDDM 代替 TGPPDA，制得了环氧胶黏剂 TMA。

3. 性能

TPA 胶黏剂在不同温度下的凝胶化时间见表 3-35。

表 3-35　TPA 胶黏剂在不同温度下的凝胶化时间

温度/℃	凝胶化时间/s	温度/℃	凝胶化时间/s
200	9	110	204
170	22	80	418
140	53		

TPA 和 TMA 的吸水性见表 3-36。

表 3-36　TPA 和 TMA 的吸水性

样品	干质量/g	湿质量/g	吸水性/%	吸水性平均值/%
TPA	0.1893	0.1908	0.79	
	0.5642	0.5689	0.83	
	0.1521	0.1532	0.72	0.76
	0.2859	0.2881	0.77	
	0.3458	0.3482	0.69	
TMA	0.1867	0.1874	0.89	
	0.3428	0.3458	0.87	
	0.1492	0.1632	0.94	0.93
	0.3742	0.3779	0.98	
	0.2883	0.2911	0.97	

TPA、TMA 的变温拉伸剪切强度见表 3-37。

表 3-37　TPA、TMA 的变温拉伸剪切强度

样品	温度/℃	最大力/N	最大形变/mm	拉伸剪切强度/MPa
TPA	RT	4518.0	2.5	14.8
	100	5739.6	2.9	18.7
	150	4218.0	2.3	13.8
	200	1442.8	1.5	4.8
	220	1064.7	1.2	3.5
TMA	RT	3660.1	1.7	12.0
	100	4650.7	2.5	15.2
	150	2588.3	1.9	8.5
	200	974.1	1.2	3.2
	220	748.9	1.4	2.4

三、双酚S环氧树脂胶黏剂

1. 原材料与配方（质量份）

双酚S型环氧树脂	100	填料	10~15
669# 稀释剂	20	偶联剂	1.5
200# 聚酰胺	20	其他助剂	适量
三乙烯四胺	5		

2. 制备方法

（1）双酚S环氧树脂的合成

① 反应原理 双酚S环氧树脂的合成反应是一种典型的缩聚反应。双酚S环氧树脂分子链段中含有砜基，分子极性较大。双酚S环氧树脂合成反应式如下：

② 双酚S环氧树脂的合成方法

a. 在500mL四口烧瓶中装好搅拌装置、滴液漏斗、温度计及惰性气体保护装置，在烧瓶中定量加入4,4′-二羟基二苯砜、环氧氯丙烷；

b. 在油浴条件下，开启搅拌装置，开始缓慢加热，直至反应液变得澄清透明，在滴液漏斗中定量加入浓氢氧化钠溶液，用固定速率滴加完毕后，恒温反应一定时间；

c. 反应时，反应体系没有出现沉淀或只出现少量沉淀，反应结束后，反应液经布氏漏斗过滤，反应溶液作为产物进行后处理，沉淀物弃去；

d. 溶液加入甲苯溶解，用蒸馏水反复洗涤、分液，至水相呈中性，得到有机相，有机相为双酚S环氧树脂的甲苯溶液，溶液经过减压蒸馏，最终得到液体双酚S环氧树脂；

e. 另外一种情况，反应体系中出现大量沉淀，反应结束后，反应液经布氏漏斗过滤，沉淀物作为产物进行后处理，反应溶液弃去；

f. 沉淀物烘干、粉碎，用蒸馏水反复洗涤、过滤，至水相呈中性，所得沉淀为固体双酚S环氧树脂，烘干、粉碎后即为成品。

（2）双酚S环氧树脂胶黏剂的制备 合成的双酚S环氧树脂作为主体树脂，加入活性稀释剂，使用聚酰胺树脂作为主体固化剂，适量加入其他固化剂复配，23℃固化24h后100℃固化1h。

3. 性能

（1）双酚S环氧树脂的性能 双酚S型环氧树脂是一种新型的热固性树脂，其分子结构中含有的极性砜基，能有效增强分子间的作用力，故其除具有普通双酚A型环氧树脂的优点（如良好的坚韧性、耐水性、耐蚀性、抗冲击性和电气性能等）外，还具有更高的耐热性、更好的柔韧性和压缩强度、良好的粘接性能和低热膨胀系数等诸多优点，可克服双酚A型环氧树脂的固化物脆性较大，易产生裂纹等缺点。

从分子结构上分析，双酚 S 环氧树脂分子极性强于双酚 A 型环氧树脂分子，作为主体树脂制成的胶黏剂有利于尼龙的粘接。分子间作用力是粘接力的最主要来源，它广泛存在于所有粘接体系中。吸附理论把吸附现象与分子间作用力联系起来，认为胶黏剂中极性基团的极性越大，数量越多，对极性被粘物的粘接强度越高。环氧树脂体系中引入了极性的砜基，砜基成为环氧树脂胶黏剂的活性吸附点，它向被粘物尼龙的极性部位即活性点靠近，当它们之间距离足够时，就产生了分子间作用力，增强了环氧树脂胶黏剂在尼龙上的黏附强度，获得较高的粘接强度。

(2) 双酚 S 环氧树脂胶黏剂的性能　使用合成的双酚 S 环氧树脂与双酚 A 型环氧树脂 (E-51) 分别作为主体树脂，配制成胶黏剂。树脂合成反应条件为：双酚 S：环氧氯丙烷（物质的量比）＝1：15，碱液浓度为 30%，反应温度为 90℃，反应时间为 8h。胶接工艺：固化剂为 200# 聚酰胺，粘接材料为尼龙试片，固化条件为 (23 ± 2)℃/24h+100℃/1h。粘接强度数据见表 3-38。

表 3-38　E-51 环氧树脂及双酚 S 环氧树脂胶黏剂的剪切强度

树脂类别		E-51 环氧树脂	自制双酚 S 环氧树脂
剪切强度/MPa	23℃	4.64	8.70
	80℃	2.85	5.30

四、双酚 F 环氧树脂胶黏剂

1. 原材料与配方（质量份）

双酚 F 环氧树脂	100	稀释剂	20
1,2-二氢-2-(4-氨基苯基)-4-[4-(4-氨基苯氧基)-苯基]-二氮杂萘-1-酮(DHPZDA)	30～60	其他助剂	适量

2. 制备方法

(1) 固化剂合成　1,2-二氢-2-(4-氨基苯基)-4-[4-(4-氨基苯氧基)-苯基]-二氮杂萘-1-酮（DHPZDA）的合成：将 24.5g DHPZ 与 31g 对氯硝基苯加入 500mL 三口烧瓶中，加入 140mL N,N-二甲基甲酰胺（DMF）和苯，在氮气保护下机械搅拌使其溶解，加入 33g 无水 K_2CO_3，混合体系在 120℃下回流 6～8h，升温至 160℃反应 1～2h，反应液降至室温后沉入 500mL 热水中，过滤得到黄色固体，水洗烘干。DMF 重结晶后得到金黄的二硝基化合物，产率为 97%。将二硝基化合物加入三口烧瓶中，加入 0.15g（二硝基化合物质量的 5%）Pd/C 催化剂，80mL 还原剂水合肼，200mL 乙二醇甲醚，混合溶液在 120℃反应 10h，得到 DHPZDA 产物，经乙二醇醚重结晶，干燥，产率为 95%，熔点为 213～215℃。

DHPZDA 的化学结构式为：

(2) 配胶及固化　将双酚 F 环氧树脂与 DHPZDA 按一定比例混合，搅拌均匀后室温下抽真空脱泡，用玻璃棒将其涂于表面处理好的钢片上，用夹具固定粘接件，保证粘接物完全黏合定位，按照一定的升温工艺加热固化。

3. 性能

双酚 F 环氧树脂/DHPZDA 胶黏剂的耐热性能见表 3-39。

表 3-39　双酚 F 环氧树脂/DHPZDA 胶黏剂的耐热性能

$m_{双酚F环氧树脂}:m_{DHPZDA}$	$T_g/℃$	$T_i/℃$	$T_{ox}/℃$	5% 热失重温度/℃
10:3	205	307	409	329
10:4	207	311	413	347
10:5	211	326	411	351
10:6	211	320	411	357

注：T_i 为初始分解温度；T_{ox} 为最大分解温度。

双酚 F 环氧树脂/DHPZDA 胶黏剂的 T_g 均高于 200℃，初始分解温度均高于 300℃，且随着固化剂用量增大，其 T_g 和初始分解温度增大，表现出良好的耐热性能。

双酚 F 环氧树脂/DHPZ-DA 体系的粘接性能见表 3-40。

表 3-40　双酚 F 环氧树脂/DHPZ-DA 体系的粘接性能

$m_{双酚F环氧树脂}:m_{DHPZDA}$	常温剪切强度/MPa	150℃ 老化 24h 后剪切强度/MPa
10:3	9.5	9.3
10:4	12.1	13.0
10:5	9.8	10.3
10:6	9.8	10.1

双酚 F 环氧树脂/DHPZDA 体系的粘接强度均高于 9MPa，其中当双酚 F 树脂与固化剂的质量配比为 10:4 时得到的胶黏剂的剪切强度最好，其常温剪切强度与 150℃ 老化 24h 后的剪切强度均大于 12MPa。

4. 效果

通过研究双酚 F 环氧树脂/DHPZDA 胶黏剂体系固化反应过程的 DSC 曲线，得到该体系的固化升温工艺，由 Kissinger 和 Ozawa 方法计算得到的该固化体系的表观活化能分别为 80.1kJ/mol 和 84.3kJ/mol，固化反应级数为 0.93。该体系固化物玻璃化转变温度均大于 200℃，其中当双酚 F 环氧树脂与/DHPZDA 固化剂的质量配比为 10:4 时，其室温剪切强度与 150℃ 老化 24h 后的剪切强度均大于 12MPa，表现出良好的耐热性能。

该胶黏剂主要用于航空航天、核能、电子、电气、兵器、造船等国防工业产品。

五、缩水甘油胺型环氧树脂胶黏剂

1. 原材料与配方（质量份）

原材料	配方 1 （PF1）	配方 2 （PF2）	配方 3 （PF3）	配方 4 （PF4）
TGDDM 环氧树脂	80.0	66.5	33.5	20.0
ECC202 环氧树脂	20.0	33.5	66.5	80.0
2-乙基-4-甲基咪唑（2E4MI）	20.0	20.0	20.0	20.0
固化剂	5.0	5.0	5.0	5.0
稀释剂	15.0	15.0	15.0	15.0
其他助剂	适量	适量	适量	适量

2. 制备方法

（1）TGDDM 改性环氧树脂体系的制备　将 TGDDM 和 ECC202 环氧树脂按照质量比

为 4∶1、2∶1、1∶2 及 1∶4 的 4 种配比分别加入到反应瓶中，两种树脂的总质量保持不变，边搅拌边加热至 100℃，搅拌反应 15min，冷却至室温，得到黏稠的环氧树脂体系，分别记为：PF1、PF2、PF3、PF4。

（2）TGDDM 改性环氧体系胶黏剂的制备　按一定配比将上述得到的环氧树脂体系、固化剂和促进剂加入反应瓶中，室温下搅拌均匀，制得缩水甘油氨型环氧体系胶黏剂。

（3）试样制备　拉伸剪切强度测试试样尺寸为 15mm×20mm，将表面处理过的钢片一头涂胶，然后搭接试样，用两个夹子对称夹紧试样粘接处，放入烘箱内固化，烘箱从室温开始加热，升温程序为 80℃/1h＋100℃/1h＋150℃/0.5h，固化完后自然冷却至室温。

3. 性能

4 种配方的胶黏剂体系固化物的吸水率见表 3-41。

表 3-41　4 种配方的胶黏剂体系固化物的吸水率

配方体系	PF1	PF2	PF3	PF4
吸水率/%	1.21	2.18	1.47	2.08

PF2 的吸水率最大，PF1 的吸水率最小，但各配方的吸水率基本保持在 1%～2%，疏水性良好。

4 种配方的胶黏剂体系的拉伸剪切强度见表 3-42。

表 3-42　4 种配方的胶黏剂体系的拉伸剪切强度

配方体系	最大力/N	最大形变/mm	最大强度/MPa
PF1	3278.707	1.615157	10.92902
PF2	4745.778	2.423388	15.81926
PF3	6247.662	4.404519	20.82554
PF4	7930.233	3.930981	26.43411

从 PF1 到 PF4，随着配方中 ECC 含量的增加，试样可承受最大强度逐渐增大，即拉伸剪切强度变大。其中 PF3 和 PF4 的最大强度超过 20MPa 的预期目标。

表 3-43　4 种配方体系的胶黏剂体系的接触角及表面能

配方体系	接触角/(°)				表面能 /(mJ/m²)
	水	乙二醇	1-溴代萘	甘油	
PF1	64.69	47.06	16.49	60.51	43.99
PF2	57.82	51.54	9.53	62.78	51.32
PF3	63.01	46.64	12.68	64.69	45.39
PF4	69.10	50.78	13.87	62.22	45.30

4 种配方胶黏剂体系的接触角及表面能见表 3-43。由表可见固化物的表面能平均为 46.50mJ/m²，远小于水的表面能 70.80mJ/m²，因此 4 种配方的胶黏剂体系均具有良好的疏水性。

第四章 改性环氧胶黏剂

第一节 橡胶改性环氧胶黏剂

一、简介

（一）基本特点

目前，环氧胶黏剂的增韧方法基本上与环氧树脂相同，比较成熟和研究最多的是采用橡胶弹性体和热塑性树脂，这是因为：一方面，橡胶能很好地溶解于未固化的环氧基体树脂体系中，然后在环氧树脂固化过程中，发生相分离，分散于基体树脂中；另一方面，对橡胶进行适当的化学处理后，分子结构含有与树脂基体反应的活性基团，使得分散的橡胶相与基体连续相界面有较强的化学键合作用。由于橡胶耐冲击，分散相橡胶粒子在材料受到冲击时起到了吸收能量的应力集中物和弹性储能体的作用，从而抑制裂纹扩展，这是使环氧树脂强韧化的主要原因。但是，采用橡胶增韧时，因为改性的橡胶有小部分溶解在环氧树脂基体中，共混物韧性的有效提高要以牺牲其强度、模量、耐热性等为代价，从而使基体树脂的物理、力学和热性能的提高受到限制；不仅如此，橡胶弹性体在胶黏剂生产过程中本身难以保证充分有效分散，体系会表现出增韧不均现象。另外，在混合过程中出现黏稠度较大，也势必造成叶片生产现场施工难度增加，增加混胶设备的磨损度，这在一定程度上限制了其在叶片行业大规模的推广应用。

（二）丁腈橡胶改性环氧胶黏剂

1. 改性用丁腈橡胶的类型与特点

环氧胶黏剂之所以有很好的增韧作用，是因为：①当橡胶能很好地溶解于未固化的树脂体系中后，能在树脂凝胶过程中析出第二相（即发生相分离），分散于基体树脂中；②橡胶的分子结构中含有能与树脂基体反应的活性基团，使得分散的橡胶相与基体连续相界面有较强的化学键合作用。一般用"海岛结构"模型来描述橡胶增韧环氧树脂机理，环氧为连续相，橡胶粒子分散其中。由于橡胶的耐冲击性，基体中的分散相（橡胶粒子）在材料受到冲击时起到了吸收能量的应力集中物和弹性储能体的作用，从而抑制裂纹扩展，因此分散相吸收能量是环氧树脂强韧化的主要原因。

丁腈橡胶分为固体和液体两种，固体的分子量较大，液体的分子量较小。

（1）固体丁腈橡胶　如果用固体丁腈橡胶来增韧环氧树脂，比较好的方法是与环氧树脂及固化剂共混后制成胶膜。用大分子丁腈-40 与环氧制成胶膜，发现丁腈的含量决定胶的剥离性能，随丁腈用量的增加剥离强度也逐渐增加，而胶的剪切强度则在丁腈含量为 35％时最高。

用固体端羧基丁腈橡胶来增韧酚醛环氧树脂并制成胶膜，通过性能测试和扫描电镜分析，发现橡胶与树脂分相明显。加入适量的此种橡胶可改善树脂性能，增强韧性，降低玻璃化温度和固化温度。如固体橡胶加入过多，虽然树脂的韧性好，但其力学性能和高温性能会损失很大。

（2）液体丁腈橡胶　液体丁腈橡胶增韧环氧是研究环氧增韧的热点，液体丁腈橡胶分子量在 10000 以内，它较易与环氧树脂混合，其加工性能良好，可配制成无溶剂或流动性好的低黏度胶黏剂。

① 一般液体丁腈橡胶　其分子中没有活性基团，它不与环氧树脂反应，在环氧的固化过程中从树脂中沉淀出来，环氧树脂形成连续相，橡胶是分散相。这种丁腈橡胶因为不与树脂反应，故加入量不宜过多，否则它会沉淀过多使胶接界面黏附作用减弱，从而导致增韧效果降低。

② 无规羧基丁腈橡胶（CRBN）　它是丁二烯、丙烯腈与少量丙烯酸的三元共聚物，少量的丙烯酸无规地分布在分子链中，在环氧树脂固化时，丙烯酸的羧基会与环氧树脂的环氧基发生反应，使环氧树脂固化物交联网络中含丁腈橡胶软段，形成交联嵌段共聚物，这种软段使固化环氧网络中形成多相体系，从而增强了环氧树脂的韧性。

③ 端羧基液体丁腈橡胶（CTBN）　分子链的两端是活性官能团羧基，这种丁腈与环氧树脂发生反应，它对环氧树脂增韧效果良好，增韧强度是无规羧基丁腈橡胶的近两倍，且随温度上升，强度下降缓慢，所以国内的学者围绕它做了大量的研究工作。在国外，用多端基官能团的 CTBN 来增韧环氧-胺体系，发现 CTBN 不仅可起到增韧的作用，同时也能加速体系的固化。分相后，环氧相和 CTBN 本身的 T_g 都有所下降；对于 CTBN 改性环氧树脂后的吸水性，发现改性后的体系由于 CTBN 的极性吸水性增强，吸水后使体系结构更加紧密。

④ 端羟基液体丁腈橡胶（HTBN）　虽然 CTBN 增韧效果良好，但其价格昂贵，为降低成本，研究了与 CTBN 结构相似但价格较便宜的增韧剂，端羟基丁腈橡胶（HTBN）便是其中一种。如果将 HTBN 直接混入环氧树脂中往往达不到理想的增韧效果，主要起增塑作用。为了能使 HTBN 和环氧树脂成键连接，起到更好的增韧作用。有人研究了端羟基丁腈-环氧树脂嵌段共聚物的合成。采用预聚法，先用 HTBN 与 3,4-TDI 反应形成端—NCO 基液体丁腈橡胶（ITBN），然后再与含有少量羟基的环氧树脂反应形成 ITBN-环氧树脂嵌段共聚物（ETBN）。采用此方法增韧的环氧树脂，储存稳定性好，在加热及室温条件下固化，均能获得较高的剪切强度和剥离强度。另一种方法是用异氰酸酯将 HTBN 接枝到环氧树脂上，也能取得很好的增韧效果。

⑤ 端氨基液体丁腈橡胶（ATBN）　ATBN 也与 CTBN 有相似的链结构，而端基为氨基，有学者进行了 ATBN 增韧环氧树脂的研究，发现 ATBN 能起到很好的增韧效果。

研究发现，用它增韧环氧树脂，可降低环氧树脂的凝胶化温度和固化温度等反应性能。如果在用 CTBN 增韧环氧的体系中加入少量 ATBN，ATBN 会起到减缓体系反应的作用。

2. 液体橡胶改性环氧胶黏剂的特点与机理

液体橡胶是一种分子量为 3000～10000 的黏稠状可流动液体，一般采用活性端基类型，如端羧基、端羟基、端氨基、端环氧基、端乙烯基等，而且人们还在不断地努力开拓新型活性端基液体橡胶。液体橡胶较易与环氧树脂混合，加工性能好，适宜配制无溶剂型或流动性能好的低黏度环氧胶黏剂。胶黏剂在固化过程中液体橡胶会从树脂中分相出来形成海岛结构，其中环氧树脂是连续相，橡胶是分散相，从而起到增韧作用。这些增韧体系都有共同的特点。

① 能与环氧树脂相混溶。

② 在环氧树脂固化过程中改性剂分相析出，形成环氧树脂为连续相，弹性橡胶为粒子状分散相的两相体系。

③ 这些改性剂都带有可与环氧基发生化学反应的官能团，因此在这两相界面上包括有化学键结合的强相互作用。

研究表明，正是因为这种"海岛模型"式两相结构造成了显著的增韧效果。在活性端基液体橡胶改性环氧这一领域中，研究最早和最多的是端羧基液体丁腈橡胶（carboxyl terminated butadiene acrylonitrile rubbers，CTBN）增韧环氧树脂，并且近十多年来该类型胶黏剂在国内外应用日益广泛。端羧基液体丁腈橡胶（CTBN）的分子式为：

$$HOOC-\!\!\left(\!CH_2-CH\!=\!CH-CH_2\right)_{\!x}\!\!\left(\!CH_2-CH\right)_{\!y}\!\!-COOH$$
$$\qquad\qquad\qquad\qquad\qquad\qquad\qquad\qquad CN$$

CTBN 改性环氧树脂的固化过程比较复杂。当选用不同类型的固化剂时，由于树脂体系的固化反应存在竞争反应，即 CTBN 与环氧树脂之间的酯化反应及环氧树脂的醚化反应，当使用叔胺、双氰胺、吡啶类催化型固化剂能优先促进 CTBN 与环氧树脂之间的反应，但为了充分保证 CTBN 与环氧树脂良好的化学键合，扩大固化剂类型的选用范围，许多研究者都采用 Richardson 给出的方法先进行预反应生成环氧-CTBN-环氧的加成物（分子结构式如下）。

$$CH_2\!-\!CH\!-\!DGEBA\!-\!CH\!-\!CH_2\!-\!O\!-\!C\!-\!CTBN\!-\!C\!-\!O\!-\!CH_2\!-\!CH\!-\!DGEBA\!-\!CH\!-\!CH_2$$

然后再按比例加入固化剂固化，预反应方法是将环氧树脂和 CTBN 按一定的比例加入反应器，升温到 150℃，在 N_2 保护下，搅拌反应 3h，测定羧基全部反应。实验证明，通过预聚能大大提高环氧树脂的断裂韧性，通过国内外科研工作者大量的研究，认为 CTBN 之所以能有效地增韧环氧树脂，提高其粘接性能，是因为预反应后，CTBN 两端的羧基优先和环氧树脂的环氧基进行酯化反应形成化学键合，并随着固化反应的进行，环氧树脂扩链，分子量增大，树脂与 CTBN 相容性变差，CTBN 从体系中以很小的橡胶粒子的形式沉析出来，从而形成了环氧树脂为连续相，微小球状橡胶粒子为分散相的这样一种微观形貌，即"海岛"结构，这种结构对于体系韧性的增加起到了主要作用。

CTBN 橡胶分子两端通过酯键和环氧树脂基体的化学键合保证了分散相与基体间的牢固连接。因此 CTBN 改性的环氧树脂在大大改善了树脂脆性的同时，并没有降低树脂的力学性能和耐热性。由于 CTBN 具有如此优异的性能，20 世纪 70 年代末，国外在 CTBN 基础上开发出一系列 CTBN 衍生物，利用 CTBN 的端羧基与其他基团进行化学反应，从而得到其他类的活性端基液体丁腈橡胶，如

（端环氧基液体丁腈橡胶）

（端乙烯基液体丁腈橡胶）

端氨基液体丁腈橡胶（ATBN-amine terminated butadiene acrylonitrile rubbers）就是

这些衍生物中的一种。它是由 CTBN 与氨乙基哌嗪反应得到的，由于 ATBN 具有活性氨基，可与环氧反应参与固化，同时可达到增韧及固化的目的。分子式如下：

$$\text{CTBN} + H_2N-CH_2-CH_2-N\!\!\bigcirc\!\!NH \longrightarrow$$

$$HN\!\!\bigcirc\!\!N-(CH_2)_2-NH-\overset{\displaystyle O}{\overset{\|}{C}}+(CH_2-CH=CH-CH_2)+(CH_2-\underset{\underset{CN}{|}}{CH})+\overset{\displaystyle O}{\overset{\|}{C}}-NH+(CH_2)_2-N\!\!\bigcirc\!\!NH$$

3. 端氨基液体丁腈橡胶（ATBN）改性环氧的研究

国外从 20 世纪 70 年代末期对 ATBN 改性环氧进行研究，美国用 ATBN（1300×16、1300×8）对双酚 A 环氧增韧改性，采用 T-403（聚氧化丙烯胺）为固化剂，DMP-30 为促进剂（固化温度 70℃）。他们对相态及增韧特性进行了研究，并与 CTBN 改性体系进行了对比，发现 ATBN 改性环氧体系中橡胶的分散相与树脂连续相之间的界面模糊，而 CTBN 改性体系中界面清晰。ATBN 改性体系的模糊界面是由橡胶粒子的不规则形状所致，而 CTBN 改性体系界面清晰是由于橡胶粒子成规则的球状。两种橡胶增韧都可使韧性明显增加，当橡胶含量在 5～15 份内变化时，粒子数量相对增加，但韧性增加不明显。

美国的 Joan H. Cranmer、意大利的 G. Levita 及 E. Butta 等人对 ATBN 弹性体橡胶（1300×21）改性双酚 A 环氧/哌啶体系进行了研究。研究中发现，不同固化温度（10～160℃）对环氧/ATBN/哌啶固化物的光学性能、相态结构和胶黏剂的力学性能具有较大的影响。在低温（10℃）固化条件下，混合物呈现透明特性，链段混合程度很低；且低温固化有利于均一混合物的形成，从扫描电子显微镜结果可以看到，固化体系相态为均一图像。提高固化温度，透明性降低，但透明性同时与加入的 ATBN 用量密切相关。相态分析结果表明，高温固化易形成不均一混合物，当固化温度升为 60℃ 时才有大量的小橡胶粒子形成。当 ATBN 用量为 10 份时，在 60℃、100℃、140℃ 分别固化后，橡胶粒子的粒径增大（1μm、3μm、5μm）。实验证明，胶黏剂的力学性能与相态结构（橡胶粒子分布、大小、体积分数等）关系密切，而相态结构的产生受固化条件的影响最大。另外，通过对该固化体系的动态力学、介电性能变化等方面的分析，证明 ATBN 中的端氨基具有较高的活性，并且还对 ATBN 改性环氧/二氨基二苯硫醚的固化体系进行了研究。

以色列的 H. Dodiuk、韩国的 Kim，Dae Su 等人对 ATBN 改性环氧/三乙烯四胺（室温固化）固化体系进行了研究。H. Dodiuk 等人研究的为多官能环氧体系（ERL510/MY720：CIBA GEIGY 公司）。通过介电损耗因子 DLF（dielec. loss factor）、DSC 分析、FTIR、硬度和交联网络中交联点之间的分子量等分析方法对该体系进行了研究。结果表明，室温固化比较适宜交联网络的形成，但固化仍不完全，为得到高质量的交联网络，需要在 60℃ 或最好在 120℃ 后固化。作者对该体系进行了粘接性能的测试，主要研究了搭接剪切强度、层间剪切强度及剥离强度。结果表明，虽然室温固化 6d 后，反应不完全，但其性能（剪切、剥离强度）已优于目前的室温固化胶，并可于 95～120℃ 长期使用。另外，三乙烯四胺在低温下与 ATBN 弹性体有效地联合起到优异的固化作用，且 ATBN 同时还作为增韧剂提高了韧性。研究中还发现，当采用低官能环氧树脂替代多官能环氧树脂时，剪切强度下降但剥离强度提高，而且通过扫描电子显微镜测试，发现多官能环氧/多官能固化剂改性体系的相态为典型的基体-橡胶两相结构，如果采用高、低官能度环氧复合体系，固化后微观相态则会产生三相结构。韩国研究的为双酚 A 环氧固化体系，其中对相分离进行了详细的分析研究，发现固化体系具有较高的反应速率，并且低温固化更有利于相分离。

$$CH_2\!-\!CHCH_2\!-\!N\!\!\!\bigcirc\!\!\!-\!OCH_2\!-\!CH\!-\!CH_2 \quad \text{ERL510}$$

$$R_2N\!\!-\!\!\bigcirc\!\!-\!CH_2\!-\!\bigcirc\!\!-\!NR_2 \quad \text{MY720}$$

$$R=\ CH_2CH\!-\!CH_2$$

美国对 ATBN 改性双酚 A 环氧/芳胺固化体系进行了研究。结果表明，ATBN 改性体系的玻璃化转变温度和分散相的体积分数对固化条件非常敏感。

采用的芳胺为烷基化间苯二胺。通过对该体系固化物的拉伸强度及热变形温度的考察发现，当加入≤5%的 ATBN 改性后，Ⅰ-Ⅱ低共熔体固化体系比Ⅰ、Ⅱ单独固化体系具有更高的拉伸强度，同时玻璃化转变温度下降甚微。

Ⅰ 结构式（NH_2、NH_2、CH_2CHCH_3）

Ⅱ 结构式（NH_2、NH_2、CH_2CH_3）

有人对 ATBN 改性双酚 A 环氧/二氨基二苯甲烷固化体系的动态力学行为及介电性进行了研究。另外，还对（Ⅰ）1,2-乙二胺，（Ⅱ）1,2-二氨基丙烷/1,6-己二胺两固化体系进行了固化动力学研究，并证明 ATBN 的相分离与固化速率及固化程度有关，反应的放热（445 ± 15）J/g 不随固化剂分子量增大而增大，反应活化能由 107kJ/mol（Ⅰ）增加到 150kJ/mol（Ⅱ），但后者更接近完全固化，固化后玻璃化转变温度（Ⅰ）＞（Ⅱ）。

日本 AKIO TAKEMURA 等人对 ATBN/环氧/1,6-己二胺固化体系（室温固化）的拉伸及剪切强度进行了研究，发现 ATBN 的加入可使体系的拉伸强度增加到原来的 1.5 倍，而对剪切强度影响不大。KAZUMUNE NAKAO 等人对 ATBN 改性双酚 A 环氧-聚酰胺（胺值 345mgKOH/g）胶黏剂的剥离强度进行了研究，固化条件为 100℃，1h。该研究认为粘接性能的高剥离强度归功于环氧基体的塑性、橡胶粒子与环氧基体界面较强的键合及橡胶粒子的断裂和膨胀。

美国介绍了一种柔性环氧树脂涂料，其中含酮亚胺固化剂（分子式如下）及 ATBN 液体橡胶，体系有较长的适用期，最终可得到柔韧的耐腐蚀、耐磨及耐化学药品特性的胶膜，对不锈钢及铝有很好的粘接性能。

$$CH_3\!-\!CH\!-\!CH_2\!-\!\underset{\underset{O}{\|}}{C}\!-\!CH_2\!-\!NH\!-\!CH_2CH_2\!-\!NH\!-\!CH_2CH_2NH_2$$
$$\mid$$
$$CH_3$$

日本介绍了一种可在水中固化的双组分环氧树脂，其中环氧组分为双酚 A 环氧树脂，固化剂组分中含聚酰胺（胺值 310mgKOH/g）、ATBN 及其他助剂。两组分被混合后，在水中施胶于不锈钢，并于水中 20℃固化，3d 后粘接强度为 6.6MPa。可室温固化的环氧胶黏剂，胶黏剂在－100℃仍具有较高的粘接强度，胶黏剂 A 组分含 EPON828 环氧树脂及填料，B 组分固化剂含 15%～95%聚酰胺，5%～85%的 ATBN（胺当量 1700）及填料。胶黏剂于 50℃固化 10d 后，做冷热循环实验（－196℃，1h←→20℃，2h）10 次，无裂纹生成。

国内在此方面的研究始于 20 世纪 90 年代后期，但研究相对较少。

① 研究了一种 ATBN 增韧的室温固化环氧树脂胶黏剂，它具有较好的粘接性能、耐介

质性能和电绝缘性能，可在−55～200℃下使用。

② 研究了 CTBN 与 ATBN 改性环氧胶黏剂的剪切强度、剥离强度和玻璃化转变等性能，其中采用 12 份进行增韧改性效果显著。

目前室温及中低温固化的胶黏剂，为了提高强度及韧性，多以端羧基液体丁腈橡胶（CTBN）为改性剂，同时为了保证室温或中低温下 CTBN 与环氧之间的酯化反应优先进行，通常采用预聚合方法，生产工艺烦琐，且增加了胶黏剂环氧组分的黏度，给胶黏剂的配制亦带来困难，鉴于 ATBN 可直接作为环氧树脂的固化剂，适宜配制室温固化高温使用的胶黏剂，比 CTBN 具有更实际、方便的特性，因此选用端氨基液体丁腈橡胶（ATBN）作为环氧胶黏剂的改性剂，利用氨基与环氧基的较强的相互作用，可省略通常的预聚合工艺。但是，国内外文献中对环氧/ATBN/固化剂的研究大部分是以中温或高温为固化条件，这主要是由采用的主固化剂种类的性质所决定的，而在另一些文献及专利中人们已将 ATBN 用于常温固化制备耐高温胶黏剂，目前国内有关 ATBN 改性的环氧胶黏剂品种较少投放市场。所以，鉴于室温固化的胶黏剂在使用时具有省时、省力、省工、节省能源、使用方便等一系列优点，开发 ATBN 改性环氧室温固化胶黏剂不论在理论还是实际应用上都具有一定的意义。

（三）聚硫橡胶改性环氧胶黏剂

两端具有巯基（—SH）的聚硫橡胶是一种低分子量聚合物，它具有低温柔顺性、耐溶剂性、应力松弛等优异性能。聚硫橡胶与环氧树脂混合后，末端的巯基与环氧树脂发生化学反应，从而进入固化后的环氧树脂结构中，赋予了交联后的环氧树脂很好的柔韧性、高的剪切强度和剥离强度。为克服聚硫橡胶的巯基与环氧树脂在无催化剂作用下反应速率慢的缺点，可用丙烯酸酯和环氧基对聚硫橡胶封端改性后再与环氧混合。

二、实用配方

（一）丁腈橡胶改性环氧胶黏剂实用配方

1. 通用型改性环氧胶黏剂配方 1（质量份）

环氧树脂（E-51）	100	2-甲基咪唑	1～2
羟基丁腈橡胶	15～25	二氧化硅（200 目）	2～5
双氰胺	10	其他助剂	适量

2. 通用型改性环氧胶黏剂配方 2（质量份）

环氧树脂	100	二乙烯三胺	10～15
酚醛树脂	20	云母粉（300 目）	50～70
液体丁腈橡胶	5～10	其他助剂	适量
癸二酸二辛酯	5		

3. 通用型改性环氧胶黏剂配方 3（质量份）

环氧树脂（E-51）	100	2-乙基-4-甲基咪唑	10～15
端羟基液体丁腈橡胶（HTBN）	30～40	其他助剂	适量

4. 通用型改性环氧胶黏剂配方 4（质量份）

环氧树脂（E-51）	100	双氰胺	10～20
端羟基液体丁腈橡胶（HTBN）	40～50	其他助剂	适量

5. 通用型改性环氧胶黏剂配方 5（质量份）

A 组分		B 组分	
环氧树脂	100	环氧树脂(W-95)	30～50
4,4′-二氨基二苯甲烷	50～60	顺丁烯二酸酐	5
偶联剂(KH-550)	1～3	液体羟基丁腈橡胶	20～25
		环氧树脂(E-52)	100
		氯化亚锡乙二醇	适量
		其他助剂	适量

6. 通用型改性环氧胶黏剂配方 6（质量份）

环氧树脂(E-51)	100	苯基二丁脲	16
液体丁腈橡胶	20～30	白炭黑	2
双氰胺	10～15	其他助剂	适量

7. 高温用改性环氧胶黏剂配方 1（质量份）

二氨基二苯醚多官能环氧树脂	100	铁粉(300 目)	20～30
液体丁腈橡胶	10～20	其他助剂	适量
704 固化剂	10～15		

8. 高温用改性环氧胶黏剂配方 2（质量份）

环氧树脂(R-91)	200	乙二胺	3～5
液体丁腈橡胶	20～40	其他助剂	适量
顺丁烯二酸酐	70		

9. 高强度、防老化改性环氧胶黏剂配方（质量份）

环氧树脂(E-44)	100	间苯二酚	1～2
液体丁腈橡胶	20～25	乙炔炭黑	5
银粉(300 目)	20～30	其他助剂	适量
间苯二胺	10～20		

10. 金属粘接用环氧改性结构胶黏剂配方（质量份）

环氧树脂(E-44)	100	邻苯二甲酸二丁酯	10～20
液体丁腈橡胶	15～30	瓷粉(300 目)	20～40
乙二胺	10	其他助剂	适量

11. 金属、非金属粘接用改性环氧胶黏剂配方 1（质量份）

A 组分		B 组分	
环氧树脂(E-51)	100	二乙烯三胺	10～15
羟基丁腈橡胶	4～8	其他助剂	适量
磷酸三甲酚酯	10～15		
三氧化二铝	40～60		

12. 金属、非金属粘接用改性环氧胶黏剂配方 2（质量份）

环氧树脂(E-44)	100	苯基二丁脲	10～20
液体丁腈橡胶	20～30	白炭黑	2～3
双氰胺	10～20	其他助剂	适量

13. 非金属粘接用改性环氧胶黏剂配方（质量份）

环氧树脂(E-51)	100	丁腈橡胶	20
顺丁烯二酸酐	30	三氟化硼乙胺	1～2
乙二胺	1～3	其他助剂	适量

14. 玻璃钢粘接用改性环氧胶黏剂配方（质量份）

环氧树脂(E-51)	100	端羟基丁腈橡胶	10～20
三氧化二铝粉(300 目)	20～30	2-乙基-4-甲基咪唑	10
白炭黑	2～6	其他助剂	适量

15. 玻璃钢制品粘接用改性环氧胶黏剂配方（质量份）

环氧树脂(E-44)	100	促进剂	1
丁腈橡胶	20	轻质碳酸钙	20
固化剂	80	其他助剂	适量

16. 电气部件粘接用改性环氧胶黏剂配方（质量份）

环氧树脂	100	固化剂(邻苯二甲酸酐：顺丁	20
丁腈橡胶	20～30	烯二酸酐＝100：1)	
石英粉(300 目)	200	其他助剂	适量

17. 电气部件粘接用改性环氧胶黏剂配方（质量份）

环氧树脂	100.0	邻苯二甲酸酐	20.0
丁腈橡胶	20.0	顺丁烯二酸酐	0.1～0.2
聚酯树脂	20.0	其他助剂	适量
石英粉(300 目)	250.0		

18. 端羟基丁腈橡胶改性环氧胶黏剂配方（质量份）

环氧树脂(E-51)	100	固化剂	10～20
液体端羟基丁腈橡胶(HTBN)	16	其他助剂	适量

说明：用 HTBN 增韧双酚 A 型环氧树脂的合成工艺简单易行，增韧树脂储存稳定性好。若选用合适的固化剂，在加热或室温固化时，均能获得好的力学性能。

19. 汽车折边用改性胶黏剂配方（质量份）

环氧树脂	100	改性剂 A	14
端羧基丁腈橡胶	30	改性剂 B	6
双氰胺固化剂	12	无机填料	50

汽车折边专用胶黏剂的性能见表 4-1。

表 4-1　汽车折边专用胶黏剂的性能

项　　目	性能	项　　目	性能
压流黏度/(s/20g)	20～60	常态剪切强度/MPa	20
流动性/mm		油面剪切强度/MPa	18
室温×100min　纵横向	≤5	T 型剥离强度/(N/mm)	4
180℃×30min　纵横向	≤5		

该胶黏剂主要用于车门、发动机罩盖、行李箱盖等折边部位的粘接，不仅起到取代点焊、清除凹坑、保证车身平滑美观的作用，还能够增加结构强度、密封车体，并防止粘接部位因无法刷涂料而过早发生锈蚀。

20. 棒状单包装环氧胶黏剂

组分	材料	配比/g				
		配方 1	配方 2	配方 3	配方 4	配方 5
A 组分	环氧树脂 E-51	25.0	22.0	28.0	20.0	26.0
	环氧树脂 E-44	8.0	10.0	7.0	12.0	8.0
	丁基缩水甘油醚	1.0	2.0	3.0	4.0	3.5
	液体丁腈橡胶	2.0	2.5	3.5	3.0	1.5
	石英粉	26.0	20.0	18.0	26.0	15.0
	滑石粉	28.0	36.0	40.0	20.0	30.0
	钛白粉	7.0	6.0	5.0	8.0	10.0
	气相白炭黑	4.0	3.5	4.5	5.3	6.0
B 组分	聚酰胺(低分子量)650	12.0	14.0	10.0	8.0	16.0
	改性脂肪族多胺	8.0	6.0	12.0	14.0	6.0
	硫醇类化合物	10.0	8.0	6.0	10.0	8.0
	石英粉	22.8	18.0	26.0	12.0	14.0
	绿岩粉	8.0	8.0	12.0	14.0	11.0
	促进剂叔胺类	3.0	3.0	2.5	2.5	3.5
	KH-550 有机硅烷偶联剂	1.0	1.2	1.8	2.1	2.8
	石墨粉	10.0	10.0	8.0	6.0	9.0
	酞菁蓝	0.2	0.2	0.2	0.2	0.2
	气相白炭黑	4.0	3.0	6.0	7.0	5.0
隔离剂	中等黏度硅油	80.0	78.0	82.0	76.0	81.0
	玻璃鳞片粉	18.0	20.0	16.0	21.0	17.0
	硼酸/季戊四醇混合物	2.0	2.5	1.8	1.8	2.2

棒状单包装环氧树脂胶黏剂的性能见表 4-2。

表 4-2 棒状单包装环氧树脂胶黏剂的性能

配方	压剪强度/MPa	拉伸强度/MPa	拉伸剪切强度/MPa	储存期/月
配方 1	115	56	7.8	18
配方 2	116	48	7.2	20
配方 3	108	42	6.6	16
配方 4	122	58	8.2	24
配方 5	114	52	7.6	28

该胶黏剂可用于金属与金属，金属与其他材料的粘接。

21. 柔性电路基材用环氧胶黏剂配方 (质量份)

双酚 A 环氧树脂	40~60	固化剂 DDS	5~15
F-51 酚醛环氧树脂	20~30	2-乙基-4-甲基咪唑	适量
E-20 固体环氧树脂	适量	（2E4MI）	
E-44 液体环氧树脂	适量	丁酮-甲苯混合溶剂	20~40
三聚磷腈环氧树脂	20~30	（体积比 1∶1）	
羧基丁腈橡胶	20~45		

说明：将配好的胶黏剂胶液涂布到聚酰亚胺薄膜上，120℃干燥10min，然后与铜箔进行复合，在120℃固化4h得到柔性电路基材，该基材不含卤素，经测试剥离强度为14.7N/cm；耐锡焊温度为325℃，30s不起泡不分层，在高温（60℃）、转速300r/min的条件下，耐弯折次数达1000万次以上；T_g为85℃，阻燃通过UL-94。

（二）聚硫橡胶改性环氧胶黏剂实用配方

1. 双组分改性环氧胶黏剂配方1（质量份）

A组分		B组分	
环氧树脂（E-44）	100	四乙烯五胺硫脲缩合物	15～25
聚硫橡胶	20～30		
磷酸三甲酚酯	10～15		
三氧化二铝粉（300目）	50～60		
其他助剂	适量		

A：B＝100：25

2. 双组分改性环氧胶黏剂配方2（质量份）

A组分		B组分	
环氧树脂（E-4）	100	二乙烯三胺	10
聚硫橡胶	30～40	促进剂	5
		硫脲	1～3
		其他助剂	适量

A：B＝6：1

3. 耐磨型改性环氧胶黏剂配方（质量份）

环氧树脂（E-4）	100	二乙烯三胺	10～15
聚硫橡胶	20～30	促进剂	1～2
铁粉（160目）	80	其他助剂	适量
二硫化铜（300目）	10～15		

4. 耐磨、耐久型改性环氧胶黏剂配方（质量份）

环氧树脂（E-44）	100	铁粉（200目）	80
聚硫橡胶	30～35	其他助剂	适量
间苯二胺	10～20		

5. 耐高低温改性环氧胶黏剂配方（质量份）

A组分		B组分	
环氧树脂（E-44）	100	环氧树脂（E-51）	100
甘油环氧树脂（B-63）	10	2-乙基-4-甲基咪唑	40
聚硫橡胶	30～35	二乙烯三胺	20
锌粉（200目）	80	促进剂	6

A：B＝4：1

6. 电器零部件粘接用改性环氧胶黏剂配方（质量份）

环氧树脂（E-51）	100	石英粉（200目）	50
聚硫橡胶	20～30	其他助剂	适量
六亚甲基四胺	5		

7. 邮箱修补用改性环氧胶黏剂配方（质量份）

A 组分		B 组分	
环氧树脂（E-44）	100	2-乙基-4-甲基咪唑	20
甘油环氧树脂（B-63）	10	促进剂	3
聚硫橡胶	30～40	偶联剂	2
锌粉（200 目）	80	其他助剂	适量

A∶B＝2∶1

8. 焊接用改性环氧胶黏剂配方（质量份）

环氧树脂（E-44）	100	双亚戊基胺四硫化物	1～2
环氧树脂（H-71）	20	丙烯基三乙氧基硅烷	5～10
聚硫橡胶	40	偶联剂（KH-560）	3～5
丁腈橡胶	5～10	其他助剂	适量
4,4'-二氨基二苯基甲烷	40		

9. 焊泥用改性环氧胶黏剂配方（质量份）

环氧树脂（E-42）	100	邻苯二甲酸二丁酯	1～2
聚硫橡胶	20	滑石粉（200 目）	10～20
邻苯二甲酸酐	4～5	其他助剂	适量

10. 金属与非金属粘接用改性环氧胶黏剂配方（质量份）

环氧树脂（E-51）	100	己二胺	10～20
聚硫橡胶	20～30	石英砂（300 目）	适量
不饱和聚酯	5～10	其他助剂	适量

11. 金属、塑料粘接用改性环氧胶黏剂配方（质量份）

环氧树脂（E-44）	100	滑石粉（200 目）	30～50
聚硫橡胶	20～40	偶联剂（KH-550）	2
二乙烯三胺	10	其他助剂	适量
苯乙烯	5～15		

12. 热固性塑料与金属粘接用环氧胶黏剂配方（质量份）

环氧树脂（E-44）	100	胶木粉（300 目）	20～40
聚硫橡胶	20	其他助剂	适量
酚醛树脂	30		

13. 耐油型铝合金粘接用改性环氧胶黏剂配方（质量份）

A 组分		B 组分	
环氧树脂（E-44）	100	2-乙基-4-甲基咪唑	10
甘油环氧树脂（B-63）	10	二乙烯三胺	10
聚硫橡胶	30～40	促进剂	2
锌粉（300 目）	90	偶联剂	8
		其他助剂	适量

14. 陶瓷粘接修补用改性环氧胶黏剂配方（质量份）

环氧树脂（711）	100	邻苯二甲酸二丁酯	5～10
聚硫橡胶	20	三氧化二铝粉（200 目）	50～90
氰基二乙烯三胺	30～40	其他助剂	适量

15. 机械产品修复用改性环氧胶黏剂配方（质量份）

A 组分		B 组分	
环氧树脂(E-44)	100.0	硫醇-环氧加成物	100.0
聚硫橡胶	20.0	酸洗石棉粉(25 目)	30.0
稀释剂	20.0～40.0	偶联剂(B201)	2.0
其他助剂	适量	促进剂	1.5
		其他助剂	适量

A∶B=1∶1

16. 聚硫橡胶改性环氧胶黏剂配方（质量份）

环氧树脂(E-51)	100	亚甲基四氢二甲酸酐	10～15
聚硫橡胶	20～40	其他助剂	适量

说明：

① 聚硫橡胶增韧后，环氧胶浇铸体的拉伸强度、冲击强度得到了大幅度提高。

② 动态力学性能测试表明，聚硫橡胶增韧后，环氧胶黏剂的动态模量降低，玻璃化温度变化较小。

③ 聚硫增韧的环氧胶对 PMMA-铝接头有较好的粘接性能。

17. 聚硫橡胶增韧和填充改性环氧胶黏剂配方（质量份）

E-51 环氧树脂	100	T-31 固化剂	20
聚硫橡胶(LP-2、LP-3)	30	助剂二氧化锰	适量
经 KH-550 偶联剂表面处理的	50		
滑石粉/石英(6∶4)			

说明：当高分子量聚硫橡胶加入 30 份时，胶黏剂的剪切强度达到最大；当低分子量聚硫橡胶加入 20 份时，胶黏剂的剪切强度达到最大。

三、橡胶改性环氧胶黏剂配方与制备实例

（一）端羟基丁腈与聚硫橡胶改性环氧胶黏剂

1. 原材料与配方（质量份）

原材料	配方 1	配方 2	原材料	配方 1	配方 2
E-51 环氧树脂	100	100	DMP-30 促进剂	—	3
端羟基丁腈橡胶(HTBN)	15	—	纳米 Al_2O_3	2	
聚硫橡胶	—	15	白炭黑(SiO_2)	2	
501 稀释剂	20	20	其他助剂	适量	适量
593 固化剂	30	30			

2. 制备方法

用电子秤按比例称取 E-51 环氧树脂、501 稀释剂，搅拌均匀后加入填料，待搅拌均匀后放入超声波混合器内处理 5～10min；再按计算值称取 593 固化剂，改性橡胶和其他助剂搅拌均匀，放入真空烘箱抽真空后，倒入模具在（25±2）℃固化，待完全固化后加工测试样品。

3. 性能

不同增韧剂对环氧灌封胶冲击、压缩性能的影响见表 4-3。

表 4-3 不同增韧剂对环氧灌封胶冲击、压缩性能的影响

增韧剂（质量份）	冲击强度/(kJ/m²)	压缩强度/MPa
—	6.47±1.98	49.8±3.9
HTBN(15)	12.33±5.18	98.8±21.7
Al₂O₃(2)	21.23±8.78	123.1±3.7
Al₂O₃(2)+SiO₂(2)	12.55±4.52	141.6±4.5
丁腈橡胶(15)+Al₂O₃(2)	19.49±5.47	159.6±17.8
丁腈橡胶(15)+SiO₂(2)	13.84±1.58	150.6±6.6
聚硫橡胶(15)+DMP-30(2)	未断	210.2±27.1

添加增韧剂均可提高灌封胶冲击、压缩强度。HTBN 增韧效果一般，纳米三氧化二铝效果较好。HTBN 与纳米填料复合增韧可提高压缩强度，但冲击强度略降；三氧化二铝与二氧化硅复合增韧，冲击强度下降较多。聚硫橡胶增韧、增强效果最好。

固化时间对环氧灌封胶冲击、压缩性能的影响见表 4-4。

表 4-4 固化时间对环氧灌封胶冲击、压缩性能的影响

固化时间/d	增韧剂（质量份）	冲击强度/(kJ/m²)	压缩强度/MPa
5	HTBN(15)	3.83±2.30	54.8±8.8
	Al₂O₃(2)	7.13±1.22	117.7±17.2
10	HTBN(15)	12.33±5.18	98.8±21.7
	Al₂O₃(2)	21.23±8.78	123.1±3.7
15	HTBN(15)	11.93±6.28	100.4±5.5
	Al₂O₃(2)	21.23±3.78	135.1±5.7

增韧剂用量对环氧灌封胶冲击、压缩性能的影响见表 4-5。

表 4-5 增韧剂用量对环氧灌封胶冲击、压缩性能的影响

增韧剂（质量份）	冲击强度/(kJ/m²)	压缩强度/MPa
—	6.47±1.98	49.8±3.9
HTBN(10)	11.00±3.40	105.1±14.6
HTBN(15)	12.33±5.18	98.8±21.7
Al₂O₃(2)	21.23±8.78	123.1±3.7
Al₂O₃(5)	25.46±4.31	150.7±32.4
Al₂O₃(10)	13.61±6.04	135.3±10.3

不同增韧剂对环氧灌封胶固化收缩率的影响见表 4-6。

表 4-6 不同增韧剂对环氧灌封胶固化收缩率的影响

增韧剂（用量/质量份）	固化收缩率/%	增韧剂（用量/质量份）	固化收缩率/%
—	6.9	Al₂O₃(2)+SiO₂(2)	3.9
HTBN(15)	5.8	聚硫橡胶(15)+DMP-30(2)	5.5
HTBN(15)+Al₂O₃(2)	4.0		

（二）橡胶/环氧复合补强胶片

1. 原材料与配方（质量份）

E-44 环氧树脂	100	橡胶改性剂	5
丁腈橡胶	20～30	双氰双胺固化剂	20
天然橡胶	5～8	其他助剂	适量

2. 橡胶/环氧树脂复合补强胶片的制备

将环氧树脂与双氰双胺按比例配制搅拌均匀后待用；丁腈橡胶、天然橡胶按比例在开炼

机上进行塑炼，然后加入橡胶改性剂等助剂进行混炼，混炼均匀后再加入配制好的环氧树脂进行混炼，最后压延成片。

3. 性能

丁腈橡胶/天然橡胶/环氧树脂复合补强胶片对钢板弯曲强度的增强作用见表 4-7。

表 4-7　丁腈橡胶/天然橡胶/环氧树脂复合补强胶片对钢板弯曲强度的增强作用

钢板类型	2mm 变形弯曲强度/N	最大弯曲强度/N
未补强钢板	60.4	117.4
补强钢板	75.4	234.1

丁腈橡胶/天然橡胶/环氧树脂复合材料的剪切强度见表 4-8。

表 4-8　丁腈橡胶/天然橡胶/环氧树脂复合材料的剪切强度

复合材料	最大剪切强度/MPa	最小剪切强度/MPa	平均剪切强度/MPa
NBR/NR/EP	1.83	1.25	1.41

（三）纳米橡胶改性环氧水下结构胶黏剂

1. 原材料与配方（质量份）

A组分		B组分	
纳米橡胶改性环氧树脂	30～50	特种水下固化剂	50
通用环氧树脂	70～50	促进剂	1～3
纳米二氧化硅	2	润湿剂	适量
硅微粉	1～5	其他助剂	适量
偶联剂	1～2		
其他助剂	适量		

A∶B＝1∶1

2. 制备方法

称料—配料—混料—反应—卸料—备用。

3. 性能

水下环境粘接的基本要求：①胶黏剂在水下不流散、不溶于水且能斥水；②胶体进入水下界面后能直接对粘接面浸润、涂覆及较快固化定位；③固化后有很强的黏附力及长久耐水性；④水下施工简单、方便、不污染环境。

水下胶黏剂的技术指标见表 4-9。

表 4-9　水下胶黏剂的技术指标

实验项目	技术指标	实测数据
剪切强度（钢/钢）/MPa	≥19.6	20.2（平均）
拉伸强度（钢/钢）/MPa	≥29.4	34.5（平均）
180°剥离强度（钢/帆布）/(N/cm)	≥39.2	43.3（平均）
耐水性（不锈钢/不锈钢）	水中养护 2160h 后，剪切强度保持率不小于 90%	20MPa（平均），大于 90%
黏度/mPa·s	甲：$4 \times 10^4 \sim 5 \times 10^4$ 乙：$4 \times 10^4 \sim 5 \times 10^4$	甲：4.2×10^4 乙：4.8×10^4

（四）端羧基丁腈橡胶（CTBN）/端氨基丁腈橡胶改性环氧胶黏剂

1. 原材料与配方（质量份）

A 基体		B 基体	
混合环氧树脂	113.0	自制脂肪胺	50.0
填料	20.0	填料	13.5
偶联剂	4.0	偶联剂	5.0

2. 制备方法

（1）环氧改性丁腈橡胶的制备　CTBN 结构复杂，直接加入环氧树脂中会发生反应而起不到增韧效果，所以一般需预先对丁腈橡胶进行改性。改性方法是：100g 端羧基丁腈橡胶与 50g 环氧 E-51 以及 50g 环氧 E-44 混合，然后加入占总质量 0.5%～1.5% 的三苯基膦催化剂，在氮气保护并持续搅拌的情况下，于 140℃反应 2h。

（2）胶黏剂制备　环氧胶是双组分胶黏剂，A 组分由 A 基体和改性端羧基丁腈橡胶增韧剂混合而成，B 组分由 B 基体和端氨基丁腈橡胶混合而成，$m_A : m_B = 2 : 1$。

（五）端氨基丁腈改性环氧胶黏剂

1. 原材料与配方（质量份）

E-51 环氧树脂	100	环氧-4,7,10-三氧杂正十三烷二胺	1～5
活性端氨基液体丁腈橡胶（ATBN）	25～150	其他助剂	适量
聚酰胺 TY-300	60～150		

2. 制备方法

将端氨基液体丁腈橡胶（ATBN）与预先称量好的环氧树脂混合，搅拌 10min 后，加入固化剂再搅拌 10min，冷却后即可下料。

3. 性能与效果

（1）根据 Ellerstein 法计算，ATBN 改性环氧-聚酰胺体系固化反应活化能为 73.6kJ/mol，根据峰值法计算固化反应活化能为 65.7kJ/mol。

（2）在 ATBN 改性双酚 A 环氧/聚酰胺固化体系中，体系微观相态呈"海岛"结构，作为分散相的橡胶粒子呈不规则形状。体系粘接性能随着橡胶用量增大（5%～150%），剪切性能在 ATBN 质量分数为 25% 时出现峰值，剥离强度升高并在较宽范围内保持不变。提高固化温度（从 25℃增加至 60℃），橡胶相粒子尺寸增大（从 $0.5\mu m$ 增加至 $2\mu m$），形成理想大小的增韧橡胶粒子。

（六）核-壳粒子/液体橡胶改性环氧胶黏剂

1. 原材料与配方（质量份）

环氧树脂	100	促进剂	1～3
丙烯酸酯液体橡胶（LAR）	50	润湿剂	1～2
丙烯酸酯核-壳粒子	20	其他助剂	适量
固化剂	30		

2. 制备方法

称料—配料—混料—反应—卸料—备用。

3. 性能与效果

（1）LAR 增韧环氧树脂相分离时难以形成纳米级橡胶粒子，而是微米级橡胶粒子，随着 LAR 用量增多粒子尺寸变大，大尺寸粒子会破坏冲击强度，导致增韧失效。

（2）粒子尺寸和结构固定的 CSP 改性环氧树脂的韧性主要依赖粒子在基体中的分散，均匀分布且小范围"团聚"的核-壳粒子能改善韧性，而分布不均且大范围"团聚"的核-壳粒子会弱化增韧效果。

（3）采用粒径为 100nm 左右的 CSP 可制备高性能环氧树脂胶黏剂。

（七）端羧基丁腈橡胶（CTBN）改性环氧胶黏剂

1. 原材料与配方（质量份）

环氧树脂(ES216)	100	潜伏型固化剂	20～40
端羧基丁腈橡胶(CTBN)	50	稀释剂	10
3,5-双(4-氨基苯氧基)苯甲酸 （35BAPBA)	10～20	其他助剂	适量

2. 高强度单组分环氧胶黏剂的制备

将 3,5-双（4-氨基苯氧基）苯甲酸（35BAPBA）与环氧 ES216 在一定的温度下反应制得透明黏稠的树脂，再在室温下依次加入端羧基丁腈橡胶、稀释剂、潜伏型固化剂，搅拌均匀即得单组分环氧胶黏剂。

3. 性能

胶黏剂的凝胶化时间见表 4-10。

表 4-10　胶黏剂的凝胶化时间

温度/℃	凝胶化时间/s	温度/℃	凝胶化时间/s
200	47	160	203
180	100	150	294
170	140		

用 3,5-双（4-氨基苯氧基）苯甲酸（35BAPBA）对环氧树脂体系进行共混改性后，在原来的环氧树脂中引入了新的结构，具分子结构的刚性增加，分子量增大。在 150℃时，胶黏剂的凝胶化时间为 294s，随着温度的升高，胶黏剂的凝胶化时间变短，这是因为温度越高，固化反应速率越快。胶黏剂的接触角测试结果见表 4-11。

表 4-11　胶黏剂的接触角测试结果

测试液	接触角/(°)	测试液	接触角/(°)
去离子水	81.6	乙二醇	45.3
甘油	73.2	一溴代萘	25.9

从图 4-1 可以看出，单组分胶黏剂的初始热分解温度为 375.1℃，失重 5%、10%、15%、20%时的温度分别为 265.7℃、333.1℃、356.2℃和 370.4℃，且在 948.0℃时，胶黏剂固化物仍然残留 8.38%，说明该胶黏剂具有良好的耐热性能。这是因为环氧树脂经芳香二元胺改性后，分子结构中引入了苯环结构，固化交联密度增大。

通过吸水率测试计算出胶黏剂的吸水率为 2.23%，说明该胶黏剂虽含有羧基，但刚性结构使其仍然具有良好的疏水性。

4. 效果

（1）固化后的胶黏剂由于交联结构的形成使其具有良好的力学性能，其剪切强度达 24.7MPa。

（2）胶黏剂具有良好的耐热性能，其初始热分解温度为 375.1℃，当温度达到 948.0℃，体系仍然残留 8.38%。

（3）胶黏剂的凝胶化时间随温度变化明显，在温度为 150℃ 时，凝胶化时间为 294s，当温度上升至 200℃ 时，凝胶化时间为 47s，由凝胶化时间计算得出固化反应的表观活化能为 140.07kJ/mol。

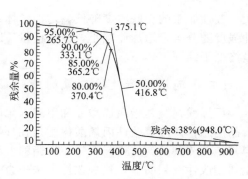

图 4-1 单组分环氧树脂胶黏剂的
热失重曲线

第二节 热塑性树脂改性环氧胶黏剂

一、简介

（一）研究进展

与橡胶改性环氧树脂相比，热塑性树脂除了具有较好的韧性和模量外，改性的环氧树脂具有较好的耐热性，因而成为近年来的研究热点。这些树脂上的特殊官能团往往可以和环氧树脂上的羟基或环氧基发生化学反应，从而形成较好的内部连接达到对环氧树脂改性的目的。

（1）国内研究了 PEK-C 改性氰酸酯固化 DGEBA 体系的固化行为、热性能，并对改性体系的断裂韧性进行了测试，DSC 和 FTIR 结果显示，随着 PEK-C 含量的提高，氰酸酯和环氧树脂的固化率增加，这主要是由 PEK-C 的反应端基造成的；利用三点弯曲测试了改性体系的力学性能，结果表明，在玻璃化转变温度和弯曲性能基本保持不变的情况下，PEK-C 能有效地改善固化物的韧性，当 PEK-C 的加入量为 15%（质量分数）时，断裂韧性 KIC 和 GIC 分别提高 20% 和 50%。

（2）有人对 PEK-C 侧基进行了改性，合成了含侧羧基的聚醚芳酮 PEK-L，并将其作为大分子固化剂改性环氧树脂。结果表明，在不降低体系模量和耐热性的前提下，它大大提高了环氧树脂固化物的断裂韧性。当环氧基∶羧基＝1∶1 时，体系断裂韧性 K_{IC} 较纯环氧树脂提高了 70%，G_{IC} 是纯环氧树脂的 2.83 倍。通过弯曲断面的 SEM 分析发现，体系为均相结构，PEK-L 通过羧基已完全嵌入到环氧网络结构中，在受到外力作用时，PEK-L 通过钉锚桥接和塑性变形等作用来阻止裂纹的扩展，从而实现对环氧树脂的增韧。这说明采用热塑性树脂对环氧树脂增韧改性是一种有效的增韧方法，可以在保持耐热性的同时提高其力学强度。虽然此方面的研究颇多，但在环氧树脂胶黏剂改性中有实用价值的热塑性树脂增韧剂却还是少数。

（3）有人合成了五种不同分子量的氨基封端聚砜低聚物和三种分子量羧基封端的聚砜来改性环氧树脂胶黏剂，结果发现，当氨基封端的 PSF 分子量较低，份数较少时，就较单一的环氧固化体系而言，拉伸时的弹性相对较大，刚性小；而随着分子量的增加，份数的加大，改性体系的交联密度降低，增加了体系的脆性，此时材料的强度会有大幅度的降低。拉伸强度随分子量增加而减小，杨氏模量、断裂伸长率均随着分子量的增加呈先升后降趋势，最终低于纯环氧体系。

（二）丙烯酸酯改性环氧树脂胶黏剂

丙烯酸树脂是指丙烯酸酯和甲基丙烯酸及其衍生物，如酯类、腈类、酰胺类经聚合所得产品的总称。环氧改性丙烯酸树脂是在环氧树脂分子链的两端引入丙烯基不饱和双键，然后与其他单体共聚。这样，丙烯酸树脂的各种优良性能在环氧树脂中得到充分发挥，对环氧树脂增韧改性效果明显，这种改性方法一直是国内外的研究热点。而针对环氧树脂胶黏剂的改性研究，国内的这方面研究也比较多。

（1）以聚酰胺为固化剂，研究了有机硅改性丙烯酸酯聚合物对环氧树脂黏度、粘接性能、固化行为、耐热性能和微观形貌的影响，结果表明，有机硅改性丙烯酸酯聚合物与环氧树脂形成互穿网络结构，并且存在较多氢键，剪切强度显著提高，黏度也逐渐增加。当有机硅改性丙烯酸酯聚合物为 5 份时，尽管玻璃化转变温度下降 10℃，但粘接强度提高幅度最大。

（2）采用超细全硫化羧基丁腈橡胶粒子改性环氧树脂技术，并辅以 ACR 丙烯酸酯橡胶微球等抗冲剂填充，结果表明，本体冲击强度可由原来的 $9.5kJ/m^2$ 提高到 $13.5kJ/m^2$，$-40\sim80℃$，20 个循环冷热交变后剪切强度为 28.7MPa，未见明显下降；证明此款结构胶具有优异的抗冲击、热老化性能，尤其适用于大型铝合金结构型材和风机叶片结构粘接。其中在应用于风轮叶片用环氧胶黏剂方面研究较多的是烟台德邦科技有限公司制备的新型环氧树脂胶黏剂，是基于第二代丙烯酸酯改性环氧的基础上，对通用型双酚 A 环氧树脂进行增柔处理，同时使用大量刚性结构的芳香胺固化剂。研究表明，这种新型环氧树脂胶黏剂，较传统意义上的风轮叶片用环氧结构胶黏剂，在不降低断裂伸长率的前提下，从技术上实现了高强度、高模量，综合性能好。

用具有核-壳结构的聚丙烯酸酯颗粒和聚丙烯酸酯复合弹性体微粒来增韧环氧树脂胶黏剂也可取得很好的效果。

聚氨酯丙烯酸酯树脂兼有聚氨酯的柔韧性（尤其是低温韧性）、耐磨性、抗老化性及高撕裂强度和丙烯酸酯良好的耐候性与优异的光学性能等多方面综合优点，加入少量聚氨酯甲基丙烯酸酯胶可改善环氧树脂胶的低温韧性。

（三）聚碳酸酯改性

聚碳酸酯（PC）是一种与环氧树脂的分子结构很相近的、综合性能优良的工程塑料，具有优良的力学性能和热稳定性，能与环氧树脂很好地共溶。由于它的分子结构中含有碳酸酯羰基，可以和胺、醇等形成氢键，并且也可以和一些含醇、酯等基团的物质发生酯交换反应，经研究发现，PC/ER 共混体系具有较特别的固化过程，作为氢接受体的 PC，在通常的固化温度范围内，对环氧树脂的固化起促进作用。从结构上看，PC 的加入并没有明显地改变环氧树脂的形态特征，在共混体系中两组分间氢键的作用下，所形成的半互穿网络结构均匀，两组分高度互穿，体系透明。在性能上，与纯环氧树脂相比，PC/ER 体系表现出更高的 T_g、模量及热稳定性。为了更好地改进聚碳酸酯与环氧树脂的相容性，利用聚碳酸酯和脂肪胺的反应使其分子链上带有氨基，并与环氧树脂共混，从而利用化学键达到环氧树脂和改性聚碳酸酯良好的相容性，使改性的聚碳酸酯大分子增韧剂进入环氧树脂的网络，达到对环氧树脂增韧的目的。

（四）聚乙烯醇缩醛改性

聚乙烯醇缩醛是热塑性线型高分子，它和环氧树脂的混溶性好。由于其分子中存在羟基，可与环氧树脂中的羟基和环氧基进行醚化反应，从而起到增韧的效果。以聚乙烯醇缩醛为"骨架材料"，用 E-51 环氧树脂为黏料制成了一种新型结构胶黏剂，这种胶黏剂不但保持了聚乙烯醇缩醛-酚醛胶黏剂所具有的耐久性优异的特点，还具有固化中无挥发物、韧性高等优点。

（五）尼龙（PA）改性

用于改性的尼龙与低分子聚酰胺不同。尼龙（聚酰胺）是一种韧性很好的材料，分子中有大量的酰氨基和端羧基等，可以和环氧基发生反应，生成新型交联结构的高分子材料，可大大提高环氧胶黏剂的胶接强度和韧性。一般尼龙的极性较大，熔点高，与环氧树脂的相容性差，而且也不溶解在常用的溶剂中，这样给使用带来许多困难。可用化学方法先对尼龙进行改性，使之成为醇溶性尼龙，这种尼龙的醇溶液可以和环氧树脂混溶，再除去溶剂制得胶膜；另外一种方法是粉末喷涂。用石油发酵尼龙作为基体材料，进行了环氧胶黏剂的改性研究，该尼龙是由含 8~24 个碳原子的碳链组成的混合二元酸和混合二元胺共聚而成的，酰胺键含量低，所以吸水率低于其他尼龙品种，同时具有耐磨系数小、柔韧性好等优点。用这种尼龙与环氧树脂混合制得的胶黏剂的剪切强度达到 45MPa 以上。

用尼龙来增韧环氧树脂制成的胶黏剂的两组分在结构上刚柔结合，取长补短；在性能上强韧兼备。

（六）聚醚亚胺改性

用耐热性高的热塑性树脂 PEI 改性环氧树脂，同样可提高固化物的韧性。例如用汽巴嘉基公司 MY720 环氧树脂与通用电器公司的 Ultem1000PEI 掺混，以二氨基二苯砜为固化剂。其方法为：PEI 预先在 120℃真空下干燥 24h，再把它溶解在二氯甲烷中，在室温下与环氧树脂掺混，再把掺混物在油浴上加热到 100℃，赶去二氯甲烷，当掺混物由清澈均一的黏性液体变成玻璃状时，再加热到 135℃，在搅拌下慢慢加入固化剂固化。如果将 20% 左右的 PEI 加入环氧树脂中，其固体物的破坏韧性提高 3 倍，这说明分散在环氧树脂中的 PEI 呈延性破坏，而 T_g 未有下降。最近研究用三官能对氨基苯酚型环氧树脂和二官能双酚型环氧树脂与 PEI（Ultem1000）掺混改性，其方法为：先把 PEI 溶解于 5 倍量的二氯甲烷中，把所定量的环氧树脂和固化剂（100/6）混入上述溶液中，在 95℃下减压蒸发二氯甲烷 8h，在恒温器中于 150℃固化 4h，200℃固化 2h。所得固化物的 G_{IC} 和 K_{IC} 比未改性的固化物分别增加了 8 倍和 4 倍左右。如果以该掺混物为母体，制备纤维复合材料，其开口形层间剥离韧性值增加至原来的 2.5 倍左右（从 358J/m^2 提高到 869J/m^2），面内剪切剥离韧性值增加至原来的 1.5 倍左右（从 1632J/m^2 提高到 2250J/m^2）。此外也有人研究以亚胺环为骨架的环氧树脂和 PEI 掺混，以改善高温粘接性。

（七）聚砜改性

聚砜是一种新型的含有芳香环和砜基的热塑性耐高温高分子，大致有以下几种。

① 聚芳砜（PES），结构为：

$$\left[\left(SO_2-\!\!\!\bigcirc\!\!\!-O-\!\!\!\bigcirc\!\!\!-\right)_x\left(SO_2-\!\!\!\bigcirc\!\!\!-\bigcirc\!\!\!-\right)_y\right]_n$$

② 聚醚砜，结构为：

$$+\!\!+\!\!\left[\!\!\left\langle\!\!\bigcirc\!\!\right\rangle\!\!-SO_2-\!\!\left\langle\!\!\bigcirc\!\!\right\rangle\!\!-O\!\!+\!\!\right]_n$$

③ 双酚 A 聚砜 (PSF), 结构为:

$$+\!\!+\!\!\left[\!\!\left\langle\!\!\bigcirc\!\!\right\rangle\!\!-\!\!\overset{\overset{\displaystyle CH_3}{|}}{\underset{\underset{\displaystyle CH_3}{|}}{C}}\!\!-\!\!\left\langle\!\!\bigcirc\!\!\right\rangle\!\!-O-\!\!\left\langle\!\!\bigcirc\!\!\right\rangle\!\!-SO_2-\!\!\left\langle\!\!\bigcirc\!\!\right\rangle\!\!-O\!\!+\!\!\right]_n$$

其中最常用的为双酚 A 聚砜 (PSF), 把它的结构与环氧树脂相比较可以看出, PSF 既有极性的砜基和醚键, 又有双酚 A 结构及较多苯环, 与双酚 A 环氧树脂的结构类似, 这使得两者溶解度参数相近, 因此如果用 PSF 作为增韧剂改性双酚 A 环氧树脂, 两者会有较好的相容性。同时, PSF 的结构中, 在共轭体系中二苯基砜的基团处于牢固的空间位置, 硫原子上的氧原子对称无极性, 而硫原子又处于最高价态, 有很强的抗氧化能力; 二苯基砜这种高度共轭的体系使聚砜具有较高的耐热性, 可耐热 180℃; 异亚丙基的存在可减少分子间的相互作用力, 提高聚合物的韧性和熔融特性; 醚基可增大链的柔曲性, 使链端容易绕其两端发生内旋转, 可增大聚合物的熔融特性和在溶剂中的溶解性; 而侧链上连有非极性的甲基, 可减少吸湿性。

以双氰胺为固化剂, 用双酚 A 聚砜 (PSF) 来增韧环氧 (E-51) 胶黏剂, 通过扫描电镜观察发现, 环氧/聚砜 (质量比 100/50) 在固化后的聚合物体系内呈现半互穿网络, 环氧树脂分子为网状结构, 而双酚 A 聚砜 (PSF) 为线型聚合物, 体系呈两相且两者均为连续相, 两相之间混合充分, 分子间互穿和缠结, 均匀规则。

为了研究环氧树脂分子量对环氧/聚砜体系固化过程相分离的影响, 用 4,4′-二氨基二苯砜 (DDS) 作固化剂, 用扫描电镜对聚砜与不同环氧值的环氧树脂 (E-56, E-51, E-42, E-39, E-31) 固化物进行观察。研究表明, 低分子量 (高环氧值) 体系的相分离速率明显快于高分子量 (低环氧值) 体系, 粒子尺寸也要大于高分子量 (低环氧值) 体系。影响低分子量体系相分离的主要因素是它的玻璃凝胶化, 当环氧相的玻璃化温度 (T_g) 与固化反应温度接近时, 尤其是达到凝胶点时, 体系黏度急剧增加, 固化和相分离均受到抑制; 影响高分子量体系相分离的主要因素为环氧树脂本身的黏度, 黏度越大, 分子间作用力越大, 分子链段运动越困难, 相分离速率越低。

研究表明, 通过抑制相分离、控制预固化的反应程度和控制环氧树脂的分子量等方法, 固化后可获得不同的共混物相结构。加入促进剂三氟化硼-乙基胺 (BTF-EA) 可提高固化反应速率, 使相分离结构在早期被抑制, 以获得小微区的相结构。

有人也对环氧/聚砜体系进行了研究, 认为环氧/聚砜体系结构与 "海岛结构" 模型和互穿网络结构 (IPN) 都不同, 环氧/聚砜体系是以韧性的聚合物 (用量小), 为连续相, 包括固化后热固性树脂球粒分散相形成的 "网络-球粒" 结构。出现这种情况的原因是热塑性工程塑料玻璃化温度高, 在固化温度下尚未流动, 而固化初期阶段的环氧树脂却极易流动, 并逐渐分离出来, 在表面张力作用下, 形成了以热塑性工程塑料为连续相, 环氧树脂为分散体的蜂窝状结构形态。这种 "网络-微粒" 结构有助于提高体系的综合性能, 由于韧性的聚合物构成网络, 使该体系具有聚砜的韧性, 而热固性树脂分散相 (相对用量较大) 又保证了该体系的模量不致降低。

并非聚砜增韧环氧胶黏剂时都形成两相结构, 以 4,4′-二氨基二苯甲烷 (DDM) 作固化剂, 探讨了聚砜 (PSF) 与环氧树脂的相容性及其性能, 研究发现聚砜的加入对环氧的交联密度起了稀释作用, 降低了体系的玻璃化转变温度, 得到的 ER/PSF/DDM 体系为均相体系且断裂强度和断裂能量较单纯 ER/DDM 体系上升 20%, 这表明聚砜增韧效果良好并和环氧树脂有很好的相容性。

（八）有机硅改性

有机硅又称聚硅氧烷，其主链是一条由硅原子和氧原子交替组成的稳定骨架，其侧链通过硅原子与有机基团，如甲基、苯基、乙烯基等相连，就因为其分子的这一特殊结构与组成，使其既具有无机物的特性又具有有机物的功能，其优良的热氧化稳定性、较低的玻璃化转变温度、优良的疏水性和低应力等特性使其研究备受关注。运用有机硅树脂的低应力特点改性环氧树脂及其胶黏剂，既可有效地降低环氧树脂及其胶层的内应力，又可有效地提高环氧树脂及其胶黏剂的韧性，且耐高温性良好。在改性过程中应注意，由于有机硅溶解参数为 $7.4 \sim 7.8 (J/cm^3)^{1/2}$，而环氧树脂的溶解度参数为 $10.9 (J/cm^3)^{1/2}$，两者相差很大，混合或混溶十分困难，固相界面张力过大，改性效果较差。

对于有机硅增韧改性环氧树脂的机理，众说纷纭，有机硅与环氧树脂形成"海岛结构"，环氧树脂基体形成"海洋"，而聚硅氧烷相形成"岛屿"，分散在环氧树脂中。"海岛"的大小，主要取决于聚硅氧烷化合物的分子量。聚硅氧烷的分子量不同，固化树脂中聚硅氧烷相的分散状态就不同，这会使固化树脂的性能有很大差异。

研究认为，聚硅氧烷与环氧树脂体系微相分离的形成过程不同于一般反应型液体橡胶。一般反应型液体橡胶固化前溶解于环氧树脂中呈均相，相分离是由于在固化过程中环氧树脂的交联导致溶解性下降而发生的。而聚硅氧烷改性环氧树脂体系的微相结构在固化反应之前即已形成。在反应初期的聚硅氧烷-环氧树脂嵌段共聚物中，聚硅氧烷受搅拌剪切力的作用在环氧中分散占优势。随着反应的进行，聚硅氧烷分散颗粒逐渐减小，此时颗粒间相互凝结的概率逐渐增大。最后分散相聚结达到平衡，形成稳定的颗粒尺寸分布区间。

（九）液晶高分子改性

环氧树脂与液晶高分子的合金化也已被研究，常用的液晶高分子为对羟基苯甲酸酯共聚对苯二甲酸乙二醇酯，如果在环氧树脂中分散了百分之几的热致性液晶高分子，则可大大改善 T_g 附近体系的伸长率。其方法是：把液晶高分子溶解在由邻二氯苯/对氯苯酚（1:1）组成的混合溶剂中，制成 10%（质量分数）溶液，把该溶液加到紫外线固化型环氧树脂中，混合均匀，在 130℃、133Pa 下抽真空，通过旋转式蒸发器除去混合溶剂，用刮涂法涂于镀锌钢板上，除去微量残余溶剂，然后紫外线固化，制得固化物 MC-V，再在 N_2 气氛中于 290℃加热板上处理 5min 即得固化物 MC-H。其剪切强度变化不大，而伸长率在 T_g 附近有明显差别，其值 MC-H＞MC-V，MC-H 的值几乎是环氧树脂的 2 倍。

二、热塑性树脂改性环氧胶黏剂实用配方

1. 耐介质性良好的改性环氧胶黏剂配方（质量份）

环氧树脂（E-51）	60	2-乙基-4-甲基咪唑	2～4
环氧树脂（W-95）	40	间苯二胺	2
聚乙烯醇缩丁醛	5	偶联剂（KH-550）	2
液体丁腈橡胶	10	其他助剂	适量
稀释剂	适量		

2. 耐碱性优良的改性环氧胶黏剂配方（质量份）

环氧树脂	100	间苯二胺	10～15
聚砜树脂	30～50	2-乙基-4-甲基咪唑	3～5
丙酮	适量	其他助剂	适量

3. 耐油耐水性改性环氧胶黏剂配方 （质量份）

环氧树脂(E-51)	100	乙醇	200
羟甲基化尼龙	100	其他助剂	适量

4. 耐低温性改性环氧胶黏剂配方 （质量份）

环氧树脂(E-44)	120	间苯二胺	5～10
尼龙	100	偶联剂(KH-550)	2～3
环氧稀释剂	30	其他助剂	适量

5. 金属粘接用改性环氧胶黏剂配方 1 （质量份）

A 组分		B 组分	
环氧树脂(E-51)	100.0	三氟化硼甘油醚	100.0
PVC	20.0	三氟化硼苯胺	50.0
石英粉(200 目)	35.0	二缩三乙二醇	150.0
白炭黑	1.5	磷酸	50.0
		白炭黑	8.7
		其他助剂	适量

6. 金属粘接用改性环氧胶黏剂配方 2 （质量份）

环氧树脂(E-42)	100	溶剂	400
尼龙树脂	50～60	其他助剂	适量
双氰胺	2		

7. 有色金属粘接用环氧胶黏剂配方 （质量份）

A 组分		B 组分	
环氧树脂(E-51)	100	三氟化硼苯胺	50
石英粉(200 目)	40	三氟化硼甘油醚	100
PVC	20～30	二氧化硅	10
		二缩三乙二醇	100
		磷酸	400
		其他助剂	适量

A：B＝9：1

8. 多孔金属材料粘接用改性环氧胶黏剂配方 （质量份）

A 组分		B 组分	
环氧树脂	100	草酸	10～20
聚乙烯醇缩丁醛	40～50	乙醇	适量
乙醇	适量		

A：B＝50：3

9. 非金属粘接用改性环氧胶黏剂配方 （质量份）

A 组分		B 组分	
环氧树脂(E-51)	100	聚酰胺(200)	100
聚乙烯醇缩丁醛	30	偶联剂(KH-550)	2
		无水乙醇	100
		其他助剂	适量

A：B＝100：150

10. 人造革粘接用改性环氧胶黏剂配方（质量份）

A 组分		B 组分	
环氧树脂（E-51）	100	聚酰胺（650）	1010
聚乙烯醇缩丁醛	20～30	偶联剂（KH-550）	2～4
		无水乙醇	130
		其他助剂	适量

11. 金属与非金属粘接用改性环氧胶黏剂配方（质量份）

A 组分		B 组分	
环氧树脂（E-51）	100	聚酰胺（200）	100
聚乙烯醇缩丁醛	30	偶联剂（KH-550）	1～2
其他助剂	适量	无水乙醇	120
		其他助剂	适量

A：B＝2：5

12. PVC 与金属粘接用改性环氧胶黏剂配方（质量份）

环氧树脂（E-44）	100	环己酮	5～15
过氯乙烯树脂	20～30	二氯乙烯	80～100
三乙烯四胺	5～15	其他助剂	适量

13. 木材与多孔材料粘接用改性环氧胶黏剂配方（质量份）

A 组分		B 组分	
环氧树脂（D-17）	100	草酸	20
聚乙烯醇缩丁醛	40～50	乙醇	适量
乙醇	适量		

A：B＝130：150

14. 机械零件粘接用改性环氧结构胶黏剂配方（质量份）

环氧树脂（E-51）	100	二甲基甲酰胺	25
聚砜树脂	50	三氯甲烷	150
双氰胺	11	其他助剂	适量

15. 代替锡焊的改性环氧胶黏剂配方（质量份）

环氧树脂（E-51）	50	2-乙基-4-甲基咪唑	1～2
环氧树脂（W-95）	50	间苯二胺	20
聚乙烯醇缩丁醛	10～30	银粉（200 目）	100
液体羟基丁腈橡胶	10	其他助剂	适量
稀释剂	10		

16. 印刷胶辊修理用改性环氧胶黏剂配方（质量份）

环氧树脂（E-44）	120	聚酰胺	50
PVC	100	其他助剂	适量

17. 改性环氧修补用胶黏剂配方（质量份）

A 组分			
环氧树脂（E-42）	100	邻苯二甲酸二丁酯	10～15
石英粉（200 目）	30～40	其他助剂	适量
气相二氧化硅	1～2		

B组分		2-甲基咪唑	40～50
聚氯乙烯树脂	15～25	气相二氧化硅	适量
三氟化硼-四氢呋喃络合物	70	其他助剂	适量
磷酸	100～130		

18. 石油发酵尼龙改性环氧胶黏剂配方（质量份）

原材料	配方1	配方2	配方3	原材料	配方1	配方2	配方3
环氧681	54.0	—	—	尼龙3号	—	—	40.0
环氧6101	—	55.8	—	双氰胺	5.4	4.2	1.8
环氧601	—	—	58.2	其他助剂	适量	适量	适量
尼龙2号	40.0	40.0					

改性胶的性能见表4-12。

表 4-12　改性胶的性能

配方	固化温度/℃	固化时间/min	剪切强度/MPa	拉伸强度/MPa
1	180	100	46.65	70.07
2	180	100	47.04	74.48
3	160	100	46.06	68.70

注：表中所列强度数据均为五个样片测试结果的平均值。

胶黏剂的性能指标见表4-13。

表 4-13　性能指标

胶黏剂	剪切强度/MPa	拉伸强度/MPa	胶黏剂	剪切强度/MPa	拉伸强度/MPa
尼龙2号+环氧	47.04	74.48	环氧-尼龙	41.16	54.88
尼龙3号+环氧	46.06	68.70	环氧树脂	24.01	41.16

19. 双马来酰亚胺改性环氧导电胶黏剂配方（质量份）

原材料	配方1	配方2	配方3
E-51 环氧树脂	100	—	—
F-41 环氧树脂	—	100	—
JF-43 环氧树脂	—	—	100
烯丙基双酚A与双马来酰亚胺	40	40	40
片状银粉	5～30	5～30	5～30
潜伏型固化型-促进剂	10～30	10～30	10～30
混合溶剂	适量	适量	适量

胶黏剂的性能对比见表4-14。

表 4-14　胶黏剂的性能对比

性能	体积电阻率/Ω·cm	拉伸剪切强度/MPa		250℃芯片推力/N
		室温	200℃	
配方1	$2.0×10^{-4}$	14.5	6.7	14.7
配方2	$8.0×10^{-5}$	10.1	—	≥24.5
配方3	$1.5×10^{-4}$	11.2	—	≥24.5

该胶黏剂主要用于安装固定IC芯片。

其胶接工艺：LY12CZ铝合金试片经1#砂布打磨，丙酮清洗后，涂胶一遍，在红外灯下露置 15～20min，搭接，用文具夹夹紧，进鼓风烘箱固化。

20. 有机硅改性无溶剂环氧胶黏剂配方（质量份）

A 组分

环氧树脂	50.0～60.0	脂肪酸酰胺	0.3～0.5
羟甲基纤维素	16.0～20.0	丙烯酸酯	0.3～0.5
硅灰石粉（600～1000 目）	16.0～20.0	改性有机硅	0.2～0.5
脂肪族缩水甘油醚（$C_{12}～C_{14}$）	5.0～8.0	氢化脂蓖麻油	0.3～0.8

B 组分

改性脂环胺　　　　　　　　　10～15

说明：改性无溶剂环氧胶黏剂具有优良的防腐性能，机械强度高，反应速率快，固化时间短，韧性好，附着力强，抗阴极剥离性能优良，耐磨、硬度高，无毒、环保等特点。

它主要用于管道防腐补强玻璃钢复合分层制备。

21. 通用有机硅改性环氧胶黏剂配方（质量份）

A 组分

E-44 环氧树脂	100	三苯基膦/钛酸	适量
有机硅二甲苯溶液（Z6018）	50	丁酯复合催化剂	

B 组分

聚酰胺 650	100	纳米 TiO_2	3
芳香胺固化剂	60	丁腈-40	10
DMP-30/月桂酸二丁基锡促进剂	2	丙酮	100
		KH-550	适量

说明：该胶黏剂 30℃、7d 基本固化完全，250℃老化 100h 后，仍有 15.3MPa 的剪切强度，可满足室温固化、高温使用的要求。

该胶黏剂可广泛用于航空、航天耐热结构材料的粘接和表面涂料。

22. 有机硅/聚乙烯醇改性 E-20 环氧胶黏剂配方（质量份）

E-20 环氧树脂	30.0	聚乙烯醇缩丁醛（PVB）	7.5
有机硅树脂	30.0	双氰胺固化剂	2.5
二甲苯	30.0		

说明：此胶黏剂在 300℃以前无任何热分解现象。300～350℃是缓慢分解区，350℃时的热分解率为 15%，当温度超过 350℃时，热分解率迅速增大。

该胶黏剂可作为在 300℃左右长期使用的结构胶，可用于钢、铝陶瓷、玻璃、塑料、胶木等材料的粘接。其固化压力为 0.05MPa，固化温度为 160℃，固化时间为 1～2h。

三、丙烯酸改性环氧胶黏剂配方与制备实例

（一）丙烯酸酯单体改性环氧胶黏剂

1. 原材料与配方（质量份）

双酚 A 型环氧树脂	100.0	液体胺类固化剂	10.0～20.0
丙烯酸酯单体	20.0	消泡剂	1.0～3.0
球形 SiO_2	10.0～15.0	其他助剂	适量
偶联剂（Z-6040）	1.5		

2. 制备方法

按组成配比将丙烯酸酯类单体混合物与双份 A 型环氧树脂分散成均匀的液体混合物，然后加入胺类固化剂搅拌均匀，再加入偶联剂等搅拌均匀真空脱泡，制成均匀流体。

3. 性能与效果

丙烯酸酯单体作为增韧改性剂，改性环氧树脂与胺的固化体系可以得到韧性优异的固化物，体系的搭接剪切强度明显提高。更重要的是，由于丙烯酸酯单体参与到体系的反应中，并且能有效形成互穿网络，不仅仅解决了其他聚合物改性环氧体系带来的相容性问题，而且因为有较高官能度的单体，比如三官能团或多官能团的丙烯酸酯单体，能得到交联密度较高的胶黏剂，T_g 不会因为改性增韧剂的加入而降低。另一突出优点是丙烯酸酯单体的低黏度能极大降低整个环氧树脂胺固化体系黏度，当加入 20％的低黏度单体，选择黏度较低的合适胺固化剂能使体系黏度从 $5000 \sim 10000 mPa \cdot s$ 降到 $500 mPa \cdot s$ 以内。而且丙烯酸单体对大多数填料有良好的润湿作用，所以在该体系中加入较大量的功能性填料仍然能使胶黏剂保持非常不错的流动性，比如加入二氧化硅降低膨胀系数（CTE），或加入导热填料制作导热胶黏剂。通过使用低卤甚至不含卤素的丙烯酸酯单体改性环氧树脂胺固化体系，避免了使用高卤素含量的活性环氧稀释剂和挥发性有机溶剂而获得了满足环境要求的低卤高固体份胶黏剂。

（二）丙烯酸环氧酯改性环氧胶黏剂

1. 原材料与配方（质量份）

原材料	配方 1（EA-1）	配方 2（EA-2）	配方 3（EA-3）	配方 4（EA-4）	配方 5（EA-5）
E-51 环氧树脂	60	30	60	30	60
改性丙烯酸环氧酯（OEA）	10	10	30	20	50
甲基四氢苯酐（MTHPA）固化剂	40	20	40	20	40
稀释剂	10	10	10	10	10
其他助剂	适量	适量	适量	适量	适量

2. 制备方法

按一定配比，将 MTHPA、环氧树脂 E-51 加入 OEA 中，搅拌均匀，并于 60℃下搅拌反应 1h，待反应完全后取出冷却至室温，即得到均相黏稠状的丙烯酸环氧酯胶黏剂。

3. 性能

胶黏剂体系的凝胶化时间见表 4-15。

表 4-15 胶黏剂体系的凝胶化时间　　　　单位：min

温度/℃	130	140	150	160	170	180	190
EA-1	65.47	32.10	23.53	15.20	12.75	8.72	6.63
EA-2	50.62	25.02	18.70	11.95	9.35	7.98	5.73
EA-3	35.55	21.65	15.80	10.97	7.32	6.43	5.13
EA-4	40.93	22.02	15.97	9.58	7.67	5.72	4.33
EA-5	50.88	21.77	16.12	9.38	7.82	5.15	2.72

从表 4-15 可知，当温度超过 170℃时凝胶化时间都较短，在 190℃时 EA-5 只需 2.72min 即可凝胶。

胶黏剂的表观活化能见表 4-16。

表 4-16 胶黏剂的表观活化能

胶黏剂	EA-1	EA-2	EA-3	EA-4	EA-5
表观活化能/(kJ/mol)	129.45	122.24	115.54	130.46	158.58

胶黏剂系列的表观活化能差距较小且多数大于 120kJ/mol，说明胶黏剂体系具有相似的反应级数及反应速率且反应速率均较缓慢。

丙烯酸环氧酯胶黏剂的吸水性及剪切强度见表 4-17。

表 4-17 丙烯酸环氧酯胶黏剂的吸水性及剪切强度

胶黏剂	EA-1	EA-2	EA-3	EA-4	EA-5
吸水性/%	1.78	1.25	1.39	1.18	1.72
剪切强度/MPa	13.6	24.1	23.1	27.5	30.9

随着 OEA 用量的增加，拉伸剪切强度呈增加趋势，其中 EA-5 拉伸剪切强度最高。这说明 OEA 组分对胶黏剂拉伸剪切强度的提高起主导作用，其用量越大，固化反应越完全，固化交联更加致密，从而强度增大。

不同测试液中丙烯酸环氧酯胶黏剂的接触角见表 4-18。

表 4-18 不同测试液中丙烯酸环氧酯胶黏剂的接触角

测试液	接触角/(°)				
	EA-1	EA-2	EA-3	EA-4	EA-5
蒸馏水	62.16	61.16	64.34	46.59	33.86
甘油	71.26	68.32	66.36	45.41	33.07
乙二醇	55.79	50.78	53.13	43.31	20.12
1-溴代萘	35.27	22.14	20.44	16.55	10.81
表面能 γ/(mJ/m^2)	40.79	45.16	46.15	48.09	46.55

丙烯酸环氧酯胶黏剂 EA-1～EA-5 的表面能 γ 均远小于水的表面能（72.8mJ/m^2），因此，该系列丙烯酸环氧酯胶黏剂具有优良的疏水性能。

4. 效果

（1）EA 系列胶表观活化能相近且大部分大于 120kJ/mol，说明胶黏剂具有相似的反应级数及反应速率，且反应速率都较缓慢。

（2）EA-1～EA-5 的吸水性和表面能均较低，说明该系列胶黏剂具有良好的疏水性。

（3）EA-1～EA-5 胶黏剂的拉伸剪切强度和黏度均随 OEA 含量增大呈逐渐增加趋势，说明丙烯酸环氧酯（OEA）的用量对胶黏剂的强度及黏度起主导作用。

（三）丙烯酸酯/2-苯基咪唑改性环氧胶黏剂

1. 原材料与配方（质量份）

E-51 环氧树脂	100	无水乙醇	10
聚甲基丙烯酸缩水甘油酯（PGMA）	5	聚醚醚酮（PEEK）	5
2-苯基咪唑（2PZ）	5	其他助剂	适量
微胶囊固化剂（2PZ-PGMA）	10		

2. 制备方法

（1）潜伏型单组分黏结剂的制备　根据微胶囊固化剂的囊芯含量（49.73%，按照 50% 计算，质量分数）来调整微胶囊固化剂的比例。将环氧树脂、固化剂、增稠剂（防止黏结剂中微胶囊沉积导致固化不均匀）等按一定的配比（质量比）混合均匀，再真空脱出体系中的气泡，即得单组分黏结剂。

（2）环氧树脂浇铸体的制备　按不同配比将各组分混合均匀，置入真空干燥箱抽真空30min，同时准备干净的模具，涂脱模剂，然后把胶液倒入模具中，放入烘箱中按照一定的固化工艺进行升温固化。随烘箱缓慢冷却到室温，脱模，即可得到浇铸体。

3. 性能与效果

以自制的 2PZ-PGMA 微胶囊固化剂为固化剂，环氧 E-51 为树脂基体制备单组分黏结剂，并利用差热扫描量热仪（DSC）、力学性能试验机等研究了单组分黏结剂的优选组成、优选固化工艺、固化特性、潜伏性能及力学性能。结果表明：所制备的单组分黏结剂具有优良的固化特性和潜伏性能，可在 100℃/30min 内实现固化，室温储存期可达 50d 以上；其浇铸体拉伸剪切强度达 15.36MPa，压缩强度达 170.67MPa，冲击强度达 $5.13 \times 10^{-3} kJ/m^2$。

（四）有机硅改性丙烯酸酯/环氧胶黏剂

1. 原材料与配方（质量份）

A组分		B组分	
E-51 环氧树脂	100.0	聚酰胺（200）	100.0
有机硅改性丙烯酸酯	2.5	三乙烯四胺	10.0
其他助剂	适量	其他助剂	适量

A：B＝1：1

2. 制备方法

首先按配方称料、配料，置入混炼机中，在 100℃ 下混合反应 1h 后便可出料，制得 A 组分；而 B 组分按配方称料混合均匀即可。A：B 组分混合比例为 1：1。固化条件为室温固化 48h。

3. 性能与效果

研究了以有机硅改性的环氧树脂为主体，以聚酰胺为固化剂的改性环氧树脂胶黏剂的热老化性能，采用力学性能、TG、SEM 和 XPS 等分析测试方法，研究了改性环氧树脂在热老化过程中的力学性能、元素组成、热失重和微观形貌的变化。结果表明，改性胶黏剂在实验热老化温度下，其剪切强度先升高后下降，而且下降速度较慢。热失重初始下降较慢，随后显著下降，元素组成也随热老化的进行而变化，氧元素含量逐渐增加，微观形貌则呈现明显的内聚破坏，说明热老化对胶黏剂热失重等的影响大于对剪切强度的影响。

四、聚酰亚胺改性环氧胶黏剂

（一）双马来酰亚胺改性耐高温环氧胶黏剂

1. 原材料与配方（质量份）

环氧树脂（EP）	100	4,4′-二氨基二苯甲烷（DDM）	100
双马来酰亚胺（BMI）	25	其他助剂	适量

2. 制备方法

（1）BMI/EP/DDM 胶黏剂的制备　90℃ 时将 EP 预热 20min，加入 BMI，恒温搅拌30min；然后降温至 50℃，加入 DDM，搅拌若干时间后，得到均匀红棕色胶液。

（2）浇铸体的制备　将上述胶液浇入模具中，按照预定的工艺条件进行固化，脱模后即得所需产品。

3. 性能与效果

（1）以 BMI 作为 EP 的改性剂、DDM 作为固化剂，并以 $m_{EP}:m_{DDM}$、$m_{BMI}:m_{EP}$、混合搅拌时间和搅拌转速为试验因素，以热分解温度为考核指标，采用正交试验法优选出制备耐高温 EP 胶黏剂的最优方案为混合搅拌时间为 30min、搅拌转速为 300r/min、$m_{EP}:m_{DDM}=1:1$ 和 $m_{BMI}:m_{EP}=0.4:1$。

（2）采用非等温 DSC 法和 T-β 外推法确定的最优方案制备改性 EP 胶黏剂的固化工艺条件为"60℃处理 3h→88℃处理 2h→112℃处理 2h→121℃处理 2h"。

（3）当热分解率相同时，BMI/DDM 胶黏剂的分解活化能小于 BMI/EP/DDM 胶黏剂，后者的热分解温度比前者提高了 15.2℃。这是由于 BMI 中含有的刚性苯环有利于提高胶黏剂的耐热性。

（4）EP/DDM 胶黏剂的断面不平整，裂纹相对较多；而 BMI/EP/DDM 胶黏剂的断面比较平整，裂纹相对较少，说明 BMI/EP/DDM 胶黏剂的力学性能高于 EP/DDM 胶黏剂。这是由于 BMI 引入体系后，BMI 和 EP 的共聚反应缩短了氨基之间的距离，故最终材料的韧性得以提高。

（二）含羟基聚酰亚胺改性环氧胶黏剂

1. 原材料与配方 （质量份）

环氧树脂（TGDDM）	100	2-乙基-4-甲基咪唑	20～40
含羟基聚酰亚胺粉末	10～20	活性稀释剂	10～20
双马来酰亚胺	5～10	其他助剂	适量
烯丙基双酚 A	10～15		

2. 制备方法

（1）含羟基聚酰亚胺粉末的制备　将 3,3'-二氨基-4,4'-二羟基联苯（DADHBP）、2,2-双（3-氨基-4-羟基苯基）六氟丙烷（BAHPFP）（1:3）和适量的 DMAc 加入反应瓶，搅拌使固体全溶，然后分批加入等物质量的 3,3',4,4'-四羧酸二苯醚二酐（ODPA）和 3,3',4,4'-四羧酸二苯甲酮二酐（BTDA），加完后保温搅拌 2h 得到聚酰胺酸。将甲苯加入反应瓶中，加热回流，分水。反应结束后，在体系中慢慢加入蒸馏水，得到大量黄色的颗粒物。抽滤、洗涤、干燥、粉碎得到黄色的聚酰亚胺粉末。

（2）含羟基聚酰亚胺/TGDDM 环氧胶的制备　将含羟基聚酰亚胺粉末溶解于适量的烯丙基双酚 A 中，然后加入双马来酰亚胺，室温搅拌 3h 后慢慢加入 TGDDM 环氧树脂中，继续搅拌直至得到均匀体系，再加入 2-乙基-4-甲基咪唑及活性稀释剂，搅拌均匀得到含羟基聚酰亚胺/TGDDM 胶黏剂。

3. 性能

含羟基聚酰亚胺/TGDDM 胶黏剂的热性能见表 4-19。

表 4-19　含羟基聚酰亚胺/TGDDM 胶黏剂的热性能

热性能	T_{onset}/℃	$T_{d,5\%}$/℃	$T_{d,10\%}$/℃	$T_{d,15\%}$/℃	$T_{d,20\%}$/℃	Y_e(800℃)/%
PI/TGDDM 胶黏剂	375.0	351.6	382.2	397.6	408.3	32.81

所制备的含羟基聚酰亚胺/TGDDM 胶黏剂在 300℃之前基本没有分解，失重 5% 时的温度为 351.6℃，失重 15% 时的温度为 397.6℃，800℃时的残炭率为 32.81%，以上数据说明含羟基的聚酰亚胺引入 TGDDM 后，所制备的胶黏剂具有良好的耐热性。

含羟基聚酰亚胺/TGDDM 胶黏剂在不同温度下的凝胶化时间见表 4-20。

表 4-20 含羟基聚酰亚胺/TGDDM 胶黏剂在不同温度下的凝胶化时间

温度/℃	t_{gel}/min	温度/℃	t_{gel}/min
160	12.3	190	3.3
170	6.1	200	2.4
180	4.4		

4. 效果

(1) 用凝胶化时间法计算得到含羟基聚酰亚胺/TGDDM 胶黏剂体系的表观活化能为 64.5kJ/mol。

(2) 固化后的含羟基聚酰亚胺/TGDDM 胶黏剂的吸水率为 0.49%，说明经过改性的 TGDDM 胶黏剂具有很好的疏水性。

(3) 含羟基聚酰亚胺/TGDDM 胶黏剂的拉伸剪切强度为 21.1MPa。

（三）聚酰亚胺改性环氧胶黏剂

1. 原材料与配方 （质量份）

环氧(ES216)	100	稀释剂(9221)		10~15
含羧基聚酰亚胺粉末	5	双氰胺		20~30
端羧基丁腈橡胶	10~20	甲苯		适量
N,N-二甲基乙酰胺	适量	其他助剂		适量

2. 制备方法

(1) PI 改性环氧胶黏剂的制备　将实验室自制的一种含羧基 PI 粉末加入 ES216 中，充分搅拌，使其溶解，再加入丁腈橡胶、稀释剂，最后加入双氰胺固化剂，搅拌均匀，即得改性环氧胶黏剂。

(2) 环氧树脂胶黏剂的固化程序　室温→100℃/1h→150℃/1h→175℃/1h→200℃/2h→室温。

3. 性能

胶黏剂的拉伸剪切强度见表 4-21。

表 4-21 胶黏剂的拉伸剪切强度

PI 用量/%	1	3	5	6
拉伸剪切强度(25℃)/MPa	26.1	31.3	35.9	31.4

随着 PI 用量的增加，拉伸剪切强度先增加后下降。这是因为 PI 的加入，使得环氧树脂胶黏剂的内聚强度增加，从而使胶黏剂的粘接性能得到提高。当 PI 用量为 5% 时，拉伸剪切强度达到最大值，为 35.9MPa，但是当 PI 超过一定量时，由于酰亚胺化作用起主要作用，从而使得胶黏剂的粘接强度下降。

相同温度下，PI 含量越高，体系凝胶化时间越短，说明 PI 对于胶黏剂的凝胶化具有一定的促进作用。这是由于 PI 与环氧树脂反应形成网状交联结构，随着 PI 粉末量的增加，胶黏剂交联度增加，胶黏剂凝胶化时间缩短。在同一体系中，温度越高，反应速率越快，体系凝胶化时间就越短。

随着 PI 量的增加，胶黏剂的耐热性提高。这是由于随着 PI 量的增加，胶黏剂分子结构中刚性结构的数量增加及环氧树脂的交联密度大大增加，要打破这种结构，需要更高的能量，从而使得其分解温度上升。

含羧基 PI 改性后的环氧树脂胶黏剂的表面能远小于水（72.8mJ/m²）的表面能，说明虽然其结构中带有羧基，但仍有优异的疏水性，且随着含羧基 PI 含量的增加，其表面能下降，即疏水性增强。

（四）聚酰亚胺（PI）增韧改性环氧胶黏剂

1. 原材料与配方（质量份）

环氧树脂(ES216)	100	固化剂(LCA-30)	20～30
聚酰亚胺	5～6	其他助剂	适量
稀释剂(CE127)	10～15		

2. 胶黏剂制备

按一定配比，将热塑性聚酰亚胺粉末加入环氧树脂中，搅拌均匀，并于 100℃下反应至聚酰亚胺粉末完全溶解于环氧树脂中。再加入稀释剂 CE127 和固化剂 LCA-30，搅拌均匀，即得到均相黏稠状的聚酰亚胺耐高温增韧改性环氧树脂胶黏剂。

3. 性能

胶黏剂体系的凝胶化时间见表 4-22。

表 4-22　胶黏剂体系的凝胶化时间

温度/℃	130	140	150	160	170	180	190	200
时间/min	143.43	67.67	48.18	21.83	15.22	8.13	5.75	3.65

温度低于 160℃时，凝胶化时间较长，而当温度超过 180℃后，凝胶化时间较短，在 200℃时只需 3.65min 即可凝胶。

不同测试液中单组分环氧树脂胶黏剂的接触角见表 4-23。

表 4-23　不同测试液中单组分环氧树脂胶黏剂的接触角

测试液	接触角 θ/(°)	测试液	接触角 θ/(°)
蒸馏水	70.1	乙二醇	50.0
甘油	72.6	1-溴代萘	26.3

4. 效果

（1）胶黏剂的凝胶化时间随温度变化明显，在 200℃时只需 3.65min 即可凝胶；根据凝胶化时间计算得表观活化能为 82.84kJ/mol。

（2）将固化物在纯水中浸泡 7d 后，测得吸水性为 1.46%，说明该胶具有良好的疏水性。通过测试固化物的接触角计算得该胶黏剂的表面能为 40.07mJ/m²，远小于水的表面能（72.8mJ/m²），再次印证该胶具有较好的疏水性。

（3）根据热失重分析结果，该胶黏剂固化物的分解速率拐点为 352.3℃，并且在 948.9℃之后，残碳率仍有 4.13%，说明聚酰亚胺能很好地提高环氧树脂的耐热性。

（五）新型聚酰亚胺/环氧胶黏剂

1. 原材料与配方（质量份）

原材料	胶黏剂-1	胶黏剂-2	胶黏剂-3	胶黏剂-4
环氧树脂(ES216)	100	100	100	100

原材料	胶黏剂-1	胶黏剂-2	胶黏剂-3	胶黏剂-4
聚酰亚胺粉末（LCA-30）	10	15	20	25
稀释剂	10～15	10～15	10～15	10～15
其他助剂	适量	适量	适量	适量

2. 聚酰亚胺-环氧树脂胶黏剂的制备

在环氧树脂 ES-216 中加入自制的聚酰亚胺（2,2-双[4-(2,4-二氨基苯氧基)苯基]丙烷、马来酸酐、4,4′-二氨基二苯醚和二苯醚四甲酸二酐）粉末（10％胶黏剂-1；15％胶黏剂-2；20％胶黏剂-3；25％胶黏剂-4），搅拌至全溶后加入 LCA-30 和稀释剂，持续搅拌至全溶得到黏稠的环氧树脂胶黏剂。固化工艺为：室温开始，升温至 130℃，保温 1h，再升温至150℃，保温 1h，最后升温至 200℃，保温 1h。自然冷却得到固化的环氧树脂胶黏剂。

胶黏剂固化物的接触角见表 4-24。

表 4-24　胶黏剂固化物的接触角　　　　　　　　　　　　单位：（°）

胶黏剂	蒸馏水	甘油	乙二醇	1-溴代萘
胶黏剂-1	89.4	67.2	48.0	25.9
胶黏剂-2	75.4	68.0	50.2	30.5
胶黏剂-3	72.9	68.5	52.6	33.6
胶黏剂-4	72.0	66.0	49.0	28.2

胶黏剂固化物的性能见表 4-25，凝胶时间见表 4-26。

表 4-25　胶黏剂固化物的性能

胶黏剂	表面能/(mJ/m²)	吸水率/%	拉伸剪切强度/MPa	表观活化能/(kJ/mol)
胶黏剂-1	41.0	0.80	23.7	51.8
胶黏剂-2	39.0	0.62	20.9	58.5
胶黏剂-3	37.9	0.58	17.9	61.8
胶黏剂-4	36.5	0.37	12.8	64.0

胶黏剂固化物的表面能低于 42mJ/m²，远远低于水的表面能。随着聚酰亚胺含量的增加，胶黏剂固化物的表面能依次降低，说明随着聚酰亚胺含量的增加，胶黏剂的疏水性提高，因为聚酰亚胺的刚性主链结构具有较强的疏水性，因此将其引入胶黏剂可以很好地提高胶黏剂的疏水性。

表 4-26　胶黏剂的凝胶化时间

温度/℃	t(胶黏剂-1)/min	t(胶黏剂-2)/min	t(胶黏剂-3)/min	t(胶黏剂-4)/min
130	5.65	5.63	5.55	5.50
140	3.30	3.15	3.40	3.87
150	2.32	1.80	2.05	2.12
160	1.80	1.27	1.37	1.43
170	1.22	1.08	0.98	0.90
180	0.97	0.75	0.72	0.67

（六）端羧基亚胺-环氧胶黏剂

1. 原材料与配方（质量份）

环氧树脂	100	2-乙基-4-甲基咪唑（2E4MI）固化剂	10～20
CTBN 端羧基丁腈橡胶	5～10	其他助剂	适量
端羧基亚胺溶液	3～5		

2. 制备方法

（1）端羧基亚胺溶液的制备　将 29.2g 4,4'-二氨基-4″-羟基二苯甲烷（DAHTM）和 300mL N,N-二甲基乙酰胺（DMAc）加入反应器中，室温下搅拌溶解后，加入适量 NTT-10 催化剂和 38.8g 偏苯三酸酐（TMA），室温下搅拌反应 6～8h 后，加入 200mL 甲苯，加热升温至 110～120℃，保温反应 5～7h，分出部分溶剂，停止加热，自然冷却至室温，得到端羧基亚胺溶液，记为 CI-DAHTM。

（2）环氧树脂-CTBN（端羧基丁腈橡胶）共聚物的制备　按一定配比在 70～100℃ 范围内将环氧树脂和 CTBN（端羧基丁腈橡胶）搅拌混合，保温反应 20～40min，得到黏稠的环氧树脂-CTBN（端羧基丁腈橡胶）共聚物，记为 ECT202。

（3）端羧基亚胺-环氧黏合剂的制备　按一定配比将上述 CI-DAHTM 端羧基亚胺溶液、ECT202（环氧树脂-端羧基丁腈橡胶共聚物）以及 2-乙基-4-甲基咪唑（2E4MI）固化剂分别加入反应器中，室温下搅拌均匀，即可得到端羧基亚胺-环氧黏合剂，记为 CIEA。

黏合剂在不同温度下的凝胶化时间见表 4-27。

表 4-27　CIEA 黏合剂在不同温度下的凝胶化时间 t_{gel}　　　　单位：s

温度/℃	放置时间/h		温度/℃	放置时间/h	
	0	92		0	92
190	27	41	140	138	146
180	35	55	130	200	198
170	50	59	120	303	305
160	73	77	110	504	512
150	90	117			

CIEA 黏合剂固化物在不同测试液下的接触角及其表面能见表 4-28。

表 4-28　CIEA 黏合剂固化物在不同测试液下的接触角及其表面能

测试液	接触角/(°)	表面能/(mJ/m²)
水	56.5	
乙二醇	31.7	61.5
1-溴代萘	17.1	

CIEA（端羧基亚胺-环氧黏合剂）固化物的表面能为 61.5mJ/m²，比水的表面能（72.8mJ/m²）低，因此，其具有较好的疏水性，这与其较低的吸水率（2.32%）一致。

3. 效果

（1）端羧基亚胺-环氧黏合剂的黏度随温度变化而变化；在室温放置不同时间，其黏度发生变化。

（2）端羧基亚胺-环氧黏合剂的凝胶化时间随温度的升高而缩短，且室温放置时间的长短对其黏度有一定的影响，但是影响程度很小。

（3）端羧基亚胺-环氧黏合剂的室温拉伸剪切强度达到 15MPa，吸水率为 2.32%，具有优异的室温粘接强度和较低的吸水率。

（4）端羧基亚胺-环氧黏合剂固化物的电容随频率的增加而下降，介质损耗随频率的增加先下降后上升。

（七）TMI 马来酰亚胺/高温磷氮型环氧胶黏剂

1. 原材料与配方（质量份）

DDRS 多官能环氧树脂	100	活性稀释剂	10～15
四马来酰亚胺树脂（TMI）	5～10	固化剂 CA-251	20～25
9,10-二氢-9-氧杂-10-磷杂菲-10-氧化物（DOPO）	10～15	其他助剂	适量
四溴邻苯二甲酸酐（TBPA）	5～6		

2. 制备方法

将一定配比的 DDRS 多官能环氧树脂、DOPO、TMI、TBPA 在 80～90℃下搅拌反应至均相后，加入稀释剂 CE793，搅拌混合均匀，再加入固化剂 CA-251，于 80℃搅拌混合均匀，得到新型耐高温磷氮型环氧胶黏剂 JNP-1。

3. 性能与效果

（1）以 9,10-二氢-9-氧杂-10-磷杂菲-10-氧化物（DOPO）、四溴邻苯二甲酸酐（TBPA）、四马来酰亚胺树脂（TMI）、活性稀释剂 CE793、DDRS 多官能环氧树脂和 CA-251 固化剂为原料，制备得到一种新型耐高温磷氮型环氧胶黏剂 JNP-1。

（2）随着室温放置时间的延长，JNP-1 胶的黏度逐渐增大，在放置 48h 内，JNP-1 的黏度基本保持在 1000mPa·s 以下，但是当放置 120h 以上时，低温的黏度出现较大的改变，在 50℃高达 8500mPa·s 左右，难以搅拌，因此在实际应用中应注意放置时间。

（3）随着放置时间的延长，相同温度下的凝胶化时间呈现降低的趋势，但并不明显。

（4）随着室温放置时间的延长，JNP-1 胶的活化能呈降低的趋势，此外 JNP-1 胶在 144h 放置时间内表观活化能波动范围较小，可见，JNP-1 胶在室温下具有一定时间的保存期。

JNP-1 胶在不同放置时间下的变温拉伸剪切强度见表 4-29。

表 4-29　JNP-1 胶在不同放置时间下的变温拉伸剪切强度

温度/℃	放置时间/h	最大力/N	最大伸长/mm	最大伸长率/%	拉伸剪切强度/MPa
25	24	5477.66	2.74	2.75	14.61
	48	3904.19	2.08	2.09	10.41
	120	5289.19	3.79	3.80	14.10
	144	6757.92	2.80	2.80	18.02
	168	5253.99	3.43	3.45	14.01
100	24	3689.20	2.11	2.11	9.38
	48	4282.06	2.66	2.68	11.41
	120	5882.15	3.01	3.01	15.69
	144	7120.94	3.07	3.08	18.99
	168	4881.38	2.68	2.68	13.02
150	24	5474.40	3.00	3.02	14.60
	48	6041.06	3.65	3.66	16.11
	120	6165.44	2.20	2.20	16.44
	144	7115.79	2.35	2.35	18.98
	168	5069.60	4.89	4.90	13.52
180	24	5944.19	2.66	2.68	15.85
	48	5230.98	3.56	3.56	13.95
	120	5571.65	1.99	2.01	14.85
	144	8784.47	3.46	3.47	23.43
	168	8487.86	3.73	3.73	22.63

续表

温度/℃	放置时间/h	最大力/N	最大伸长/mm	最大伸长率/%	拉伸剪切强度/MPa
200	24	6823.86	4.39	4.39	18.20
	48	6138.51	5.44	5.54	16.37
	120	6921.20	2.28	2.28	18.45
	144	7915.52	3.64	3.64	21.11
	168	6578.87	3.79	3.81	17.54
220	24	6251.65	5.80	5.80	16.67
	48	3838.24	3.28	3.28	10.21
	120	4294.48	3.17	3.17	11.45
	144	7337.28	3.52	3.54	19.57
	168	6379.31	3.39	3.41	17.06
240	24	7354.31	3.41	3.41	19.61
	48	5536.96	3.92	3.92	14.77
	120	7203.31	2.27	2.27	19.21
	144	8571.84	3.77	3.77	22.86
	168	6447.26	3.82	3.83	17.19

（5）随着放置时间的延长，JNP-1 胶的拉伸剪切强度都是呈现先增大后减小的趋势，均在放置时间为 144h 后达到最大值，放置 168h 后略有降低。另外，JNP-1 胶在高温条件下依然具有较强的粘接强度，甚至在放置 144h 之后于 180℃的拉伸剪切强度达 23.43MPa，在放置 144h 之后于 240℃的拉伸剪切强度达 22.86MPa，说明该胶在高温（180～240℃）状态下粘接性能优异。

五、有机硅改性环氧胶黏剂配方与制备实例

（一）有机硅改性环氧耐高温封装胶黏剂

1. 原材料与配方（质量份）

环氧树脂（E-51）	100	间苯二胺/聚酰胺	16
γ-缩水甘油醚氧丙基三甲氧基硅烷（KH-566）	30～70	其他助剂	适量

2. 制备方法

（1）有机硅树脂的合成　在三颈瓶中加入 15mL 溶有 56.79g γ-缩水甘油醚氧丙基三甲氧基硅烷 THF 溶液；将 1.6g 质量分数为 88%的甲酸、5mL THF 和一定量的去离子水混合液缓慢滴入上述反应液中；水浴升温至 80℃，回流 2h；减压蒸馏去除溶剂与水后得到无色透明黏稠状液体。再加入一定量的三甲基氯硅烷，真空条件下混合均匀得到有机硅树脂。

（2）耐高温封装胶的制备　将有机硅树脂与双酚 A 型环氧树脂以质量比 3∶7 于 40℃下均匀混合得到基料。加入一定量聚酰胺与间苯二胺的混合体，搅拌均匀后浇注到模具中，依次在 75℃固化 2h、100℃固化 1h、150℃固化 2.5h 得到封装用高导热环氧/有机硅封装胶。

3. 性能与效果

通过将所合成的有机硅树脂与环氧树脂杂化，使用间苯二胺/聚酰胺复合固化剂，所制备的耐高温封装胶的性能得到大幅提高，当基体树脂中有机硅质量分数逐渐增加时，其粘接强度从 21.79MPa 减小到 2.25MPa，通过对不同固化剂的研究发现，选用间苯二胺/聚酰胺复合固化剂的封装胶的综合性能最佳，在保证体系具有较高的耐温性能时，复合固化剂质量分数为基体树脂质量的 16%时，其粘接强度较好；有机硅与环氧树脂杂化后，有机硅/环氧

树脂固化产物的热分解温度比单一环氧树脂固化产物的热分解温度高 24℃。

（二）有机硅/丙烯酸酯改性环氧胶黏剂

1. 原材料与配方（质量份）

A 组分		B 组分	
E-51 环氧树脂	100.0	200# 聚酰胺	100.0
有机硅改性丙烯酸酯（PSi/PMMA）	2.0~5.0	三乙烯四胺	10.0
2-乙基-4-甲基咪唑催化剂	0.5	其他助剂	适量
其他助剂	适量		
A：B＝100：10			

2. 胶黏剂的制备

A 组分：E-51 环氧树脂，PSi/PMMA 和 2-乙基-4-甲基咪唑催化剂共混物 110℃反应 1.5h，得到甲组分。B 组分为固化剂：200# 聚酰胺与三乙烯四胺按质量比 100：10 共混。A、B 组分配比为树脂：固化剂＝1：1（质量比），室温固化 48h。

3. 性能与效果

（1）适当的 PSi/PMMA 改性环氧树脂，对体系黏度增加不十分显著，而大量的 PSi/PMMA 可以制备具有浸润性而不流淌的改性环氧树脂，可用于特殊工艺的胶黏剂和复合材料基体树脂。

（2）PSi/PMMA 改性环氧树脂可以形成 IPN 互穿网络结构，并且增加分子极性，因此它对多种金属和非金属材料具有良好的粘接性能。

（3）当有机硅改性丙烯酸酯聚合物为 5 份时，尽管玻璃化转变温度下降 10℃，但粘接强度提高幅度最大，其中对钛合金和铜的粘接强度提高 2.5 倍以上，对 PVC、ABS 和 SMC 的粘接可以达到材料破坏，而黏度只增加了 1 倍。

（三）耐高温有机硅/环氧灌封胶黏剂

1. 原材料与配方（质量份）

环氧树脂（EP）	100	促进剂 DMP-30	1
有机硅树脂	50	活性硅微粉	40
改性复合酸酐	75	其他助剂	适量

2. 制备方法

（1）环氧有机硅树脂的合成　　在装有温度计和回流冷凝装置的四口烧瓶中加入 EP，升温至 60℃时滴加氨基有机硅预聚体/乙酸乙酯溶液，30min 内滴加完毕；升温至 77℃，反应 3h，减压蒸馏若干时间（脱除体系中的溶剂）即可。

（2）活性硅微粉的合成　　将含有环氧基团的有机硅单体混合物和计量的水混合均匀，在回流温度时反应 2h；待混合液呈均相时，真空脱水若干时间；然后 80℃快速滴加一定量的正硅酸乙酯，边搅拌边升高温度，使溶液发生凝胶；凝胶块经常温真空干燥、粉碎和过筛等处理后，得到活性硅微粉。

（3）灌封胶的制备　　将上述环氧有机硅树脂和一定比例的酸酐、固化促进剂（DMP-30）和填料（活性硅微粉）混合均匀后，制得环氧有机硅灌封胶；该灌封胶的固化条件为"135℃处理 1h→150℃处理 3h"。

3. 性能

灌封胶的力学性能见表 4-30。

表 4-30　灌封胶的力学性能

弯曲强度/MPa	冲击强度/(kJ/m²)	拉伸强度/MPa	压缩强度/MPa
112	6.3	77	122

4. 效果

（1）以自制的带有活性基团的有机硅预聚体与 EP 反应，合成了环氧有机硅树脂；当反应时间为 4h 时，共聚反应基本结束。

（2）采用有机硅单体缩合凝胶法合成了活性硅微粉，FT-IR 表征结果证明其分子结构中存在环氧基团。

（3）促进剂的使用可有效降低固化温度，当 $w_{DMP-30}=1\%$ 时，灌封胶的起始固化温度可由 150℃左右降至 120℃左右。

（4）通过考察固化剂、固化促进剂和活性硅微粉掺量对灌封胶粘接性能与耐热性能的影响，优选出制备环氧有机硅灌封胶的最佳配方，此时其常温剪切强度大于 17MPa、300℃剪切强度大于 2MPa。

（四）有机硅改性环氧胶黏剂

1. 原材料与配方（质量份）

原材料	配方 1（ES6K）	配方 2（ES6M）	配方 3（ES6N）
ECC202 环氧树脂	70	70	70
SR22000 有机硅树脂	30	30	30
N-30 固化剂	—	—	30
R-12 固化剂	30	—	—
甲基四氢苯酐（MTHPA）	—	30	—
2-乙基-4-甲基咪唑（2E4MI）	3	3	3
其他助剂	适量	适量	适量

2. 制备方法

（1）有机硅环氧树脂体系的制备　按照一定质量比将含活性氨基的有机硅树脂 SR22000 和 ECC202 环氧树脂加入反应瓶中，边搅拌边加热至 100℃，搅拌反应 15～30min 后，冷却至室温，得到黏稠的有机硅环氧树脂体系。

（2）有机硅环氧体系胶黏剂的制备　按一定配比将上述有机硅环氧树脂体系以及固化剂和促进剂加入反应瓶中，室温下搅拌均匀，即得有机硅环氧体系胶黏剂。

3. 性能

（1）凝胶化时间　不同温度条件下胶黏剂的凝胶化时间见表 4-31。

表 4-31　不同温度条件下胶黏剂的凝胶化时间 t_{gel}　　　　单位：s

温度/℃	ES6K	ES6M	ES6N	温度/℃	ES6K	ES6M	ES6N
180	12	49	12	120	103	712	72
160	22	126	18	100	224	2729	155
140	55	204	30	80	636	—	331

随着温度的升高，有机硅环氧体系胶黏剂的凝胶化时间下降；在相同的温度下，ES6N 胶黏剂的凝胶化时间最短，ES6M 胶黏剂的凝胶化时间最长。由此可知，在 $80 \sim 180℃$ 范围内胶黏剂的固化反应速率依次为：ES6N＞ES6K＞ES6M。ES6N、ES6K、ES6M 胶黏剂的表观活化能（E_a）依次为 45.9kJ/mol、52.5kJ/mol、72.0kJ/mol。

（2）拉伸剪切强度 室温下，ES6N、ES6K、ES6M 有机硅环氧体系胶黏剂的室温拉伸剪切强度依次为 31.9MPa、30.6MPa、13.2MPa，说明 ES6N 和 ES6K 有机硅环氧体系胶黏剂均具有优异的室温粘接性能。

（3）吸水率 ES6N、ES6K、ES6M 有机硅环氧体系胶黏剂固化物的吸水率依次为 1.7%、0.9%、2.1%，说明 3 种有机硅环氧体系胶黏剂均具有较低的吸水率，其中，ES6K 胶黏剂的疏水性最优。

（五）有机硅改性环氧树脂高强度胶黏剂

1. 原材料与配方（质量份）

环氧树脂（ECC202）	100	2-乙基-4-甲基咪唑（2E4MI）	3
有机硅（SR22000）	2、4、6、8、10	其他助剂	适量
K-12 固化剂	30		

2. 制备方法

（1）有机硅改性环氧树脂的制备 按 100 质量份 SR22000，分别加 2、4、6、8、10 份 ECC202 的比例，将含活性氨基有机硅树脂 SR22000、ECC202 环氧树脂加入反应瓶中，边搅拌边加热至 100℃，搅拌反应 $15 \sim 30min$ 后，冷却至室温，即得到有机硅改性环氧树脂并依次记作 ES2、ES4、ES6、ES8 和 ES10。

（2）有机硅改性环氧树脂胶黏剂的制备 按一定配比，将上述 ES2、ES4、ES6、ES8、ES10 以及 K-12 固化剂和 2E4MI 促进剂分别加入反应瓶中，室温下搅拌均匀，即为有机硅改性环氧树脂胶黏剂，分别记作 ES2K、ES4K、ES6K、ES8K 和 ES10K。

3. 性能

黏合剂在不同温度下的凝胶化时间见表 4-32。

表 4-32 不同温度条件下的凝胶化时间 t_{gel}

温度/℃	凝胶化时间 t_{gel}/s				
	ES2K	ES4K	ES6K	ES8K	ES10K
180	12	13	12	14	15
160	22	21	22	27	22
140	42	44	55	42	44
120	95	77	103	90	87
100	238	180	224	231	188
80	614	518	636	571	440

ES2K～ES10K 5 种有机硅改性环氧树脂黏合剂的表观活化能 E_a 依次为 53.0kJ/mol、51.3kJ/mol、52.5kJ/mol、49.6kJ/mol 和 46.0kJ/mol。可见，随着有机硅树脂 SR22000 用量的增加，ES2K、ES4K、ES6K、ES8K、ES10K 系列有机硅改性环氧树脂胶黏剂的 E_a 比较接近，处于 $46.0 \sim 53.0kJ/mol$ 的狭窄范围内。随着有机硅树脂含量的增加，室温拉伸剪切强度先增加，出现一个极大值后迅速下降。当用量达到 6 份时，拉伸剪切强度达到极大值 30.6MPa。用量在 8 份以下时，其强度均能保持在 20MPa 以上的较高水平。

ES2K、ES4K、ES6K、ES8K、ES10K 系列有机硅改性环氧树脂胶黏剂固化物的吸水率依次为 1.3%、1.1%、0.9%、0.8%、0.5%。可见，有机硅改性环氧树脂胶黏剂均具有较低的吸水性，并且吸水率随着有机硅树脂用量的增加而降低，显然，有机硅改性环氧树脂胶黏剂均具有非常优异的疏水性。

六、其他热塑性树脂改性环氧胶黏剂配方与制备实例

（一）聚酰胺酸改性环氧胶黏剂

1. 原材料与配方（质量份）

液态环氧树脂（E-51）	50	4,4'-二氨基二苯砜（DDS）	20～40
固态环氧树脂（CYD011）	50	其他助剂	适量
聚酰胺酸（PAA）	5		

2. 环氧树脂胶膜的制备

（1）环氧树脂体系的确定及其胶膜的制备　根据预浸料胶膜室温下应为半固体、不粘手不粘纸、有一定强度和韧性、可弯曲而不可断裂的要求，以不同比例混合室温下为无色液体状的 E-51 和白色片状晶体状的 CYD011 两种环氧树脂，加热至 90℃，待固体环氧树脂完全溶解后加入固化剂 DDS 直至混合均匀。预先将脱模纸铺在自制的成膜模具上，趁热将树脂胶液倒在脱模纸上，采用刮膜法成膜。冷却到室温后，观察各个配比树脂膜的成膜性，确定合适的液体环氧树脂和固体环氧树脂的配比。

（2）PAA/环氧树脂体系胶膜的制备　一定固液比的环氧树脂与 PAA 置于三口烧瓶中，于 90℃水浴搅拌预反应 1h，至树脂开始转为黄色时停止搅拌，取出放入 90℃真空烘箱中烘 15min，以除去 PAA 中的溶剂 DMF。随后按配方加入固化剂 DDS 混匀，将部分树脂胶液倒在脱模纸上，采用刮膜法成膜，其余部分放入 −5℃冰箱中待用。

（3）胶膜的固化　通过测试树脂体系的凝胶时间，以及 DSC 分析，确定固化程序为：先在 120℃下预固化 1h，随后按照 140℃/2h→160℃/2h→180℃/2h 进行固化。其中，对于纯树脂体系，预固化在鼓风烘箱中进行，对于 PAA 改性体系，预固化在真空烘箱中进行，以利于去除溶剂。

3. 性能与效果

PAA 所含醚键可提高环氧树脂胶膜的韧性，所含羧酸、酰氨基团上的大量活泼氢，能在较低温度下与环氧基团发生开环反应生成羟基，可降低后续固化反应中固化剂 DDS 上伯胺与环氧基反应的活化能，使固化温度降低，固化速度加快。对于环氧树脂（固/液比为 50/50）/DDS/PAA 体系，当 PAA 添加量为 2.5%～5% 时增韧效果明显；当添加量为 5% 时，固化起始温度由未加 PAA 时的 175.9℃ 下降到 138.8℃，140℃固化凝胶时间由 162min 下降到 46min，体系由高温固化变为近中温固化。

（二）4,4'-二氨基二苯砜（DDS）改性环氧胶黏剂

1. 原材料与配方（质量份）

环氧氯丙烷（ECH）	100	2-乙基-4-甲基咪唑	3
4,4'-二氨基二苯砜（DDS）	100	S330	20
NaOH	5	丙酮	适量
端羧基丁腈橡胶	5～10	其他助剂	适量
TCAT-172 催化剂	4		

2. 制备方法

（1）DDS 型多官能环氧树脂的合成　按一定比例将环氧氯丙烷、TCAT-172 分别加入三口烧瓶中，加热搅拌，于 90℃左右加入 DDS，后升温至 110～115℃进行亲核取代的开环反应。开环反应结束以后，往体系中加入助剂 C-98 并搅拌均匀，接着滴加氢氧化钠水溶液且在 60～65℃进行闭环反应。反应结束后用沸水洗涤，直至体系 pH＝7 左右。将洗涤好的有机层倒入圆底烧瓶中进行减压蒸馏，最终得到常温下为固态、棕黄、透明的 DDS 型多官能环氧树脂。

（2）DDS 型环氧胶黏剂的配制　首先将固体 DDS 型多官能环氧树脂碾碎并称其质量，加入一定量的丙酮进行溶解；后按一定比例添加端羧基丁腈橡胶，在 80℃左右边加热边搅拌，反应约 35min；接着称取并往体系中加入一定量的 2-乙基-4-甲基咪唑与 S330，搅拌均匀即可。

（3）粘接试片的制备　将 DDS 型环氧胶黏剂均匀涂布于经过表面处理的标准铁片上，室温晾置约 15min，以挥发掉部分溶剂，接着搭接、夹紧、加热固化。固化条件为：室温→80℃/0.5h→100℃/3h→120℃/0.5h→自然冷却至室温。

（4）DDS 型环氧胶黏剂固化物的制备　将配制好的 DDS 型环氧胶黏剂均匀涂布在铝箔纸上，按上述固化条件进行固化。分别裁剪 （3±0.5）cm×（3±0.5）cm、1.5cm×1.5cm 的试样进行吸水性和电性能测试。

3. 性能

DDS 型环氧胶黏剂常温及高温下的拉伸剪切强度见表 4-33。

表 4-33　DDS 型环氧胶黏剂常温及高温下的拉伸剪切强度

测试温度/℃	常温	100	120	140	160	180
拉伸剪切强度/MPa	23.8	18.7	16.9	15.6	14.8	14.5

室温下的拉伸剪切强度为 23.8MPa，随着测试温度的升高，DDS 型环氧胶黏剂的拉伸剪切强度逐渐降低，但 180℃时仍有 14.5MPa，说明 DDS 型环氧胶黏剂的耐高温性能优异。

DDS 型环氧胶黏剂胶层在不同频率下的相对介电常数见表 4-34。

表 4-34　DDS 型环氧胶黏剂胶层在不同频率下的相对介电常数

频率 f/kHz	电容 C_p/pF	介电损耗 D	相对介电常数 ε	频率 f/kHz	电容 C_p/pF	介电损耗 D	相对介电常数 ε
100	9.95	0.0383	3.95	600	9.72	0.0506	3.86
200	9.88	0.0451	3.93	700	9.70	0.0505	3.85
300	9.83	0.0476	3.91	800	9.67	0.0506	3.84
400	9.79	0.0491	3.89	900	9.65	0.0508	3.83
500	9.76	0.0501	3.87	1000	9.63	0.0501	3.83

随着频率的增加，DDS 型环氧胶黏剂胶层的电容和介电损耗变化不大，相对介电常数保持在 3.83～3.95，绝缘性能良好。

DDS 型环氧胶黏剂固化物的吸水性见表 4-35。

表 4-35　DDS 型环氧胶黏剂固化物的吸水性

吸水前质量 m_1/g	吸水后质量 m_2/g	吸水性/%	平均吸水性/%
0.1172	0.1186	1.19	
0.1189	0.1204	1.26	1.22
0.1160	0.1174	1.21	

DDS 型环氧胶黏剂固化物吸水率在 1.19%～1.26%，其平均吸水率为 1.22%，小于 2%，说明 DDS 型环氧胶黏剂吸水性较低，固化物性能较均一。

（三）酚酞基聚芳醚酮改性环氧结构胶黏剂

1. 原材料与配方（质量份）

E-51 环氧树脂	60.0～70.0	硅烷偶联剂 KH-550	1.5
F-44 环氧树脂	20.0～35.0	芳香胺固化剂	20.0～30.0
AG-80 环氧树脂	5.0～15.0	溶剂	适量
酚酞基聚芳醚酮（PEK-C）	15.0	其他助剂	适量
环氧基丁腈橡胶	12.0		

2. 改性 EP 结构胶膜的制备

将 EP 加热至 200℃后，加入 PEK-C，保温反应若干时间，直至形成均匀的树脂；加入一定量的环氧基丁腈橡胶、固化剂（芳香胺）和 KH-550，混炼均匀后压制成膜［胶膜厚度为（0.38±0.02）mm］；最后按照"150℃处理 1h→180℃处理 2h"进行固化，固化压力为 0.3MPa。

3. 性能

EP 结构胶膜的粘接性能见表 4-36。

表 4-36　EP 结构胶膜的粘接性能

剪切强度/MPa			剥离强度/(N/mm)
−55℃	常温	200℃	常温
32.54	34.37	20.61	123.60

该 EP 结构胶膜在−55～200℃范围内均保持较高的剪切强度，并且其剥离强度达到 123.60N/mm，说明其具有良好的粘接性能。

EP 结构胶膜的耐久性见表 4-37。

表 4-37　EP 结构胶膜的耐久性

测试项目	剪切强度降幅/%	
	常温	175℃
180℃热老化 500h	6.05	9.58
200℃热老化 200h	8.74	10.87
湿热老化 1000h（55℃，相对湿度 98%）	5.56	9.97

该 EP 结构胶膜经热老化、湿热老化后，其常温剪切强度和 175℃剪切强度降幅均低于 11%，说明其具有良好的耐久性。该 EP 结构胶膜的起始反应温度为 177.1℃，放热峰温为 219.3℃，反应终止温度为 300℃；该 EP 结构胶膜具有良好的耐热性，其 T_g（达到 179.8℃）相对较高。

（四）苯并噁嗪（BZ）改性氰酸酯/双马来酰胺/环氧胶黏剂

1. 原材料与配方（质量份）

环氧树脂（A 型）	60	苯并噁嗪（BZ）	2
双马来酰亚胺（BMI）	30	三氯乙烯	适量
氰酸酯（CE）	10	其他助剂	适量

2. 制备方法

（1）将 CE 和 BMI 树脂在一定温度条件下加热熔融共聚，降温后加入 EP 和 BZ，共聚若干时间后得到棕色改性胶黏剂。

（2）被粘基材（A4 钢片）的表面处理　试片表面经喷砂、三氯乙烯/丙酮擦拭（除去油脂等污物）处理后，备用。

（3）胶接件的制备　试片表面均匀施胶 2 次（施胶面积为 12.5mm×25mm，每次施胶后放入烘箱中加热 5min），按照标准搭接加压，在一定条件下固化完全（固化条件为 150℃/3h→180℃/2h，固化压力为 0.4MPa）。

3. 性能与效果

苯并噁嗪（BZ）树脂是由醛类、酚类和胺类化合物经缩合反应制成的含 O、N 六元杂环的化合物。BZ 在热作用下可开环聚合得交联型聚合物，并且其交联结构与酚醛树脂（PF）类似，故又称为开环聚合 PF。近年来，人们又陆续合成出许多新型的 BZ 树脂。

利用 BZ 能改善体系交联结构的特点，将其作为 CE-EP-BMI 基胶黏剂的改性剂，制成的改性胶黏剂具有制备工艺简单、成本低廉且综合性能优异等特点。

（1）以 BZ 作为 CE-EP-BMI 基胶黏剂的改性剂，当 $w_{BZ}=2\%$ 时，改性胶黏剂的综合性能较好。

（2）改性胶黏剂的介电性能良好，其在不同频率时均具有较低的介电系数（<3.0）。

（3）改性胶黏剂的耐水性较好，其吸水 25h 后的吸水率仍低于 1.2%。

（4）改性胶黏剂的常温剪切强度（24.98MPa）和高温（200℃）剪切强度（21.24MPa）分别比未改性胶黏剂提高了 16.9% 和 32.7%，并且其耐热性能未受到影响。

（5）改性胶黏剂在 170℃时的凝胶时间为 71min，此时改性胶黏剂的可操作性较强，并且满足使用期的要求。

（6）改性胶黏剂在电子电器行业中具有良好的应用前景。

第三节　聚氨酯改性环氧胶黏剂

一、简介

在众多环氧树脂增韧技术中，以聚氨酯为代表的弹性体的增韧效果最为显著。但是环氧树脂是线型的热塑性树脂，本身不会硬化，只有加入固化剂，使它由线型结构交联成网状或体型结构，才能实现固化。因此，在利用聚氨酯对环氧树脂进行增韧的同时，需要添加固化剂，使其满足施工时对固化性能的要求。

选用的固化剂为 T-31，T-31 固化剂是一种透明的棕色黏稠液体，属于酚醛胺类固化剂，易溶于丙酮、乙醇、二甲苯等有机溶剂，微溶于水，毒性极小。分子内含脂肪胺类分子中的活性氢，又含有能起催化、促进环氧树脂固化的基团和苯环结构。与脂肪胺相比，它具有较强的憎水性，能在 0℃以下的低温下固化环氧树脂，也完全可以在相对湿度大于 90%或水下固化各种环氧树脂。T-31 环氧树脂固化剂具有耐腐蚀、抗渗透性好、固化速度快、粘接强度高、操作使用方便、价格较低等特点，适用范围非常广泛。根据需要加入适量 T-31 固化剂调节固化反应速率，使环氧树脂胶黏剂既能保证室温下的固化速度，又能保证固化产物较好的力学性能。

固化剂用于提高胶黏剂的固化性能，增韧剂用于提高胶黏剂的力学性能，但是固化剂的加入必定会影响胶黏剂的力学性能，同时增韧剂的加入也可能会影响胶黏剂的固化性能。

二、聚氨酯改性环氧胶黏剂实用配方

1. 通用型聚氨酯改性环氧胶黏剂配方 1（质量份）

环氧树脂（E-51）	100	邻苯二甲酸二丁酯	5～10
聚氨酯预聚物	40～60	滑石粉（200 目）	20～40
二乙烯三胺	10～15	其他助剂	适量

2. 通用型聚氨酯改性环氧胶黏剂配方 2（质量份）

环氧树脂（E-51）	100	胶体石墨	20～30
聚氨酯预聚体	30	硅藻土	10～20
邻苯二甲酸二丁酯	5～10	乙二胺固化剂	5～10

3. 发泡型改性环氧胶黏剂配方（质量份）

环氧树脂	100	甲苯	5
聚氨酯树脂	15～20	二乙烯三胺	6
P,P-氧代双苯磺酰	2	水	适量
吐温-20	1	其他助剂	适量

4. 低黏度改性环氧胶黏剂配方（质量份）

环氧树脂	100	六氢（代）邻苯二甲酸酐	50
聚氨酯预聚体	10～20	其他助剂	适量
二氧化硅	100		

5. 耐热型聚氨酯改性环氧胶黏剂配方 1（质量份）

环氧树脂（H-71）	100	乙二胺	3
聚氨酯树脂	20	其他助剂	适量
顺丁烯二酸酐	70		

6. 耐热型聚氨酯改性环氧胶黏剂配方 2（质量份）

环氧树脂	100	邻苯二甲酸二丁酯	3
聚醚型聚氨酯	50	其他助剂	适量
高岭土	90		

7. 浇注用聚氨酯改性环氧胶黏剂配方（质量份）

环氧树脂（E-44）	100	促进剂	1～2
聚氨酯预聚体	20～30	轻质碳酸钙	80
固化剂	20～40	其他助剂	适量

8. 电子零部件粘接灌封用改性环氧胶黏剂配方（质量份）

环氧树脂	100	石英粉（200 目）	·30
聚氨酯预聚体	10～20	白炭黑	5～8
环氧丙烷丁基醚	20	固化剂（590）	20～25
三乙醇胺	10	其他助剂	适量

9. 管道连接头固定用环氧改性胶黏剂配方（质量份）

A 组分		B 组分	
环氧树脂(E-44)	100	2-乙基-4-甲基咪唑	100
环氧树脂(B-63)	20	三乙烯四胺	20
环氧树脂(H-71)	20	2,4,6-苯三酚	40
聚氨酯预聚体	20	其他助剂	适量
钛白粉(300 目)	40		
其他助剂	适量		

A：B＝100：（6～10）

10. 变压器粘接灌封用改性环氧胶黏剂配方（质量份）

混合物[邻苯二甲酸二缩水甘油酯：	100.0	2,4,6-苯三酚	0.5
环氧树脂(E-20)＝7：3]		石英粉	80.0
聚氨酯	20.0	其他助剂	适量
四氢代邻苯二甲酸酐	60.0～80.0		

11. 聚醚型聚氨酯预聚物改性环氧胶黏剂配方（质量份）

环氧树脂(E-51)	100.0	聚酰胺(650)	30.0
聚醚型聚氨酯预聚物	10.0～20.0	催化剂	1.0～2.0
二乙烯三胺	5.0～7.5	其他助剂	适量
丙酮	7.0～12.0		

通过 PU 中的异氰酸酯基（—NCO）在催化剂作用下与环氧树脂中的羟基（—OH）的接枝反应形成具有弹韧性的改性环氧树脂，改性后的胶对于极性铁片和非极性聚乙烯（PE）都有较高的胶接强度，并且固化剂使用量大，可防止大量配胶时的暴聚。胶黏剂固化后强度高，韧性大。

12. 甲苯二异氰酸酯改性环氧胶黏剂配方（质量份）

环氧树脂	100	填料	20
端环氧基聚氨酯	25	其他助剂	适量
固化剂聚酰胺	80		

不同树脂体系对铜合金粘接的剪切强度见表 4-38。

表 4-38　不同树脂体系对铜合金粘接的剪切强度

树脂类型	未改性环氧树脂	聚硫改性环氧树脂	聚氨酯改性环氧树脂	端环氧基聚氨酯改性环氧树脂
剪切强度/MPa	11.2	15.5	22.2	33.5
胶层破坏方式	黏附	黏附	内聚	内聚

① 端环氧基聚氨酯用于改性环氧树脂胶黏剂，较大地提高了胶黏剂的强度。
② 端环氧基聚氨酯改性环氧树脂胶黏剂在 60℃下可获得最佳性能。
③ 该胶黏剂对较难粘材料黄铜的剪切强度达到 30MPa 以上。

13. 室温固化耐热聚氨酯改性环氧胶黏剂配方（质量份）

胶黏剂

E-51 环氧树脂	50	聚氨酯预聚体	18
AG-80 环氧树脂	50	固化促进剂	2

固化剂

| 脂肪酸类高活性耐热固化剂（GJ-1） | 50 | 改性芳香胺类耐热固化剂（CJ-2B） | 100 |

说明：综合性能较好的胶黏剂室温剥离强度达 7.0kN/m，室温剪切强度达 30.8MPa，150℃下剪切强度达 14.5MPa。

胶黏剂经过 25℃湿热老化 1500h 后，室温剪切强度衰减 10.4%，150℃剪切强度衰减 22.7%，可见该胶黏剂耐湿热老化性能良好。

该胶黏剂可广泛地应用于航空和航天耐热结构材料的粘接，也可用于湿热环境条件下结构材料的粘接。

14. 70℃快固聚氨酯改性环氧胶黏剂配方（质量份）

A 组分		B 组分	
E-51 环氧树脂	100	300# 聚酰胺	100
TDE-85 环氧树脂	20	叔胺固化剂	20
液体聚氨酯增韧剂	20	助剂	适量

A∶B＝65∶10

该胶黏剂的主要性能见表 4-39。

表 4-39　胶黏剂的主要性能

项目		技术指标	实测值	项目		技术指标	实测值
剪切强度/MPa	20℃	≥20	31.2	剥离强度/(kN/m)	20℃	≥3.0	3.2
	70℃	≥10	16.4		70℃	≥3.0	5.8
	80℃	≥10	12.6		80℃	≥2.0	4.2

该胶黏剂可用于除聚氯乙烯之外的金属和非金属材料的粘接，均具有良好的粘接强度。

15. 黄铜粘接用聚氨酯改性环氧胶黏剂配方（质量份）

环氧树脂	100	固化剂（聚酰胺）	80
端环氧基聚氨酯	25	其他助剂	适量

不同树脂体系对铜合金粘接的剪切强度见表 4-40。

表 4-40　不同树脂体系对铜合金粘接的剪切强度

树脂类型	未改性环氧树脂	聚硫改性环氧树脂	聚氨酯改性环氧树脂	端环氧基聚氨酯改性环氧树脂
剪切强度/MPa	11.2	15.5	22.2	33.5
胶层破坏方式	黏附	黏附	内聚	内聚

该胶黏剂主要用于黄铜材料的粘接，也可用于飞机和汽车等结构件的粘接。

16. 非极性聚烯烃粘接用聚氨酯改性环氧胶黏剂配方（质量份）

A 组分		B 组分	
E-51 环氧树脂	100	二乙烯三胺（DETA）	100
聚氨酯预聚体	10～20	丙酮	100～150
催化剂	1～2	助剂	适量

说明：该胶黏剂主要用于非极性聚乙烯材料的粘接，也可用于极性铁片的粘接。粘接聚乙烯时务必用铬酸处理被粘物表面，这样有利于提高粘接强度。

不同基材的拉伸剪切强度见表 4-41。

表 4-41　不同基材的拉伸剪切强度

编号	铁片/MPa	聚乙烯/MPa	铬酸处理PE/MPa	编号	铁片/MPa	聚乙烯/MPa	铬酸处理PE/MPa
1	10.20	0.33	2.03	4	12.70	0.85	2.15
2	9.85	0.96	1.92	5	13.60	0.92	2.56
3	11.30	1.08	2.27	6	12.10	1.25	2.69

17. 预应力筋粘接用聚氨酯改性环氧胶黏剂配方（质量份）

	配方 1	配方 2	配方 3	配方 4
双酚 A 型环氧树脂				
活性稀释剂双酚 A 二甘油醚	15～25	20～25	15～20	15～20
非活性稀释剂邻苯二甲酸二丁酯	15～25	20～25	20～25	15～20
低分子聚酰胺树脂固化剂	5～10	8～10	6～8	5～7
活性增韧剂热塑性聚氨酯	1～5	8～10	6～8	5～7
填料水泥	2～8	5～8	2～5	2～5

注：配方 1 为 2 个月固化的胶黏剂配方，配方 2 为 3 个月固化的胶黏剂配方，配方 3 为 6 个月固化的胶黏剂配方，配方 4 为 12 个月固化的胶黏剂配方。

说明：该胶黏剂产品具有良好的流动性、附着性、韧性、耐热性、绝缘性、无毒害污染性以及低收缩率、高强度的特点，是一种全新的缓粘接预应力筋用胶黏剂。

该胶黏剂主要用于预应力筋的粘接。

18. 纳米蒙脱土改性聚氨酯/环氧建筑结构胶黏剂配方（质量份）

胶黏剂

E-44 环氧树脂	100	纳米蒙脱土	3
聚氨酯	30～60		

固化剂

三乙烯四胺	100	助剂	适量
或聚酰胺 651	10～60		

说明：不同固化剂固化的聚氨酯（PUN330）改性环氧树脂的力学性能见表 4-42。

表 4-42　不同固化剂固化的聚氨酯（PUN330）改性环氧树脂的力学性能

性能	三乙烯四胺				聚酰胺			
用量/份	0	10	30	60	0	10	30	60
拉伸强度/MPa	52.1	44.1	38.7	30.2	44.8	42.4	38.3	32.1
断裂伸长率/%	6.42	8.64	10.70	12.60	9.13	12.90	15.90	17.50

不同改性方法改性的环氧树脂的力学性能见表 4-43。

表 4-43　不同改性方法改性的环氧树脂的力学性能

性能	E-44	E-44/PUN330			E-44/（PUN330/3%OMMT）		
组分比	100	100/10	100/30	100/60	100/10	100/30	100/60
拉伸强度/MPa	44.8	42.4	38.3	32.1	46.5	43.6	38.1
断裂伸长率/%	9.13	12.90	15.90	17.50	12.70	14.50	16.30

注：聚酰胺为固化剂。

① 采用聚氨酯预聚体改性环氧树脂，无论采用脂肪族固化剂还是聚酰胺固化剂，都可提高其断裂伸长率和韧性，但强度有所下降。聚酰胺固化剂比脂肪族固化剂具有更好的增韧效果，而且强度的降低程度也较小。

② 采用蒙脱土纳米插层聚氨酯预聚体来改性环氧树脂，在一定含量内可以使环氧树脂的韧性和强度同时提高。对于研制出高性能弹性环氧型建筑结构胶黏剂具有重要的理论和实用价值。

该胶黏剂可作为高性能建筑结构胶黏剂，用于各种结构材料的粘接。

三、聚氨酯改性环氧胶黏剂配方与制备实例

（一）二缩水甘油乙醇胺封端聚氨酯改性环氧胶黏剂

1. 原材料与配方（质量份）

E-44 环氧树脂（EP）	100	聚四氢呋喃醚二醇（PTMG）	10
端缩水甘油胺型聚氨酯（GAPU）	25	γ-氨丙基三乙氧基硅烷（KH-550）	2
间苯二甲胺（*m*-XDA）	20～30	其他助剂	适量

2. 制备方法

（1）DGEEA 的合成　将 1.1mol 环氧氯丙烷加入装有搅拌装置、恒压滴液漏斗和回流冷凝管的 500mL 三口烧瓶中，将三口烧瓶浸入冰水浴中，控制温度为 0～5℃；搅拌 10min 后开始缓慢滴加 0.5mol 乙醇胺（0.5h 左右滴毕），保温 2h，室温反应 4h；结束反应，减压蒸馏除去过量的环氧氯丙烷。将中间产物转移至 500mL 三口烧瓶中，加入 300mL 乙醇，将三口烧瓶浸入冰水浴中开始搅拌，控制温度为 0～5℃；匀速滴加 25%NaOH 水溶液 176g（15min 滴毕），保温 2h；结束反应，过滤除去氯化钠，旋蒸除去乙醇和水；最后加入无水乙醇进行稀释，再加入无水硫酸镁干燥过夜，抽滤后进行真空干燥处理，得到产率为 91.4% 的 DGEEA。其反应机理如下式所示。

$$HOCH_2CH_2NH_2 \xrightarrow{\overset{O}{CH_2CHCH_2Cl}} HOCH_2CH_2N(CH_2CHOHCH_2Cl)_2$$

$$\xrightarrow{NaOH溶液} HOCH_2CH_2N(CH_2\overset{O}{CHCH_2})_2$$

（2）GAPU 预聚体的合成　先将 110℃ 脱水 2h 的多元醇加入装有搅拌装置、回流冷凝管、恒压滴液漏斗和通有干燥 N$_2$ 的 250mL 四口烧瓶中，加入 TDI，升温至 80℃ 反应若干时间；待—NCO 含量达到理论值时降温至 40℃，缓慢滴加 DGEEA（约 0.5h 滴毕），升温至 50℃ 保温 2h 后，加入 0.2% 二月桂酸二丁基锡（相对于 PPG 质量而言），继续反应至—NCO 基团消失为止；停止反应，降温，出料，包装，待用。其反应机理如下式所示。

$$HO\sim\sim\sim OH + NCO-R-OCN$$

$$\downarrow$$

$$NCO-R-HNCO\sim\sim\sim OCHN-R-OCN$$

$$\downarrow HOCH_2CH_2N(CH_2\overset{O}{CHCH_2})_2$$

$$(CH_2\overset{O}{CHCH_2})_2NHCH_2CH_2OCNH-R-HNCO\sim\sim\sim OCHN-R-NHCOCH_2CH_2N(CH_2\overset{O}{CHCH_2})_2$$

（3）GAPU/EP 复合材料的制备　将 GAPU 与 EP 按比例混合均匀，并分别作为复合材料的基体树脂，然后加入固化剂（固化剂胺值：基体树脂环氧值＝1.05：1）和 2%KH-550（相对于物质总质量而言），60℃ 固化 2h 即可。

3. 性能与效果

聚氨酯（PU）具有低温性能好、抗振动疲劳性能佳、冲击强度和剥离强度高等特点，

但商品用 PU 胶黏剂多含有游离异氰酸酯单体（毒性大），并且端—NCO 型 PU 预聚体对潮气敏感，固化时易与潮气作用释放出 CO_2，致使胶层呈多孔状结构。将 EP 与 PU 通过化学或物理方法进行组合，可制备出兼具两者优点的高强度、高韧性和高耐低温性能的聚合物体系。有关研究结果表明，EP/PU 复合树脂已在航空航天等结构材料中得到广泛应用，但其主要缺点是固化剂与环氧基团、—NCO 基团的反应活性不匹配等。首先合成了 DGEEA（二缩水甘油乙醇胺），并以此作为 NCOPU（端—NCO 型 PU）的封端剂，从而制备出高反应活性、多官能度、高粘接强度、性能稳定、柔韧性优良且无游离—NCO 基团的 GAPU（端缩水甘油胺型聚氨酯）。由于该 GAPU 与 EP 相容性较好、固化速度匹配，故有望制得力学性能优异的 GAPU/EP 复合树脂胶黏剂。

（1）将 DGEEA 作为端—NCO 型 PU 的封端剂，制备出高反应活性、多官能度、粘接力强、性能稳定、柔韧性优和无游离—NCO 基团的 GAPU。

（2）GAPU 与 EP 具有相容性好、固化速度匹配等优点，由其制成的复合树脂具有较好的综合性能，m-XDA 是该复合树脂的最佳固化剂。

（3）PTMG-1000-GAPU/m-XDA 体系的综合力学性能较好，其室温剪切强度为 8.28MPa，剥离强度为 1.52kN/m。

（二）聚氨酯改性环氧胶黏剂

1. 原材料与配方（质量份）

环氧树脂（E-51）	100	溶剂	10
聚氨酯预聚体	15	其他助剂	适量
固化剂	20		

2. 制备方法

（1）聚氨酯预聚体的制备　选用聚乙二醇（PEG）和甲苯二异氰酸酯（TDI）作为原料，合成聚氨酯预聚体。控制预聚反应温度为 70℃，预聚反应时间为 80min 左右。

（2）聚氨酯改性环氧胶的制备工艺流程　环氧树脂除水气后放入三孔烧杯，降温至 50℃，按比例加入前面实验制备的聚氨酯预聚体，在机械搅拌下反应 30min 左右，加入固化剂 N-苄基二甲胺（BDMA），混合均匀后浇入预热好的钢模中，升温固化、冷却脱模，制得聚氨酯改性环氧树脂胶。

3. 性能与效果

（1）胶黏剂体系的主体仍是环氧树脂，聚氨酯接枝到环氧树脂分子链上对其结构和力学性能进行影响和改变。

（2）随着聚氨酯加入量的加大，复合体系的力学性能得到提高，当加入量为 15％时，力学性能提高得最多；抗冲击强度和断裂伸长率这两个韧性指标也随着聚氨酯加入量的增加而得到改善，综合性能得到提高。

（3）当聚乙二醇的分子量为 200 时，胶黏剂的力学性能最佳。

（三）聚氨酯改性环氧灌封胶黏剂

1. 原材料与配方（质量份）

E-环氧树脂	100	502 稀释剂	5
聚氨酯预聚体	5	二月桂酸二丁基锡	1
间苯二酚	5	其他助剂	适量

2. 环氧灌封胶的制备

主体树脂为 E-51 环氧树脂，加入环氧树脂质量 5％的增韧剂。搅拌混合均匀，升温至 100℃后保温 1h，加入 1％的二月桂酸二丁基锡，保温 1h 后趁热出料，自然冷却。冷却后加入环氧树脂质量 0.5％的固化促进剂，混合均匀即为甲组分。乙组分为改性胺类固化剂。甲组分与乙组分比例为 2∶1。

3. 性能与效果

（1）对于增韧剂改性的环氧树脂灌封胶，从粘接性能和力学性能综合来看，聚氨酯改性的效果较好，虽拉伸强度稍有下降，但剪切强度提高了 31.7％，断裂伸长率和冲击强度分别提高了 80.8％和 83.6％。

（2）环氧树脂灌封胶体系中加入稀释剂既可降低体系黏度，同时可以延长体系的适用期，但不同的稀释剂给环氧灌封体系性能带来不同的影响。以 502 为稀释剂时，虽然体系冲击强度提高了 53.1％，剪切强度和断裂伸长率变化不大，但拉伸强度降低 17.1％，且随着稀释剂用量的增加体系剪切强度持续降低。

（3）体系中适量使用促进剂可缩短剪切强度达到峰值的时间，且强度的峰值略有提高。

（4）以聚氨酯为增韧剂，502 为稀释剂，间苯二酚为促进剂的环氧灌封胶体系的粘接性能及力学性能优良。

（四）环氧封端聚氨酯改性环氧胶黏剂

1. 原材料与配方 （质量份）

环氧树脂(E-44 或 TDE-85)	70	2,4,6-三(二甲氨基甲基)苯酚(DMP-30)	3
聚氨酯预聚体	30	促进剂	
三羟甲基丙烷三缩水甘油醚(D-085)	5	其他助剂	适量
间苯二甲胺(m-XDA)	20～30		

2. 制备方法

（1）E/G-PU 预聚体的制备　将 110℃脱水 2h 后的多元醇（PPG-2000 或 PTMG-2000）加入装有搅拌器、回流冷凝管、恒压滴液漏斗和通干燥 N_2 的 250mL 四口烧瓶中，再加入 TDI，升温至 80℃，反应若干时间；待—NCO 基团含量达到理论值时，停止反应，降温至 40℃；慢慢滴加 E-44，滴毕升温至 60℃，继续反应 0.5h；再加入缩水甘油，同时加入 0.2％DBTDL，继续反应若干时间，直至—NCO 基团消失为止。其反应机制如下所示。

（2）E/G-PU/EP/活性稀释剂复合体系的制备　按照配方在 E/G-PU 预聚体中加入 TDE-85、活性稀释剂（660、ZH-16 或 D-085 等），再加入固化剂 m-XDA（$n_{固化剂胺值}$：$n_{基体树脂环氧值}$＝1.05∶1）、3％促进剂（DMP-30）和 3％ KH-560（相对于总物质质量而言），搅拌均匀后，65℃固化 0.5h 即可。

3. 性能与效果

（1）E/G-PU/TDE-85/活性稀释剂复合体系的 T_g 较低且呈单一转变峰，说明体系相容性良好。

（2）SEM 显示，以 m-XDA 为固化剂时，E/G-PU/TDE-85/活性稀释剂复合体系的断面形貌呈韧性断裂特征，说明其韧性得到明显改善。

（3）当 w_{D-085}＝5％时，E/G-PU(PTMG-2000)/TDE-85/D-085 胶黏剂体系的剪切强度（24.63MPa）相对最大。

（五）聚氨酯预聚体改性环氧胶黏剂

1. 原材料与配方（质量份）

环氧树脂(E-54)	100	4,4′-二氨基二苯甲烷(DDM)	30
聚氨酯预聚体	10	其他助剂	适量
间苯二胺(m-PDA)	20		

2. 制备方法

（1）PU 预聚体的制备

① 聚醚多元醇的脱水　分别将聚醚多元醇（如 PEG-600、聚醚 2000 和聚醚 3050 等）加入三口烧瓶中，升温至 120℃，抽真空脱水 2～3h 后，封装备用。

② PU 预聚体的合成　在三口烧瓶中分别加入 TDI 或 HDI，升温至规定温度；然后缓慢滴入计量的聚醚多元醇，搅拌若干时间；待—NCO 含量达到理论值时，停止反应，得到 PU 预聚体，冷却至室温，备用。

（2）改性 EP 的制备　将一定量的 EP 加入反应容器中，边搅拌边升温至 100℃，分别加入不同含量的 PU 预聚体，反应 1h 即可。

（3）m-PDA/DDM 混合液体芳胺的制备　按照 $m_{m\text{-}PDA}$∶m_{DDM}＝4∶6 比例，将两者置于容器中，115℃加热融化 30min；待混合芳胺液化后停止加热，得到混合液体芳胺固化剂。

（4）铝合金单搭接试样的制备　按照 $m_{改性EP}$∶$m_{混合液体芳胺}$＝100∶25 比例，将两者混合均匀后，得到改性 EP 胶液；将上述胶液涂抹至已表面处理过的铝合金表面，按照 ASTM D 1002—2010 标准制备胶接件。

3. 性能与效果

（1）当 R＝1∶2 时，在一定反应温度条件下可合成端—NCO PU 预聚体；PU 共混改性 EP 的过程中发生了接枝反应，在 EP 结构中引入了柔性 PU 链段，形成了预期的接枝 IPNs 结构，提高了 EP 胶黏剂的粘接性能。

（2）脂肪族异氰酸酯（HDI）基 PU 预聚体与芳香族异氰酸酯（TDI）基 PU 预聚体相比，前者对 EP 的改性效果更佳。

（3）以 HDI 和聚醚 3050 合成的 PU 预聚体作为 EP 的改性剂，加入不同量的 PU 预聚体对 EP 的改性效果不同；当 $w_{PU预聚体}$＝10％时，其对 EP 的改性效果相对最佳，此时 EP/DDM/m-PDA 体系的拉伸剪切强度比未改性的纯 EP 体系提高了 80％。

（六）蓖麻油聚氨酯/环氧互穿网络胶黏剂

1. 原材料与配方（见表 4-44）

表 4-44 蓖麻油聚氨酯/环氧互穿网络胶黏剂的原材料与配方

胶黏剂	Pre-1.6/g	蓖麻油/g	环氧/g	DMP-30/g
蓖麻油聚氨酯	30	18	0	0
IPN-1	30	18	10	1
IPN-2	20	12	10	1
IPN-3	10	6	10	1
IPN-4	10	6	20	2
IPN-5	10	6	30	3

2. IPN 胶黏剂的制备

在一个干燥的三口烧瓶中加入蓖麻油，真空加热至 110℃脱水 0.5h，冷却至室温；开动搅拌，按 NCO/OH=1.6 缓慢滴入 TDI，升温至 70℃，反应 2h，得到预聚体 Pre-1.6；将 Pre-1.6 与蓖麻油按比例混合均匀脱泡得到蓖麻油聚氨酯胶黏剂；将 Pre-1.6、环氧树脂、蓖麻油、DMP-30 按比例混合均匀脱泡后得到 IPN 胶黏剂。

3. 性能

蓖麻油聚氨酯及 IPN 胶膜的一些特征温度见表 4-45。

表 4-45 蓖麻油聚氨酯及 IPN 胶膜的一些特征温度

样品	$T_{1\%质量损失}$/℃	$T_{5\%质量损失}$/℃	$T_{50\%质量损失}$/℃
蓖麻油聚氨酯	157.6	227.0	387.6
IPN-1	168.4	227.4	391.4
IPN-2	150.0	233.0	389.0
IPN-3	157.9	243.9	409.9
IPN-4	181.6	289.6	419.6
IPN-5	188.6	293.6	420.6

环氧含量较低时对胶膜的 1%、5%和 50%质量损失温度影响不大，在其含量超过 37%后，这些特征温度随着环氧含量的增大而增大。

（七）聚氨酯/纳米 SiO_2 改性环氧树脂醇溶性胶黏剂

1. 原材料与配方（质量份）

E-44 环氧树脂	100.0	偶联剂 KH-550	1.5
聚醚多元醇（N-210）	30.0	纳米 SiO_2（30nm）	2.0
甲苯二异氰酸酯（TDI）	25.0	1,4-丁二醇（BDO）	5.0
二羟甲基丙酸（DMPA）	50.0	辛酸亚锡（T-9）	1.0～2.0
N-甲基吡咯烷酮（NMP）	1.0～3.0	其他助剂	适量
三乙胺（TEA）	1.0～2.0		

2. 制备方法

（1）原料的预处理 N-210，使用前在 120℃条件下真空脱水处理 2h；DMPA，使用前真空干燥处理；BDO、丙酮，使用前用 5Å（1Å=0.1nm）分子筛干燥 7d 以上。

（2）EP 中环氧基团的开环处理　在干燥 N_2 保护下，将过量的丙酸和 EP 加入到三口烧瓶中混合均匀，升温至 100℃，反应 6h；抽滤多余丙酸，冷却后用丙酮溶剂处理，得到丙酸开环 EP。

（3）纳米 SiO_2 粒子的表面处理　在三口烧瓶中加入一定量的 KH-550、乙醇和去离子水，用氨水调节 pH 值至 8.0～8.5，室温搅拌 30min；再加入纳米 SiO_2 颗粒，将三口烧瓶置于超声池中，升温至 45℃，充分超声分散 2h；维持温度不变，继续搅拌 8h，备用。纳米 SiO_2 粒子表面处理机制如图 4-2 所示。

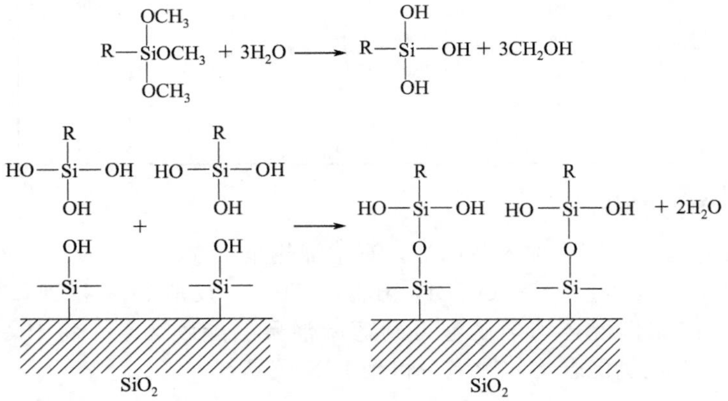

图 4-2　纳米 SiO_2 粒子的表面处理

（4）EP-PU/纳米 SiO_2 醇溶性胶黏剂的合成

① 在 N_2 保护下，将一定量的 N-210、TDI 依次加入三口烧瓶中，混合均匀后缓慢升温至 75℃，反应 2h；降温至 35℃ 以下，加入计量的 DMPA、NMP，继续反应 0.5h；加入一定比例的开环 EP，继续反应 0.5h，再加入 BDO，72℃ 反应 2h。

② 降温至 35℃，加 2 滴 T-9，搅拌均匀后缓慢升温至 65℃，继续反应 1h（视黏度大小可加适量丙酮降低黏度）；待体系中—NCO 含量（用二正丁胺法检测）不再变化时，降温至 40℃ 以下，转移至分散釜中。

③ 将预聚体用 TEA 中和 2～3min（视黏度大小加适量丙酮降低黏度），边快速搅拌边加入工业乙醇（乳化 10～15min）；然后加入一定量的 SiO_2 混合溶液，高速搅拌 2～3min 即可。

3. 性能与效果

（1）以丙酸为 EP 的开环起始剂、以硅烷偶联剂（KH-550）为纳米 SiO_2 的表面改性剂，在搅拌和超声波作用下将改性 EP 和改性纳米 SiO_2 均匀分散在 PU 溶液中，制成强度高、附着力大、吸水率低、热稳定性好、耐酸碱腐蚀性优且无毒环保的醇溶性 EP-PU/纳米 SiO_2 胶黏剂。

（2）当 w_{EP} 适当时，改性 PU 胶膜的拉伸强度相对最大，硬段最大热失重温度从 344℃ 升至 356℃，软段最大热失重温度从 389℃ 升至 391℃；在此基础上引入质量份为 2 份的纳米 SiO_2，则相应胶膜的硬段、软段最大热失重温度分别升至 363℃、394℃。

（八）低温应用的聚氨酯改性环氧密封胶黏剂

1. 原材料与配方（质量份）

聚氨酯改性环氧树脂（S 树脂）	70	二乙烯三胺固化剂	20～30
711 环氧树脂	30	其他助剂	适量
二乙二醇缩水甘油醚（TX-023）	30～50		

2. 制备方法

称取适量的 S 树脂、711、JX-023 和二乙烯三胺搅拌均匀后制备成浇铸体或铝/铝粘接的剪切及剥离试样，室温（25℃）固化 24h，待用。

3. 性能与效果

（1）采用多官能度线型多胺作为固化剂，通过改变固化剂的用量可以调节密封胶的交联密度，从而影响密封胶的断裂伸长率、压缩永久形变和剪切强度等性能。

（2）通过调控两交联点间的链段长度和交联网络中柔性链含量，可以改变交联网络的结构和组成，从而使密封胶的断裂伸长率、压缩永久形变和粘接强度等性能得到优化。

（3）通过以上配方获得了两种可室温固化、初始黏度小于 1Pa·s、断裂伸长率大而压缩形变小，其室温和液氮温度下均具有良好的韧性和粘接性能的密封胶，可以用于液氮温度环境使用的组件的粘接与密封。

第四节　热固性树脂改性环氧胶黏剂

一、热固性树脂改性环氧胶黏剂实用配方

（一）酚醛树脂改性环氧胶黏剂

1. 耐高温改性环氧胶黏剂配方 1（质量份）

环氧树脂（E-51）	100	双氰胺	9
酚醛树脂	50～60	8-羟基喹啉	1～2
三氧化二铝粉（300 目）	100	其他助剂	适量

2. 耐高温改性环氧胶黏剂配方 2（质量份）

环氧树脂（E-51）	40	没食子酸丙酯	1～2
酚醛树脂（2127）	60	醋酸乙酯	20
1-羟基萘甲酸	5	其他助剂	适量

3. 耐高温改性环氧胶黏剂配方 3（质量份）

环氧树脂（E-44）	100	六亚甲基四胺	4
酚醛树脂	20	8-羟基喹啉	1～2
三氧化二铝粉（200 目）	50	其他助剂	适量

4. 耐高温改性环氧胶黏剂配方 4（质量份）

环氧树脂（E-42）	50	双氰胺	9
酚醛树脂（2124）	50	8-羟基喹啉	1～3
瓷粉（300 目）	100	其他助剂	适量

5. 耐水、耐油性良好的改性环氧胶黏剂配方（质量份）

环氧树脂（E-42）	100	间苯二酚	8～10
氨酚醛树脂	30～50	其他助剂	适量

6. 耐腐蚀性改性环氧胶黏剂配方（质量份）

环氧树脂(E-44)	100	乙醇	10
酚醛树脂	30	丙酮	10
邻苯二甲酸二丁酯	4～6	固化剂	10～20
蓖麻油	1～2	其他助剂	适量

7. 金属与非金属粘接用改性环氧胶黏剂配方（质量份）

A组分		B组分	
环氧树脂(E-42)	100	己二胺	10
酚醛树脂	80	其他助剂	适量
丁腈橡胶	20		
丙酮	100		

8. 金属制品修补用改性环氧胶黏剂配方（质量份）

环氧树脂(E-42)	100	填料	20
酚醛树脂	50～60	其他助剂	适量
乙二胺	10		

9. 金属与塑料粘接用改性环氧胶黏剂配方（质量份）

环氧树脂(E-44)	70	胶木粉(300目)	20
热塑性酚醛树脂	30	其他助剂	适量

10. 绝缘材料粘接用改性环氧胶黏剂配方（质量份）

A组分		B组分	
环氧树脂(E-44)	50	苯	3
酚醛树脂	50	乙醇	3
磷酸	1	其他助剂	适量

11. 刹车片粘接用改性环氧胶黏剂配方（质量份）

环氧树脂(E-44)	100	乙二胺	10
酚醛树脂	40	三氧化二铝粉(300目)	适量
邻苯二甲酸二丁酯	10～15	其他助剂	适量

12. 钢制品粘接修补用改性环氧胶黏剂配方（质量份）

环氧树脂(E-42)	50	邻苯二甲酸二丁酯	15
酚醛树脂	50	其他助剂	适量
潜伏型固化剂	10		

13. 玻璃钢粘接用改性环氧胶黏剂配方（质量份）

环氧树脂(E-42)	100	甲苯	适量
酚醛树脂(1134)	80	其他助剂	适量

14. 电子产品粘接用改性环氧胶黏剂配方（质量份）

环氧树脂(E-44)	100	云母粉(300目)	30～40
酚醛树脂(2127)	30	二乙烯三胺	10
液体丁腈橡胶	3	其他助剂	适量
癸二酸二辛酯	5～10		

15. 电子元件焊接用改性环氧胶黏剂配方（质量份）

环氧树脂	100	酚醛树脂	40
邻苯二甲酸酐	4	锌酸钡(200目)	15～20
虫胶	40	孔雀绿	1～2
六亚甲基四胺	10	乙醇	适量
碳酸钙(300目)	10～20	其他助剂	适量
滑石粉(200目)	10～20		

16. 酚醛改性环氧胶黏剂配方（质量份）

环氧树脂	100	六亚甲基四胺(乌洛托品)	1
酚醛树脂	45	乙二胺	5
聚砜树脂粉	10	其他助剂	适量

固化条件：120℃下加压固化。

酚醛改性环氧胶黏剂是一种耐高温的胶黏剂，它具有环氧树脂的优良黏附性和酚醛树脂的高度交联结构，在高温下具有优良的抗蠕变性能，可以在260℃下使用，尽管20世纪60年代以后杂环耐高温胶黏剂有了很大的发展，但酚醛改性环氧胶黏剂仍是在150～260℃范围内使用的一种重要的胶黏剂。

该胶黏剂适用于金属、玻璃、陶瓷和塑料等材料的粘接。

（二）不饱和聚酯改性环氧胶黏剂

1. 水中固化用改性环氧胶黏剂配方（质量份）

环氧树脂	100	二乙烯三胺	10
不饱和聚酯树脂	20～30	石油磺酸	1～5
生石灰(160目)	40～60	其他助剂	适量

2. 低温固化改性环氧胶黏剂配方（质量份）

环氧树脂	100	生石灰(160目)	60
不饱和聚酯树脂	20	其他助剂	适量
二乙烯三胺	10		

3. 耐海水腐蚀用改性环氧胶黏剂配方（质量份）

环氧树脂	100	三氧化二铁	26
不饱和聚酯树脂(304)	15	乙二胺	5～10
邻苯二甲酸二丁酯	5	其他助剂	适量
丙酮	5～10		

4. 玻璃钢制品用改性环氧胶黏剂配方（质量份）

环氧树脂(E-42)	100	过氧化苯甲酰	2
不饱和聚酯树脂	90	苯乙烯	30
邻苯二甲酸二丁酯	10	其他助剂	适量

5. 金属与非金属粘接用改性环氧胶黏剂配方（质量份）

环氧树脂(E-51)	100	聚硫橡胶	10～30
不饱和聚酯树脂(309)	10～20	己二胺	10～20
石英砂(300目)	20～50	其他助剂	适量

（三）F-50 聚醚树脂改性环氧胶黏剂

F-50 聚醚树脂改性环氧胶黏剂配方（质量份）

原材料	配方1	配方2	原材料	配方1	配方2
E-44 环氧树脂	100	100	三亚乙基二胺	适量	—
F-50 聚醚改性剂	8～12	8～12	二乙烯三胺	—	适量

说明：该胶黏剂除可用于室温对各种材料的粘接外，其突出特点是可用于－20℃下各种材料的粘接，且在－20℃下压缩强度反而有所提高，韧性与室温相比保持不变。

（四）液体聚硫聚脲增韧改性环氧胶黏剂

液体聚硫聚脲增韧改性环氧胶黏剂配方（质量份）

E-51 环氧树脂	100	聚酰胺 651	10～30
端巯基液体聚硫聚脲	30～50	助剂	适量

说明：此胶黏剂具有良好的室温储存性能（表 4-46），可在 150℃下固化，是耐热性良好的导电胶黏剂。

表 4-46 胶黏剂的储存性能

储存时间/d	0	45	90
25℃黏度/Pa·s	2.0	2.2	8.7

二、热固性树脂改性环氧胶黏剂配方与制备实例

（一）聚乙烯醇缩丁醛/酚醛树脂改性环氧胶黏剂

1. 原材料与配方（质量份）

环氧树脂(E-44)	30	咪唑固化剂	10～30
酚醛树脂(PF)	100	溶剂	适量
聚乙烯醇缩丁醛(PVB)	20	其他助剂	适量

2. 制备方法

（1）甲阶 PF 的合成　在装有温度计、搅拌器和回流冷凝管的三口烧瓶中，加入一定量的苯酚和 2mol/L 的 NaOH 水溶液，边搅拌边升温至反应温度；然后滴加 37％甲醛水溶液（滴加速率以反应体系的温度不显著上升为宜），反应若干时间；结束反应，用旋转蒸发仪蒸出水分，取样检测体系中的游离甲醛含量，并计算甲阶 PF 的收率。

（2）甲阶 PF-EP-PVB 胶黏剂的制备　将一定量的甲阶 PF、EP 和 PVB 加入到 250mL 烧杯中，加入 20mL 乙酸乙酯、20mL 乙醇和适量咪唑，搅拌 20min（使上述物料完全溶解）后，即得所需胶黏剂。

将上述胶黏剂均匀涂布在铝板表面，空气干燥 20min，使两块铝板施胶面紧密接触；胶接件经 120℃固化 3h 后，即得所需样品。

3. 性能与效果

（1）在 NaOH 催化作用下，合成甲阶 PF 的最佳工艺条件是 n_F：n_P＝1.5：1、反应温度为 80℃、反应时间为 3h；此时，甲阶 PF 的收率为 92％。游离甲醛含量为 1.4％，甲阶 PF 的各项性能符合相关国家标准。

（2）制备改性三元共聚胶黏剂的最佳物料配比为 $m_{PF}:m_{EP}:m_{PVB}=100:30:20$；此时该胶黏剂对不同金属板材（如铝板-铝板、铁板-铁板、铝板-铁板等）均具有良好的粘接性能，但对铝蜂窝-不锈钢的粘接性能欠佳，还需要进一步改进和提高。

（二）聚脲改性环氧树脂建筑结构胶黏剂

1. 原材料与配方 （见表 4-47）

表 4-47　聚脲改性环氧树脂建筑结构胶黏剂的原材料与配方

原料	质量份	备注
环氧树脂 E-51	100	
聚氨酯型增韧剂	20	
活性稀释增韧剂	15	
石英粉 200 目	180	A 组分
石英粉 400 目	60	
KH-560	2	
触变剂	1)	
脂环胺	40	B 组分
石英粉 400 目	85	

2. 制备方法

（1）聚脲的制备

① 在配以电动搅拌器、温度计、氮气导管和水浴的三口瓶中，加入 141.64 质量份的 IPDI，充入干燥氮气，然后滴加 89.17 质量份的 $C_8 \sim C_{10}$ 混合醇，反应 3～4h，控制反应温度不超过 80℃，产物冷却至室温待用。

② 在配以电动搅拌器、温度计、氮气导管和水浴的另一个三口瓶中，加入 197.96 质量份的 DMF，然后加入 37.54 质量份的 1,6-己二胺和 28.5 质量份的助溶剂，搅拌至完全溶解并降温至 40℃以下。

③ 在充入干燥氮气和搅拌状态下，将步骤①生成的预聚物逐步加入步骤②的胺溶液中，反应 1h，控制反应温度低于 80℃，冷却至室温即得到固含量为 60% 的聚脲流变控制剂溶液。

该反应制得的聚脲流变控制剂溶液为微黄色透明液体，可以直接应用；稳定性较好，于 5～30℃放置，一年内状态不发生改变。

（2）环氧树脂建筑结构胶的制备

① 气相白炭黑和膨润土　在高速分散机 2000r/min 转速下分散 20min 后，再经三辊机研磨。

② 聚脲流变控制剂　采用后添加方式，配方中其他组分搅拌分散均匀后，在 500r/min 转速下加入聚脲，保持该转速 10min 即可。

3. 性能

A 胶的触变指数见表 4-48。

表 4-48　A 胶的触变指数

触变剂	添加量	触变指数 TI	触变剂	添加量	触变指数 TI
TC-1	1.5	4.81	TC-3	5.0	4.31
TC-2	3.5	4.46	TC-4	7.0	3.22

储存过程中 A 胶黏度及触变指数的变化见图 4-3、图 4-4。

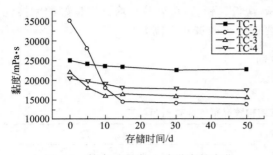 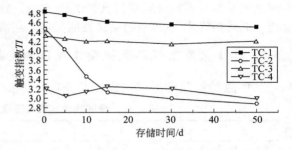

图 4-3　储存过程中 A 胶黏度的变化　　　图 4-4　储存过程中 A 胶触变指数的变化

经过表面处理的疏水气相白炭黑 TC-3 同样具有比较明显的增稠、触变效果，且在储存过程中黏度及触变指数基本保持不变。主要原因是经过疏水表面处理后，TC-3 的表面硅羟基数量大大减少，因此储存过程中的稳定性大大增加。

有机膨润土 TC-4 的增稠、触变效果低于其他触变剂，但在储存过程中黏度及触变指数同样基本保持不变，稳定性较好。

而掺加 TC-1 的 A 胶无论是黏度还是触变指数 TI，存储 50d 后变化都不大，稳定性优于其他几种触变剂。

环氧树脂建筑结构胶的性能见表 4-49。

表 4-49　环氧树脂建筑结构胶的性能

项目	标准要求	TC-1	TC-2	TC-3	TC-4
胶体拉伸强度/MPa	≥30	46.2	48.7	55.1	38.7
胶体弯曲强度/MPa	≥45	95.3	89.2	93.8	65.5
胶体压缩强度/MPa	≥65	88.5	90.4	92.5	76.7
钢-钢拉伸抗剪强度/MPa	≥15	18.1	16.7	17.9	16.0
钢-钢不均匀扯离强度/(kN/m)	≥16	17.8	16.5	16.8	16.6
钢-钢拉伸强度/MPa	≥33	36.9	36.6	37.3	35.5
与混凝土正拉强度/MPa	≥2.5	4.2	4.0	4.2	3.1
固含量/%	≥99	99.3	99.6	99.6	99.5
湿热老化强度损失/%	<10	4.5	5.0	4.0	8.3

（三）曼尼希改性二乙烯三胺环氧建筑胶黏剂

1. 原材料与配方 （质量份）

环氧树脂(E-51)	100	其他助剂	适量
曼尼希改性二乙烯三胺	25		

2. 制备方法

（1）改性二乙烯三胺的制备　在四口烧瓶中，加入计量的二乙烯三胺和苯酚，搅拌均匀升温至 70℃，滴加 36% 甲醛溶液后，升温至 95℃ 继续反应 2~3h。真空脱水，即得到合成产品。

（2）胶黏剂的制备　称料—配料—混料—反应—下料—涂覆使用。

3. 性能与效果

酚醛胺固化剂所用原料主要有酚类、胺类、醛类，产品体系丰富。二乙烯三胺是最常用的低分子脂肪族胺类固化剂，其挥发性、毒性较大，易吸潮、吸收 CO_2，目前工程中基本不再直接使用。

曼尼希改性脂肪胺、脂环胺已有所报道。本文使用苯酚与甲醛，对二乙烯三胺进行曼尼希反应改性，研究了产物黏度、胺值与原料配比的关系。将改性的固化剂与环氧树脂 E-51 进行配胶浇注，考察了胶体的力学性能与潮湿环境下的粘接性能。

结果表明，P、DETA 与 F 物质的量比 $n_P : n_{DETA} : n_F = 1.5 : 1.5 : 1.5$ 时产物的综合性能最佳。该固化剂黏度适宜（654.2mPa·s），与 E-51 配胶浇铸后，拉伸强度为 40.0MPa，压缩强度达 80.0MPa，潮湿环境下的钢-钢剪切强度为 9.2MPa，与混凝土的粘接拉伸强度达 4.7MPa，为混凝土内聚破坏。

第五节 填充或增强改性环氧胶黏剂

一、简介

（一）无机填料增韧环氧胶黏剂

Lange 提出的裂纹钉铆机理主要用于解释刚性无机填料（颗粒）对环氧树脂的增韧。在环氧树脂基体中加入刚性粒子，刚性粒子发生塑性形变时，能有效抑制基体树脂裂纹的扩展，并吸收部分能量，从而起到增韧作用。

在环氧胶黏剂中加入纳米填料，其性能得到很大改善，其力学性能、粘接性能、柔韧性能以及热性能均得到提高。活性纳米 $CaCO_3$ 既可提高胶层的玻璃化温度，又可改善胶层的韧性；纳米 TiO_2 因其表面严重的配位不足、庞大的比表面积，使它表现出极强的活性，很容易与环氧起键合作用，提高纳米粒子与基体的界面粘接力。

（二）纳米材料在环氧胶黏剂改性中的应用

1. 纳米填料的增强改性

纳米黏土增强改性环氧树脂（EP）后，可提高材料的拉伸剪切强度、耐水性和耐腐蚀性。在插层复合方法中，固化剂、插层剂以及纳米黏土对于复合材料性能的影响程度各不相同。特别值得一提的是插层剂对 EP 性能的影响，不同插层剂处理的复合材料，其力学性能也有显著的差异。

目前用量最大、性能较好的是蒙脱土（MMT）。MMT 是膨润土的有效成分，属于 2:1 型层状结构的硅酸盐，每个单位晶胞由两个硅氧四面体中间夹带一层铝氧八面体构成，二者靠共用氧原子连接，片层厚度约为 1nm。一般采用不同插层剂和插层技术处理 MMT，可使聚合物高分子插层进入 MMT 片层间。

在 EP 胶黏剂的改性研究中，通过有机化处理，将 EP 基体树脂插入纳米 MMT 片层间，可实现 MMT 与 EP 分子间的纳米插层复合；当胶黏剂组成为 $m_{E-44} : m_{E-51} : m_{DBP} : m_{MMT} : m_{JA-1} = 30 : 70 : 17 : 3 : 25$ 时，拉伸剪切强度为 23.65MPa，达到相对最大值。EP 胶黏剂中加入填料时，强度、剪切强度均有提高；经过各种介质腐蚀后，加入填料的各种胶黏剂的耐水性相对其他介质较好。

固化剂和 MMT 对改性 EP 胶黏剂的冲击强度和剪切强度影响都是非常显著的，插层剂对剪切强度和冲击强度的影响也很大，各因素影响大小的顺序为固化剂＞有机 MMT＞插层剂＞偶联剂。不同插层剂处理的 MMT 对 EP 改性的效果是不同的，插层剂的链越长，有机

MMT 和 EP 的相容性越好，复合材料的力学性能也越好。通过对胶黏剂配方的优化设计，发现配比为 m_{E-44}：$m_{聚酰胺}$：$m_{有机MMT}$：$m_{钛酸酯}=100：100：3：2$ 的体系具有最优的整体性能。

研究表明，增强后的 EP 胶黏剂在压应力不变时，其弹性模量以及断裂韧性均有所提高，但随着黏土含量的提高，胶黏剂的疲劳强度和应力有所降低。由于混合过程中带入的空气在胶黏剂中产生的空穴、纳米黏土混合不均匀所产生的团聚以及表面的应力集中，使得改性后的胶黏剂的力学性能有所下降。

2. 氧化物纳米粉体增强改性

目前常用于 EP 改性的纳米氧化物粉体有纳米 SiO_2、纳米 TiO_2 以及纳米 Al_2O_3 等。不同的氧化物纳米粉体对 EP 复合材料性能的影响各不相同：纳米 SiO_2 可以改善 EP 的拉伸性能、冲击韧性、冲击强度、弯曲强度、柔韧性和耐蚀性；纳米 TiO_2 可改善 EP 的韧性和耐温性，其冲击强度和弯曲强度最大分别可提高 168% 和 64%；纳米 Al_2O_3 可提高 EP 的力学性能、热学性能和电学性能。在纳米粉体改性过程中，其用量超过临界值反而会使材料的性能下降。纳米粉体的种类、偶联剂和改性纳米粉体技术的使用、复合方法，都是影响复合材料最终性能的因素。因此，可根据不同的使用要求，采用不同的方法来获取所需的 EP 纳米复合材料。

（1）纳米 SiO_2 增强改性　向 EP 粘接涂层中分别加入粉煤灰、纳米 SiO_2，通过改变磨料的粒度和含量，冲蚀的转角和转速，研究其耐冲蚀磨损性。结果表明，纳米 SiO_2 具有小尺寸效应，可使胶料表面更加致密光滑，摩擦系数变小，加之纳米颗粒的高强度，使材料的耐磨性大大增强，所以抗冲蚀性能均优于粉煤灰。另外，在 EP 胶黏剂中添加适量的纳米 SiO_2，使材料的耐热性能显著提高。当 $w_{SiO_2}=3\%$ 时，EP 胶黏剂的初始变形温度提高约 38.9℃；玻璃化转变温度（T_g）提高约 21.3℃。添加适量的纳米 SiO_2 是改善 EP 基体的拉伸强度和冲击韧性的有效途径之一，当 $w_{纳米SiO_2}=2\%\sim6\%$ 时，可显著改善树脂基体的拉伸性能；当 $w_{纳米SiO_2}=3\%$ 时，改性 EP 胶黏剂的拉伸强度和冲击韧性提高较为显著，分别为 99.7MPa（提高约 28.8%）和 $3.64J/cm^2$（提高约 22.6%）。

在试验中使用经硅烷偶联剂处理后的纳米 SiO_2 对 EP 灌封材料进行改性，研究表明，该材料团聚现象、亲水性和分散性得到有效改善，纳米 SiO_2 与 EP 界面之间的粘接强度提高、易吸收冲击能量，可提高灌封材料的冲击强度和弯曲强度。研究结果表明，柔性的 Si—O—C 键和 Si—O—Si 四面体网状结构的引入，使 EP 的拉伸强度和断裂伸长率明显提高，其柔韧性和耐蚀性也得到增强。

（2）纳米 TiO_2 增强改性　纳米 TiO_2（俗称钛白粉）粉体是一种新型的无机材料，具有独特的性能：比表面积大、磁性强、（紫外）光吸收性能好、良好的热导性、分散性好以及所制的悬浮液稳定等。通过引入超支化聚酰胺酯（HBP）改性过的纳米 TiO_2-g-HBP 对 EP 进行改性，发现该方法可以提高复合材料的冲击强度（最大增幅为 135.51%）、弯曲强度（最大增幅为 22.98%）和弯曲模量，改善复合材料的热性能和加工性能，复合体系由典型的脆性断裂转化为韧性断裂。

将 MQ 硅树脂、纳米 TiO_2 接枝到 EP 分子链上，提高了体系的韧性和耐温性，拉伸强度提高了 66.6%，冲击强度提高了 68.1%。体系的断裂类型与成分配比有关。

在研究粒子粒径和质量分数对纳米 TiO_2 增强 EP 的弯曲强度及断裂模式的影响过程中发现，利用超声波注入是一种在 EP 中注入粒子的有效方法。低质量分数的微米级粒子对于复合材料的弯曲强度影响不大，但当粒径减小到纳米量级时，复合材料的弯曲强度会得到显著提高。在 5~10nm 的粒径范围内，弯曲强度增加；减小到 5nm 以下时，由于粒子分散不均，弯曲强度反而降低。质量分数以 1.0% 较适宜。当质量分数超过该值时，弯曲强度会因为团聚引起的应力集中而降低。

（3）纳米 Al_2O_3 增强改性　Al_2O_3 具有高硬度、高强度、耐热和耐腐蚀等一系列优异特征，纳米 Al_2O_3 粉体由于纯度高、颗粒细小均匀且分散性好，易与添加剂混合均匀，因而具有较好的透明性。纳米 Al_2O_3 超细粉体在红外波段有很宽的强吸收效应，并且具有很高的化学稳定性、热稳定性、高硬度及耐腐蚀等一系列优异性能。

采用直接掺杂法，使用进口纳米 Al_2O_3 与亚胺 EP 胶黏剂进行了较好的复合。室温下，胶黏剂的剪切强度得到了提高，当 $w_{纳米Al_2O_3} \approx 14\%$ 时，200℃ 下的剪切强度达到相对最大值（18.5MPa），提高了 1.5 倍多，但并不能提高胶黏剂的耐热性和耐油性。采用偶联剂与超声波分散处理相结合的方法制取复合材料，其力学性能相对最好，高温剪切强度、弯曲强度、拉伸强度、弯曲挠度和断裂伸长率分别有所提高。SEM 分析结果表明：当 $w_{纳米Al_2O_3} =$ 5%～7% 时，复合材料的断面表现为韧性断裂。这说明该材料具有优异的耐高温性能，可作为耐高温结构胶使用。

研究发现，纳米 Al_2O_3 改性 EP 的粘接强度比未改性的 EP 胶黏剂高 4 倍。通过 SEM、TEM、EDX 和 XPS 观察发现，纳米 Al_2O_3 在 EP 中分散良好，改性前后的胶黏剂形态没有区别；但是改性后的 EP 胶黏剂和铁之间出现了羧基基团，该极性基团使得 EP 胶黏剂和铁之间的粘接强度大大提高。

通过硅烷偶联剂 KH-550 改性纳米 Al_2O_3 增强的 EP，其冲击强度、弯曲模量和弯曲强度得到了提高；同时发现，复合材料的介电损耗角正切值随着纳米 Al_2O_3 含量的增高而增大。在研究 Al_2O_3 增强超支化 EP 聚合物时，将其力学性能、热导率与纳米 Al_2O_3/HTTE/DGEBA 三元复合材料的热稳定性进行评价并做相应的基体比较。通过 SEM 分析纳米复合材料断口发现，其冲击性能得到了改善。研究结果表明，该 EP 复合材料与纯的 EP 和 Al_2O_3/DGEBA 相比，在不损失热导率和体积电阻率的前提下有效地提高了 EP 复合材料的韧性。该法中，纳米粒子在 EP 基体中获得了良好的分散，并且弥补了单一填料的 EP 纳米复合材料的缺陷。

3. 碳纳米管增强改性

纳米碳纤维除了具有普通气相生长碳纤维（VGCF）的特性如低密度、高比模量、高比强度和高导电性能外，还具有缺陷数量非常少、比表面积大、导电性能好和结构致密等优点。改性后的纳米碳纤维加入 EP 后，对固化反应有促进作用，复合材料的力学性能得到提高，但加入过多的纳米碳纤维反而会使复合材料的力学性能下降。另外，添加方法也是影响材料性能的重要因素。采用熔融混合法向低黏度的 EP 中添加适量的多壁碳纳米管（MWNTs），并采用傅里叶变换红外光谱（FT-IR）仪测试转化率、差示扫描量热（DSC）法研究 MWNTs/EP 复合体系的固化动力学。结果表明，MWNTs 加入 EP 复合体系后，对固化反应有催化作用，固化反应速率增大，转化率提高，而复合体系的力学性能却有所下降，T_g 变化不大。采用二乙烯三胺（OETA）对 MWNTs 进行改性后，采用浇铸成型法制备了 MWNTs/EP 纳米复合材料，少量的改性 MWNTs 可以使复合材料的力学性能提高，具有明显的增韧作用。当 $w_{MWNTs} = 0.6\%$ 时，纳米复合材料的冲击强度与纯 EP 体系相比，提高幅度达 400% 以上，弯曲强度和弯曲模量的提高幅度均达到了 100% 以上。通过动态 DSC 扫描技术，结合等转化率方法分析了 MWNTs 对 EP 体系（EP828/DDM）固化反应的影响。从中发现，MWNTs 加入到 EP 固化体系后，对体系的固化产生促进作用。尤其在反应初期，少量的 MWNTs 可降低 EP 固化反应活化能，但过多的 MWNTs 会阻碍树脂分子的接触，反而使活化能升高。MWNTs 与基材物理复合时，由于两者之间没有有效的负荷转移，所得到的材料强度保持率、断裂伸长率下降。在 EP 中加入单臂碳纳米管（SWCNT）后，复合材料的固化动力学和力学性能发生了改变。EP 分子与 SWCNT 的相互作用使得交联密度提高，也可能使复合材料的 T_g 升高。通过建立固化动力学模型，发现了时间常数与热学性能和力学性能相关指数的增长，SWCNT 黏附到玻璃纤维产生的"分层结构"影响了其机械性能。

4. 其他纳米材料增强改性

近年来，国内外对纳米材料改性 EP 材料方面的研究很多。例如，通过添加纳米银线，提高了各向同性导电胶的电导率；使用铝粉来降低 EP 对水分的摄入；使用有机硅来改性酚醛 EP 耐高温胶黏剂。采用聚酯二元醇、异佛尔酮二异氰酸酯（IPDI）、二羟甲基丙酸（DMPA）和钛酸四丁酯（TET）制备了纳米 TiO_2/阴离子 WPU 黏合剂，一定量的纳米 TiO_2 可以提高黏合剂的电解质稳定性，明显改善涂布适应性，提高粘接强度。采用聚乙二醇（PEG）/纳米 SiO_2 复合助剂对 HDPE 进行改性，提高了基体树脂的降黏性能、拉伸强度、模量和断裂伸长率。

总之，利用纳米、晶须等新型材料的特殊性能对 EP 基体材料进行改性，使聚合物的各项性能能够显著提高。其中，拉伸强度、冲击强度和弯曲强度均有所提高；耐热性、抗酸碱、抗水和防沉淀性能较好。以此制备出高性能和新功能的纳微米复合胶黏剂，满足航空航天、微电子和化工能源技术等高新技术发展的需要。另外，无卤、无磷、无锑阻燃性 EP 有着巨大的研究与商业价值，而纳米粒子改性 EP 是其中的重要组成部分。环境友好型无卤、无锑、无磷 EP 复合物研究与开发是必经之路，特别是发展具有自主知识产权的新一代 EP 胶黏剂具有十分重要的理论与现实意义。

（三）纳米粒子改性环氧树脂胶黏剂的制备

纳米粒子的比表面积大，表面原子占有率高，易发生团聚，很难在环氧树脂中达到纳米尺寸的均匀分散，因此通常先将纳米粒子用表面活性剂或偶联剂进行预处理，使纳米粒子在环氧树脂基体中能达到很好的分散效果。目前在众多制备方法中，应用较多的是使用插层复合法、共混分散法来制备纳米粒子改性环氧树脂胶黏剂。

（1）插层复合法　指将聚合物单体或聚合物插入具有层状结构的无机填料中，形成插层型纳米复合材料。当单体在其中聚合成高分子或将聚合物熔体直接嵌插入其中时，可以有效地破坏其层状结构，使之剥离并均匀分散在聚合物中，从而在纳米尺度上实施聚合，加入各种助剂及固化剂就得到了纳米复合胶黏剂。插层复合一般分为插层聚合和聚合物插层。插层复合法适用于蒙脱土/环氧等复合体系。

（2）共混分散法　指通过物理或化学方法，先将无机纳米粒子分散在基体树脂中，进而引发聚合，加入各种助剂形成复合胶黏剂的方法。根据理论推算，当分散相的尺度达到纳米量级时，复合胶黏剂将产生一系列全新的物理、力学非线性特征，为制备高性能、多功能胶黏剂提供了可能。共混分散法可分为溶液共混复合法和加热共混混合法。目前，纳米 SiO_2/环氧、纳米 TiO_2/环氧、纳米 Al_2O_3/环氧等均采用这种方法制备。

二、填料改性环氧胶黏剂实用配方

1. 通用型填料改性环氧胶黏剂配方（质量份）

环氧树脂（E-44）	100	二乙烯三胺	10
滑石粉（200 目）	30~50	其他助剂	适量
苯乙烯	10~15		

2. 金属填料改性环氧胶黏剂配方（质量份）

环氧树脂（E-51）	100.0	2-甲基咪唑	0.5～1.0
SiO_2（200 目）	10.0～15.0	二苯胍	0.1～0.5
丁腈橡胶	10.0～20.0	其他助剂	适量
双氰胺	5.0～10.0		

3. 耐湿性改性环氧灌封胶黏剂配方（质量份）

环氧树脂（E-44）	100	乙二胺	10
石英砂（200 目）	60～70	其他助剂	适量
邻苯二甲酸二丁酯	15～25		

4. 耐磨型改性环氧胶黏剂配方（质量份）

环氧树脂（E-44）	100	二乙烯三胺	10
二硫化钼（300 目）	10～15	促进剂	1～2
铁粉（200 目）	20～40	其他助剂	适量
聚硫橡胶	30～40		

5. 金属制品粘接用改性环氧胶黏剂配方（质量份）

环氧树脂（E-44）	100	聚酰胺（650）	20
铁粉（150 目）	40～50	多乙烯多胺	10～15
邻苯二甲酸二丁酯	10	其他助剂	适量

6. 金属粘接用改性环氧胶黏剂配方（质量份）

环氧树脂（E-51）	100	丙酮	10～15
石英粉（200 目）	30	β-羟乙基三胺	15～25
邻苯二甲酸二丁酯	5～10	其他助剂	适量

7. 有色金属粘接用改性环氧胶黏剂配方（质量份）

环氧树脂（E-51）	100	己二胺	10
石英粉（200 目）	50～60	其他助剂	适量
聚硫橡胶	10～20		

8. 铝合金件粘接用改性环氧胶黏剂配方（质量份）

环氧树脂（E-51）	100	稀释剂	10
环氧树脂（D-17）	30	聚酰胺（650）	90
三氧化二铝粉（250 目）	20	其他助剂	适量

9. 铸铁件粘接用改性环氧胶黏剂配方（质量份）

环氧树脂（E-51）	100	石棉碱	5～10
三氧化二铝粉（200 目）	30	聚酰胺	60～80
其他助剂	适量		

10. 铸铁修复用改性环氧胶黏剂配方（质量份）

环氧树脂（E-51）	100	邻苯二甲酸二丁酯	10
石英粉（200 目）	20～30	亚磷酸三苯酯	5
石棉粉	10～15	二乙烯三胺	10～20
铁粉	30～50	其他助剂	适量

11. 金属铸模用改性环氧胶黏剂配方（质量份）

环氧树脂(E-44)	100	邻苯二甲酸二丁酯	10～20
金刚砂(400目)	80	乙二胺	5～10
石英粉(300目)	50	其他助剂	适量

12. 玻璃钢与金属粘接用改性环氧胶黏剂配方（质量份）

环氧树脂(E-51)	100	邻苯二甲酸二丁酯	10～20
SiO_2(200目)	50～80	二乙烯三胺	5～10
聚硫橡胶	10～30	其他助剂	适量

13. 齿轮修复用改性环氧胶黏剂配方（质量份）

环氧树脂(E-44)	100	三乙醇胺	10～15
三氧化二铝粉(300目)	20～30	促进剂	1～2
邻苯二甲酸二丁酯	10～15	其他助剂	适量

14. 混凝土制件修复用改性环氧胶黏剂配方（质量份）

环氧树脂(E-44)	100	二乙醇胺	4
三氧化二铝粉(300目)	20～30	二乙烯三胺	5～10
水泥	80～90	促进剂	1～2
石英砂(200目)	20～30	其他助剂	适量

15. 机械制品粘接用改性环氧胶黏剂配方（质量份）

环氧树脂(E-44)	100	二乙醇胺	10～20
铝粉(200目)	10～20	其他助剂	适量
邻苯二甲酸二丁酯	15～25		

16. 机械耐磨部件粘接用改性环氧胶黏剂配方（质量份）

环氧树脂(E-44)	100	聚酰胺(651)	10
石墨粉(200目)	10～20	聚硫橡胶	10
二硫化钼	10～15	其他助剂	适量

17. 机床修理粘接用改性环氧胶黏剂配方（质量份）

A组分		B组分	
环氧树脂(E-44)(300目)	100	三乙烯四胺	40～50
二硫化钼	50～70	二乙烯三胺	30～40
环氧丙烷丁基醚	10	乙二胺	20～30
邻苯二甲酸二丁酯	5～10	二乙烯三胺/环氧丙烷丁基醚混合物	20～40
气相二氧化硅	10	其他助剂	适量

18. 管道修复用改性环氧胶黏剂配方（质量份）

环氧树脂(E-44)	100	氧化锌	5～15
邻苯二甲酸二丁酯	20	乙二胺	5～10
陶瓷粉(200目)	10～20	其他助剂	适量

19. 电器零件粘接用改性环氧胶黏剂配方（质量份）

环氧树脂(E-51)	100	聚硫橡胶	20
石英粉(200目)	50～60	六亚甲基四胺	5～10

20. 电池管修理用改性环氧胶黏剂配方（质量份）

环氧树脂（E-44）	100	邻苯二甲酸二丁酯	10
石墨粉（300目）	5~10	二乙烯三胺	5~10
石英粉（200目）	5~10	其他助剂	适量

21. 钣金工具粘接修复用改性环氧胶黏剂配方（质量份）

环氧树脂（E-44）	100	邻苯二甲酸二丁酯	20~30
石英粉（200目）	50~60	间苯二胺	15~25
铝粉	10~20	其他助剂	适量
石棉粉	5~10		

22. 有机纳米蒙脱土改性环氧结构胶黏剂配方（质量份）

环氧树脂（128）	100	活性增韧稀释剂（丁基缩水甘油醚）	12
聚酰胺651/脂肪胺6612固化剂	10~50	KH-550偶联剂	适量
有机蒙脱土	10~20		

说明：

① 利用经十八季铵盐改性的有机蒙脱土与环氧树脂结构胶黏剂进行插层复合，中温固化是进行插层复合的关键条件，胶黏剂的性能有较大提高。

② 中温固化有利于环氧树脂与蒙脱土的插层复合，钢-钢剪切强度、浇铸体压缩强度都有较大提高。

③ 经过预处理的胶黏剂的性能有较大提高，蒙脱土质量分数为10%时，钢-钢剪切强度从纯EP（环氧）材料的18.40MPa提高到30.42MPa，提高65.3%；浇铸体压缩强度从80MPa提高到88MPa。

④ 含蒙脱土的环氧树脂胶黏剂具有触变性，在剪切速率增大至一定程度时，胶体出现剪切屈服现象。蒙脱土质量分数为10%的胶黏剂的屈服黏度为3.98Pa·s，触变指数为1.6，蒙脱土质量分数为20%的胶黏剂的屈服黏度为8.45Pa·s，触变指数为2.5。

⑤ 改性后的胶黏剂的适用期为50min，能满足工程施工中的要求。

该胶黏剂主要用于钢结构材料的粘接，也可用于其他材料的粘接。

23. 纳米蒙脱土/滑石粉改性环氧水下胶黏剂配方（质量份）

环氧树脂	100	滑石粉	50
固化剂	10~30	纳米蒙脱土（MMT）	5
增韧剂	10~20	其他助剂	适量

说明：纳米蒙脱土/滑石粉改性环氧水下胶黏剂的剪切强度见表4-50。

表4-50　纳米蒙脱土/滑石粉改性环氧水下胶黏剂的剪切强度

固化方式	空气中时间/h	剪切强度/MPa	固化方式	水中时间/h	剪切强度/MPa
120℃下2h,室温24h	0	18.1	100℃水中3h,室温24h	0	13.4
120℃下2h,室温24h	24	18.4	100℃水中3h,室温24h	24	13.9
120℃下2h,室温24h	48	18.5	100℃水中3h,室温24h	48	13.5
120℃下2h,室温24h	72	18.4	100℃水中3h,室温24h	72	13.2

24. 纳米 CaCO₃ 改性环氧胶黏剂配方 （质量份）

A 组分

E-44 环氧树脂	100	稀释剂	适量
活性纳米 $CaCO_3$	20		

B 组分

固化剂	30(100 份环氧树脂中)	助剂	适量

说明：

① 采用异佛尔酮二胺与酰氨基胺复合固化剂，提高了环氧树脂的玻璃化温度，改善了胶层的柔韧性，同时室温固化速率快，对于室温固化的环氧胶黏剂是一种性能优异的固化剂。

② 用 20 份活性纳米 $CaCO_3$ 改性环氧树脂，改性后的环氧胶黏剂的性能得到很大改善，其力学性能、粘接性能、柔韧性能以及热性能均得到提高，能完全取代昂贵的白炭黑对环氧胶黏剂的补强作用，降低了成本。

此胶黏剂可用于各种结构材料的粘接。

25. SiO₂ 改性环氧结构胶黏剂配方 （质量份）

原材料	配方 1(未经偶联处理)	配方 2(经偶联处理)
XH-11 双组分环氧结构胶	100	100
SiO_2	30	30
KH-560 偶联剂	—	1～2
丙酮	20	20
无水乙醇	50	50
其他助剂	适量	适量

说明：

① 未经偶联剂处理的 SiO_2 能降低胶黏剂体系的固化体积收缩量、热膨胀系数和均匀胶黏剂应力，适量地加入未经偶联剂处理的 SiO_2 能提高胶黏剂的剪切强度和拉伸强度。

② 经偶联剂处理的 SiO_2 因为与胶黏剂基体形成化学结合，填料对基体产生的应力场增大，微小的加入量就能起到均匀应力场的作用而提高胶黏剂的力学性能。

26. 纳米填料改性环氧胶黏剂配方 （质量份）

组分	原材料	纳米 SiO_2 改性胶	纳米 SiC 改性胶
A	环氧树脂(E-44 或 E-51)	100	100
	纳米 SiO_2 粉末	7	—
	纳米 SiC 纤维	—	10
B	增韧剂 CBP	10～20	10～20
	固化剂 T31	10～30	10～30
	其他助剂	适量	适量

说明：

① 在环氧胶黏剂涂层中加入纳米 SiO_2 和一维纳米 SiC 晶须纤维填料，涂层的拉伸强度、剪切强度和冲击强度均有一定程度的提高。

② 加入一维纳米 SiC 晶须后胶黏剂强度接近加入纳米 SiO_2 填料，而冲击强度有较明显的提高。

③ 在环氧胶黏剂涂层中加入 7％的纳米 SiO_2 和 10％的一维纳米 SiC 晶须纤维复合填

料，可优势互补，产生协同效应，胶黏剂的拉伸强度可以达到 69.09MPa，剪切强度达到 35.86MPa，冲击强度达到 63kJ/m²，均优于加入单一填料后环氧胶黏剂的性能。

27. 纳米橡胶粉改性环氧胶黏剂配方（质量份）

环氧组分

双酚 A 环氧树脂	60～85	稀释剂	1～10
纳米交联橡胶微粉	10～30		

固化组分

改性胺固化剂	92～95	偶联剂	1～3
固化促进剂	2～5		

说明：

本胶黏剂玻璃化温度从 95℃提高到 118～128℃；拉伸剪切强度由 15.6MPa 提高到 28.0～34.5MPa；冲击强度由 15.0kJ/m² 提高到 22.0～26.0kJ/m²；剥离强度由 1.5kN/m 提高到 3.0～3.4kN/m；高温拉伸剪切强度由 10.8MPa 提高到 26.4～33.2MPa。

该胶黏剂可用于金属与金属，金属与其他材料的粘接，主要用作结构胶黏剂。

三、填充或增强改性环氧胶黏剂配方与制备实例

（一）纳米蒙脱土改性环氧胶黏剂

1. 原材料与配方（质量份）

A 组分		B 组分	
双酚 A 型环氧树脂（CYD-128）	50	芳香胺与脂肪胺固化剂	50
酚醛环氧树脂（F-51）	50	DMP-30 促进剂	3
十六烷基季铵盐改性蒙脱石	4,6,8	其他助剂	适量
其他助剂	适量		

A：B＝1：(0.3～0.4)

2. 环氧胶黏剂的制备

环氧胶黏剂分为 A、B 两组分，A 组分包括黏料和填料，黏料（以下简称 EP）选用环氧树脂 CYD-128、F-51 按质量比 1：1 混合，填料选用 OMMT 按不同的比例加入 EP 中，搅拌混合均匀后超声处理 20min。B 组分为固化剂和促进剂的混合物，胶黏剂各组分的质量比为黏料：填料：B 组分＝100：x：38。胶合后将试样固定在夹具上置于烘箱中，固化条件为 80℃/4h，取出后自然放置 16h 后测试。

3. 性能与效果

（1）XRD 测试结果表明，EP 已经插入纳米蒙脱土层间，蒙脱土片层完全剥离，与 EP 形成了纳米复合。黏度测试表明，当 OMMT 含量在一定范围内能有效降低胶黏剂的黏度。

（2）力学性能测试表明，EP/OMMT 复合胶黏剂的钢/钢拉伸剪切强度比纯环氧胶黏剂提高了 65.5％，冲击强度提高了 82.1％，SEM 分析表明其增强增韧是多种机理共同作用的结果，当 OMMT 含量不同时，增韧机理也不相同，含量为 4％时主要是裂纹钉铆和银纹-微裂纹增韧机理，质量分数为 6％时主要是多层次的应力分散增韧，而质量分数为 8％时则未起到改性效果。

（3）当 OMMT 质量分数为 6％时，EP/OMMT 固化物热失重 5％时的温度比纯 EP 固化物高出 57℃，固化物的耐热性明显提高，且 OMMT 在此含量下胶黏剂的综合性能较好。

（二）纳米 SiO_2 改性环氧树脂胶黏剂

1. 原材料与配方（质量份）

E-44 环氧树脂（EP）	100	甲基四氢苯酐（MeTHPA）	20～30
纳米 SiO_2（nano-SiO_2，30nm±5nm）	1～3	其他助剂	适量
分散剂（EFKA-5044，EFKA-5010）	5～10		

2. 改性胶黏剂的制备

（1）nano-SiO_2 分散液的制备　将 nano-SiO_2 与分散剂按一定比例熔融混合，搅拌均匀后将其加入悬浮液中；先升温至较低温度，在真空状态下脱除溶剂，搅拌 30min 后继续升温至较高温度，强力搅拌使纳米粒子均匀稳定分散在体系中；最后采用乳化分散机分散 30min，冷却至室温，备用。

（2）未固化 nano-SiO_2/EP 体系的制备　将上述分散好的 nano-SiO_2 加入 EP 中，边搅拌边升温至 80～85℃，反应 2h，制得 nano-SiO_2/EP 悬浮液。

（3）复合材料用改性胶黏剂的制备　将未固化 nano-SiO_2/EP 悬浮液与 MeTHPA 按比例混合均匀即可。

3. 性能与效果

环氧树脂（EP）具有粘接力强、电绝缘性好、稳定性高和固化收缩率小等优点，但由于纯 EP 固化后呈三维交联网状结构，导致其内应力大、质脆和抗冲击韧性较差。采用共混法将纳米 SiO_2（nano-SiO_2）加入 EP 基体树脂中，制备 nano-SiO_2/EP 复合材料。结果表明，复合材料的剪切强度由 16.66MPa 升至 18.01MPa，冲击强度从 15.40kJ/m^2 升至 33.68kJ/m^2，弯曲强度从 70.50MPa 升至 85.94MPa，最终 nano-SiO_2/EP 复合材料体系的韧性比不含 nano-SiO_2 体系提高了 82.8%。

（三）纳米 SiO_2/丁腈橡胶改性环氧胶黏剂

1. 原材料与配方（质量份）

A 组分		B 组分	
E-44 环氧树脂	100.0	聚酰胺 650	100.0
丁腈橡胶	20.0	纳米 SiO_2	3.0
稀释剂	5.0～10.0	三氧化二铝粉	20.0
其他助剂	适量	钛酸酯偶联剂	0.2
		其他助剂	适量

2. 胶黏剂的制备

该胶黏剂为双组分胶黏剂，A 组分为环氧树脂 E-44、液体端羧基丁腈橡胶和少量稀释剂；B 组分为固化剂和少量助剂及填料，使用时按 1∶1 混合均匀，涂到被粘接的部件上，在室温下固化 7d。

3. 性能

该配比下，结构胶在室温或低温条件下，经 7d 固化后剪切强度的平均估计值为 31.36MPa，区间估计值为 30.89MPa 和 31.83MPa。

改性前后的环氧树脂结构胶的机械强度比较见表 4-51。

纳米级 SiO_2 的加入使结构胶的机械强度得到了改善，刚性无机纳米微粒对聚合物的增韧作用一般归结为银纹机理，当受到外力的冲击或拉伸作用时，均匀地分散在聚合物基质中的纳米级 SiO_2 微粒周围就会产生应力集中效应，使聚合物基质和纳米微粒的界面发生形变和产生银纹而吸收能量，因而在纳米微粒分散良好的前提下，纳米级 SiO_2 的加入改善和提高了环氧树脂结构胶的力学性能。

表 4-51 改性前后的环氧树脂结构胶的机械强度比较

改性	剪切强度/MPa	冲击强度/MPa
前	28.4	30.0
后	31.2	33.1

4. 效果

（1）纳米级 SiO_2 改性环氧树脂锚固专用胶是一种高性能的结构胶黏剂，优化配制的新型胶有效地改善了界面的粘接效应，可大幅度改善环氧树脂胶黏剂的粘接性能。

（2）方差分析表明固化剂、偶联剂、增韧剂、纳米级 SiO_2、填料五个因素对改性环氧树脂锚固专用胶的粘接剪切强度影响是非常显著的，影响大小的顺序为固化剂→偶联剂→增韧剂→纳米级 SiO_2→填料。经五因素三水平正交试验设计优化和改性处理后，其性能得到显著提高。

（3）纳米级 SiO_2 改性环氧树脂锚固专用胶耐介质性能良好，在介质中浸泡 30min 后的强度下降率＜20%，质量变化率＜1%，满足建筑工程相关技术标准的要求。

（4）在老化条件的影响下，改性后的固化试样剪切强度值有所下降，但强度损失较为缓慢，纳米级 SiO_2 的加入对于保持体系的强度是非常有利的，改性环氧树脂结构胶具有良好的耐久性。

（四）纳米 SiO_2/聚氨酯改性环氧胶黏剂

1. 原材料与配方（质量份）

环氧树脂(E-51)	100.0	纳米 SiO_2(粒径 30nm)	2.0
聚氨酯(PU)	20.0	偶联剂(KH-560)	1.5
甲基四氢苯酐(MTHPA)	20.0	其他助剂	适量
咪唑促进剂	3.0		

2. 制备方法

按一定比例将环氧树脂（E-51）和聚氨酯增韧剂混合，在 80～120℃下混合均匀后，向该体系中加入一定量经过有机化处理的纳米 SiO_2（采用偶联剂 KH-550 进行有机化处理）粉体充分搅拌至均匀，冷却至 50℃左右，再依次加入甲基四氢苯酐（MTHPA）、咪唑，直到该体系混合均匀。固化前静置、抽真空除去胶液中的气泡，将处理好的胶液涂在已准备好的模具上（模具用干净的布条取适量丙酮清洗干净，然后置于 80℃的烘箱中恒温 1h，再用干净的绸布条取适量脱模剂真空硅脂在模具内侧均匀涂上一层，要求脱模剂层薄而均匀），置于烘箱中梯度升温固化，固化条件为：80℃/2h+120℃/1h+150℃/1h+180℃/1h。

3. 性能与效果

（1）从扫描电镜（SEM）的测试结果可以得出，纳米 SiO_2 粒子在环氧树脂基体中有良好的分散性，但随着纳米 SiO_2 含量的增加粒子出现团聚现象。

（2）采用纳米 SiO_2 改性环氧树脂能有效地提高复合材料的力学性能，随着纳米粒子掺杂量的增加，剪切强度和弹性模量先增加后下降，当纳米 SiO_2 质量分数为 2% 时剪切强度和弹性模量达到最大，分别提高 173% 和 95%。

（3）无机纳米 SiO_2 的加入有效地提高了复合材料的耐热性，随着掺杂量的增加热分解温度逐渐增高。

（4）测试频率范围在 $10^2 \sim 10^5\,\mathrm{Hz}$，复合材料的介电常数 ε 随着纳米 SiO_2 粒子掺杂量的增加呈上升趋势，而且随着频率增加介电常数 ε 下降；介电损耗 $\tan\delta$ 随着纳米 SiO_2 粒子掺杂量的增加在低频区（$10^2 \sim 10^3\,\mathrm{Hz}$）呈下降趋势，而在高频区（$10^3 \sim 10^5\,\mathrm{Hz}$）随频率增加呈单调上升趋势。

（五）氨基修饰二氧化硅改性环氧胶黏剂

1. 原材料与配方（质量份）

E-51 环氧树脂	100.0	偶联剂	1.5
氨基修饰纳米 SiO_2	$0.4 \sim 0.6$	正硅酸四乙酯（TEOS）	3.0
聚酰胺 650	100.0	其他助剂	适量

2. 制备方法

（1）制备纳米二氧化硅　在溶有氨水的乙醇中，滴加 TEOS，保持搅拌 3h 后离心并洗涤，分散于少量乙醇中，得到纳米 SiO_2 微球乳液。

（2）纳米微球表面修饰　向纳米 SiO_2 微球乳液中加入 APTES，搅拌过夜后在 80℃ 回流 1h，离心并洗涤，60℃ 烘干得到氨基修饰的纳米微球（SiO_2-NH_2）。

（3）改性环氧胶的制备　称取聚酰胺，按不同比例向其中添加 SiO_2-NH_2 纳米微球，在 50℃ 的水浴锅中搅拌并超声分散，继而在 60℃ 真空烘箱中干燥 5h，添加环氧树脂 E-51，继续搅拌混合均匀，即得到配制好的环氧胶。

3. 性能与效果

纳米粒子表面原子具有极高的不饱和性，表面活性非常大，能与环氧树脂在界面上形成远大于范德华力的作用力；同时，由于比表面积大，纳米粒子与基体之间接触界面大，受力时会产生更多的微裂纹和塑性变形，可以起到较好的增韧效果；另外，纳米粒子的加入可以阻碍高分子链的运动，增大交联密度，使玻璃化温度升高，这对提高耐热性能有利。然而，无机纳米粒子也因其粒径小、比表面大、具有亲水性而容易团聚，在聚合物中不易分散，这在一定程度上限制了它的推广应用。通过对纳米二氧化硅进行表面氨基修饰，可提高纳米粒子与环氧胶基体的相容性，继而提高纳米粒子的分散性，从而进一步提升纳米二氧化硅改性环氧树脂胶黏剂的力学性能。

氨基修饰纳米 SiO_2 提高了其在环氧胶基体中的分散性，改性后的环氧胶拉伸剪切强度和剪切冲击强度同时大幅提高。当填料用量为 0.6% 时，胶黏剂拉伸剪切强度最高达到 22.80MPa，与未改性样品相比提高了 31%，与未修饰改性样品相比提高了 24%；当改性纳米 SiO_2 质量分数为 0.4% 时，最高冲击强度为 $10.97\mathrm{kJ/m^2}$，相对于未改性的样品提高了约 66.7%，而未修饰颗粒改性只提高 9.6%。

（六）纳米 $CaCO_3$ 改性环氧树脂胶黏剂

1. 原材料与配方（质量份）

E-54 环氧树脂	100	双十八烷基二甲基氯化铵	10
纳米 $CaCO_3$	7	其他助剂	适量
混合酸酐固化剂	80		

2. 制备方法

（1）纳米碳酸钙粒子的制备

a. 生石灰与 50℃ 的热水进行水化放热反应，精制成质量浓度为 8%～10% 的石灰乳 $Ca(OH)_2$。

b. 在石灰乳中加入晶型控制剂。

c. CO_2 气体与石灰乳 $Ca(OH)_2$ 进行碳化合成反应，碳化进程达到 1/3 时开始低速率碳化，继续碳化至 pH 为 6.5~7.0，反应过程中体系温度始终控制在 (25±5)℃。

d. 熟化后的碳化熟浆加入合成好的特殊表面处理活性剂。

e. 压滤脱水、干燥。

f. 粉碎过程中解聚分级后筛分包装。

纳米碳酸钙粒子制备工艺流程如图 4-5 所示。

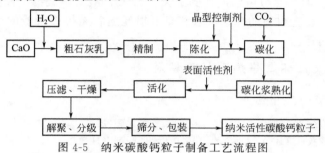

图 4-5　纳米碳酸钙粒子制备工艺流程图

（2）胶黏剂的制备　称料—配料—混料—反应—卸料—备用。

3. 性能与效果

纳米 $CaCO_3$ 粒度分布窄，二次粒子粒度分布 D90 为 2.50μm。这表明样品中累计粒度分布数 90％的粒子粒径都小于 2.50μm。二次粒子粒度分布 D10 为 0.3μm，表明样品中累计粒度分布数 10％的粒子粒径小于 0.3μm。

纳米碳酸钙粒子提高了环氧树脂胶黏剂体系的剪切强度，当纳米碳酸钙质量分数为 7％时，剪切强度增加的最多。当纳米碳酸钙粒子的含量大于 7％时，由于团聚作用，剪切强度开始下降。表面处理对于缓解纳米粒子的团聚作用效果显著，用极性双十八烷基二甲基氯化铵处理过的纳米碳酸钙粒子将环氧树脂胶黏剂的剪切强度提高了 31.28％。水煮后纳米碳酸钙环氧树脂胶黏剂的剪切强度降低。

（七）纳米 TiO_2 改性环氧胶黏剂

1. 原材料与配方 （质量份）

E-51 环氧树脂	100	咪唑促进剂	2~3
聚氨酯（PU）	20~30	偶联剂	1~5
TiO_2（纳米级）	3	溶剂	适量
四甲基四氢苯酐（MeTHPA）	25	其他助剂	适量

2. 制备方法

（1）TiO_2 的改性　称取 TCA201 和 20mL 甲苯加入三颈瓶中混合，常温搅拌均匀；随后加入纳米 TiO_2，80℃超声搅拌 3h，抽滤，用甲苯试剂反复洗涤；80℃下烘 4h，研磨；80℃下再烘 3h，研磨，待用。

（2）TiO_2/PU-EP 复合材料的制备　按一定比例将 E-51 和聚氨酯混合，80℃熔融均匀；向该体系中加入一定量经过 TCA201 处理的纳米 TiO_2 粉体，在超声中充分搅拌至溶解，冷却至 50℃左右；依次加入 MeTHPA 和咪唑，直至混合均匀；固化前静置、抽真空除去胶液中的气泡。将处理好的胶液涂在已准备好的模具上（用适量丙酮清洗模具，然后置于 80℃烘箱中恒温 1h，再在模具内侧均匀涂上薄层真空硅脂脱模剂），置于烘箱中梯度升温固化，固化工艺：80℃/2h＋120℃/1h＋150℃/1h＋180℃/1h。

3. 性能与效果

（1）采用纳米 TiO_2 改性环氧树脂，能有效提高复合材料的力学性能。随着纳米粒子掺杂量的增加，剪切强度呈现先增后降的趋势，当纳米 TiO_2 质量分数为3%时，剪切强度达到最大，为27.14MPa。

（2）随着无机纳米 TiO_2 的质量分数增加，材料热分解温度先升后降。当无机纳米 TiO_2 质量分数为3%时，热分解温度达到最大，为397.82℃，较掺杂前升高了17.48℃。

（3）在工频下，复合材料的介电常数和介电损耗随着无机掺杂量的增加呈现上升趋势，而击穿场强呈下降趋势。

（八）氮化硼改性环氧导热灌封胶黏剂

1. 原材料与配方（质量份）

双酚 A 环氧树脂(E-51)	100.0	氮化硼(BN)	15.0
液体端羧基丁腈橡胶(CTBN)	15.0	偶联剂 KH-560	1.5
活性稀释剂	10.0	溶剂	适量
聚酰胺651(固化剂)	25.0	其他助剂	适量
DMP-30(促进剂)	3.0		

2. 制备方法

将干燥后的 BN 分散于无水乙醇中，加入 KH-560/乙醇混合液搅拌，调整 pH 值为5～6，80℃下反应5h，在室温静置12h后抽滤，放入80℃真空烘箱中干燥24h，即得 KH-560 改性的 BN。

将一定配比的环氧树脂、CTBN 和活性稀释剂 660A 在60℃下搅拌20min，加入一定量的改性 BN，机械搅拌、超声分散后真空脱泡，即得 A 组分。将低分子量聚酰胺651和 DMP-30 在常温下按一定比例混合均匀，即得 B 组分。

3. 性能与效果

随着 BN 用量的增加，环氧导热灌封胶的剪切强度下降，导热性能增强，表面改性有助于提高环氧灌封胶的剪切强度和导热性能。CTBN 的加入可有效提高剪切强度。当改性 BN 和 CTBN 质量分数均为15%时，BN/环氧灌封胶具有较理想的剪切强度、热性能和导热性能。

（九）短切玻璃纤维改性环氧胶黏剂

1. 原材料与配方（质量份）

E-44 环氧树脂	100.0	短切玻璃纤维	1.2
正丁基缩水甘油醚(660A)	10.0	偶联剂(KH-550)	1.5
聚酰胺650	40.0	白炭黑	3.0～5.0
改性胺类曼尼希型固化剂(T31)	20.0	其他助剂	适量

2. 制备方法

（1）短切玻璃纤维增强 EP 的制备　短切玻璃纤维增强 EP 的制备流程如图4-6所示。

取 EP，并用活性稀释剂（660A）溶解稀释，备用；将短切玻璃纤维用 KH-550 预处理后，加入 EP 溶解液中，再加入白炭黑，搅拌均匀；最后加入固化剂（PA650和 T31），室温固化即可。

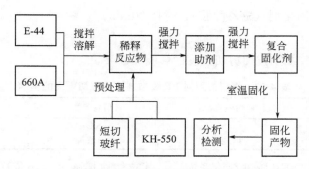

图 4-6 短切玻璃纤维增加 EP 胶黏剂的制备流程

（2）胶接件的制备　按照 GB/T 7124—2008 标准制备胶接件，基材为 45 碳钢。每组试验制备 5 个试样，检测结果取平均值。

① 涂胶　用干净的刮片将胶黏剂均匀涂覆在已表面处理过的基材表面上；为防止涂层中产生气泡，涂胶时应朝一个方向涂覆，刮片与基材表面呈 45°；适当控制胶层厚度，以确保获得粘接强度较高的胶接件。

② 胶合　将涂胶完毕的两片基材搭接在一起，前后移动数次以排出基材间的空气（使搭接面紧密接触）；然后向胶层施加一定的压力，以防试样脱落或产生气泡，并且能增加胶黏剂的定向吸附力（注意控制好压力，过大反而使胶黏剂被挤出，影响粘接效果）；最终得到厚度均匀的胶膜，编号待测。

3. 性能与效果

（1）当复合固化剂 m_{PA650}∶m_{T31}＝4∶2 时，胶黏剂的综合性能相对最好；此时胶黏剂的表干时间为 2.0h，固化时间为 18h，柔韧性棒轴直径为 2mm、拉伸剪切强度为 15.64MPa。

（2）短切玻璃纤维的引入，使得胶黏剂的耐温性显著提升。230℃、含 1.2% 玻璃纤维胶黏剂的拉伸剪切强度提高了 32.06%；添加玻璃纤维前后，相应胶黏剂失重率明显增加的起始温度分别为 230℃、300℃。

（3）对短切玻璃纤维在胶黏剂中耐温性影响的作用机制进行了探讨，玻璃纤维的骨架作用和耐高温性基团使得胶黏剂的耐温性得以提升。

（十）碳酸钙晶须改性环氧树脂胶黏剂

1. 原材料与配方（质量份）

环氧树脂（E-44）	100	三乙醇胺	13
碳酸钙晶须	20	其他助剂	适量
硅烷偶联剂 KH-550	2		

2. 制备方法

（1）硅烷偶联剂对 $CaCO_3$ 晶须的表面处理方法

① 表面处理法　将硅烷偶联剂配制成 95% 的乙醇溶液，然后将其加入填料中，搅拌均匀；将上述物料晾干后，在 120～160℃ 烘 30min，冷却至室温即可。此法有利于硅烷偶联剂的均匀分散，可以在较短时间内实现对填料表面的有机化处理。

② 迁移法　将硅烷偶联剂（相对于干胶质量而言）加入 EP 胶黏剂（已含固化剂）中。在固化过程中，由于分子的扩散作用，偶联剂分子会迁移至被粘接材料表面。

③ 兼用法　被粘物表面用硅烷偶联剂稀溶液处理后，与迁移法联用。

（2）EP 胶黏剂的配制　将含有 EP 的烧杯放入 60℃ 水浴中加热，然后按比例加入填料，搅拌 30min；再加入固化剂（三乙醇胺），搅拌 30min。

3. 性能

填料类型对 EP 胶黏剂拉伸剪切强度的影响见表 4-52。

表 4-52　填料类型对 EP 胶黏剂拉伸剪切强度的影响

填料类型	拉伸剪切强度/MPa	填料类型	拉伸剪切强度/MPa
$CaCO_3$ 晶须	18.5	SiO_2	16.4
轻质 $CaCO_3$	13.2	无填料	10.3

对含有不同填料的 EP 胶黏剂体系而言，其拉伸剪切强度大小依次为含 $CaCO_3$ 晶须体系＞含 SiO_2 体系＞含轻质 $CaCO_3$ 体系＞不含填料体系，即 $CaCO_3$ 晶须对 EP 胶黏剂的增强效果最明显。

晶须表面经偶联剂改性前后胶黏剂的拉伸剪切强度见表 4-53。

表 4-53　晶须表面经偶联剂改性前后胶黏剂的拉伸剪切强度

w_{CaCO_3} 晶须/%	拉伸剪切强度/MPa			
	表面未改性	迁移法改性	表面处理法改性	兼用法改性
10	16.8	18.4	18.9	19.1
20	18.5	21.0	20.5	21.8
30	14.6	16.2	15.1	17.0

经硅烷偶联剂改性后，$CaCO_3$ 晶须/EP 胶黏剂的拉伸剪切强度明显提高。当 $CaCO_3$ 晶须的表面处理方法相同时，胶黏剂的拉伸剪切强度随晶须用量增加呈先升后降态势；当 w_{CaCO_3} 晶须＝20％时，拉伸剪切强度相对最高。当晶须用量相同时，不同晶须的表面处理方法对 EP 胶黏剂拉伸剪切强度的影响，依次为兼用法改性晶须体系＞迁移法改性晶须体系＞表面处理法改性晶须体系＞表面未改性晶须体系。

4. 效果

在其他条件保持不变的前提下，未改性 $CaCO_3$ 晶须可使 EP 胶黏剂的拉伸剪切强度提高 10％～80％，耐热性略有提高，其外推起始热分解温度为 370℃；对 $CaCO_3$ 晶须用质量分数为 1％的硅烷偶联剂进行表面处理后，其可使 EP 胶黏剂的拉伸剪切强度提高 30％～110％；$CaCO_3$ 晶须是一种应用前景良好的胶黏剂用增强填料。

（十一）纳米硅改性环氧建筑结构胶黏剂

1. 原材料与配方（质量份）

A 组分		B 组分	
环氧树脂（E828）	100.0	聚酰胺/聚脂肪胺复合固化剂	100.0
活性稀释剂（5011B）	10.0	偶联剂 KH-550	1.0
低分子量增塑剂 DOP	15.0	活性增韧剂 XMP	25.0
纳米硅	1.0～2.0	促进剂 DMP-30	3.0
偶联剂（KH-560）	1.0	抗氧剂（BHT）	0.5
其他助剂	适量	填料	5.0～10.0
		其他助剂	适量

2. 制备方法

（1）A 组分　填料、KH-560、活性稀释剂、低分子量增塑剂 DOP→一次加热、捏合→

加 E-828、纳米硅→二次加热、捏合→真空脱气→出料。

（2）B 组分　填料、KH-560、活性增韧剂 XMP→加热、捏合→加入固化剂、促进剂、BHT、纳米硅→二次加热、捏合→真空脱气→出料。

3. 性能与效果

环氧建筑结构胶在 A、B 胶其他组分不变的情况下，XMP 增韧剂添加量与环氧树脂之比为 25∶100、纳米硅添加量为 1%时，效果最佳。

第五章　环氧树脂功能胶黏剂

第一节　环氧树脂导电胶黏剂

一、简介

（一）导电胶黏剂的组成

导电胶黏剂是由导电性填料、黏合剂、溶剂和添加剂组成的。

（1）导电性填料　常用的导电性填料有金属粉、石墨粉、乙炔炭黑和碳纤维等，其中以金属粉应用最为广泛。在金属粉中，金粉化学稳定性好，导电性高，但价格高昂，只能用于要求高度可靠性的航空、航天或军工等方面和厚膜集成电路上；铜粉、铝粉、镍粉则易氧化，导电性不稳定；应用最多的是银粉。

银粉具有优良的导电性和耐腐蚀性，在空气中氧化极慢，故是较理想的导电填料。

银粉的大小和形状对配制的导电胶的导电性能有很大的影响。一般而言颗粒越小、形状越不规则（如树枝状）其导电性能就越好。

银粉的缺点是密度大、易沉淀、迁移。由于迁移可引起绝缘不良，据报道加入钯可防止迁移，加入少量 V_2O_5 也可防止迁移。此外，选用玻璃化温度高、吸湿性低的树脂材料配胶也可以改善迁移。

炭、石墨等分散性较好，价格低，但导电性差（$\rho_v = 10^{-2} \sim 10^6 \Omega \cdot cm$），耐湿性不好。若非特殊原因，一般不使用。

（2）树脂、溶剂和添加剂　常用的有单组分和双组分环氧树脂胶，因其固化物坚韧、耐磨和耐热，所以常用于硬件。

使用时，可在胶液中加入稀释剂，以调节黏度及干燥速率，通常使用醇类、酯类溶剂。

添加剂还包括：分散剂，能使导电填料分散良好；调节剂，可提高丝网的印刷性；补强剂，可使附着力提高。添加剂的加入可以改进胶液的性能，但加入的量太大，对导电性有不良的影响，所以要尽量少用。

（二）导电胶黏剂的基本性能

导电胶黏剂的性能取决于选用的黏合剂（树脂）系统、导电填料的类型和含量以及固化时间。导电胶黏剂除具有一般胶黏剂应具有的性能外，主要就是其导电性——电阻率（或它的倒数电导率），以 ρ_v 表示，单位为 $\Omega \cdot cm$。根据经验，固化温度高，固化时间长，电阻率就低。

（三）用途

导电胶黏剂是适应电子工业发展需要出现的胶黏剂品种，它用于电器和电子装配过程中需要接通电路的地方，以粘代焊。采用焊料焊接需要高温加热，有时容易损伤元器件；也难于控制使用极少量的焊料或极准确地焊接，粘接则是比焊接更理想的连接方法，导电胶黏剂可以制成导电浆料，利用其对很多材料的良好粘接性能，将图形线条印刷于不同材质的线路板上，作为导电线路。

二、环氧导电胶黏剂实用配方

1. 可作石墨电极的环氧导电胶黏剂配方（质量份）

A 组分

环氧树脂(E-44)	100	邻苯二甲酸二烯丙酯	10
环氧树脂(D-17)	30		

B 组分

咪唑乙醇溶液(33%)	15	其他助剂	适量
电解银粉(300 目)	200		

A∶B＝14∶60

2. 可代替焊接材料的导电环氧胶黏剂配方（质量份）

环氧树脂(E-51)	100	己二胺/乙醇胺固化剂	10～15
邻苯二甲酸二丁酯	10	银粉(300 目)	200～300
环氧树脂(B-63)	10～20	其他助剂	适量

3. 银焊用导电环氧胶黏剂配方（质量份）

环氧树脂(E-51)	100	稀释剂	10
环氧树脂(W-95)	20	2-乙基-4-甲基咪唑	2
聚乙烯醇缩丁醛	5～10	银粉(200 目)	300
羟基丁腈橡胶	10	其他助剂	适量

4. 印刷电路粘接用导电环氧胶黏剂配方（质量份）

环氧树脂(E-51)	100	银粉(200 目)	200～260
三乙醇胺	10～20	其他助剂	适量

5. 超细导线粘接用导电环氧胶黏剂配方（质量份）

环氧树脂(E-44)	100	银粉	200
丙酮	20～30	其他助剂	适量
三乙烯四胺	15		

6. 导电、导热环氧胶黏剂配方（质量份）

环氧树脂(E-44)	100	间苯二酚	1～2
液体丁腈橡胶	20	炭黑	5
银粉(300 目)	20～40	其他助剂	适量
间苯二胺	10～15		

7. 铜粉改性导电环氧胶黏剂配方（质量份）

环氧树脂(E-44)	100	铜粉(600目)	30～70
聚酰胺(650)	50～80	其他助剂	适量

8. 银粉改性导电环氧胶黏剂配方（质量份）

环氧树脂(E-44)	100	间苯二胺	20
液体丁腈橡胶	10	银粉(300目)	200
稀释剂	15	其他助剂	适量
2-乙基-4-甲基咪唑	1～2		

9. 环氧导电胶黏剂配方（质量份）

环氧树脂(E-44)	40	双氰胺	7
银粉(300目)	60	其他助剂	适量
乙酸乙烯酯/环氧氯丙烷溶液	500		

10. 耐候性耐介质性导电环氧胶黏剂配方（质量份）

环氧树脂(E-51)	100	2-乙基-4-甲基咪唑	3
环氧树脂(W-95)	40	间苯二胺	2
液体羧基丁腈橡胶	10～20	还原银粉(300目)	80
聚乙烯醇缩丁醛	5～10	偶联剂(KH-560)	2
稀释剂	10	其他助剂	适量

11. 常用导电环氧胶黏剂配方（质量份）

环氧树脂(E-51)	100	银粉(300目)	200～300
三乙醇胺	20	其他助剂	适量

12. 通用型导电环氧胶黏剂配方（质量份）

环氧树脂(E-44)	100	银粉	200
双氰胺	4～10	其他助剂	适量
乙二胺	10～20		

13. 抗震耐老化抗辐射型导电环氧胶黏剂配方（质量份）

环氧树脂(E-44)	100	间苯二酚	1～2
液体丁腈橡胶	10～20	乙炔炭黑	15～20
银粉(300目)	20～40	其他助剂	适量
间苯二胺	20		

14. 高强度导电环氧胶黏剂配方（质量份）

环氧树脂(E-42)	40	银粉(300目)	80
尼龙树脂	60	乙炔炭黑	10
液体丁腈橡胶	10～20	溶剂	适量
双氰胺	200		

15. 通用型导电环氧胶黏剂配方（质量份）

环氧树脂(E-51)	100	固化剂	20～25
银粉(300目)	200	其他助剂	适量
炭黑	50		

16. 耐冲击高弹性导电环氧胶黏剂配方（质量份）

环氧树脂（E-51）	100	银粉（300目）	50
聚氨酯弹性体	40	固化剂	20
乙炔炭黑	100	其他助剂	适量

17. 耐高温导电环氧胶黏剂配方（质量份）

环氧树脂（R-71）	200	乙炔炭黑	80
顺丁烯二酸酐	70	银粉（300目）	30
乙二胺	2～5	其他助剂	适量

18. 电子元器件粘接用导电环氧胶黏剂配方（质量份）

环氧树脂（E-44）	100	银粉（300目）	100
液体聚硫橡胶	50	其他助剂	适量
三乙烯四胺	10		

19. 小型电路粘接装配用导电环氧胶黏剂配方（质量份）

环氧树脂（E-51）	100	银粉（300目）	50～80
丙烯基甘油醚	10～20	乙炔炭黑	10～20
液体聚硫橡胶	10～20	其他助剂	适量
2,4,6-苯三酚	10		

20. 电视机高频头用导电胶黏剂配方（质量份）

环氧树脂（E-51）	100	邻苯二甲酸酐	15
顺丁烯二酸酐	15	三乙醇胺	适量
银粉（300目）	30	其他助剂	适量
石英粉（200目）	150～200		

21. 711 导电胶黏剂配方（质量份）

E-51 环氧树脂	70.0	600 环氧稀释剂	10.0
W-95 环氧树脂	30.0	2-乙基-4-甲基咪唑	1.5
聚乙烯醇缩丁醛	7.0	间苯二胺	20.0
羧基丁腈橡胶	10.0	银粉	250.0～300.0

固化条件：80℃/1h，150℃/（2～3）h。

说明：电阻率，$10^{-3} \sim 10^{-4}$ Ω·cm；剪切强度，62 黄铜 25～27MPa；铝合金 27～30MPa。

耐老化性：西安地区大气曝晒 2 年剪切强度下降 10%，不均匀扯离强度不变。

22. 环氧导电胶黏剂配方

材料	配比/kg	材料	配比/kg
EPU-17T-6 环氧树脂	24.0	2-羟基-4-甲氧基二苯甲酮	0.3
EPU-16B 环氧树脂	51.0	双氰胺	2.0
包覆银玻璃微球	10.0	气相二氧化硅	4.0
咪唑	2.0	氧化铁红	0.0003
氟碳表面活性剂全氟癸烯对氧苯磺酸钠	0.2	环氧丙烷丁基醚	6.5

23. 芯片粘接用环氧导电胶黏剂实例 1

材料	配比/%	
	不含环氧化合物的固化剂	含有环氧化合物的固化剂
专有的双马来酰亚胺	26.57	26.51
二(4-叔丁基环己基)过氧化二碳酸酯	0.53	0.53
二(三羟甲基)丙烷四丙烯酸酯	3.99	3.97
2-丙烯酸苯氧乙酯	7.97	7.95
聚丁二烯	5.31	5.30
双酚 F 环氧树脂中 40% CTBN	3.99	3.98
(2,6-二环氧甘油苯基烯丙醚)环氧树脂	6.64	6.63
2-乙基-4-甲基咪唑	0.00	0.13
硅石 1	30.00	30.00
硅石 2	15.00	15.00
总计	100.00	100.00

24. 芯片粘接用环氧导电胶黏剂实例 2

材料	配比/%	
	不含环氧化合物的固化剂	含有环氧化合物的固化剂
专有的双马来酰亚胺	28.65	28.58
二(4-叔丁基环己基)过氧化二碳酸酯	0.57	0.57
二(三羟甲基)丙烷四丙烯酸酯	4.30	4.29
2-丙烯酸苯氧乙酯	8.59	8.57
聚丁二烯	5.73	5.71
(2,6-二环氧甘油苯基烯丙醚)环氧树脂	7.16	7.14
2-乙基-4-甲基咪唑	0.00	0.14
硅石 1	30.00	30.00
硅石 2	15.00	15.00
总计	100.00	100.00

25. 芯片粘接用环氧导电胶黏剂实例 3

材料	配比/%	
	不含环氧化合物的固化剂	含有环氧化合物的固化剂
专有的双马来酰亚胺	43.30	43.14
二(4-叔丁基环己基)过氧化二碳酸酯	0.89	0.86
(2,6-二环氧甘油苯基烯丙醚)环氧树脂	10.82	10.78
2-乙基-4-甲基咪唑	0.00	0.22
硅石 1	30.00	30.00
硅石 2	15.00	15.00
总计	100.00	100.00

26. 芯片粘接用环氧导电胶黏剂实例 4

材料	配比/%	
	不含环氧化合物的固化剂	含有环氧化合物的固化剂
专有的双马来酰亚胺	35.03	34.92
二(4-叔丁基环己基)过氧化二碳酸酯	0.70	0.70
2-丙烯酸苯氧乙酯	10.51	10.48
(2,6-二环氧甘油苯基烯丙醚)环氧树脂	8.76	8.73
2-乙基-4-甲基咪唑	0.00	0.17
硅石 1	30.00	30.00
硅石 2	15.00	15.00
总计	100.00	100.00

27. 芯片粘接用环氧导电胶黏剂实例 5

材料	配比/%	
	不含环氧化合物的固化剂	含有环氧化合物的固化剂
专有的双马来酰亚胺	35.03	34.92
二(4-叔丁基环己基)过氧化二碳酸酯	0.70	0.70
二(三羟甲基)丙烷四丙烯酸酯	10.51	10.48
(2,6-二环氧甘油苯基烯丙醚)环氧树脂	8.76	8.73
2-乙基-4-甲基咪唑	0.00	0.17
硅石 1	30.00	30.00
硅石 2	15.00	15.00
总计	100.00	100.00

28. 芯片粘接用导电胶黏剂实例 6

材料	配比/%	
	不含环氧化合物的固化剂	含有环氧化合物的固化剂
专有的双马来酰亚胺	14.13	14.08
二(4-叔丁基环己基)过氧化二碳酸酯	0.28	0.28
2-丙烯酸苯氧乙酯	4.24	4.23
聚丁二烯	2.82	2.82
(2,6-二环氧甘油苯基烯丙醚)环氧树脂	3.53	3.52
2-乙基-4-甲基咪唑	0.00	0.07
银片	75.00	75.00
总计	100.00	100.00

29. 芯片粘接用导电胶黏剂

导电胶的性能见表 5-1。

表 5-1　导电胶的性能　　　　　　　　　　　　　　单位：MPa

实例 1	指　标	
芯片扭曲:在室温下固化后,SPCLF	7.7μm;	20.7μm
芯片剪切强度		
固化后,室温下	8.3	10.6
固化后,260℃	1.7	1.6
模制后烘焙,室温下	23.3	24.9
模制后烘焙,260℃	5.3	5.8
实例 2	指　标	
芯片扭曲:在室温下固化后,SPCLF	12.3μm	26.7μm
芯片剪切强度		
固化后,室温下	11.7	9.1
固化后,260℃	1.8	1.6
模制后烘焙,室温下	22.4	25.6
模制后烘焙,260℃	3.8	4.0
实例 3	指　标	
芯片扭曲:在室温下固化后		
SPCLF	1.0	3.2
BT	3.8	8.5
芯片剪切强度		
固化后,室温下	10.0	0.3
固化后,260℃	2.5	0.2
模制后烘焙,室温下	18.6	7.5
模制后烘焙,260℃	4.1	1.7
实例 4	指　标	
芯片扭曲:在室温下固化后		
SPCLF	1.7	2.0
BT	4.8	8.8
芯片剪切强度		
固化后,室温下	7.5	1.2
固化后,260℃	1.8	0.4
模制后烘焙,室温下	15.1	8.6
模制后烘焙,260℃	2.9	1.7
实例 5	指　标	
芯片扭曲:在室温下固化后		
SPCLF	3.1	6.8
BT	15.5	15.5
芯片剪切强度		
固化后,室温下	11.3	9.0
固化后,260℃	2.5	1.4
模制后烘焙,室温下	17.7	18.0
模制后烘焙,260℃	4.0	2.8
实例 6	指　标	
芯片扭曲:在室温下固化后		
SPCLF	15.5	19.8
BT	22.5	23.5
芯片剪切强度		
固化后,室温下	9.7	8.7
固化后,260℃	2.5	3.0
模制后烘焙,室温下	13.1	17.9
模制后烘焙,260℃	4.2	3.8

本胶黏剂组合物用于半导体封装体的制造和组装中，例如，集成电路芯片与引线框架或其他衬底的粘接、多芯片叠层组装以及电路封装体或组件与印制线路板的粘接。

30. 导电导热环氧胶黏剂配方（质量份）

双酚 A 环氧树脂	44.83	改性的导热填料 BN	24.13
改性的导热填料 Al₂O₃	6.90	溶剂丙酮及固化剂、助剂	24.14

说明：固化条件：120℃×2h、150℃×2h、180℃×2h。

胶片热导率为 11.4W/(m·℃)；黏度为 139.0mPa·s。

31. 环氧/聚苯胺胶黏剂配方（质量份）

A 组分		B 组分	
本征态聚苯胺	2.5	固化剂卡德莱 NX-2015	20.0
羊毛脂	6.9	环氧树脂 E-51	45.0
凡士林	10.0	石油磺酸钡	6.9
锂基润滑脂	21.0	环烷酸锌	1.8
斯盘-80	0.3	邻苯二甲酸二丁酯	0.6
		二甲苯	5.0

说明：外观及颜色：黑色胶状。使用温度：-40~120℃。拉伸强度：≥0.5MPa。最大填充孔隙：0.3~0.5mm。固含量：55%~60%。耐盐雾性：140μm 干膜，2000h 不起泡、无锈点。耐压：10MPa。加入环氧树脂固化剂的固化时间：25℃表干 5h，实干 48h。

32. 双马来酰胺改性环氧导电胶黏剂配方（质量份）

环氧树脂(E-51)	70	潜伏型固化剂	5~15
环氧树脂(E-44)	30	片状银粉	20~30
二苯甲烷双马来酰胺	2~4	混合溶剂	适量
烯丙基双酚 A	1~2	其他助剂	适量

说明：该体系室温储存较好，能 150℃固化。选用酚醛型环氧树脂，添加双马来酰胺和烯丙基双酚 A 混合物组成导电胶黏剂，粘接 IC 芯片，250℃时推力大于 24.5N。

33. 丁腈橡胶改性环氧导电胶黏剂配方（质量份）

环氧树脂(E-51)	100	固化剂(改性咪唑)	10~15
丁腈橡胶(NBR-26)	5~10	溶剂	适量
高纯度银粉	150~400	其他助剂	适量
石墨粉	30~100		

34. 环氧/咪唑导电胶黏剂配方（质量份）

环氧树脂(E-51)	100	丁腈橡胶	1
银粉	200	改性咪唑固化剂	15
石墨	33	其他助剂	适量

35. 改性环氧导电胶黏剂配方（质量份）

改性环氧树脂(E-51)	100	偶联剂(KH-550)	1~2
片状银粉	200~300	其他助剂	适量
内增韧固化剂/第二固化剂	10~20		

36. CLD-20 结构型导电环氧胶黏剂配方（质量份）

环氧树脂改性物	100	促进剂	2
混合固化剂	10~18	电解银粉	200~400

说明：适用期，48h。固化条件：120℃/3h。

强度，剪切强度≥20.0MPa，90°剥离强度≥50.0N/cm。

导电性：体积电阻率≤$10^{-3}\Omega\cdot cm$。

固化温度：低于150℃。

37. 高性能非银导电环氧胶黏剂配方（质量份）

环氧树脂	100	铜粉（经特殊处理）	170
固化剂	13	其他助剂	适量
促进剂	1		

38. 炭粉改性环氧胶黏剂配方（质量份）

环氧树脂(E-51)	70	偶联剂(KH-550)	2
环氧树脂(E-44)	30	T-31固化剂	25
聚硫橡胶(JLY-121)	20	其他助剂	适量
炭粉	70		

说明：在环氧树脂中加入聚硫橡胶增韧剂20份后，其拉伸剪切强度可达15.82MPa。炭粉作为导电填料单独加入环氧胶中，在加入70份炭粉时，电阻率最低，为$10\Omega\cdot cm$，导电性最好。

39. 石墨/环氧导电胶黏剂配方（质量份）

环氧树脂(E-51)	70	T-31固化剂	25
环氧树脂(E-44)	30	偶联剂(KH-550)	2
聚硫橡胶(JLY-121)	20	其他助剂	适量
石墨	60		

说明：① 在环氧树脂中加入DBP和液体JLY-121两种增韧剂，经比较加入JLY-121的环氧胶，其拉伸剪切强度明显比加入DBP的高。在JLY-121加到20份时，拉伸剪切强度达最大值，为15.82MPa。

② 石墨作为导电填料单独加入环氧胶中，一般在60份时，表现为导电性最好，电阻率为$50\Omega\cdot cm$。

40. 导电微球/环氧导电胶膜配方（质量份）

环氧丙烯酸树脂	100	丙烯酸酯橡胶	20~30
聚合物导电微球(5μm)	200	其他助剂	适量
固化剂	20		

41. 屏蔽方舱用环氧导电胶黏剂配方（质量份）

E-44环氧树脂	100	胺类固化剂	10~35
聚醚等增韧稀释剂	20~30	偶联剂	5~7
银粉（不同用途，含量不同）	260~500	溶剂	适量

42. 铜粉/环氧导电胶黏剂配方（质量份）

环氧树脂(E-51)	100	AR添加剂	30
蜜胺-脲醛树脂(MF)	40	其他助剂	适量
300目铜粉	250		

说明：研制的铜粉导电胶，体积电阻率$\rho_v\leq3.6\times10^{-3}\Omega\cdot cm$，固化温度为100℃。

43. 254-23 汽固化铜粉环氧导电胶黏剂配方（质量份）

A 组分		B 组分	
环氧树脂	100.0	816 缩胺固化剂	10.0～20.0
抗氧剂	1.0～2.0	还原剂	1.0～1.5
铜粉(800 目)	250.0	其他助剂	适量

说明：该胶可在 10～20℃下固化，工艺简单，性能稳定，拓宽了导电胶黏剂在自然环境中的使用温度范围。

44. 乙炔炭黑/丁腈/环氧导电胶黏剂配方（质量份）

E-44 环氧树脂	100	间苯二胺	13
液体丁腈-40	20	间苯二酚	1
银粉	25	乙炔炭黑(99%)	5

说明：该胶黏剂用于金属导热与散热件的粘接。粘接时，将被粘物件脱脂除油，干燥后，两面涂胶，合拢后加压 0.196MPa，85℃固化 2h，升温至 150℃固化 4h；或室温固化 24h，再升温至 150℃固化 4h。

45. 铝粉/丁腈/环氧导电胶黏剂配方（质量份）

E-51 环氧树脂	100	三乙醇胺	15
液体丁腈橡胶	15	铝粉	150

说明：该胶用于金属导热件与散热件的粘接，粘接时，清除被粘件表面的油脂，干燥后，两面涂胶，合拢后于 100℃固化 2h 即可。

粘接铝合金的室温剪切强度＞14.71MPa，热导率为 0.5W/(cm·℃)。

三、银粉/环氧树脂导电胶黏剂

1. 原材料与配方（质量份）

双酚 A 环氧树脂	50	γ-(2,3-环氧丙氧)丙基三甲基硅烷	1～2
脂肪族多官能环氧树脂	40	偶联剂	
酚醛环氧树脂	10	环氧/聚氨酯增韧剂	10
改性咪唑固化剂	7	银粉(片状)	80
1,4-丁二醇缩水甘油醚	10	其他助剂	适量

2. 制备方法

按一定比例称取环氧树脂、硅烷偶联剂、改性咪唑固化剂、稀释剂、增韧剂、银粉。先将硅烷偶联剂、稀释剂、增韧剂及环氧树脂搅拌均匀，再加入固化剂，充分搅拌，最后加入银粉，用行星搅拌机混合，使树脂、其他助剂与银粉混合均匀，最后得到银白色膏状的导电银胶。将合成的导电银胶在 100℃烘箱中固化 2h 就可得到待测样品。

3. 性能与效果

(1) 以环氧树脂为基体树脂、改性咪唑为固化剂、银粉为导电填料及其他助剂合成了银粉-环氧树脂导电胶。该体系中，增韧剂 ZR 的加入，使导电胶的剪切强度出现先增后减的趋势，经试验得出，增韧剂用量为环氧树脂质量的 10% 时效果最好。

(2) 固化剂的用量对导电胶的剪切强度和玻璃化转变温度影响较大，从玻璃化转变温度和剪切强度的结果来看，该导电胶中改性咪唑的最佳用量为树脂质量的 7%。

(3) 银粉的加入量对导电胶的体积电阻率的影响很大，随银粉用量增大，导电胶的体积电阻率下降很快，银粉含量为 80% 的导电胶体积电阻率很低，并且剪切强度也较好。

第二节　环氧树脂导磁与导热胶黏剂

一、环氧树脂导磁胶黏剂

1. 环氧树脂磁性胶黏剂配方（质量份）

618 环氧树脂	100	分散剂	1～3
液体丁腈橡胶	15	三乙醇胺	10～20
羰基铁粉	200～300	其他助剂	适量

说明：固化条件为压力 0.2MPa、85℃下固化 2h，再于 30～40min 内升温至 150℃ 固化 4h；或常温放置过夜，再于 150℃ 固化 4h。剪切强度（硅钢）＞18MPa，导磁性良好。

2. 磁棒制作用环氧磁性胶黏剂配方（质量份）

E-44 环氧树脂	100	间苯二胺	15
邻苯二甲酸二丁酯	10	其他助剂	适量
导磁铁粉	250		

说明：该胶黏剂用于收音机磁棒修复粘接。粘接时，被粘物两面涂胶，合拢后，在室温下放置 24h 后，于 130～140℃ 固化 2h。

3. 变压器铁芯用环氧磁性胶黏剂配方（质量份）

E-51 环氧树脂	100	分散剂	1～3
导磁铁粉	400	其他助剂	适量
顺丁烯二酸酐	24		

说明：该胶用于变压器铁芯的粘接。粘接时，将被粘物两面涂胶，合拢后放置 2h，然后于 130～140℃ 固化 5～6h。

4. 导磁部件粘接用环氧磁性胶黏剂配方（质量份）

E-51 环氧树脂	100	三乙醇胺	15
液体丁腈橡胶-40	15	分散剂	1～3
导磁铁粉	200～360	其他助剂	适量

说明：该胶黏剂用于粘接导磁件。粘接时，将被粘件两面涂胶，合拢后，放置 1h，而后于 100℃ 固化 2h。

二、环氧树脂导热胶黏剂

（一）低黏度导热环氧胶黏剂

1. 原材料与配方（质量份）

E-51 环氧树脂	100	硅烷偶联剂（KH-550）	1
乙二醇二缩水甘油醚	40	MgO（粒径 10μm）	80
脂肪胺固化剂（TE-80）	25	其他助剂	适量

2. 制备方法

将一定质量的填料置于搅拌下放入醇水溶液（水/醇＝1/9）中，配制成一定浓度的溶剂，然后加入填料重量1%的硅烷偶联剂，继续搅拌20min。最后将溶液放入干燥箱100℃彻底干燥，取出后待用。

取100质量份的环氧树脂E-51，25质量份的固化剂TE-80，40质量份的稀释剂乙二醇二缩水甘油醚混合搅拌，加入一定比例的填料，在搅拌机下充分搅拌，测量黏度，脱泡后注入模具中，放入干燥箱，按指定温度程序升温固化，固化后降至室温，进行力学性能测试。

3. 性能与效果

稀释剂乙二醇二缩水甘油醚的加入能够有效降低环氧树脂的黏度，并且可以在一定程度上改善固化物的力学性能，最佳添加比例为40%（质量分数）；无机填料MgO和Al_2O_3的加入可以提高环氧固化物的导热性，添加80%（质量分数）的MgO既可以保证环氧树脂固化物的力学性能，又可将其热导率提高到2.13W/(m·K)。基于以上结论可以复配出一种低黏度导热环氧胶黏剂。

（二）LED封装用环氧树脂/金刚石导热胶黏剂

1. 原材料与配方 （质量份）

环氧树脂CY-828	100	偶联剂	1～2
金刚石	10～50	抗沉降助剂	1～3
酸酐固化剂	25	其他助剂	适量
固化促进剂	2		

2. 制备方法

取一定量的EP树脂，将不同比例的金刚石与EP树脂、固化剂及其他助剂一同置于行星搅拌机中混合搅拌10～20min，并脱泡处理；将得到的胶液浇铸于模具中，置于设定好温度的烘箱中，固化成型。

固化条件为：125℃/1h＋150℃/1h。

3. 性能与效果

以双酚A型EP树脂为基体，以平均粒径为$10\mu m$的金刚石为导热粒子，制备了高导热低膨胀导热胶。胶黏剂的最佳固化条件是125℃/1h＋150℃/1h。所制备的胶黏剂在金刚石添加量为40%时，热导率达0.85W/(m·K)，热膨胀系数为$33.15\times10^{-6}/℃$，已能完全满足LED封装用导热胶的技术要求。当金刚石添加量达到50%时，导热胶黏剂的热导率达1.07W/(m·K)，热膨胀系数为$16.65\times10^{-6}/℃$，且体系流动性好，固化物具有较高的强度和韧性。

（三）有机硅杂化高导热环氧封装胶黏剂

1. 原材料与配方 （质量份）

环氧树脂(E-51)	70.0	Al_2O_3	45.0
有机硅树脂	30.0	偶联剂	1.5
聚酰胺/间苯二胺混合固化剂	16.0	其他助剂	适量

2. 制备方法

（1）有机硅树脂的合成　在三颈瓶中加入15mL溶有37.64g γ-缩水甘油醚氧丙基三甲氧基硅烷的THF溶液；将25.02g质量分数为88%的甲酸、5mL THF和一定量的去离子水混合液缓慢滴入上述反应液中；水浴升温至80℃，回流10h；减压蒸馏去除溶剂与水后得到无色透明黏稠状液体。再加入5mL的三甲基氯硅烷与碳酸钠，真空条件下混合均匀得到有机硅树脂。

（2）高导热封装胶的制备 将有机硅树脂与双酚 A 型环氧树脂以质量比 3：7 于 40℃ 均匀混合得到基料。加入一定量改性氧化铝及占基料质量 16% 的聚酰胺与间苯二胺的混合体搅拌均匀后浇铸到模具中，依次在 75℃ 固化 2h、125℃ 固化 1h、150℃ 固化 3h 即得到光电器件封装用高导热环氧/有机硅杂化胶。

3. 性能与效果

采用水解缩聚的方法制备了有机硅材料，当甲酸与 KH-560 单体的物质的量比为 3：1 时，所制得的有机硅杂化树脂不会发生凝胶，环氧值为 0.425，耐热性和力学性能提高。通过添加改性氧化铝提高了封装胶的导热性能，当复配的氧化铝填充质量分数为基体树脂的 45% 时，所制备的导热封装胶的热导率为 $1.01W/(m \cdot K)$，比单一的环氧树脂的热分解温度提高了 36.66℃。该导热胶可以广泛使用在微电子器件上。

（四）ZnO 改性 Al_2O_3 导热环氧胶黏剂

1. 原材料与配方 （质量份）

E-51 环氧树脂	100	稀释剂	10~15
Al_2O_3（20μm）	45	固化剂（ZY-1618）	25
ZnO（0.5~5.0μm）	20~60	其他助剂	适量
硅烷偶联剂（KH-560）	1~2		

2. 制备方法

取一定量的硅烷偶联剂 KH-560、无水乙醇于 500mL 三口烧瓶中水解，40min 后加入适量的 ZnO、Al_2O_3，升温至 90℃ 反应 3h。过滤、烘干、粉碎研磨待用。

取一定量的环氧树脂、稀释剂 CYH-277、固化剂 ZY-1618 于烧杯中，加入不同配比经表面改性后的 ZnO、Al_2O_3 于高速分散机中分散均匀。倒入预热好的模具中，于 70℃ 下真空脱泡。固化工艺为：120℃/2h。

3. 性能与效果

（1）经硅烷偶联剂 KH-560 表面改性的 ZnO 粉体颗粒分散均匀，团聚现象减少。

（2）填充量相同时，较填充 5μm ZnO 的树脂体系，填充 0.5μm ZnO 的树脂体系的热导率、触变指数高，沉降率低，综合性能较好。

（3）随 ZnO 添加量的增加，灌封胶的热导率、拉伸剪切强度、触变指数均呈先增大后减小的趋势。ZnO 用量为 20% 时热导率、拉伸剪切强度最大，分别为 $0.84W/(m \cdot K)$、16.78MPa。ZnO 用量为 60% 时触变指数达到最大，为 1.89，灌封胶的施工性提高。

（4）随 ZnO 用量的增加灌封胶的黏度增大，耐热性增强，沉降率逐渐降低。

第三节　环氧树脂光学胶黏剂

一、无色透明环氧胶黏剂

环氧树脂具有很多优异的性能。无色透明胶黏剂由于其优异的透光率和折射率常用于透明材料以及光线仪器的粘接，在光学领域，特别是一些光学仪器特殊部件如测距仪、高度仪、望远镜、显微镜、投影仪的镜头以及放大镜等的粘接；在玻璃建筑中替代有机硅黏合剂用于玻璃和金属的粘接；也用作光纤连接、聚焦的固化材料，此外也用于粘接汽车防风玻璃和建筑窗框玻璃。因此无色透明环氧胶黏剂具有非常广阔的开发前景，环氧胶黏剂无色透明性的研究也成为一大热点。

（一）影响环氧胶黏剂透明性的主要因素

1.环氧树脂

作为环氧胶黏剂最主要的组成部分，环氧树脂的纯度会直接影响环氧胶的透明度。以常用的双酚 A 型环氧树脂为例，现有技术可以使得这类树脂杂质含量极低，且外观几乎可以达到近无色状态，但双酚 A 结构在使用过程中受光热作用易被氧化形成羰基而发黄，可添加适量抗氧化剂和光热稳定剂，防止和延缓黄变。

2. 固化剂

脂肪族多元胺类和酸酐类固化剂是用量最大的两类固化剂，其中脂肪族多元胺为室温固化剂，其固化过程放热量大，导致局部升温，加速黄化，降低光泽；产物脆性大，耐热性和耐酸性都不佳，而且刺激性强，毒性大；另外还易产生白化现象，进一步降低环氧固化物透明度。因此，需对原料胺进行改性。例如，在胺的 N 原子上取代羟烷基能有效降低毒性，并且可以改善其自身的色泽稳定性，在一定程度上抑制或延缓固化过程中的黄变，提高环氧胶黏剂的透明性。此外改性方法还有很多：Michael 加成、胺甲基化反应、多胺缩合、与硫脲缩合、与环氧化合物加成、与羰基化合物反应、与有机酸反应、与有机酸酐反应、共熔混多元胺等。

酸酐类固化剂多用于加热固化型环氧胶，通常为了加快酸酐与环氧树脂的反应速率，还需加入适量促进剂如叔胺。要获得透光性能良好的无色透明环氧/酸酐固化体系，应选择耐候性好且具有饱和环状结构的酸酐，避免在加热固化过程中和长期热态使用期间变色。

3. 其他助剂

其他助剂包括促进剂、增韧剂、稀释剂、稳定剂、增塑剂、填充剂、增强剂、偶联剂、阻燃剂、消泡剂等。除了助剂本身的色泽透明度会影响胶黏剂的透明度外，在使用过程中的色变也不可忽略。如在热氧和紫外照射条件下叔胺类促进剂和壬基酚促进剂易黄化，降低胶黏剂透明度，因而需加入适量的抗氧剂和紫外吸收剂。

（二）无色透明环氧树脂

现有生产技术可以生产出杂质含量极少、纯净近乎透明的环氧树脂。可以依据环氧树脂的颜色测试方法——加德纳（Gardner）比色法或铂-钴比色法（即 Hazen 法）评价环氧树脂的透明度。加德纳比色法测得的颜色随色泽号增大颜色加深，纯水的色泽加氏法测量值为 1。铂-钴比色法也是随色泽值增大颜色加深，色号 1～30 为无色，30～60 为几乎无色。早在 20 世纪 80 年代，发达国家环氧树脂色泽已能稳定地控制在 Gardner 1 号以下，面市的产品指标均小于 1 号。进入 90 年代，国外环氧树脂色度已远小于 G1 号接近无色透明状态，在 Gardner 0.2 号以下。加式法测量值≤1 或铂-钴法测量值≤60 的环氧树脂视为无色透明的环氧树脂。

1. 双酚 A 型无色透明环氧树脂

双酚 A 型环氧树脂又称 E 型环氧树脂，目前所用环氧树脂多为此类。产品种类繁多，透明性良好的双酚 A 型环氧有 E-51、E-54、E-55 等。对于双酚 A 的产色机理较普遍的看法是双酚 A 及可能的杂质游离酚、双酚异构体氧化成醌类生色物质导致产生颜色。如双酚 A

中的异构体的反应活性小于对位取代双酚 A，此种异构体存在，在树脂合成过程中可能存在未反应的酚羟基，在回收环氧氯丙烷、脱溶剂等后处理中氧化生色，使树脂色泽变深。表 5-2 列出了一些环氧树脂的色泽。

表 5-2　国内外部分厂家的 E 型环氧树脂产品

公司	产品牌号	色泽号≤
蓝星无锡	0164E、0164EA	30(Pt-Co)
	0191、0191F、0191H、0192	1(G)
台湾南亚	NPEL-127 系列、NPEL-128 系列、NPEL-134、NPEL-136、NPEL-231	1(G)
美国 Dow Chem	D. E. R. 331J	40(Pt-Co)
日本三菱化学	JER 827、JER 828 系列、JER 834	1(G)
日本旭电化	EP-4100 系列、EP-4200、EP-4500A、EP-4340	1(G)
日本东都化成	YD-115 系列、YD-128 系列、YD-127、YD-134	1(G)
瑞士 Ciba	GT-6609、GT-7004、GT-7072、GT-7097	1(G)

2. 双酚 F 型无色透明环氧树脂

双酚 F 型环氧树脂为无色或淡黄色液体。其粘接性、反应性与双酚 A 型大体相同，但其分子量较低，从而黏度也较低，使用时可不加或少加稀释剂，是一种较环保的树脂。

3. 氢化双酚 A 型无色透明环氧树脂

氢化双酚 A 型环氧树脂又称双酚 H 型缩水甘油醚，其液态产品为淡黄色透明液体。它是一种低分子量，低黏度，具有良好的耐候性、耐电弧性及耐漏电痕迹性，特别适宜用于户外的环氧树脂。如日本三菱化学的 YX8000、YX8034、YX8040 等，色泽号（G）≤1。

4. 其他类型无色透明环氧树脂

（1）711 环氧树脂　即四氢邻苯二甲酸双缩水甘油酯，是一种透明性较为出色的环氧树脂，经间苯二甲胺 50℃固化 2h 可得透光率为 85％的产物。国外牌号有 Epikote E-190、S-540 等。

（2）水性环氧树脂　主要包括环氧树脂乳液和水溶性环氧树脂。由苏州圣杰特种树脂生产的固含量为 100％的 HTW-609 就是一种透明均匀的自乳化型环氧树脂。

（三）无色透明的固化剂

1. 脂肪胺固化剂

脂肪胺固化剂反应活性高，室温下可快速固化，且加热能加速固化。其适用期较短，固化时放热量高，容易导致产物光泽性差。大多数脂肪胺固化剂碱性较大，易与 CO_2 反应生成相应的碳酸盐，导致固化物表面白化，降低产品的透明度。无色透明的脂肪胺类固化剂有二乙烯三胺（DETA）、3-二甲氨基丙胺（DMAPA）、3-二乙氨基丙胺（DEAPA）、间苯二甲胺（MXDA）、端氨基聚醚（ATPE）等，其中 DMAPA、DEAPA、ATPE 为无色透明液体，DETA 和 MXDA 为无色或淡黄色透明液体。

2. 脂环胺固化剂

脂环胺固化剂是含有脂环结构的胺类化合物，大多数为低黏度液体，活性较脂肪胺类固化剂低，适用时间较长，固化放热量小，室温下固化不完全，需升温加热。但固化物耐热性和柔韧性好，且颜色浅光泽好。无色透明固化剂有 1,3-二（氨甲基）环己烷、4,4'-二氨基双-3-甲基环己基甲烷、TAC 脂环胺、5618 固化剂、5701 固化剂等，无色或淡黄色的有 N-氨乙基哌嗪、异佛尔酮二胺等。

3. 改性多元胺固化剂

脂肪族多元胺类固化剂由于具有上述缺点，因而不宜单独使用，可通过改性，增加强度和韧性，降低毒性制得用途更广的新型胺类固化剂。透明性良好的有：G-328 环氧固化剂，不产生白化现象；TZ-500 酚醛胺固化剂；纯环氧树脂固化物透明性优良；β-羟乙基乙二胺；593 固化剂等。

4. 酸酐类固化剂

酸酐类固化剂是应用最早的固化剂，至今仍为环氧胶固化剂的重要一类，用量仅次于多元胺固化剂。酸酐类固化剂适用期长，多数刺激性小，毒性低，收缩率低，以它制得的环氧胶力学性质和电学性能优良。对比胺类固化剂，耐热性较高，固化产物色泽浅，但不耐介质尤其不耐碱，耐湿热性也较差。透明性良好的酸酐类固化剂有甲基四氢邻苯二甲酸酐（MeTHPA）、甲基六氢邻苯二甲酸酐（MeHHPA）、MNA-10 改性甲基纳迪克酸酐（MNA-10）。

5. 聚合物固化剂

一些含有活性基团如—CH_2OH、—NH—、—$COOH$、—NCO、—OH、—SH 等的低分子聚合物也可以用作环氧树脂的固化剂。这些固化剂可以是线型酚醛树脂、三聚氰胺甲醛树脂、苯胺-甲醛树脂、间苯二胺甲醛树脂、苯乙烯-马来酸共聚树脂（SMA）、液体聚氨酯、聚酯树脂、聚硫树脂、糠醇树脂等。由于上述树脂大多无色透明性优良，故用作环氧树脂固化剂所得固化物透明性也较好。

6. 聚硫醇固化剂

聚硫醇固化剂又称多巯基固化剂，可在室温或低温下快速固化。多巯基固化剂是无色透明快速固化环氧胶黏剂中应用最多的一类，具有固化时间短、透明度高的优点。广州川井电子材料曾采用 β-巯基丙酸与季戊四醇反应制得多元硫醇酯，再与 E-51 环氧树脂进行加热扩链反应得到无色透明、刺激性气味淡的多巯基固化剂。国外聚硫醇有美国的 Capcure 3-800、Capcure 3830-81、Capcure LOF、Capcure 40secHV、Capcure WR-6，日本的 Epomate QX-10、Epomate QX-11、Epomate QX-40、MP-2290、EH-316、EH-317 等。

7. 叔胺固化剂

叔胺类固化剂属阴离子聚合型固化剂，又称为阴离子固化剂，被广泛用作酸酐类及低分子聚酰胺类固化剂的促进剂。其固化过程放热量大，不能单独使用。无色透明的叔胺固化剂有 α-甲基苄基二甲胺、2-甲基吡啶（MPRD）、三乙醇胺（TEOA），无色或微黄色的有吡啶（PRD）、六氢吡啶（PPD）、二环脒（DBU）、596 固化剂（β,β'-二甲基氨基乙氧基-4-甲基-1,3,2-三噁硼杂六环）、邻羟基苄基二甲胺（DMP-10）和苄基二甲胺（BDMA）。

（四）无色透明环氧胶黏剂

晨光化工研究所研制的浅色透明环氧树脂 CGY-331 是热固性液态树脂，属双酚 A 类型，它不仅具有同类环氧树脂 E-51 的全部优良性能，而且还具有色泽极浅、透明度高、黏度小的特点。CGY-331 光学环氧树脂配以无色固化剂固化后的产物近于无色透明，透光率与有机玻璃相近。晨光化工研究院以 CGY-331 为 A 组分树脂黏料，分别用改性胺固化剂为 B 组分调配出 GHJ-01（K）、GHJ-01（M）、GHJ-02 以及 JN-791 光学环氧胶。这些产品具有色度低、透明、毒性低、黏附力强、耐高低温等优点。

对光学环氧胶黏剂 SEH-105 进行野战试验，全面检验其各项技术性能及野战适应能力。试验结果表明，SEH-105 光学胶有较好的技术性能，透光率高达 90% 以上，光圈胶合前后变化细微，像质保持良好，该胶的折射率接近于一般光学玻璃，特别适合作为光学仪器制造过程中的光学用胶，且野战适应能力强，可以应用于部队光学器材。

由于室温固化环氧胶黏剂普遍存在固化速率较慢、韧性持久性差等缺点，我国航空、航天所需的高强度结构胶和快固胶几乎全部依赖进口。为此，有人采用不饱和聚酯改性环氧、自制混胺型固化剂及促进剂等组分研制出双组分的室温快固全透明环氧胶。该胶工艺性能优异，操作简便，具有凝胶固化速率快、刺激性低、附着力强、适用期长、耐老化等优点，质量水平与国外同类产品相当，而成本价格低于国外同类产品。

采用 E-51 环氧树脂为 A 组分主体，以自制的多硫醇固化剂为 B 组分，制得了一种无色、透明性良好的环氧/多巯基型胶黏剂，并对此胶黏剂进行了包括拉伸剪切强度、接触角与表面能、紫外-可见光透过率、电学性能、吸水性等性能研究。其室温固化拉伸剪切强度达到 12.1MPa，70℃黏度为 8.84mPa·s，表面能为 38.6mJ/m^2，最大透过率为 91.5%，吸水性为 9.3%。与进口的 J-13（E-51 环氧树脂与适量进口固化剂的固化产物）相比，T-61（E-51 环氧树脂与适量自制固化剂的固化产物）具有更高的拉伸剪切强度。两者的表面能与可见光透过率相近，波动范围小，T-61 在吸水性方面表现出优势。

国内原材料生产的产品普遍存在易黄变的问题，因此提高环氧胶透明度的关键在于抑制或延缓黄变的趋势，采用改性多元胺、饱和结构的酸酐、加入光热稳定剂等措施都有利于获得无色透明的环氧胶。

（五）无色透明环氧胶黏剂的应用

1. 航空航天方面的应用

随着宇宙探索和空间技术的不断发展，人们对装配航天器和空间站的材料的要求越来越高，对胶黏剂的性能也有更高要求。航天器和空间站所处的宇宙环境极其恶劣，要保证其稳定运行，对胶黏剂的耐高低温性、稳定性、耐候性等有很高的要求，而环氧胶黏剂特别是改性环氧胶，耐高低温性质极强，能够达到这些性质要求。无色透明型环氧树脂可以用于航天器上透明材料的粘接和灌封。

2. 汽车工业方面的应用

汽车工业的技术进步，使得一些合金塑料等新材料逐步取代传统的钢材，造成大量黏合工艺替代焊接工艺，所以胶黏剂的使用量大大增加。无色透明环氧胶由于其突出的粘接性能、耐高低温性和耐候性，在汽车玻璃窗框以及仪表盘等玻璃材料的粘接方面广泛应用。

3. 建筑建材方面的应用

环氧胶黏剂在一些承重部位、防静电、防腐蚀、建筑加固等方面的特殊作用无法替代。无色透明环氧胶在玻璃建筑部件、窗框玻璃、透明装饰材料的粘接方面也有广泛的应用。

4. 电子电器方面的应用

无色透明环氧胶黏剂在诸如发光二极管、太阳能电池、光敏部件、MEMS 和 MOEMS 等的封装中被大量应用。此外，它在一些电子仪表盘的封装、电子显示屏的粘接方面也有独特之处。

5. 光学仪器方面的应用

无色透明环氧胶黏剂也是一种性能优良的光学用透明胶黏剂，在光学零件的加工，光学元件和仪器的粘接、组装，光学产品的维修和密封等方面都被大量应用。常用于粘接望远镜、显微镜、测距仪、投影仪等光学仪器的镜头，包括光纤的连接和聚焦方面也有运用。

6. 其他方面的应用

除了在工业上被广泛使用，无色透明的环氧胶也用于历史文物的维修和加固、玻璃器具和水晶玉器的粘接修复等方面。

为了改善环氧胶黏剂的性能，可以从其主要组分入手，改善各个组分的性质，选取合适的相容性好的环氧树脂、固化剂、促进剂以及其他助剂，配制出性能更加卓越的环氧胶黏剂。要获得无色透明的环氧胶黏剂，需制得无色透明、不黄化变色、耐高低温、耐候性好的环氧树脂、固化剂以及促进剂等助剂。同时，在追求高性能时应考虑生产工艺的环保性、生产原料的成本、生成产物的安全性，争取在生产出符合要求产品的同时做到环境友好，无毒无害。

二、环氧大豆油改性透明环氧树脂胶黏剂

1. 原材料与配方（质量份）

A 组分		B 组分	
E-51 环氧树脂	100	丙烯腈（AN）	1.5
环氧大豆油（ESO）	20	环氧氯丙烷（ECH）	0.3
邻苯二甲酸二丁酯（DBP）	10	己二胺	1
		其他助剂	适量

2. 制备方法

（1）A 组分（改性 EP）的制备　将装有 10g EP 的烧杯置于 60℃ 水浴中加热，然后按比例加入 ESO 或 DBP，搅拌 30min，即得改性 EP。

（2）B 组分（固化剂）的制备　将计量的己二胺加入装有搅拌器、N_2 导管和回流冷凝器的四口烧瓶中，70～80℃ 滴加 ECH，滴毕，冷却至 60～70℃；滴加 AN，滴毕，恒温反应 1～2h，即得固化剂。

（3）EP 胶黏剂的配制　按照 $m_{A组分} : m_{B组分} = 2 : 1$ 的比例，将上述物料混合均匀即可。

3. 性能

固化剂的改性比对 EP 胶黏剂性能的影响见表 5-3。

表 5-3　固化剂的改性比对 EP 胶黏剂性能的影响

$n_{己二胺} : n_{ECH} : n_{AN}$	剪切强度/MPa	制品外观（手感）
1 : 0.3 : 1.0	15.4	无色透明（较硬）
1 : 0.3 : 1.5	18.6	无色透明（柔韧）
1 : 0.5 : 1.0	14.7	无色透明（很硬）
1 : 0.5 : 1.5	12.6	不透明

当 $n_{己二胺} : n_{ECH} : n_{AN} = 1 : 0.3 : 1.5$ 时，EP 胶黏剂的综合性能相对最好（以下试验均以此改性比的固化剂作为 B 组分）。

不同增塑剂对 EP 胶黏剂折射率的影响见表 5-4。

表 5-4　不同增塑剂对 EP 胶黏剂折射率的影响

增塑剂类型	ESO	DBP
20℃折射率	1.55	1.56

EP 胶黏剂中引入 ESO 或 DBP 增塑剂后，其折射率相差不大，并且均符合光学用胶黏

剂的相关标准要求,而且可用于透明制品的粘接。

三、环氧光学胶黏剂实用配方

1. 环氧光敏胶黏剂配方(质量份)

① 光敏树脂配方

E-51 环氧树脂	50.00	N,N-二甲基苄胺	1.00
丙烯酸树脂	18.50	对苯二酚	0.15

② 光敏胶黏剂配方

光敏树脂	50.00	丙烯酸丁酯	5.20
光敏引发剂	4.00	PTTA	1.79
对苯二酚	0.14	邻苯二甲酸二丁酯	0.60
甲基丙烯酸-β-羟基乙酯	17.60	KH-550	0.80

2. 光学制品用透明弹性环氧胶黏剂配方(质量份)

A 组分

环氧树脂(E-51)	100	活性增韧剂	30
Y-70 稀释剂	20~30		

B 组分

改性固化剂	100	其他助剂	适量
固化促进剂	5		

固化条件:25℃×6h,50℃×6h。

3. 光学环氧胶黏剂配方 1(SHE-105)(质量份)

A 组分

环氧树脂(E-51)	100	丙烯酸甲酯	30

B 组分

对苯二酚	1	其他助剂	适量
固化剂	20		

说明:SEH-105 胶黏剂是一种较为理想的新型光学胶黏剂,该胶可分 A、B 两组分。
A 组分:外观呈浅黄色透明液体,黏度为 400~700s,折射率 n_D^{20} 为 1.45~1.56。
B 组分:外观为浅黄色至深黄色透明液体,黏度为 600~1200s,折射率 n_D^{20} 为 1.40~1.54。
SEH-105 胶黏剂透光率>90%。

4. 光学环氧胶黏剂配方 2(质量份)

树脂成分(A 组分)

环氧树脂	97	KH-560	3

固化剂成分(B 组分)

混合固化剂①	50

① H-1 和 230 按等摩尔比的混合物,此配方简称"GJJ 82-1"。

① GJJ 82-1 的性状(代表值)

性状	A 组分	B 组分
外观	无色透明黏稠液	淡色透明液
黏度(25℃)/mPa·s	5700	420

配胶比（A/B）   100/50（质量比）

混合黏度（25℃）/mPa·s   1800～2000

适用期（25℃，3g）/h   1.5

凝胶时间（25℃，3g）/h   4

② 力学性能和热性能

弯曲强度（室温）/MPa	62.7	T_g/℃	47
冲击强度（无缺口）/(kJ/m²)	47	热膨胀系数	7.2×10^{-5}
布氏硬度（HB）	15	(0～40℃)/℃⁻¹	

③ 粘接性能

被粘材料	剪切强度（室温）/MPa	被粘材料	剪切强度（室温）/MPa
铝合金	16.4	45 钢	21.4
紫铜	14.5		

5. 光学环氧胶黏剂配方 3（质量份）

A 组分

环氧树脂 E-44	100	309 不饱和聚酯	5
液体端羧基丁腈橡胶（CTBN）	10		

B 组分

二甲氨基丙胺甲醛聚合物	10	其他助剂	适量
β-氨基丙基二乙氰基硅烷	2		

A：B＝20：1

说明：配制后的基本性能：室温放置 36h，然后再经 50℃、4h 可使之固化；胶层耐油性能和耐溶剂性能好，粘接强度高，固化后的室温剪切强度为 18.7MPa，室温下剥离强度为 5.6kN/m，综合性能良好，基本可以满足光学仪器的粘接强度要求。

6. 自由基-阳离子型紫外光固化环氧胶黏剂

自由基-阳离子型紫外光固化环氧胶黏剂配方及性能见表 5-5。

表 5-5 自由基-阳离子型紫外光固化环氧胶黏剂配方及性能   单位：质量份

组分名称及性能测试数据			配 方 编 号					
			1	2	3	4	5	6
低聚物	环氧树脂	双酚 A 环氧树脂(E-51)	100.0	100.0	100.0	100.0	100.0	100.0
	催化剂	N,N-二甲基苯胺	0.5	3.0	5.0	0.5	3.0	5.0
	阻聚剂	对羟基苯甲醚	0.5	2.0	4.0	0.5	2.0	4.0
	甲基丙烯酸		21.9	17.5	31.0	17.5	21.9	31.0
稀释剂	单官能团稀释剂	丙烯酸丁酯	40.0	20.0	80.0	20.0	10.0	40.0
		丙烯酸乙酯	—	—	—	20.0	10.0	40.0
自由基光引发剂	安息香二甲醚(俗称 BDK)		2.0	3.0	2.5	1.0	1.0	1.5
	苯乙酮衍生物(UV1173,2-羟基-2-甲基-1-苯基-1-丙酮)		—	—	—	1.0	2.0	1.0
阳离子光引发剂	4,4′-二甲基二苯基碘镓六氟磷酸盐		1.0	2.0	3.0	0.5	1.0	2.0
	10-(4-联苯基)-2-异丙基噻唑酮-10-硫鎓六氟磷酸盐		—	—	—	0.5	1.0	1.0
剪切强度/MPa			1.52	1.69	1.21	1.52	1.65	1.20

续表

组分名称及性能测试数据			配　方　编　号					
			7	8	9	10	11	12
低聚物	环氧树脂	双酚F环氧树脂(CYDF-170)	100.0	100.0	100.0	100.0	100.0	100.0
	催化剂	N,N-二乙基苄胺	0.5	3.0	5.0	0.5	3.0	5.0
	阻聚剂	对苯二酚	0.5	2.0	4.0	0.5	2.0	4.0
	甲基丙烯酸		14.9	24.9	39.9	19.9	24.9	34.9
稀释剂	双官能团稀释剂	二乙二醇二丙烯酸酯	40.0	20.0	80.0	20.0	10.0	40.0
		三丙二醇二丙烯酸酯	—	—	—	20.0	10.0	40.0
自由基光引发剂	安息香正丁醚		2.0	3.0	2.5	1.0	1.0	1.5
	二甲氧基苯乙酮		—	—	—	1.0	2.0	1.0
阳离子光引发剂	4,4'-二甲基二苯基碘鎓六氟磷酸盐		1.0	2.0	3.0	0.5	1.0	2.0
	10-(4-联苯基)-2-异丙基噻唑酮-10-硫鎓六氟磷酸盐		—	—	—	0.5	1.0	1.0
剪切强度/MPa			1.59	1.78	1.48	1.60	1.78	1.50

组分名称及性能测试数据			配　方　编　号					
			13	14	15	16	17	18
低聚物	环氧树脂	酚醛环氧树脂(F-51)	100.0	100.0	100.0	100.0	100.0	100.0
	催化剂	N,N-二甲基苄胺	0.5	3.0	5.0	0.5	3.0	5.0
	阻聚剂	对羟基苯甲醚	0.5	2.0	4.0	0.5	2.0	4.0
	甲基丙烯酸		8.5	17.5	21.9	8.5	17.5	21.9
稀释剂	三官能团稀释剂	三羟甲基丙烷三丙烯酸酯	40.0	10.0	80.0	20.0	5.0	40.0
		季戊四醇三丙烯酸酯	—	—	—	20.0	5.0	40.0
自由基光引发剂	安息香乙醚		2.0	3.0	2.5	1.0	1.0	1.5
	安息香正丁醚		—	—	—	1.0	2.0	1.0
阳离子光引发剂	4,4'-二甲基二苯基碘鎓六氟磷酸盐		1.0	2.0	3.0	0.5	1.0	2.0
	10-(4-联苯基)-2-异丙基噻唑酮-10-硫鎓六氟磷酸盐		—	—	—	0.5	1.0	1.0
剪切强度/MPa			1.63	1.74	1.50	1.60	1.79	1.42

组分名称及性能测试数据			配　方　编　号					
			19	20	21	22	23	24
低聚物	环氧树脂	二环氧化聚烯烃化合物(221)	100.0	100.0	100.0	100.0	100.0	100.0
	催化剂	N,N-二乙基苄胺	0.5	3.0	5.0	0.5	3.0	5.0
	阻聚剂	对羟基苯甲醚	0.5	2.0	4.0	0.5	2.0	4.0
	丙烯酸		20.9	26.1	31.3	20.9	26.1	31.3
稀释剂	单官能团稀释剂	丙烯酸甲酯	20.0	5.0	40.0	10.0	2.0	20.0
		N-乙烯吡烷酮	—	—	—	10.0	2.0	20.0
	双官能团稀释剂	二丙二醇二丙烯酸酯	20.0	5.0	40.0	10.0	2.0	20.0
		三丙二醇二丙烯酸酯	—	—	—	5.0	2.0	10.0
		新戊二醇二丙烯酸酯	—	—	—	5.0	1.0	10.0

续表

组分名称及性能测试数据		配方编号					
		19	20	21	22	23	24
自由基光引发剂	安息香乙醚	1.0	1.0	1.5	1.0	1.0	1.0
	二甲氧基苯乙酮	1.0	2.0	1.0	0.5	1.0	1.0
	氯化苯乙酮	—	—	—	0.5	1.0	0.5
阳离子光引发剂	4,4′-二甲基二苯基碘鎓六氟磷酸盐	1.0	2.0	3.0	0.5	1.0	2.0
	10-(4-联苯基)-2-异丙基噻唑酮-10-硫鎓六氟磷酸盐	—	—	—	0.5	1.0	1.0
剪切强度/MPa		1.75	1.67	1.51	1.78	1.72	1.53

组分名称及性能测试数据			配方编号					
			25	26	27	28	29	30
低聚物	环氧树脂	萘系环氧树脂(新环氧,无具体牌号)	100.0	100.0	100.0	100.0	100.0	100.0
	催化剂	N,N-二甲基苄胺	0.5	3.0	5.0	0.5	3.0	5.0
	阻聚剂	对苯二酚	0.5	2.0	4.0	0.5	2.0	4.0
	丙烯酸		14.7	18.4	25.7	14.7	18.4	29.4
稀释剂	单官能团稀释剂	丙烯酸甲酯	20.0	10.0	40.0	10	5.0	20.0
		N-乙烯吡烷酮	—	—	—	10.0	5.0	20.0
	三官能团稀释剂	季戊四醇三丙烯酸酯	20.0	10.0	40.0	10.0	5.0	20.0
		三羟甲基丙烷三丙烯酸酯	—	—	—	10.0	5.0	20.0
自由基光引发剂	安息香甲醚		1.0	1.0	1.5	1.0	1.0	1.0
	安息香乙醚		1.0	2.0	1.0	0.5	1.0	1.0
	安息香正丁醚		—	—	—	0.5	1.0	0.5
阳离子光引发剂	4,4′-二甲基二苯基碘鎓六氟磷酸盐		1.0	2.0	3.0	0.5	1.0	2.0
	10-(4-联苯基)-2-异丙基噻唑酮-10-硫鎓六氟磷酸盐		—	—	—	0.5	1.0	1.0
剪切强度/MPa			1.82	1.70	1.61	1.75	1.71	1.62

组分名称及性能测试数据			配方编号					
			31	32	33	34	35	36
低聚物	环氧树脂	脂肪族环氧树脂(D-17)	100.0	100.0	100.0	100.0	100.0	100.0
	催化剂	N,N-二乙基苄胺	0.5	3.0	5.0	0.5	3.0	5.0
	阻聚剂	对苯二酚	0.5	2.0	4.0	0.5	2.0	4.0
	丙烯酸		13.0	16.2	22.7	13.0	16.2	25.9
稀释剂	双官能团稀释剂	丙氧基化新戊二醇二丙烯酸酯	20.0	10.0	40.0	10.0	5.0	20.0
		乙氧基化双酚 A 二丙烯酸酯	—	—	—	5.0	5.0	10.0
		1,4-丁二醇二丙烯酸酯	—	—	—	5.0	5.0	10.0
	三官能团稀释剂	乙氧基化三羟甲基丙烷三丙烯酸酯	20.0	5.0	40.0	10.0	5.0	20.0
		丙氧基化甘油三丙烯酸酯	—	—	—	10.0	5.0	20.0

续表

组分名称及性能测试数据			配 方 编 号					
			31	32	33	34	35	36
自由基光引发剂		安息香乙醚	1.0	1.0	1.0	0.5	1.0	1.0
		安息香正丁醚	0.5	1.0	1.0	0.5	1.0	0.5
		二甲氧基苯乙酮	0.5	1.0	0.5	0.5	0.5	0.5
		氯化苯乙酮	—	—	—	0.5	0.5	0.5
阳离子光引发剂		4,4'-二甲基二苯基碘鎓六氟磷酸盐	1.0	2.0	3.0	0.5	1.0	2.0
		10-(4-联苯基)-2-异丙基噻唑酮-10-硫鎓六氟磷酸盐	—	—	—	0.5	1.0	1.0
剪切强度/MPa			1.78	1.65	1.59	1.77	1.72	1.67

组分名称及性能测试数据			配 方 编 号					
			37	38	39	40	41	42
低聚物	环氧树脂	脂肪族环氧树脂(6201)	100.0	100.0	100.0	100.0	100.0	100.0
	催化剂	N,N-二甲基苄胺	0.5	3.0	5.0	0.5	3.0	5.0
	阻聚剂	对羟基苯甲醚	0.5	2.0	4.0	0.5	2.0	4.0
	丙烯酸		13.9	23.2	32.5	18.6	23.2	27.9
稀释剂	单官能团稀释剂	丙烯酸丁酯	20.0	5.0	30.0	10.0	3.0	20.0
		N-乙烯吡烷酮	—	—	—	10.0	2.0	10.0
	双官能团稀释剂	1,6-己二醇二丙烯酸酯	10.0	3.0	30.0	5.0	1.0	10.0
		二乙二醇二丙烯酸酯	—	—	—	2.0	1.0	10.0
		三乙二醇二丙烯酸酯	—	—	—	3.0	1.0	10.0
	三官能团稀释剂	季戊四醇三丙烯酸酯	10.0	2.0	20.0	—	1.0	10.0
		三羟甲基丙烷三丙烯酸酯	—	—	—	5.0	1.0	10.0
自由基光引发剂		安息香甲醚	0.5	1.0	1.0	0.5	1.0	0.5
		安息香乙醚	0.5	1.0	0.5	0.5	0.5	0.5
		安息香正丁醚	0.5	0.5	0.5	0.5	0.5	0.5
		二甲氧基苯乙酮	0.5	0.5	0.5	0.3	0.5	0.5
		氯化苯乙酮	—	—	—	0.2	0.5	0.5
阳离子光引发剂		4,4'-二甲基二苯基碘鎓六氟磷酸盐	1.0	2.0	3.0	0.5	1.0	2.0
		10-(4-联苯基)-2-异丙基噻唑酮-10-硫鎓六氟磷酸盐	—	—	—	0.5	1.0	1.0
剪切强度/MPa			1.64	1.55	1.49	1.70	1.63	1.56

组分名称及性能测试数据			配 方 编 号					
			43	44	45	46	47	48
低聚物	环氧树脂	双酚 A 环氧树脂 E-51	100.0	100.0	—	100.0	100.0	100.0
		酚醛环氧树脂 F-51	—	—	100.0	—	—	—
	催化剂	N,N-二甲基苄胺	—	0.5	—	0.5	3.0	5.0
		N,N-二乙基苄胺	0.5	—	0.5	—	—	—
	阻聚剂	对羟基苯甲醚	0.5	—	0.5	0.5	2.0	4.0
		对苯二酚	—	0.5	—	—	—	—
	甲基丙烯酸		17.5	21.9	26.3	17.5	21.8	30.7

续表

组分名称及性能测试数据			配 方 编 号					
			43	44	45	46	47	48
稀释剂	单官能团稀释剂	丙烯酸丁酯	20.0	10.0	16.0	5.0	1.0	10.0
		丙烯酸缩水甘油酯	15.0	20.0	12.0	2.0	1.0	10.0
		甲基丙烯酸甲酯	—	—	4.0	3.0	1.0	10.0
	双官能团稀释剂	二丙二醇二丙烯酸酯	15.0	16.0	15.0	10.0	3.0	20.0
		1,4-丁二醇二丙烯酸酯	—	—	—	10.0	2.0	10.0
	三官能团稀释剂	三羟甲基丙烷三丙烯酸酯	5.0	6.0	5.0	5.0	1.0	10.0
		季戊四醇三丙烯酸酯	—	—	—	5.0	1.0	10.0
自由基光引发剂		UV1173(2-羟基-2-甲基-1-苯基-1-丙酮)	2.0	2.0	2.0	2.0	3.0	2.5
阳离子光引发剂		4,4'-二甲基二苯基碘鎓六氟磷酸盐	1.0	—	1.2	0.5	1.0	2.0
		10-(4-联苯基)-2-异丙基噻唑酮-10-硫鎓六氟磷酸盐		1.0		0.5	1.0	1.0
剪切强度/MPa			1.85	1.72	1.76	1.75	1.71	1.65

将上述胶黏剂涂布于玻璃基材一端上，再在该涂布层上覆盖另外一块玻璃片，在紫外光灯下照射 3s，放置 1d 后，测得剪切强度为 1.52MPa。

第四节 阻燃环氧树脂胶黏剂

一、阻燃环氧树脂胶黏剂实用配方

1. 阻燃环氧建筑胶黏剂配方（质量份）

A 组分

环氧树脂(E-44)	100.0	聚磷酸铵(APP)	10.0
聚氨酯预聚体	20.0~30.0	其他助剂	适量
可膨胀石墨(EG)	30.0		

B 组分

低分子聚酰胺(651)	5.0	DMP-30 促进剂	1.0~2.0
T-31	1.2	纳米 SiO₂	3.0~4.0

说明：

① 采用聚氨酯增韧环氧树脂获得了较好的韧性，冲击强度为 $10.29kJ/m^2$，相比纯环氧树脂（$6.29kJ/m^2$）提高了 63.4%。

② EG 与 APP 具有较好的协同阻燃作用。胶黏剂的氧指数达到 28%，为难燃材料，具有较好的实用价值。

③ 本阻燃增韧胶黏剂剪切强度达 24.9MPa，具有较好的力学性能，且工艺简单、无毒、

环保，可作建筑结构胶使用。

2. 阻燃型改性环氧树脂结构胶黏剂配方（质量份）

材料	配比	材料	配比
环氧树脂（E-44）	100	二乙烯三胺	5
F-50 聚醚树脂	8～12	其他助剂	适量
三亚乙基二胺	20		

3. 阻燃改性环氧胶黏剂配方（质量份）

A 组分

材料	配比	材料	配比
环氧树脂（E-44）	100.0	阻燃剂（三聚氰胺聚磷酸酯）	30.0
聚氨酯预聚体	20.0～30.0	纳米 SiO$_2$	1.0～3.0

B 组分

材料	配比	材料	配比
低分子聚酰胺（651）/T-31	40.0	成核剂	2.0
DMP-30 促进剂	1.5	其他助剂	适量

说明：

① 聚氨酯对环氧树脂起到良好的增韧改性效果，使其冲击强度提高了 63.4%，从而制备出韧性较好的实验基体。

② 阻燃增韧胶的剪切强度为 21.3MPa，氧指数达到 29.6%，外观为粉白色，可以作为阻燃装饰材料使用。

4. 阻燃耐热环氧胶黏剂配方（质量份）

材料	配比	材料	配比
环氧树脂（E-44）	100	三氯乙基磷酸酯	10
F1 或 F2 改性剂	20～40	二乙烯三胺固化剂	15～20
邻苯二甲酸二丁酯	10	其他助剂	适量
磷酸三丁酯	20		

5. 覆铜板用阻燃环氧胶黏剂配方 （质量份）

材料	配比	材料	配比
环氧树脂（E-51）	100	咪唑固化剂	5～10
液体端羧基丁腈橡胶（CTBN）	20～30	4,4'-二氨基二苯砜	1～2
双马来酰亚胺	5～10	其他助剂	适量
四溴双酚 A 高溴代环氧树脂（EC-14）	20～30		

说明：覆铜板制备用胶黏剂配方中加入 6% 的双马来酰亚胺，加入含溴量为 8% 的高溴代环氧树脂 EC-14，使覆铜板在 308℃ 的耐锡焊热性提高，阻燃效果达到 UL 94V-0 级，同时具有较高的剥离强度和较低的吸水性，可以不经过预烘烤直接进行锡焊操作，提高了产品的生产效率，降低了成本。

6. 电子制品组装用环氧胶黏剂配方

材料	配比/质量份	材料	配比/质量份
双酚 A 型环氧树脂	8.3	促进剂	0.4
酚醛树脂	7.3	填料（SiO$_2$）	80.0
阻燃剂（溴化酚醛）	1.5	脱模剂	0.2
阻燃助剂（Sb$_2$O$_3$）	1.5		

说明：该胶黏剂剥离强度高，在焊接温度（260℃）下不起泡，介电常数符合要求，对金属件无腐蚀性。

该胶黏剂主要用于电子仪器半导体等的浇铸灌封。

7. 低温固化阻燃环氧胶黏剂配方（质量份）

A 组分	E-44 环氧树脂	100
	环氧树脂 662 活性稀释剂	10～20
	超细化 ATH 粉	170～200
	超细化 MH 粉	40～60
	MoO_3 粉	5～10
	Fe_2O_3 粉	5～10
B 组分	X-89A 环氧固化剂	10～20
	液态低分子量聚酰胺（651）	50～70
	间甲酚固化促进剂	3～5
	硅烷偶联剂 KH-550	3～5

说明：该胶黏剂的其他相关性能见表 5-6。

表 5-6　胶黏剂的其他相关性能

性能	技术指标	性能	技术指标
耐燃性	750℃离火 1s 自熄，且无熔滴现象	耐油性	航空 200# 油浸泡 24h，外观无明显变化
耐水性	25℃浸泡 100h，粘接强度保持率 95.8%	毒性	毒性极低，平均 $LD_{50}>3500mg/kg$
耐热性	100℃/100h 粘接强度保持率 95.0%	耐辐射	10kGy 剂量辐射，无颜色变化，粘接强度达 23MPa
耐酸性	20%盐酸中浸泡 24h，外观无明显变化		
耐碱性	10%NaOH 中浸泡 24h，外观无明显变化		

8. 阻燃低温低毒环氧胶黏剂配方（质量份）

环氧树脂	100.0	超细化 $Al(OH)_3$ 粉	240.0
203 低分子量液态聚酰胺	40.0	662 稀释剂（甘油环氧）	25.0
有机硅烷偶联剂 KH-580	2.5	间甲酚固化促进剂	5.0
有机硅烷偶联剂 KH-590	1.2	其他助剂	适量

说明：本胶黏剂具有黏度低、施工性能好、挥发性低、毒性极低、施工时基本无毒的特点，经室温固化后其金属对金属拉伸剪切强度达 20MPa 以上，极限氧指数达 65.4%，最大烟密度为 39.25，固化物毒性试验符合 FDA（美国食品与医药管理局收录的无毒级食品添加剂的标准）无毒要求，且其耐热、水、油、酸、碱、振动、辐射性能均较好，粘接强度保持率达 95%以上，是一种具有高效阻燃、低烟、低毒的环保型高性能胶黏剂。

二、无卤阻燃环氧灌封胶黏剂配方与制备实例

1. 原材料与配方（质量份）

A 组分		B 组分	
聚氨酯环氧树脂	100	改性脂肪胺	20
DER-331 阻燃剂	15	DMP-30 促进剂	4
稀释剂 692	12	消泡剂	1
消泡剂 BYR-530	1	其他助剂	适量
氢氧化铝粉	100		
其他助剂	适量		

2. 环氧灌封胶的制备

（1）环氧灌封胶 A 组分　将 DER-331 和聚氨酯改性环氧树脂按质量比混合均匀，添加

自制的液体阻燃剂、稀释剂、适量的消泡剂，用高速分散机 1500r/min 分散 10min，添加填料，继续分散使环氧树脂与填料完全混合均匀，最后进行真空脱泡，得到环氧 A 组分，外观为黑色黏稠液体。

（2）环氧灌封胶 B 组分　称取适量改性脂肪胺类及 DMP-30 促进剂，再加入适量的消泡剂，用高速分散机 1500r/min 分散 10min，最后真空脱泡，得到环氧灌封胶 B 组分。

（3）环氧灌封胶的使用方法　将 A 和 B 组分以重量比 5∶1 计量，混合均匀，真空脱泡后即可进行灌封。每次配胶量不宜过大，应现配现用。可操作时间依据混合物质量与操作温度而定，配胶量越大，可操作时间越短。气温低时，在混合前可将 A 胶升温到 60℃ 左右，有利于加速消泡。

25℃，24h 后可固化，7d 后固化物性能达到最佳，60～70℃，2～3h 可完全固化。

3. 性能与效果

随着聚氨酯改性环氧树脂比例的增加，抗冲击强度也随之略有增加，而邵尔硬度是随之降低的。

通过正交试验，15 份的自制液体阻燃剂与 100 份氢氧化铝复配的阻燃效果较好，液体阻燃剂与氢氧化铝发挥了协同阻燃效果。

随着环氧活性稀释剂 692 用量的增加，灌封胶黏度明显下降，但固化时间变长，选择 12 份稀释剂较为合适。

当固化剂用量为 20 份时，体系的交联密度最大，邵尔硬度、灌封胶的抗冲击强度最高。

第六章 水性环氧树脂胶黏剂

一、简介

（一）环氧树脂乳液

1. 制法

水基环氧胶黏剂是以环氧树脂乳液的发展为基础的。当然，环氧树脂乳液不仅用于胶黏剂，目前更多的是用于水基环氧涂料。

制备环氧树脂乳液现在有两种基本方法：外加乳化剂和环氧树脂自乳化。选择现有的环氧树脂加入一种或多种适当的乳化剂进行乳化，是现在通常采用的方法。除原有的乳化剂外，不断合成出一些新的表面活性剂用于环氧树脂乳化，以提高乳液的稳定性、耐冻融性及固化物的耐水性。如近几年来推出的聚亚乙氧基烷基酚基醚硫酸钠、聚（N-酰基亚乙基亚胺）等。

自乳化环氧树脂的合成方法是用现有的环氧树脂同带有表面活性基团的化合物反应，生成带有表面活性基团的环氧树脂。最常用的是双酚 A 型环氧树脂同聚氧化乙烯（或聚乙二醇）进行醚化反应，近几年来不断有改进的方案提出。现举出日本油墨化学工业公司提出的一例。

自乳化环氧树脂配方（质量份）：聚氧化乙烯 1mol、马来酸酐 2mol、双酚 A2.6mol 和适量聚酯组成的混合物 32 份，双酚 A 环氧树脂（环氧当量 475）400 份，丁醇 20 份，甲苯 75 份。

工艺流程：

所得环氧树脂乳液外观为乳白色；固含量为 50%；黏度为 40mPa·s；平均粒径为 0.7μm；乳液稳定，12 个月不沉降。

2. 水基环氧树脂乳液产品的类型与性质

通过多年的发展，不少公司已推出了环氧树脂乳液系列产品，以 Shell 公司的产品为例，列于表 6-1。这些产品基本分为 3 种类型：双酚 A 型环氧树脂、多功能基环氧树脂、改性环氧树脂。

表 6-1　典型水基环氧树脂乳液产品

产品类型及牌号	环氧当量	环氧基团/mol	备　　注
双酚 A 型环氧树脂			
CMD W60-3510	195	2	液态
CMD W60-3515	250	2	液态～固态
EPI-Rez 700	700	2	固态,含中等羟基
多功能基环氧树脂			
EPI-Rez W55-503	205	3	高芳香基,可交联
RDX 84853	205	6	高芳香基,可交联
RDX-83987	205	8	高芳香基,可交联
改性环氧树脂			
EPI-Rez W60-5520	540	2	氨酯改性双酚 A 型
RDX 84859(RSW-2513)	260	2	氨酯改性多功能基型环氧树脂
CMD W50-3519	600	2	橡胶改性双酚 A 型

　　水基环氧树脂乳液典型的性状为：颗粒平均直径为 $0.2\sim2\mu m$；固含量为 $50\%\sim70\%$；黏度为 $5000\sim15000mPa\cdot s$（Brookfield 黏度）。但是，环氧树脂乳液一般具有触变性，随黏度计转速变化，其黏度测定值差别很大，转速越大测定值越低。

　　国内也有些单位进行环氧树脂乳液的研究，但一般还是进行乳化剂的选择和改进乳化方法，以求制得稳定的乳液体系。

（二）水性环氧胶黏剂

1. 双组分水基环氧胶黏剂

　　一般来讲，水基环氧树脂乳液可以用许多常用的环氧树脂固化剂来固化，但是应采用在水介质中稳定的水溶性或能在水中分散的固化剂，通常使用的是胺类固化剂、取代咪唑、双氰双胺等。近几年还发展了本身能在水中乳化的固化剂，专用于环氧树脂乳液的固化。这里所说的双组分水基环氧胶黏剂是指环氧树脂乳液供应商配套提供或用户自己选用的固化剂，在使用前现场配制。

　　Buehner 等人针对汽车制造中的应用，用环氧树脂，以双组分水基环氧胶黏剂对各种材料的粘接性进行了试验，其配方和粘接性能列于表 6-2。

表 6-2　双组分水基环氧胶黏剂的粘接性能

配方(质量份)	A	B	C	备注
EPI-Rez W55-503	100.0		100.0	
EPI-Rez W60-3513		100.0		
EPI-CURE 3046	24.1	21.6	24.1	固化剂
水	50.0	60.0	50.0	
环氧基硅烷			1%	(BOS)
固含量	45%	45%	45%	
剪切强度/MPa				破坏类型
Al-Al	15.2	7.4		内聚
CRS-CRS	10.2	5.4	9.9	内聚
SMC-SMC	3.5	4.7	4.6	内聚
Nylon-Nylon	1.5	1.3		粘接
TPO-TPO	0.4	0		粘接
RIM-RIM	1.9	1.7		内聚
SMC-CRS	8.4	11.8		内聚

　　注：Al—铝 2043-T3；CRS—冷轧钢板；SMC-片状模塑材料；Nylon-尼龙（DuPont）；TPO—热塑性聚烯烃（Himont ETA3061）；RIM—反应注射成型材料（Mobay BAFLEX110-35）。

这种双组分胶黏剂现场混配后，使用期为数小时，在测定粘接强度时，先将胶黏剂涂于两个被粘基材的表面，放在 65.5℃热风烘箱中驱除水分，再将两片对粘，进行固化。尽管这类胶黏剂可以基本达到汽车制造的性能要求，但未见在汽车工业中大量应用的报道，这可能有汽车生产线改造困难、使用习惯等多方面的原因。

2. 单组分水基环氧胶黏剂

单组分水基环氧胶黏剂在出售前已放入潜伏型固化剂，可以通过加热改变介质 pH 值，使固化剂活化，实现环氧树脂的固化。

① 加热固化型　环氧树脂常用的潜伏型固化剂大多可以用于水基环氧胶黏剂。Buehner 等人针对汽车工业使用的材料，以双氰双胺为固化剂进行了试验。所用配方使用期至少数天。固化条件为 65.5℃/3min。固化物的耐水性优良。例如，这种单组分水基环氧胶黏剂粘接铝片，在 171℃/10min 后，室温条件下浸泡在水中 20d，其剪切强度由 20MPa 下降到 15MPa。

用潜伏型固化剂双氰双胺固化的同一种环氧树脂乳液（EPI-Rez W60-3515）较双组分产品有更高的粘接强度。

② 改变介质 pH 值固化型　作为单组分水基环氧胶黏剂，开发了一种环氧树脂-二胺盐乳液，其中二胺盐作为潜伏型固化剂，有的还起乳化剂的作用。但把这种乳液同水泥、石灰等碱性物质混合时，二胺便释放出来，同环氧基团反应使其固化。这种类型的水基环氧胶黏剂在建筑方面有较高的使用价值。

Huels 公司的专利（US 4 622 353）系统地说明了环氧树脂-二胺盐乳液的制造方法及应用工艺。这种环氧树脂-二胺盐乳液可以作为胶黏剂配制水泥砂浆。一般采用水/灰比为 0.35～0.65，乳液固体部分对水泥的比例为 0.035～0.15。同一般水泥砂浆相比，这种水泥砂浆不仅提高了弯曲强度和粘接性能，更重要的是具有较高的抗渗水性和耐化学腐蚀性。该乳液适于旧建筑物的修复，污水管道的粘接，也可作为地板胶料等。

此外，使用上述专利方法制备的一种乳液同水泥混合可配制成胶黏剂。例如，用其制备的乳液 58 份同 100 份水泥混合配制成胶黏剂，用于钢的粘接，剪切强度为 1.6MPa；对混凝土的粘接强度为 3.1MPa。制件在潮湿环境储存 3d 后，再在室温条件下存放 4d，测试弯曲强度为 11.5MPa，压缩强度为 71.6MPa。

（三）水性环氧胶黏剂的应用

水性环氧胶黏剂经过几十年的研究开发，配方和制造技术不断改进，品种不断增多，应用领域不断扩大。但是，至今为止以环氧树脂乳液为原料的胶黏剂远不如涂料应用那么广泛，水基环氧胶黏剂比较成功的应用主要在建筑领域。因此，以下重点叙述在建筑方面的应用，仅简略地介绍在其他领域的应用。

一般环氧胶黏剂在建筑领域使用很不方便，其原因如下：单组分环氧胶黏剂一般需要加热固化，双组分环氧胶黏剂需要严格计量混配，被粘接面要求清洁干燥等，这在建筑工地是难以做到的。另外，为方便施工，降低黏度，一般使用液态固化剂，有时还需要加入稀释剂甚至溶剂。这些化学物质对操作者有害，又会污染环境，使一般环氧胶黏剂在建筑领域的应用受到很大限制。而单组分水基环氧胶黏剂可以克服上述缺点，很适宜在建筑领域使用，它具有以下优点：

（1）可用水稀释以降低黏度，无毒，无刺激性，不污染环境。

（2）单组分，在施工现场不需要严格称量混配即可使用。

（3）被粘接面不需要干燥处理，对潮湿表面有良好的粘接性。

（4）固化速度快，在 20～30℃，6h 便可达到足够强度，可加快施工进度。

(5) 可对混凝土、金属、瓷砖、花岗石、大理石等多种建筑材料进行粘接。

表 6-3 列出了 CE-1 胶黏剂的粘接强度。

表 6-3　CE-1 胶黏剂的粘接强度

胶黏剂配方	质量比	胶粘材料	固化温度/时间	剪切强度/MPa
CE-1 乳液/水泥	1/67	钢-钢	25~30℃/1d	4.85
		钢-钢	25~30℃/7d	5.10
CE-1 乳液/石灰	1/1	钢-钢	25~30℃/1d	3.94
		钢-钢	25~30℃/7d	5.07
CE-1 乳液/水泥	1/2	黄铜-黄铜	22~30℃/1d	3.04
		黄铜-黄铜	22~36℃/7d	4.40
CE-1 乳液/石灰	1/107	黄铜-黄铜	22~36℃/1d	2.70
		黄铜-黄铜	22~36℃/7d	3.85
CE-1 乳液/水泥	1/107	混凝土-混凝土	28~32℃/1d	>2.98①
		混凝土-混凝土	28~32℃/7d	>2.68①

① 混凝土本身破坏。

这种单组分水基环氧胶黏剂在建筑领域应用有下列多项。

(1) 混凝土的粘接　特别适宜对旧建筑物进行修缮、加固。如用于修补卫生间地面裂缝，6h 后可不漏水。

(2) 水泥预制品的修补　现代建筑工程大量使用水泥预制品，如梁、柱、地板、大直径管道等。在制造过程中，水泥预制品往往会出现缺陷、裂缝等；在搬运过程中也会因碰撞而损伤。这些缺陷和损伤用前必须进行修补。这种水基环氧胶黏剂很适合这种用途。据报道，该胶黏剂用于修补水泥制品厂直径为 2m 的钢筋混凝土自来水管道时，修补 6h 后管道可耐水压 0.6MPa。

(3) 粘贴装饰材料　可以在建筑物的混凝土、水泥砂浆等基材表面粘贴铜、不锈钢、花岗石、大理石等装饰材料。

(4) 作为固定金属锚杆的锚固剂　在隧道和地下工程施工中采用锚喷支护法，在厂房地面安装大型设备，都需要固定金属锚杆。现在多数使用的不饱和聚酯锚固剂都是双组分，包装和使用都比较复杂，使用时也难以保证混合均匀，强度会受到不同程度的影响。采用单组分水基环氧胶黏剂可以克服上述缺点，很有推广价值。

(5) 用作工业厂房的防腐耐磨地坪材料　单组分环氧树脂乳液可同一定比例的水泥、沙、石混合，用作地坪材料，具有很好的强韧性、耐磨性及防腐性能。

单组分水基环氧胶黏剂在建筑领域应用有其突出特点，值得大力开发和推广应用，还应针对该领域实际应用中不断提出的新要求，开发系列化新产品。

除在建筑领域的应用之外，见诸报道的用途还有如下几种。

(1) 无纺布制造　用水基环氧乳液作为胶黏剂，或用它对现用无纺布胶乳进行改性，可提高无纺布的粘接强度、力学性能和耐化学腐蚀性。

(2) 复合材料的制造　用水基环氧胶黏剂浸渍玻璃布、无纺布、碳纤维织物等，先使水蒸发，再压成复合材料。可制作印刷线路板并与铜箔粘接，可提高粘接强度，消除溶剂污染。

水基环氧乳液在乳化技术、环氧树脂改性、配方选择等方面的研究较多，相比之下在胶黏剂应用市场的开发方面还显不够。如在汽车制造、复合材料、无纺布等领域都显示出较好的市场前景，应加大推广应用的力度。

二、水性环氧胶黏剂实用配方

1. 自乳化环氧树脂配方（质量份）

双酚 A 环氧树脂	100	聚氧乙烯醚	1mol	
丁醇	20	马来酸酐	2mol	聚酯 32
甲苯	60	双酚 A	2.6mol	
水	适量	其他助剂	适量	

说明：环氧乳液为乳白色，固含量为 50%，黏度为 40mPa·s，平均粒径为 0.7μm，乳液稳定性好，12 个月不发生沉淀，可用来制备胶黏剂与涂料。

2. 水性双组分环氧胶黏剂配方（质量份）

组分	配方 1	配方 2	配方 3
EPI-Rez W55-5003 环氧	100.0	—	100.0
EPI-Rez W60-3515 环氧	—	100.0	—
固化剂	24.1	21.6	24.1
环氧基硅烷	—	—	1.0
水	适量	适量	适量
其他助剂	适量	适量	适量

说明：固含量为 45%。胶层剪切强度：铝/铝＝10.2MPa，冷轧钢板为 15.2MPa，SMS 片状模料为 3.5MPa 等。

3. 加热固化型水性环氧胶黏剂配方（质量份）

组分	配方 1	配方 2	配方 3
EPI-Rez(CMD)W60-3522 环氧	100.00	—	—
EPI-Rez W60-3522 环氧	—	100.00	—
EPI-Rez W60-3520 环氧	—	—	100.00
双氰双胺	3.50	2.25	2.25
2-甲基咪唑	0.15	0.20	0.20
水	适量	适量	适量
其他助剂	适量	适量	适量

说明：固含量为 50%，铅笔硬度为 4H。剪切强度：铝/铝为 20～25MPa，SMC/SMC 为 3.3～4.4MPa，SMC/冷轧钢为 2.5～4.2MPa。

4. 可固化型环氧水性脱黏剂配方（质量份）

组分	配方 1	配方 2	配方 3	配方 4	配方 5	配方 6
环氧树脂	100.00	100.00	100.00	100.00	100.00	100.00
二胺	40.60	43.17	47.00	47.00	—	40.60
酸式铵盐	30.60	35.00	30.50	41.00	82.00	30.30
消泡剂	45.00	5.00	10.00	5.00	5.00	—
乳化剂	44.0	100.00	100.00	120.00	70.00	44.00
水	104.00	50.00	40.00	100.00	20.00	104.00
其他助剂	适量	适量	适量	适量	适量	适量

说明：主要用于制备水泥砂浆修复古建筑，制备污水管道或作为地板胶使用。

5. 甲基丙烯酸酯改性环氧水性胶黏剂配方（质量份）

环氧树脂	100	N,N-二甲氨基乙醇	1~2
甲基丙烯酸酯	10~20	过氧化苯甲酰	1~3
丙烯酸丁酯	5~10	蒸馏水	适量
苯乙烯	1~5	其他助剂	适量

说明：附着力 1 级，柔韧性 1mm，铅笔硬度 4~6H，耐水性＞30d，耐盐水 160h，耐酸性 120h，耐碱性 48h。

6. 水性环氧柔性覆铜板用胶黏剂配方（质量份）

水性环氧	100.0	消泡剂	0.1~1.0
丙烯酸共聚物乳液	10.0~30.0	水	适量
双氰胺	5.0~15.0	其他助剂	适量

说明：主要用于柔性覆铜板的制作。

7. 加热固化型水性环氧胶黏剂配方（质量份）

名称	配方 A	配方 B	配方 C
EPI-Rez(CMD)W60-3515	100.00	—	—
EPI-Rez W60-3522	—	100.00	—
EPI-Rez W60-3520	—	—	100.00
双氰胺	3.50	2.25	2.25
2-甲基咪唑	0.15	0.20	0.20
水	20.00	20.00	20.00
其他助剂	适量	适量	适量

双氰双胺固化的环氧树脂乳液的性能见表 6-4。

表 6-4　双氰双胺固化的环氧树脂乳液的性能

性　能	配方		
	A	B	C
固含量/%	50.0	50.0	50.0
剪切强度/MPa			
Al-Al	22.7	24.5	19.7
（65.5℃测试）	19.7	8.7	20.0
SMC-SMC	4.4	3.3	—
SMC-CRS	2.3	4.2	—
铅笔硬度	4H	4H	4H

所用配方使用期至少数天。固化条件为 65.5℃/3min、177℃/10min。固化物的耐水性优良。例如，单组分水基环氧胶黏剂粘接铝片，在 171℃固化 10min 后，室温条件下在水中浸泡 20d，其剪切强度由 20MPa 下降到 15MPa。用潜伏型固化剂双氰胺固化的同一种环氧树脂乳液（EPI-Rez W60-3515）较双组分产品有更高的粘接强度。

8. 水溶性环氧胶黏剂配方（质量份）

水溶性环氧胶黏剂	100	其他助剂	适量
胺类固化剂	4~5		

说明：水溶性环氧胶黏剂的性能见表 6-5。

表 6-5 水溶性环氧胶黏剂性能

性能	A 组分	B 组分	A∶B＝100∶(4～6)
外观	白色		
相对密度	0.95～1.15	1.01～1.10	1.00±0.10
黏度/Pa·s	5.0～10.0	1.1～1.3	
pH 值	6.0～8.0	10～11	中性至偏碱性
固含量/%	60～65	—	65±3
毒性	属实际无毒级		
活性期			＞4h
溶解性	溶于醇	溶于醇、微溶于水	
储存期/年	1	1	

三、水性环氧胶黏剂配方与制备实例

(一)直接喷射制版用水性紫外光感光环氧胶黏剂

1. 原材料与配方 (质量份)

丙烯酸改性环氧预聚物	100	消泡剂	8
二缩三丙二醇二丙烯酸酯(TPG-DA)活性单体	120	表面活性剂	36
		稀释剂	100
4-氯二苯甲酮光引发剂	16	去离子水	适量
稳定剂	16	其他助剂	适量
流平剂	4		

2. 制备方法

称取各组分物质，在 50～70℃恒温加热、在 500～700r/min 的条件下搅拌，将光引发剂缓慢并均匀地加入活性单性中，待光引发剂完全溶解后，缓慢且均匀地加入水性低聚物，充分混合，最后加入添加剂和稀释剂，搅拌至充分混合，继续搅拌一段时间后收料。其中，光引发剂和水性低聚物的加入时间控制在 25～40min。

3. 性能

感光胶的主要性能测试结果见表 6-6。

表 6-6 感光胶的主要性能测试结果

性能参数	测试结果	性能参数	测试结果
外观	微黄透明液体	耐磨性/g	0.007
光固化时间/s	2	附着力	0
pH 值	8～9	硬度	2
黏度/mPa·s	58		

(二)改性环氧树脂水性胶黏剂

1. 原材料与配方 (质量份)

A 组分		二乙基甲苯二胺(DETDA)	25
环氧树脂(EP)	100	消泡剂	1～2
液体端羧基丁腈橡胶(CTBN)	10	润湿剂	1～2
柔性聚醚胺(D400)	30	其他助剂	适量

B 组分

柔性聚醚胺(D400)：二乙基甲苯二胺＝1：1

2. 制备方法

（1）EP 胶黏剂的制备

① A 组分（CTBN 改性 EP）的制备　按配比将 CTBN、EP 加入带有温度计的三口烧瓶中，120℃搅拌反应 2h，冷却至室温即可。

② B 组分的制备　按配比将 D400 和 DETDA 充分搅拌均匀即可。

（2）胶接件的制备

① 基材表面处理　先用 1# 砂纸粗磨基材，后用 2# 砂纸细磨基材，以除去基材表面的锈迹、污渍，使基材表面平整光亮；然后用丙酮和乙醇清洗基材表面，室温晾干即可。

② 胶接件的制备　按比例将 A、B 组分混合均匀，采用刮涂法将胶黏剂涂覆在被粘基材表面，复合后充分固化即可。

3. 性能

改性前后 EP 胶黏剂的强度和韧性见表 6-7。

表 6-7　改性前后 EP 胶黏剂的强度和韧性

m_{CTBN}：m_{D400}	拉伸剪切强度/MPa	拉伸强度/MPa	冲击强度/(kJ/m^2)
0：0	32.3	18.4	8.3
10：0	35.5	27.1	11.2
0：30	39.2	22.6	13.8
10：30	43.4	34.2	16.4

由表 6-7 可知：只添加一种改性剂时，对于拉伸剪切强度和冲击强度而言，30% D400 的改性效果优于 10% CTBN；对于拉伸强度而言，10% CTBN 的改性效果优于 30% D400。同时添加两种改性剂的改性效果优于添加一种改性剂的改性效果，即 10% CTBN/30% D400 改性体系的强度和韧性相对最好（其拉伸剪切强度、拉伸强度和冲击强度比未加改性剂体系分别提高了 34.4%、85.9%和 97.6%）。

（三）水性环氧乳液胶黏剂

1. 原材料与配方

组分	分子式或代号	质量份	组分	分子式或代号	质量份
环氧树脂	CYD-014u	100	引发剂	BPO	4.67～7.33
主单体	BA，St	53/45(质量比)	中和剂	$C_6H_{15}N$	适量
功能单体	MAA	23	分散剂	去离子水	300
溶剂	$C_4H_{10}O$，PM	60			

2. 制备方法

向四口烧瓶中按比例加入溶剂丙二醇单甲醚和正丁醇，再加入环氧树脂 CYD-014u，搅拌升温到 110℃使其溶解。向反应瓶中滴加预先按配方混合均匀的含有溶剂、单体、引发剂的混合溶液，约 45min 滴完。之后于 110℃恒温反应 3h，降温至 60℃，加入适量三乙胺，调节 pH 值至 7，反应 10～15min。降温到 45℃后向体系中滴加配方量的水，高速搅拌 1h，降到室温，出料。

3. 性能

不同烘干温度下胶膜的性能见表 6-8。

表 6-8 不同烘干温度下胶膜的性能

烘干温度/℃	胶膜外观	附着力	耐冲击性/cm
室温	有细小裂纹	7 级	10
60	有极少气泡	5 级	20
80	平整、透明、光泽度好	4 级	25
100	有少许气泡	6 级	25
120	光泽度差且有细小裂纹	6 级	10

当烘干温度为 60℃时，胶膜出现小裂纹和气泡。因温度较低时，环氧树脂的交联度低，胶膜固化不完全，韧性差，导致胶膜不平整。随着烘干温度的提高，胶膜的固化趋于完全，柔韧性变好。当烘干温度为 80℃时，附着力可达到 4 级，耐冲击性为 25cm。而烘干温度为 120℃时，胶膜连续，但其他性能较差。综上考虑，选择烘干温度为 80℃较合适。

(四) 多巯基水性环氧低温胶黏剂

1. 原材料与配方 (质量份)

水性环氧树脂(EP)	50	促进剂(TEA)	1~2
多巯基封端聚氨酯(PUD-SH)	50	其他助剂	适量
固化剂	25		

2. 制备方法

(1) PUD-SH 的制备　在装有机械搅拌器、温度计和回流冷凝管的四口烧瓶中加入 21.11g N-210 和 19.03g IPDI，搅拌均匀；然后加入 0.15g DBTDL，缓慢升温至 70℃，反应 5h；再加入 DMPA（3.02g）/NMP（7g）溶液，70℃继续反应 5h；随后加入 28.31g 三羟甲基丙烷三（2-巯基乙酸酯），恒温反应 3h 后降温至 50~55℃；加入 1.76g TEA 中和，搅拌 0.5h；最后在高速搅拌状态下加入 139.2g 去离子水和少量消泡剂，700r/min 搅拌 0.5h，出料后得到固含量为 32% 的 PUD-SH。

(2) 水性 EP 的制备　在装有机械搅拌器、温度计和回流冷凝管的四口烧瓶中加入 100g EP、21.67g IPDI、0.2g DBTDL、12g DMPA、20g 丙酮和 10g NMP，升温至 50℃，恒温反应 4.5h；然后用 9.52g TEA 中和，高速搅拌条件下加入 163.19g 去离子水和少量消泡剂，700r/min 搅拌 0.5h，得到固含量为 46% 的水性 EP。

(3) 水性 EP 胶黏剂的制备　按照配方（$n_{环氧基} = n_{巯基}$）加入计量的水性 EP 和 PUD-SH，搅拌分散 5min；再加入 TEA 促进剂，30s 内搅拌均匀；随后将上述物料均匀涂覆在聚四氟乙烯板上（约 100μm 厚），并分别于 5℃、10℃、32℃ 固化若干时间。

3. 性能与效果

(1) PUD-SH 粒径（100.3nm）较小，外观呈半透明（泛蓝光）状微乳液；其储存 120d 后仍不分层，并且在不同温度下对水性 EP 均具有良好的固化效果。

(2) PUD-SH 是水性 EP 的低温固化剂，并且其反应速率较快。固化促进剂 TEA 能有效提高涂层的固化度，缩短其固化时间。

(3) 以 PUD-SH 作为水性 EP 的固化剂，所得胶层兼具 PU 和 EP 两者的优点，其应用前景良好。

(五) 水性环氧胶黏剂

1. 原材料与配方

(1) 乳液配方 (质量份)

环氧树脂（E-44）	100.0	正丁醇	1.0～2.0
甲基丙烯酸（MAA）	10.0	过氧化苯甲酰	0.5
苯乙烯（ST）	10.0	三乙醇胺	1.0～3.0
丙烯酸丁酯（BA）	30.0	水	适量
乙二醇独丁醚	2.0～3.0	其他助剂	适量

（2）胶黏剂配方（质量份）

环氧乳液	100.0	增黏剂	3.0～4.0
填料	10.0～15.0	中和剂	适量
分散剂	2.0～5.0	其他助剂	适量
润湿剂	1.0～2.0		

2. 制备方法

（1）水性环氧树脂的合成方法　向250mL三口烧瓶中加入约20g的环氧树脂，加入一定量的正丁醇和乙二醇独丁醚，加热升温至100℃，搅拌使环氧树脂完全溶解。向溶解后的液体中缓慢滴加已经过预处理的甲基丙烯酸、丙烯酸丁酯、苯乙烯以及引发剂BPO的混合溶液。将滴加完毕后的溶液加热至110℃继续搅拌反应约6h。反应完毕后将温度降至60℃，加入15mL 20%三乙醇胺将乳液调节至中性。继续搅拌30min。加水高速分散制成固含量约为30%的乳液。

（2）胶黏剂的制备　称料—配料—混料—反应—卸料—备用。

3. 性能与效果

采用化学改性法以甲基丙烯酸、苯乙烯、丙烯酸丁酯为单体改性环氧树脂。所得改性环氧树脂用胺中和成盐，以水高速分散制成乳液，乳液固含量为33.6%，黏度为320mPa·s。所制备胶黏剂稀释稳定性优良，粘接强度高，应用范围广。

（六）水性环氧/聚乙烯吡咯烷酮（PVP）固体胶

1. 原材料与配方（质量份）

PVP	24.0	甘油	10.0
水性环氧树脂	6.0	防腐剂	0.3
硬脂酸钾	6.0		

2. 生产工艺

将一定量的PVP、去离子水置于装有电动搅拌器、回流冷凝管、恒压滴液漏斗及温度计的四口烧瓶中，搅拌并加热升温至85℃左右，待PVP完全溶解后，加入预热好的水性环氧树脂乳液，搅拌均匀，加入适量的甘油、防腐剂等助剂。在80℃左右保温灌装，即得固体胶产品。

3. 性能

水性环氧树脂改性PVP固体胶的性能见表6-9。

表 6-9　水性环氧树脂改性 PVP 固体胶的性能

序号	项目名称	QB/T 2857—2007	实测
1	外观	表面光滑无明显变形	表面光滑有轻微明显变形
2	涂布性	容易涂布，无明显掉渣	容易涂布，有轻微掉渣
3	粘接性	纸破，黏合处不脱开	1min即纸破

序号	项目名称	QB/T 2857—2007	实测
4	不挥发物含量/%	PVP 型≥35	40.45
5	耐寒性	恢复至室温,粘接性和涂布性仍达标	恢复至室温,粘接性和涂布性仍达标
6	防霉力	经 72h 试验无霉变	经 110h 试验无霉变

从表中可以看出,加水性环氧树脂的固体胶综合性能较好,安全环保,指标接近或达到国标规定。

4. 效果

(1) 水性环氧树脂的加入能够有效降低 PVP 型固体胶溶液的黏度。水性环氧树脂用量在 6% 左右时,可大幅降低 PVP 胶液的黏度,提高固体胶的灌装效率和产品的合格率。

(2) 按配方 PVP24 份、水性环氧树脂 6 份、硬脂酸钾 6 份、甘油 10 份、防腐剂 0.3 份生产环保型 PVP 型固体胶,产品的性能接近或达到国标要求。

(七) HS-812 环氧乳液胶黏剂

1. 原材料与配方 (质量份)

环氧树脂水乳液	22.0	500# 水泥	16.0
乙二胺	1.0	钛白粉 R930	2.0
2,4,6-三(二甲氨基甲基苯酚)	0.1	立德粉	1.9
细河砂	41.0	其他助剂	适量
硫酸钙	16.0		

2. 制备方法

(1) 环氧树脂水乳液的制备　将环氧树脂 6101 放入烘箱中加热后,加入乳化剂 1、乳化剂 2 制备油相。按配比将油相、水相依次加入高剪切混合乳化机中混合均匀,即可制得环氧树脂水乳液。

(2) 固化剂的制备　将乙二胺和 2,4,6-三(二甲氨基甲基苯酚)按比例倒入混料罐中,用高速搅拌机搅拌均匀即可得到环氧水乳胶固化剂。

3. 性能

固化剂用量对抗压强度、抗折强度的影响见图 6-1。

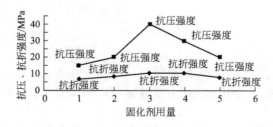

图 6-1　固化剂用量对抗压强度、抗折强度的影响

在一定范围内随着固化剂用量的增加,抗压、抗折强度提高较快;固化剂超过一定用量后抗压、抗折强度下降,这是过量的固化剂残留在胶层内影响粘接强度所致。反之,固化剂用量不足胶层内有未交联固化的环氧树脂,也会降低抗压、抗折强度。

水乳胶泥的力学性能及耐高低温性能见表 6-10、表 6-11。

表 6-10　水乳胶泥的力学性能

项目	抗折强度/MPa				抗压强度/MPa				对接强度/MPa			
	1d	3d	7d	28d	1d	3d	7d	28d	1d	3d	7d	28d
水乳胶泥	5.9	6.4	8.8	10.5	20.1	24.1	41.8	45.0	0.8	3.5	—	—
(425#)混凝土标准值	—	3.4	4.6	6.4	—	16.0	25.0	42.5	—	—	—	—
工艺要求值	—	3.4	4.6	6.4	—	16.0	25.0	40.0	—	—	—	—

注：试块体积为 10cm×10cm×10cm。

表 6-11　水乳胶泥的耐高低温性能

循环次数	抗折强度/MPa			抗压强度/MPa		
	原强度①	循环后强度	强度下降/%	原强度	循环后强度	强度下降/%
30②	8.8	8.5	3.4	41	40	2.5

① 原强度为试块经相同时间的室温固化后的强度（室温 18～20℃）。

② 水乳胶泥 40mm×40mm×160mm 试块室温固化 24h 后，按上述条件进行高低温循环试验。

水乳胶泥耐海水、机油的性能见表 6-12。

表 6-12　水乳胶泥耐海水、机油的性能

项目	浸泡时间/天	原抗压强度/MPa	浸泡后强度/MPa	强度下降/%
海水	24	40.0	38.8	3.0
机油	24	41.8	40.8	2.4

注：试样经 30 次高低温循环试验后进行的浸海水、机油试验。

HS-812 环氧水乳胶泥的主要特点是无毒、常温固化、使用方便，节能省工，涂胶后即可贴，一年四季均可施工，几小时定型，3～5d 固化完全（随温度而定），强度高；耐海水、机油、一般酸碱等介质性能优良，使用方便。水乳胶泥修补水泥制品不需要预涂底胶，修复后的管道的整个承口工作面黏着性良好，磨床上磨光时不脱落。修复后的外观呈灰白色，基本上与混凝土管道颜色一致，提高了产品外观质量。它适用于混凝土压力管、混凝土构件、预制板、电线杆等的修补。

（八）环氧水乳胶黏剂

1. 原材料与配方（质量份）

环氧树脂	100	聚酰胺固化剂	20
丙烯酸酯	30	其他助剂	适量
乳化剂	3		

2. 制备方法

（1）环氧树脂水乳液的制备　将环氧树脂放入烘箱中加热后，加入乳化剂 1、乳化剂 2 制备油相。按配比将油相、水相依次加入搅拌罐中，经高剪切混合乳化机混合均匀，即可制得环氧树脂水乳液。

（2）水性丙烯酸酯共聚物的制备　乳液聚合反应在装有温度计、搅拌器、滴液漏斗和回流冷凝器的反应瓶中进行。按配比将丙烯酸酯单体、引发剂和表面活性剂等分批加入反应瓶中，聚合温度控制在 70～80℃，反应 2～3h，即可制得固含量为 50%～55% 的水性丙烯酸酯共聚物。

（3）水性固化剂的乳化剂 HS 的制备　将乳化剂 2、乳化剂 3 和热水按比例依次加入搅拌罐中，然后采用高速搅拌机搅拌均匀即得水性固化剂的乳化剂 HS。

（4）水性环氧固化剂的制备　将聚酰胺、乳化剂 HS 加入搅拌罐中，然后边搅拌边加入适量的温水，待三者完全混合均匀后即可得到水性环氧固化剂。

3. 性能与应用

环保型船用改性环氧水乳胶的初粘强度见表 6-13。

表 6-13　环保型船用改性环氧水乳胶的初粘强度

试验号	1	2	3	4	5	6	7	平均
初粘强度/MPa	0.46	0.40	0.45	0.36	0.50	0.70	0.44	0.47

由试验结果可见，水乳胶初粘强度大于等于 0.40MPa。

环保型船用改性环氧水乳胶的终粘强度见表 6-14。

表 6-14　环保型船用改性环氧水乳胶的终粘强度

试验号	1	2	3	4	5	6	7	平均
终粘强度/MPa	1.31	1.23	1.07	0.84	1.00	0.92	0.85	1.03

日本相关胶黏剂粘接强度技术标准见表 6-15。

表 6-15　日本相关胶黏剂粘接强度技术标准

胶黏剂品种	醋酸乙烯树脂系		乙烯共聚树脂系		橡胶胶液型	环氧树脂系（溶剂型）
	乳液型	溶剂型	乳液型	溶剂型		
粘接强度/MPa	0.5 以上	0.5 以上	0.2 以上	0.5 以上	0.2 以上	0.8 以上

改性环氧水乳胶固化 7d 后粘接强度均达到 0.8MPa 以上，高于日本技术标准中所规定的指标，这样的终粘强度足以满足使用要求。

改性环氧水乳胶耐各种介质的性能情况见表 6-16。

表 6-16　改性环氧水乳胶耐各种介质的性能情况

试验编号	各种介质、浸泡时间和强度						
	原始强度/MPa		浸海水/MPa		机油	5% H₂SO₄	5% NaOH
	150d	7d	7d	165d	7d	7d	7d
1	1.31	—	1.30	0.77	1.23	1.10	1.37
2	1.23	—	1.21	0.78	1.22	1.16	1.25
3	—	1.11	1.09	—	—	—	—
4	—	0.92	0.91	—	—	—	—
5	—	0.85	0.79	—	—	—	—
6	—	0.95	0.92	—	—	—	—
7	—	0.74	0.70	—	—	—	—
8	—	0.75	0.76	—	—	—	—
粘接强度/MPa	1.27	0.88	1.25① 0.86②	0.77	1.22	1.13	1.31
强度下降/%	—	—	1.5 1.9	39	3.8	11.2	—

① 试样固化 150d 后浸海水 1 周的粘接强度。
② 试样固化 7d 后海水浸泡 1 周的粘接强度。

改性环氧水乳胶与国内船用胶的耐介质性能比较见表 6-17。

表 6-17 改性环氧水乳胶与国内船用胶的耐介质性能比较

胶黏剂种类	粘接材料	固化条件		耐介质 2 个月后强度/MPa		
		温度/℃	时间/h	海水	5%HCl	机油
环氧水乳胶	钢板/瓷砖	7～10	168	>0.27 瓷砖破坏	>0.19 瓷砖破坏	>0.38 瓷砖破坏
	钢板/PVC 板	7～10	168	>0.27 瓷砖破坏		>1.00 PVC 板破坏
401 胶	钢板/PVC 板	7～10	168	0.87～0.93 瓷砖破坏		0.60～1.00 胶层破坏
泥浆	瓷砖/瓷砖	7～10	—	>0.27 瓷砖破坏	胶层脱开	—

环保型船用改性环氧水乳胶的主要特点是无毒、无味、不燃、不污染、常温固化，涂胶后即可粘，一年四季均可施工，几小时定型，3～5d 固化完全（随温度而定），强度高；耐海水、机油、一般酸碱等介质性能优良，使用方便。它适用于舰船修造中在钢板（或水泥地面）上粘贴马赛克、瓷砖和软硬质泡沫塑料等。其应用情况见表 6-18。

表 6-18 环保型船用改性环氧水乳胶的应用情况

胶黏剂种类	粘接材料	固化条件		强度/MPa	破坏情况
		温度/℃	时间/h		
环氧水乳胶	钢板/瓷砖	7～10	24	>0.44	瓷砖破坏
环氧水乳胶	钢板/PVC 板	7～10	24	0.35	固化不完全
环氧水乳胶	钢板/PVC 板	7～10	168	>1.00	PVC 板破坏
401 胶（北京）	钢板/PVC 板	7～10	24	0.37	胶层破坏
水泥胶	钢板/瓷砖	7～10	24	0.10	开胶

（九）环氧树脂/大豆淀粉木材用胶黏剂

1. 原材料与配方（质量份）

环氧树脂（WSR6101）	100	马来酸酐（MA）	10
大豆分离蛋白（SPI）	16	水	适量
表面活性剂（AD）	100	其他助剂	适量
顺丁烯二酸酐	20		

2. 制备方法

称料—配料—混料—反应—出料—备用。

胶合板制备工艺条件为：160℃、1.5MPa 压力下热压时间为 200s/mm，双面涂胶量为 500mg/m^2。

3. 性能与效果

利用大豆蛋白发展环境友好型胶黏剂，可以降低木材胶黏剂的产品成本和对石化产业的依赖性。同时可避免脲醛等胶黏剂在使用过程中有毒气体的挥发。但大豆蛋白耐水性差、自身胶合强度较低。因而，大豆胶黏剂的改性一直是人们关心的课题。其中，共混改性是提高大豆基胶黏剂性能常用的重要方法之一。环氧树脂是一种适用面广、粘接力较强的胶黏剂，但其价格昂贵，且黏度高，施胶工艺差。如果选用适当的表面活性剂（乳化剂），使其水性化，然后再与 SPI 共混，则有望改善大豆胶黏剂的耐水胶合强度，同时可降低胶黏剂的制作成本。结果表明：最优工艺条件为溶剂水中，SPI 用量适当，AD 用量、SPI、MA、EPR 用量适当时，SPI与EPR会发生化学反应，制成的胶黏剂综合性能优越，粘接性能与耐水性及胶合板强度均达到国家Ⅱ类胶合板的技术要求。

（十）醋丙乳液改性环氧胶黏剂

1. 原材料与配方（质量份）

环氧树脂（E-44）	50.0	乳化剂 OP-10	3.0
丙烯酸丁酯/醋酸乙烯酯乳液	50.0	丙烯酰胺	1.0～3.0
过硫酸铵（APS）	0.4	碳酸氢钠	1.0～2.0
亚硫酸钠	1.0～2.0	去离子水	适量
十二烷基磺酸钠（SDS）	1.5	其他助剂	适量

2. 制备方法

在500mL四口瓶中加入定量的去离子水、乳化剂、碳酸氢钠、环氧树脂（环氧树脂已经溶解在单体中）和单体，高速（300r/min）乳化15min左右，作为种子乳化液及核乳化液备用。

在500mL四口瓶中加入定量的去离子水、乳化剂、单体，高速（300r/min）乳化15min左右，作为壳乳化液备用。

在装有搅拌器、回流冷凝管、滴液漏斗、温度计的四口烧瓶中，加入种子乳化液（20%单体总量），边搅拌边升温至75℃，加入一定量的引发剂，种子聚合的时间大约为15～30min，然后将温度设定为（75±1）℃，开始滴入核乳化液，同时间歇加入一定量的引发剂，控制滴加速度，1.5～2h滴完，当核乳化液滴完后，继续滴入壳乳化液，同时间歇加入一定量的引发剂，控制滴加速度，1.5～2h滴完，滴完壳乳化液后，在80℃保温1h。然后降温至50℃，加入碳酸氢钠饱和溶液调pH值至7～9，过滤即得产品。计量产量和凝胶量，对产品进行测试。

3. 性能与效果

为了提高醋-丙乳液胶黏剂的粘接强度、成膜性能、涂膜硬度和耐沾污性，将环氧树脂加入聚合体系中，通过乳液聚合的方法制备出环氧树脂改性醋-丙乳液胶黏剂。采用正交实验方法分析讨论了不同的引发剂加入量、乳化剂加入量、丙烯酸丁酯加入量、环氧树脂加入量等因素对环氧树脂改性醋-丙乳液胶黏剂剥离强度的影响。从中优化出最佳聚合配方，采用红外光谱（FTIR）对环氧树脂改性醋-丙乳液胶黏剂的组成进行了表征，结果表明，乳液聚合的方法可以制备出预期的环氧树脂改性醋-丙乳液胶黏剂，所得产品具有良好的粘接强度、成膜性能、涂膜硬度和耐沾污性，产品作为胶黏剂使用可以产生良好的效果。

第二节　环保型无溶剂环氧胶黏剂

一、简介

（一）无溶剂环氧胶黏剂的特点与改性

无溶剂环氧胶黏剂由于不含任何溶剂，故挥发分低，无环境污染。又由于它的流动性、填充性好，所以，在固化过程中，无需施加高工艺压力，使用工艺简便，深受用户欢迎。它在电子、宇航工业中得到了广泛的应用。

但从结构胶黏剂的基本要求来看，它本身还存在一些缺点，其中最主要的缺点是韧性差，这限制了它在结构件粘接中的应用。

向环氧树脂固化体系中引入各种无机填料，对无溶剂环氧固化体系进行改性，国内外已做了大量的工作，积累了丰富的经验。其中，有许多成熟的经验在设计胶黏剂配方时可以借鉴。有关情况见表6-19。

表6-19 无机填料的作用及选择

作　用	可选用的填料	作　用	可选用的填料
提高硬度	石英粉、白刚玉粉、玻璃粉、金刚砂等	降低膨胀系数	高岭土、瓷土、石英粉
		降低吸水性	锆石英粉，$Zr(SiO_3)_2$、云母粉
提高黏度	轻质碳酸钙、工业白炭黑、水泥	提高强度和耐烧蚀性	碳纤维、石棉粉
提高电绝缘性能	云母粉、瓷粉、石英粉等	抑制腐蚀	铬酸锶
改善耐磨性能	石墨粉、二硫化钼粉、滑石粉等	增加白度	二氧化钛、工业白炭黑
提高耐腐蚀性能	玻璃粉、石英粉、工业白炭黑、三氧化二铬	降低成本	陶土、石英粉、云母粉、硅藻土
提高热导率	铝粉、铜粉、铁粉、炭黑	提高阻燃性	硼酸锌粉、三氧化二锑粉、氢氧化铝粉末
提高电导率	金粉、银粉、镍粉、导电炭黑	调节密度	玻璃空心微球、陶瓷空心微球
提高导磁性能	羰基铁粉	提高吸水性	生石灰、膨润土
提高耐电弧性能	瓷粉	耐核辐射	石墨粉
改善触变性	气相白炭黑、膨润土、高岭土	改善耐盐雾性能	铬酸锌
降低收缩率	石英粉、立德粉、瓷粉	改善耐热性能	云母粉、三氧化二硼粉、石棉粉、铝粉

由表6-19可见，向环氧树脂固化体系内引入某些无机填料，只能改进或调整体系的某些物理性能，对于固化物的力学性能及黏附性能没有明显作用。经验表明，引入无机填料，对于固化物韧性的提高非但无益，反而有副作用。

为提高无溶剂环氧胶黏剂的韧性，国内外普遍采用各种弹性体的低聚物作增韧剂，获得了明显的增韧效果，详见表6-20。

表6-20 低聚物的增韧效果

低　聚　物	$\overline{M}$	每100g E-51环氧树脂中最高加入量/份	增韧效果	
			不均匀扯离强度(20℃)/(kN/m)	90°剥离强度(20℃)/(kN/m)
对照	—	0	27	0
液体聚硫橡胶	4000	30	52	0
液体氯丁橡胶	2000	20	45	0
液体丁腈橡胶	2000	20	35	0
液体羧基丁腈橡胶	3000	30	12	0
液体聚氨酯橡胶	3000	30	52	1.20
液体环氧化聚丁二烯	2000	30	60	0.75
液体表氯醇橡胶	1000	20	10	0
液体端羧基丁腈橡胶(CTBN)	3000	30	65	2.60
液体端硫基丁腈橡胶(MTBN)	2500	25	16	1.90

注：基础配方（质量份）：E-51环氧树脂100；二乙烯三胺10；低聚物变量；KH-550 0.5；气相白炭黑3；白刚玉粉（210目）极少量。

从表 6-20 可见，向无溶剂环氧胶黏剂配方中引入低聚物，胶黏剂的韧性有所提高，但提高的幅度不大。据报道，引入低聚物后，胶黏剂的耐热性也有所下降。进一步加大低聚物用量，韧性不但不能再提高，反而会使内聚强度大幅度下降，甚至会出现渗出现象，导致粘接失败。

众所周知，提高胶黏剂的韧性需要引入弹性体作增韧剂。对于同一固化体系、同一类弹性体，加入量相等时，弹性体的分子量越高其增韧效果越明显。所以，就改善胶黏剂的韧性而言，引入高分子量的弹性体或塑料效果最佳。由于引入的弹性体分子量高，胶层的内聚强度也高，当然耐热性也比低聚物高，引入的量也可随之加大。这样，总的效果就更加理想。有关这些基本原理，在使用溶液型结构胶黏剂的实践中已得到充分验证。

由于体系内无溶剂，所以向无溶剂环氧体系内引入高分子量的弹性体或塑料极其困难。采用热熔融液仅仅可引入 1%～3% 的高聚物，而得到的产物黏度过高，无实用价值。所以，唯一的办法是将所用的高聚物先加工成粉末，然后以填料形式加入配方中，制成各种具有不同特点的糊状胶黏剂。

国外在这方面已做了许多有价值的研究，聚合物粉末及其作用见表 6-21。

表 6-21　聚合物粉末及其作用

聚合物粉末	相对密度	熔点/℃	功能及作用
聚乙烯醇缩丁醛（PVB）	1.10	80～110	提高内聚强度、韧性，改善触变性
聚乙烯醇缩甲醛（PVF）	1.20	110～150	提高内聚强度、韧性，改善触变性
尼龙共聚体（H-54）	1.14	168～169	提高内聚强度及韧性，提高硬度
尼龙共聚体（H-548）	1.15	156～158	提高内聚强度及韧性，提高硬度
粉末丁腈橡胶（NBR）	1.00	—	增韧、耐油
粉末氯丁橡胶（CR）	1.25	—	增韧、耐油
聚酚氧粉末	1.21	151	提高内聚强度，增韧
聚砜粉末	1.24	165～170	提高内聚强度，增韧
聚四氟乙烯粉末	2.11	327	改善润滑性能
聚乙烯粉末（PE）	0.94	150	改善润滑性能，具有吸油性
聚乙烯醇粉末（PVA）	1.26	85	增大吸水性
聚丙烯酸粉末	1.27	112	增大吸水性

由表 6-21 可见，许多聚合物粉末对改进无溶剂环氧固化体系的性能都有一定的作用。

（二）聚乙烯醇缩丁醛（PVB）增韧改性环氧胶黏剂

（1）PVB 粉末　取高黏度 PVB 粉末，放入分样筛中，用电动振筛机分筛。分别取目数为 200 目、300 目及 500 目样品备用。

（2）PVB 粉末对无溶剂环氧胶黏剂的增韧作用见表 6-22～表 6-24。

（三）尼龙粉末增韧环氧树脂胶黏剂

（1）尼龙共聚体粉末　取尼龙 H-548 样品与过量的干冰混合，然后在强力粉碎机上粉碎，水洗、烘干、过筛，取 200 目、300 目、500 目样品备用。

（2）尼龙共聚体粉末对无溶剂环氧胶的增韧作用见表 6-25～表 6-27。

表 6-22　PVB 增韧环氧胶的性能

胶黏剂牌号或配方		PVB 用量[1]/份	固化条件	粘接性能[2](20℃)		
				剪切强度/MPa	不均匀扯离强度/(kN/m)	90°剥离强度/(kN/m)
J-11	100 份	0	(25±5)℃/72h	24.0	35	0
PVB 粉(200 目)	变量	10	(25±5)℃/72h	26.2	39	0
		20	(25±5)℃/72h	29.6	43	0.5
		30	(25±5)℃/72h	31.6	51	1.2
E-51 环氧树脂	100 份	0	(25±5)℃/72h	19.7	30	0
105 缩胺	30 份	20	(25±5)℃/72h	26.0	45	0
PVB 粉末(200 目)	变量					
E-51 环氧树脂	100 份	0	(80±5)℃/3h	24.0	36	0
MDA	25 份	30	(80±5)℃/3h	31.0	55	1.3
PVB 粉末(200 目)	变量					
E-51 环氧树脂	100 份	0	(175±5)℃/3h	23.0	37	0
DICY	10 份	30	(175±5)℃/3h	34.0	56	2.4
PVB 粉末(200 目)	变量					

① 每 100 份 J-11 胶加入的份数。

② 用 80 目砂纸打毛后,再进行化学氧化处理。

表 6-23　PVB 粒度对粘接性能的影响

胶黏剂配方		PVB 粒度/目	固化条件	粘接性能(20℃)		
				剪切强度/MPa	不均匀扯离强度/(kN/m)	90°剥离强度/(kN/m)
E-51 环氧树脂	100 份	200	(175±5)℃/3h	34	54	2.40
DICY	10 份	300	(175±5)℃/3h	35	57	2.45
PVB 粉	30 份					
KH-560	1 份					

表 6-24　PVB 增韧胶黏剂的耐介质性能

配方		固化条件	介质	时间/d	剪切强度(20℃)/MPa
E-51 环氧树脂	100 份	(175±5)℃/3h	—	0	34.6
PVB 粉(200 目)	30 份	(175±5)℃/3h	汽油	7	35.4
DICY	10 份	(175±5)℃/3h	机油	7	34.7
KH-560	1 份	(175±5)℃/3h	航空煤油	7	36.7
		(175±5)℃/3h	水	30	33.4
		(175±5)℃/3h	人工海水	30	34.5

表 6-25　尼龙共聚体增韧胶黏剂的耐介质性能

胶黏剂配方		固化条件	介质	时间/d	剪切强度(20℃)/MPa
E-51 环氧树脂	100 份		无	—	34.0
DICY	10 份	(175±5)℃/3h	汽油	7	36.0
H-548(200 目)	30 份	(175±5)℃/3h	煤油	7	35.0
KH-560	1 份	(175±5)℃/3h	润滑油	7	37.0
		(175±5)℃/3h	自来水	30	34.2
		(175±5)℃/3h	人工海水	30	33.6

表 6-26 尼龙共聚体粉末粒度对粘接性能的影响

胶黏剂配方		H-548 粒度/目	固化条件	粘接性能(20℃)		
				剪切强度/MPa	不均匀扯离强度/(kN/m)	90°剥离强度/(kN/m)
E-51 环氧树脂	100 份	200		32	60	2.40
DICY	10 份	300	(175±5)℃/3h	34	65	2.55
H-548	30 份	500		36	68	2.75
KH-560	1 份					

表 6-27 尼龙共聚体粉末增韧环氧胶的性能

胶黏剂的牌号及配方		H-548 用量/份	固化条件	粘接性能		
				剪切强度/MPa	不均匀扯离强度/(kN/m)	90°剥离强度/(kN/m)
J-11	100 份	0		24	35	0
H-548(200 目)	变量①	10	(25±5)℃/72h	22	35	0
		30		17	36	0
E-51 环氧树脂	100 份	0		24	36	0
MDA	25 份	10	80℃/3h	27	42	0.7
H-548(200 目)	变量	20		31	54	1.2
KH-560	1 份					
E-51 环氧树脂	100 份	0		23	37	0
DICY	10 份	10	(175±5)℃/3h	28	50	1.0
K-548(200 目)	变量	30		32	60	2.4
KH-560	1 份					

① 每 100 份 J-11 胶加入的份数。

二、无溶剂环氧胶黏剂实用配方

1. 无溶剂聚乙烯醇缩丁醛(PVB)改性环氧胶黏剂配方 1 (质量份)

E-51 环氧树脂	100	填料	5～8
105 缩醛	30	其他助剂	适量
聚乙烯醇缩丁醛粉末(200 目)	10～20		

2. 无溶剂聚乙烯醇缩丁醛(PVB)改性环氧胶黏剂配方 2 (质量份)

E-51 环氧树脂	100.0	填料	5.0～10.0
MDA	25.0	偶联剂	1.5
PVB 粉末(200 目)	20.0	其他助剂	适量

3. 无溶剂聚乙烯醇缩丁醛(PVB)改性环氧胶黏剂配方 3 (质量份)

E-51 环氧树脂	100.0	填料	5.0～8.0
DICY	10.0	偶联剂	1.5
PVB 粉末(200 目)	10.0	其他助剂	适量

4. 无溶剂聚乙烯醇缩丁醛(PVB)改性环氧胶黏剂配方 4 (质量份)

E-51 环氧树脂	100	偶联剂(KH-566)	1
增黏剂	10	分散剂	3
PVB 粉末	10	其他助剂	适量
填料	5～10		

5. 尼龙改性无溶剂环氧胶黏剂配方 1（质量份）

E-51 环氧树脂	100	填料	5～8
DICY	10	偶联剂 KH-560	1
H-548 尼龙	30	其他助剂	适量

6. 尼龙改性无溶剂环氧胶黏剂配方 2（质量份）

E-51 环氧树脂	100	填料	5
MDA	25	偶联剂 KH-560	1
尼龙粉末(H-548,200 目)	20	其他助剂	适量

7. 低温固化铅酸蓄电池用防腐耐酸无溶剂环氧胶黏剂配方（质量份）

A 组分

E-44 环氧树脂	100	滑石粉	18
F-44 环氧树脂	40	石英粉	35
环氧氯丙烷	20～25	云母粉	20

B 组分

二氧化钛	15	DMP-30 促进剂[2,4,6-三	3
T-31 固化剂	45	(二甲氨基甲基)苯酚]	
低分子聚酰胺(651)	10	KH-550 偶联剂	2

说明：此胶黏剂可用于酸腐蚀较强的场合，也是铅酸蓄电池专用防腐胶黏剂。该胶料在应用过程中，可灵活掌握 A、B 组分的配合比例。一般原则是：冬季，A∶B＝3∶1；其他季节，A∶B＝3.5∶1。

8. 双马酰亚胺改性无溶剂环氧胶黏剂配方（质量份）

环氧树脂(W-95)	100	偶联剂(KH-560)	1～2
4,4′-二氨基二苯醚双	80～100	气相法白炭黑	5～6
马来酰亚胺(MDA-BMI)		白刚玉粉(250 目)	适量
间苯二胺	40～60	其他助剂	适量

说明：作为双马来酰亚胺改性无溶剂环氧胶黏剂的 J27H 胶，具有优异的基本性能及良好的综合性能，这是一种耐热而实用的胶黏剂。

9. 半湿固化无溶剂环氧胶黏剂配方（质量份）

环氧树脂(E-51)/4,5-环氧环己烷/	100	间苯二胺(m-PDA)	10～15
1,2-二甲酸二缩水甘油酯(TDE-		环氧丙烷丁基醚(501 稀释剂)	10～20
85)(2.6∶1∶1)		其他助剂	适量
四氢邻苯二甲酸酐(异构化 THPA)	20		

说明：环氧树脂体系的力学性能见表 6-28。

表 6-28 环氧树脂体系的力学性能

性 能	体 系		性 能	体 系	
	JM9812	JM9823		JM9812	JM9823
固化体系	THPA/EMI-2,4	m-PDA/EMI-2,4	弯曲强度/MPa	85.48	215.00
拉伸强度/MPa	70.50	100.00	弯曲模量/GPa	3.46	—
断裂伸长率/%	2.10	1.64	压缩强度/MPa	106.87	223.00
拉伸模量/GPa	3.68	—	冲击强度/(kJ/m²)	10.86	16.17

注：表中所列数据离散系数为 5%～8%。

无溶剂中温固化环氧树脂胶黏剂是顺应环保发展而研制的新型胶黏剂，它不仅可改善环境质量，而且其力学性能有大幅度提高。采用脂环族三官能度环氧树脂改性双酚 A 型环氧树脂，促进剂催化酸酐实现中温固化。树脂体系对纤维的湿润性好，常温条件下纤维增强树脂的弯曲强度为 559.11MPa，剪切强度为 54.17MPa；湿热环境下［(65±2)℃/12h］的剪切强度为 50.80MPa；通过电子扫描电镜分析发现其断口微观结构均匀致密，而且破坏形式为韧性断裂。

10. 防腐耐酸无溶剂环氧胶黏剂配方（质量份）

A 组分		A 组分	
E-44 环氧树脂	100	云母粉	20
F-44 环氧树脂	40	二氧化钛	15
环氧氯丙烷	20～25	B 组分	
滑石粉	18	T-31 固化剂	45
石英粉	35	低分子量聚酰胺	3
		KH-550 偶联剂	2

说明：不同基材上胶层的剪切强度见表 6-29。

表 6-29　不同基材上胶层的剪切强度

材料	固化条件	测试条件	性能指标/MPa
马口铁	20℃/5h	常温	17.5～19.6
	10℃/8h	10℃	7.7～8.4
	10℃/24h	10℃	12.7～13.6
	10℃/数天	10℃	16.5～16.7
铝板	10℃/24h	10℃	14.6～15.7
铅-乙丙橡胶	10℃/24h	10℃	16.7～17.5
ABS-乙丙橡胶	10℃/24h	10℃	10.8～11.6

11. 低毒水中固化环氧胶黏剂配方（质量份）

A 组分			
环氧树脂 E-44	100	偶联剂	0～5
活性稀释剂	0～10	气相白炭黑	0～5
B 组分			
复合固化剂	20～50	滑石粉	0～30
钛白粉	0～5		

说明：

① 低分子量聚酰胺和酚醛胺质量比为 1:1 时，固化时间为 24h，稀释剂的质量分数为 8%（以环氧树脂为基准），胶黏剂的剪切强度最大。

② 水中固化环氧胶特别适用于纸张、木材、玻璃、玉石、陶瓷、金属、硫化橡胶、皮革以及某些塑料的粘接。此胶黏剂强度较高，无毒性，耐水、酸、碱性好。该胶黏剂能在水中使用，已实现了工业化生产。

12. 酚醛/有机硅改性柔性环氧低毒胶黏剂配方（质量份）

柔性环氧树脂	100	酚醛改性乙二胺	110
稀释剂	5～10	其他助剂	适量
活性填料	5～10		

说明：胶黏剂的剪切强度和剥离强度见表 6-30。

表 6-30　胶黏剂的剪切强度和剥离强度值

强度	温度/℃	E-44 加入量/份		
		80	100	150
剪切强度/MPa	27	5.3	15.5	12.0
	100	5.0	14.5	10.5
	150	4.2	10.8	7.8
剥离强度/(kN/m)	27	2.7	5.8	4.0
	100	2.5	5.0	3.5
	150	2.0	4.5	3.2

注：表中 100℃和 150℃指的是室温固化后，加热 10h 再测相应的强度。

加入稀释剂后胶黏剂的剪切强度和剥离强度见表 6-31。

表 6-31　加入稀释剂后胶黏剂的剪切强度和剥离强度值

强度	温度/℃	加稀释剂	无稀释剂
剪切强度/MPa	27	16.0	15.5
	150	11.8	10.8
剥离强度/(kN/m)	27	6.0	5.8

该胶黏剂可用于室温或 100～150℃的高温环境中。

13. 电子元器件封装用低毒环氧胶黏剂配方（质量份）

618 环氧树脂	100	C-9 固化剂	20～22
3193 不饱和聚酯	20～30	其他助剂	适量
400 目活性硅微粉	100		

说明：该浇铸胶黏剂毒性小，施工方便，工艺性能优良，电绝缘强度高，耐高低温，耐化学药品性能良好，机械强度高。

它可用于变压器、滤波器、线圈等电子元器件的低温封装。

14. 耐湿性无溶剂环氧胶黏剂配方（质量份）

环氧树脂(E-44)	100	石棉粉(200 目)	20
邻苯二甲酸二丁酯	15～20	乙二胺	5～7
石英粉(200 目)	50	其他助剂	适量

15. 金属粘接用无溶剂环氧胶黏剂配方（质量份）

环氧树脂(E-44)	100	多乙烯多胺	10～15
邻苯二甲酸二丁酯	10～15	铁粉	40～50
聚酰胺(650)	15～25	其他助剂	适量

16. 耐磨耗处粘接用无溶剂环氧胶黏剂配方（质量份）

环氧树脂(E-49)	100	二硫化钼(200 目)	10～15
聚硫橡胶	20～30	聚四氟乙烯粉(200 目)	2～5
二乙烯三胺	10～15	其他助剂	适量
促进剂	1～2		

17. 电器安装用无溶剂环氧胶黏剂配方（质量份）

环氧树脂(E-51)	100	石英粉(200 目)	40～60
聚硫橡胶	10～30	其他助剂	适量
己二胺	5～15		

18. 磁性材料粘接用无溶剂环氧胶黏剂配方（质量份）

环氧树脂(E-42)	100	磁粉(300目)	20～40
六氢邻苯二甲酸酐	50～60	其他助剂	适量
聚壬二酸酐	10～20		

19. 电极组装用无溶剂环氧胶黏剂配方（质量份）

环氧树脂(E-42)	100	二氧化硅粉(200目)	30
丁腈橡胶	20	其他助剂	适量
潜伏型固化剂	5～15		

20. 仪表组装用无溶剂环氧胶黏剂配方（质量份）

环氧树脂(E-42)	100	2-甲基咪唑	2～4
邻苯二甲酸二丁酯	5～6	石英粉(200目)	30～50
其他助剂	适量		

21. 电池组装用无溶剂环氧胶黏剂配方（质量份）

环氧树脂(E-44)	100	石墨粉(300目)	2～4
邻苯二甲酸二丁酯	10～15	石英粉(200目)	3～5
二乙烯三胺	5～6	其他助剂	适量

22. 变压器组装用无溶剂环氧胶黏剂配方（质量份）

环氧树脂(E-51)	100	羰基铁粉(200目)	300～500
顺丁烯二酸酐	20～30	其他助剂	适量

23. 低毒环氧胶黏剂配方（质量份）

环氧树脂(E-51)	100	苯基二丁脲	10～20
液体丁腈橡胶	10～30	白炭黑	1～2
双氰胺	10	其他助剂	适量

24. 无毒环氧胶黏剂配方（质量份）

环氧树脂(E-44)	100	4,4'-二氨基二苯基甲烷	50
聚硫橡胶	10～20	其他助剂	适量

25. 无溶剂环氧胶黏剂配方 1（质量份）

环氧树脂	70	金刚砂(300目)	80
尼龙	30	石英粉(250目)	50
邻苯二甲酸二丁酯	10～20	乙二胺	10

26. 无溶剂环氧胶黏剂配方 2（质量份）

环氧树脂(E-44)	100	石英粉(200目)	30
尼龙	30～40	其他助剂	适量
三乙醇胺	10～15		

27. 无溶剂环氧胶黏剂配方 3（质量份）

环氧树脂(E-51)	70	双氰胺	10
环氧树脂(F-44)	30	白炭黑	10～20
聚硫橡胶	10～20	其他助剂	适量
聚醚树脂	10～20		

28. 高粘接强度无溶剂环氧胶黏剂配方（质量份）

环氧树脂(E-42)	100	三氧化二铝粉(250目)	60
液体丁腈橡胶	20	多乙烯多胺	10
磷酸二甲酚酯	15	其他助剂	适量

29. 柔软性良好的无溶剂环氧胶黏剂配方（质量份）

A 组分

环氧树脂(E-51)	100	聚乙烯醇缩丁醛	20

B 组分

聚酰胺(650)	100	无水乙醇	100
偶联剂(KH-550)	1～2	其他助剂	适量

A：B＝2：1。

三、环保型无溶剂环氧胶黏剂配方与制备实例

（一）无溶剂无色透明快速固化环氧胶黏剂

1. 原材料与配方（质量份）

原材料	配方 1	配方 2	配方 3	配方 4
E-51 环氧树脂	100	100	100	100
多巯基丙酸季戊四醇酯	100	100	100	100
六亚甲基二异氰酸酯(HDI)	18	—	—	—
氢化二苯甲烷二异氰酸酯($H_{12}MDI$)	—	21	—	—
异佛尔酮二异氰酸酯(IPDI)	—	—	13	—
E-51 环氧扩链剂	—	—	—	30
1,8-二氧杂双环(5,4,0)十一烯(DBU)/苄基二甲胺(1：1)	5～10	5～10	5～10	5～10
二月桂酸二丁基锡(DBTDL)	1	1	1	1
其他助剂	适量	适量	适量	适量

2. 制备方法

（1）固化剂的合成　由于季戊四醇和 3-巯基丙酸酯化生产的多巯基丙酸季戊四醇酯黏度较小，与环氧树脂的兼容性较差，不能直接用作固化剂，须使用扩链剂扩链增大黏度。

多巯基丙酸季戊四醇酯的合成方法如下：在氮气保护条件下，将物质的量比为 4.5：1 的 β-巯基丙酸、季戊四醇放入反应釜中，加入溶剂和催化剂，加热升温至 70～100℃，进行酯化反应 3～5h 后，减压蒸馏，得到较高纯度的四巯基季戊四醇酯产物，其酯化度高达 95％，黏度（25℃）为 120mPa•s。

选用 HDI、$H_{12}MDI$、IPDI 3 种二异氰酸酯和 E-51 环氧树脂作扩链剂，按一定比例与自制多巯基丙酸季戊四醇酯混合，以二月桂酸二丁基锡为催化剂（用量为多巯基丙酸季戊四醇酯质量的 1％）。加热搅拌一定时间制备成黏度（70℃）为 300～700mPa•s 的固化剂，具体操作如下。

① 以异氰酸酯基团和环氧基为测定指标，测得的异氰酸酯值为纵坐标，反应时间为横坐标作曲线图，绘制不同温度下时间-物质的量曲线，确定扩链反应条件：HDI 70℃/1.5h；IPDI 70℃/2h；$H_{12}MDI$ 70℃/2.5h，E-51 70℃/2h。为使反应充分，可适量延长扩链时间 0.5～1h。

② 对不同扩链剂的各个配比分别进行黏度测试和拉伸剪切强度测试，选取适宜黏度及力学性能配方，确定各扩链剂添加质量分数（以多巯基丙酸季戊四醇酯质量为基准）：HDI 为 18%，$H_{12}MDI$ 为 21%，IPDI 为 13%，E-51 为 30%。

（2）胶黏剂的配制　按质量比为 1∶1 的自制固化剂、E-51 环氧树脂为原料，加入适量按照 $m_{DBU} : m_{苄基二甲胺} = 1:1$ 配制的复配促进剂，室温下迅速搅拌均匀即可。苄基二甲胺的加入既可稀释 DBU，降低 DBU 的促进活性，又可溶解树脂和固化剂，使其能搅拌均匀，避免局部反应和放热不均。该胶黏剂可在 10min 内凝胶化（20～24℃），30min 内初步固化达到一定强度，1d 后拉伸剪切强度可达到 15MPa 以上。

3. 性能

不同胶黏剂的拉伸剪切强度、接触角与表面能、吸水率见表 6-32～表 6-34。

表 6-32　不同胶黏剂的拉伸剪切强度

固化剂	拉伸剪切强度/MPa			
	试样 1	试样 2	试样 3	平均值
E-51 扩链	14.14	18.31	13.09	15.18
HDI 扩链	17.12	16.19	19.81	17.70
$H_{12}MDI$ 扩链	17.29	18.18	20.97	18.81
IPDI 扩链	13.09	12.45	11.46	12.33

表 6-33　不同胶黏剂的接触角与表面能

固化剂	接触角 $\theta/(°)$			表面能/(mJ/m²)
	去离子水	甘油	乙二醇	
E-51 扩链	54.65	56.50	34.98	52.66
HDI 扩链	61.93	60.62	45.01	47.54
$H_{12}HDI$ 扩链	49.43	53.13	37.42	80.03
IPDI 扩链	48.75	50.48	32.70	101.19

表 6-34　不同胶黏剂的吸水率

扩链剂	吸水前质量/g	吸水后质量/g	吸水率/%
E-51	0.0248	0.0251	1.20
HDI	0.0508	0.0511	0.59
$H_{12}MDI$	0.0712	0.0734	3.09
IPDI	0.0970	0.1001	3.20

其吸水率次序为 HDI 扩链＜E-51 扩链＜$H_{12}MDI$ 扩链＜IPDI 扩链，与表面能测试结果相符。

4. 效果

（1）4 种固化剂与 E-51 环氧树脂配胶时，产物透光率都在 80% 以上，其中 HDI 扩链固化剂无色，透明性最佳，E-51 扩链固化剂次之，IPDI 扩链固化剂最差。

（2）在叔胺促进剂配合下，4 种固化剂都能与 E-51 环氧树脂室温下 10min 内凝胶化，30min 初步固化达到一定强度。除 IPDI 扩链固化剂外，其他 3 种在 24h 后拉伸剪切强度都能达到 15MPa。其中又以 $H_{12}MDI$ 扩链固化剂最佳，HDI 扩链固化剂次之。

（3）由介电性能测试结果可知，4 种固化剂与 E-51 树脂配胶时，电容和介电损耗随频率波动都不大，电学性能稳定；相对介电常数都较低，绝缘性良好，且 HDI、$H_{12}MDI$、IPDI 这 3 种二异氰酸酯扩链固化剂电学性能优于 E-51 扩链固化剂。

（4）通过表面能测试和吸水率测试可知，用 HDI 扩链制得的固化剂配制的环氧胶疏水性最好，其次是 E-51 扩链固化剂，而 H₁₂MDI 和 IPDI 扩链固化剂配胶时疏水性较差。

（二）新型耐高温无溶剂环氧胶黏剂

1. 原材料与配方（质量份）

DTGM53 多官能环氧树脂	50	促进剂（E-24）	3
DDRS3521 多官能环氧树脂	50	溶剂	适量
甲基四氢苯酐（MTHPA）	20	其他助剂	适量
2,2-双［4-(4-氨基苯氧基)苯基］丙烷（BAPOPP）	10		

2. 胶黏剂的制备

称取一定量的 DTGM53 和 DDRS3521 多官能环氧树脂，放入反应器中，室温搅拌混合均匀后，加入 BAPOPP，于 40～60℃搅拌反应 1～2h 后，冷却至室温，加入 MTHPA，在室温下搅拌均匀，随后加入 E-24 促进剂，搅拌混合均匀即得胶黏剂。

3. 性能

胶黏剂的变温拉伸剪切强度见表 6-35。

表 6-35　胶黏剂的变温拉伸剪切强度

温度/℃	最大拉力/N	最大伸长/mm	拉伸剪切强度/MPa
30	5564.93	1.94	14.8
100	5613.45	2.53	15.0
150	6283.94	2.90	16.8
200	6048.59	2.19	16.1

（三）无溶剂 TGBAPP 型环氧胶黏剂

1. 原材料与配方（质量份）

TGBAPP 型环氧树脂〈$N,N,N',$ N'-四缩水甘油基-2,2-双［4-(4-氨基苯氧基)苯基］丙烷〉	100	2-乙基-4-甲基咪唑（2E4MI）	20
		其他助剂	适量
端羧基丁腈橡胶（CTBN）	20～30		

2. 制备方法

将 TGBAPP 和 CTBN 在一定温度下反应制得均相透明树脂，冷却至室温加入 2E4MI，搅拌均匀即得 TGBAPP 型胶黏剂。然后在 YLD-2000 型电热鼓风干燥箱中对 TGBAPP 型胶黏剂进行固化，固化工艺为 80℃/1h→100℃/0.5h→120℃/0.5h。

3. 性能

不同温度下胶黏剂的拉伸剪切强度测试结果见表 6-36。

表 6-36　不同温度下胶黏剂的拉伸剪切强度测试结果

温度/℃	拉伸剪切力/N	拉伸形变/mm	拉伸剪切强度/MPa
25	9990.791	6.95	26.6
160	4407.599	1.82	11.8

TGBAPP 型胶黏剂的接触角见表 6-37。

表 6-37 TGBAPP 型胶黏剂的接触角

测试液	接触角/(°)	测试液	接触角/(°)
水	75.39	甘油	71.45
乙二醇	50.93	1-溴代萘	18.79

测得 TGBAPP 型环氧胶黏剂的吸水率为 1.21%，说明它具有良好的疏水性能。

（四）无溶剂耐高温环氧胶黏剂

1. 原材料与配方（质量份）

双酚 A 环氧树脂	100	DADP248 耐高温活性增韧剂	20～40
N,N,N',N'-四缩水甘油基-2,2-双[4-(4-氨基苯基氧基)苯基]丙烷（TGBAPP）	100	甲基四氢苯酐（MTHPA）	25
		其他助剂	适量

2. 制备方法

（1）无溶剂 TGBAPP 型耐高温环氧胶黏剂的制备 将 TGBAPP 和 DADP248 耐高温活性增韧剂在一定温度下反应制得均相透明树脂，然后在一定温度下加入 MTHPA，搅拌均匀即得 TGBAPP 胶黏剂。最后在 YLD-2000 型电热鼓风干燥箱中进行固化，固化工艺为：90℃/1h→110℃/1h→150℃/1h→170℃/0.5h。TGBAPP 的化学结构式如图 6-2 所示。

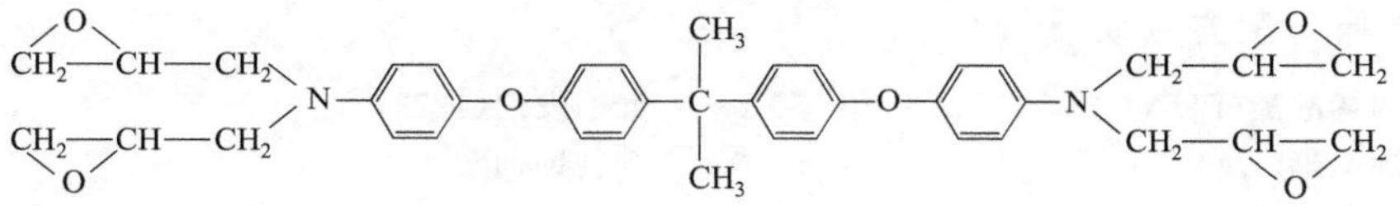

图 6-2 TGBAPP 的化学结构式

（2）无溶剂 E-51 型双酚 A 环氧胶黏剂的制备 将 E-51 和 DADP248 耐高温活性增韧剂在一定温度下反应制得均相透明树脂，然后在一定温度下加入 MTHPA，搅拌均匀即得 E-51 型双酚 A 环氧胶黏剂，记为 E51A 胶黏剂。最后在 YLD-2000 型电热鼓风干燥箱中进行固化，固化工艺为：90℃/1h→110℃/1h→150℃/1h→170℃/0.5h。

3. 性能

不同温度下 TGBAPP 型胶黏剂的拉伸剪切强度见表 6-38。

表 6-38 不同温度下 TGBAPP 型胶黏剂的拉伸剪切强度

温度/℃	拉伸剪切力值/N	拉伸剪切强度/MPa
25	9092.75	30.3
190	6849.27	22.8
240	1433.31	4.8

测得 E51A 型胶黏剂的室温拉伸剪切强度为 32.2MPa，190℃下拉伸剪切强度为 2.1MPa。对比表 6-38 中的数据可知，TGBAPP 型胶黏剂不仅具有优异的室温粘接强度，而且具有较高的耐热性，190℃时的力学性能依然优异。这说明 TGBAPP 的多官能团环氧树脂结构比双酚 A 型双官能团环氧树脂结构具有更加优异的耐热性。

TGBAPP 型胶黏剂的接触角见表 6-39。

测得 TGBAPP 型环氧胶黏剂的吸水率为 1.65%，这说明其具有良好的疏水性能。

表 6-39 TGBAPP 型胶黏剂的接触角

测试液	接触角/(°)	测试液	接触角/(°)
水	81.01	甘油	76.40
乙二醇	57.22	1-溴代萘	32.18

第三节 光固化环氧胶黏剂

光固化胶黏剂因具有快速固化、能耗低等优点而被广泛应用于汽车、光电子等行业。光固化胶黏剂的主体是光敏树脂（即光活性低聚物，主要为丙烯酸酯封端的低聚物）。常用的光敏树脂有环氧丙烯酸酯、聚氨酯丙烯酸酯、聚酯丙烯酸酯等，其中环氧丙烯酸酯最常用。环氧树脂类胶黏剂对各种金属和大部分的非金属材料都具有胶接强度好、工艺性能良好、收缩率小、耐介质性能优良、电绝缘性良好等优点，但是环氧树脂较脆，低温耐冲击性较差。而聚氨酯的分子中含有软段和硬段单元，具有可调的弹韧性，对非极性材料有良好的粘接性，可用于油墨、涂料、胶黏剂、电子封装材料以及安全玻璃和防弹玻璃的夹层材料等。

一、聚氨酯丙烯酸酯增韧环氧丙烯酸酯光固化胶

1. 原材料与配方（质量份）

聚氨酯丙烯酸酯（PUA）	50.0	光引发剂（1273）	0.2～0.4
环氧丙烯酸酯（EA）	50.0	其他助剂	适量
稀释剂	10.0		

2. 制备方法

（1）PUA 的合成　首先把 PTMG（聚氧亚丁基二醇）在 120℃下减压蒸馏 4h，冷却待用。

在装有搅拌器、温度计、恒压滴液漏斗的干燥三口瓶中，加入 2mol TDI（甲苯二异氰酸酯）开启搅拌，取 1mol PTMG 加入恒压滴液漏斗中，常温下逐滴滴加，注意反应器中温度的变化，当升温较快时，减慢滴加速度，直至滴加完毕。升温至 50℃，反应数小时，检测反应体系中—NCO 的含量，当达到初始含量的 50% 时，向反应瓶中滴加 2mol 丙烯酸羟乙酯（HEA），并加入 1.0%（质量分数，下同）二月桂酸二丁基锡和少量对苯二酚，于 65℃继续反应到游离—NCO 的质量分数小于 0.5% 时，停止反应，冷却出料，即得聚氨酯丙烯酸酯（PUA）。

（2）紫外光固化胶黏剂的制备　按不同的质量比将聚氨酯丙烯酸酯和环氧丙烯酸酯（EA）复配，在一定用量的稀释剂的稀释下混合均匀，再加入光引发剂和一定量的其他助剂，搅拌均匀，然后均匀涂布在洁净的玻璃片和马口铁上，在 1000W 高压汞灯下照射至完全固化。

3. 性能与效果

以 PTMG 和 TDI、HEA 为原料成功制备了聚氨酯丙烯酸酯。以聚氨酯丙烯酸酯和自制环氧丙烯酸酯为预聚物，并以 HEA、HEMA、IBOA、TPGDA 为活性稀释剂，1173 为光引发剂，制备了可以光固化的光固化胶黏剂。研究结果表明，当 $m_{EA} : m_{PUA} = 1 : 1$、光引

发剂用量为 0.4g 时，光固化胶黏剂的综合性能最佳，拉伸强度为 12.5MPa，对玻璃和金属有良好的粘接性，附着力为 1 级，具有良好的耐水性和耐溶剂性。通过聚氨酯丙烯酸酯改性的环氧丙烯酸酯，改善了光固化胶的柔韧性（为 7 号轴棒）。该光固化胶的性能可以满足生产需要。

二、紫外光固化环氧胶黏剂

1. 原材料与配方（质量份）

丙烯酸 E-44 环氧树脂(树脂Ⅰ)	70	丙烯酸丁酯(BA)	30
改性丙烯酸环氧树脂(树脂Ⅱ)	30	引发剂(安息香双甲醚)	3
偶联剂 KH-570	2	其他助剂	5
丙烯酸-2-羟乙酯(HEA)	2		

2. 制备方法

按配方称量物料，投入反应釜中，在一定温度下反应一段时间，待反应充分，各组分混合均匀后，便可出料包装备用。

3. 性能

① 国外胶 C 和自制胶在外观上均为琥珀色，国外胶 C 的压剪强度为 9MPa，耐水煮时间为 20h；自制胶的压剪强度为 9MPa，耐水煮时间为 27h。

② 偶联剂 KH-570 的加入能显著提高胶的压剪强度，但会使胶的耐水性下降，其适宜添加量为 5%（质量分数）左右。

③ 改性丙烯酸环氧树脂能略提高胶的压剪强度，非常显著地改善胶的耐水性，其适宜添加量为 17%～20%。

三、碘鎓盐引发的环氧-丙烯酸酯复合光敏胶黏剂

1. 原材料与配方（质量份）

环氧树脂(E-51)	50～80	二苯基碘鎓六氟磷酸酯(DPE·PF$_6$)	3～5
丙烯酸环氧型乙烯基酯树脂(AE)	50～20	其他助剂	适量

2. 制备方法

① 光敏组成物的制备　按一定比例混合两种光敏预聚物，添加 3%～5% 的 DPI·PF$_6$ 或按要求添加适量增感剂 DA，加热到 60℃使其完全熔融，混合均匀后便可包装备用。

② 光固化　用涂布器将配好的光敏组成物涂布在干燥、光洁的玻璃板上，置于 GG2-500W 高压汞灯下 15cm 处曝光，得到不同光照时间的固化薄膜，测定其性能。将预粘件涂胶后粘接在一起，透明一面曝光固化后测粘接强度或耐水性。

3. 性能

黏度(20℃)/mPa·s	8000	粘接强度/MPa	
固化时间/s	<5	玻璃与玻璃粘接	20
玻璃化温度(T_g)/℃	30.6℃	玻璃与金属粘接	26
		耐沸水蒸煮性/h	>24

4. 效果

环氧 E-51 与丙烯酸酯 AE 复合树脂作为光固化胶黏剂和密封胶应用，可充分显示环氧树脂光固化程度高和丙烯酸酯固化物柔韧性好，耐水煮，对玻璃、金属等表面粘接力强的综

合特点。这种光固化复合胶具有黏度低，固化干燥时间短，粘接层剪切强度高，玻璃化温度低，耐水煮性好的优点，可作为新型 UV-固化胶黏剂用于玻璃与玻璃、玻璃与金属、聚酯薄膜与其他材料的粘接，也可作为光固化密封胶，用于精密电子器件与机械器件的防水密封、粘接、快速定位，具有广阔的应用前景。

四、纳米 SiO_2 改性环氧丙烯酸酯光固化胶黏剂

1. 原材料与配方（质量份）

环氧丙烯酸酯（EA）	100.0	偶联剂 KH-570	2.0～3.0
正硅酸乙酯（TEOS）	20.0	光引发剂	0.5
纳米 SiO_2（50nm）	2.0～3.0	其他助剂	适量

2. 制备方法

（1）EA 预聚物的合成　将 0.05mol 四氢邻苯二甲酸二缩水甘油酯加入装有搅拌装置、回流冷凝管、恒压滴液漏斗和通有干燥 N_2 装置的 250mL 四口烧瓶中，升温至 60℃，缓慢滴加溶有四乙基溴化铵和对羟基苯甲醚的 0.15mol 丙烯酸（边滴加边升温至 100℃ 左右，0.5h 内滴毕）；待体系酸值降至 5mgKOH/g 时，结束反应。反应过程如下式所示。

（2）EA/SiO_2 复合胶黏剂的制备　在 250mL 三口烧瓶中，加入 0.1mol TEOS、0.01mol KH-570 和适量的 HCl 溶液（作为催化剂），快速搅拌至溶液呈澄清透明状，即得 SiO_2 溶胶［其水解机制如式（6-3）所示］；然后加入一定量的 EA 预聚物、光引发剂（2-羟基-2-甲基-1-苯基-1-丙酮），搅拌均匀；减压蒸馏除去乙醇溶剂和水，即得 EA/SiO_2 复合胶黏剂。

$$Si(OCH_2CH_3)_4 + 4H_2O \rightleftharpoons Si(OH)_4 + 4CH_2CH_3OH(\text{TEOS 的酸催化水解}) \quad (6\text{-}1)$$

$$2Si(OH)_4 \longrightarrow Si(OH)_3OSi(OH)_3 + H_2O(\text{脱水缩聚}) \quad (6\text{-}2)$$

$$Si(OCH_2CH_3)_4 + Si(OH)_4 \longrightarrow Si(OCH_2CH_3)_3OSi(OH)_3 + CH_2CH_3OH(\text{脱醇缩聚})$$

$$(6\text{-}3)$$

3. 性能与效果

首先以正硅酸乙酯（TEOS）为无机前驱体，γ-甲基丙烯酰氧丙基三甲氧基硅烷（KH-570）为硅烷偶联剂，采用溶胶-凝胶法制得尺寸均匀、分散性良好的纳米二氧化硅（nano-SiO_2）；然后以此为自制环氧丙烯酸酯（EA）的改性剂，制成综合性能优异的 EA/nano-SiO_2 复合胶黏剂。研究结果表明，nano-SiO_2 具有尺寸均匀、分散性好等特点，其平均粒径为 50nm 左右；复合胶黏剂的力学性能随 TEOS 含量增加呈先升后降态势，当 $w_{\text{TEOS}} = 20\%$（相对于 EA 质量而言）时，复合胶黏剂的力学性能达到相对最佳，说明少量 nano-SiO_2 能同时达到增强增韧的效果。

五、改性环氧树脂光固化速粘胶黏剂

1. 原材料与配方（质量份）

丙烯酸改性环氧树脂光敏预聚物	光敏引发剂（Irgacure184、Darocure1173）　4.0
（6118、7402）　　　　　　　　　100.0	硅烷偶联剂 KH-550　　　　　　　　　1.5
三缩三乙二醇双丙烯酸酯（TEGDA）　5.0	其他助剂　　　　　　　　　　　　　适量
丙烯酸丁酯（BA）　　　　　　10.0～15.0	

2. 制备方法

（1）光固化胶黏剂的配制　　在 6118 和 7402 中分别添加（相对于预聚物总质量而言）5%的 TEGDA、10%～15%的 BA、4%的光敏引发剂和其他助剂，搅拌均匀即可。

（2）纤维布处理液的配制　　按照 $V_{95\%乙醇}$：$V_{KH-550}=100:2$ 配制处理液，用醋酸调节 pH 值至 4.5～5.5，放置使反应体系水解 5min 左右即可。

图 6-3　玻璃纤维布与铝合金片的粘接过程

（3）铝合金片与玻璃纤维布的处理　　铝合金片用 120P 和 320P 的砂纸依次打磨，然后用丙酮清洗两次，再用处理液（$V_{95\%乙醇}$：$V_{KH-550}=100:1$）处现铝合金表面。

玻璃纤维布先用丙酮浸泡 30min，取出晾干；然后再用上述纤维布处理液浸泡 2min，取出晾干。

（4）粘接及固化过程　　玻璃纤维布与铝合金片的粘接过程如图 6-3 所示。

3. 性能与效果

进口光固化胶/玻璃纤维布复合材料补片与铝合金片的剪切强度为 14.5～23.1MPa，国产光固化胶体系剪切强度为 11.3～16.6MPa，两者均高于铆接强度（10.3MPa）；作为胶黏剂基体树脂，分子量分布越宽越有利于粘接强度的提高；此外，-40℃低温与 100℃高温对体系粘接强度的影响很小（不超过 10%）。

第七章 环氧专用胶黏剂

第一节 环氧密封胶黏剂

一、环氧密封胶黏剂实用配方

1. 半干型密封胶黏剂配方（质量份）

环氧树脂	100	石棉粉	80
酚醛树脂	50	甲苯	30
不饱和聚酯	60	颜料	适量
硬脂酸	16	其他助剂	适量
滑石粉	50		

2. 低黏度密封胶黏剂配方（质量份）

环氧树脂（E-51）	100	苄基二甲胺	1
轻质碳酸钙	50	其他助剂	适量
六氢邻苯二甲酸酐	80		

3. 发泡型密封胶黏剂配方（质量份）

环氧树脂（E-51）	100	偏硼酸三甲酯	30
二氨基二苯基砜	20	其他助剂	适量

4. 阻燃型封装胶黏剂配方（质量份）

环氧树脂（E-51）	100	六氟桥亚甲基四氢邻苯二甲酸酐	90
石英粉（200目）	40	其他助剂	适量

5. 变压器灌封用胶黏剂配方 1（质量份）

环氧树脂（E-44）	100	二乙氨基丙胺	10
邻苯二甲酸二丁酯	10	其他助剂	适量
石英粉	100		

6. 变压器灌封用胶黏剂配方 2（质量份）

环氧树脂（E-20）	30	2,4,6-苯三酚	0.4
邻苯二甲酸二缩水甘油酯	70	石英粉	170
四氢代邻苯二甲酸酐	70	其他助剂	适量

7. 电容器灌封用胶黏剂配方（质量份）

环氧树脂（E-51）	100	间苯二胺	16
氯化聚醚	10～20	其他助剂	适量
钛白粉	50		

8. 电子器件封装用密封胶黏剂配方 1（质量份）

环氧树脂（E-51）	100	石英粉（200目）	90～120
环氧丙烷丁基醚	20～40	炭黑	10
三乙醇胺	10～50	其他助剂	适量
固化剂	20～30		

9. 电子器件封装用密封胶黏剂配方 2（质量份）

环氧树脂（E-51）	100	三乙烯四胺	10
液体聚硫橡胶	50	其他助剂	适量

10. 晶体管封装用胶黏剂配方（质量份）

环氧树脂（E-51）	100	邻苯二甲酸酐	30
Al_2O_3 粉	50	三乙醇胺	适量
石英粉	150	其他助剂	适量
顺丁烯二酸酐	15		

11. 集成电路封装用胶黏剂配方（质量份）

环氧树脂（E-42）	100	N,N'-苄基二甲胺	1～2
聚壬二酸酐	60	其他助剂	适量

12. 小型线路封装用胶黏剂配方（质量份）

环氧树脂（E-51）	100	2,4,6-苯三酚	10
丙烯基缩水甘油醚	10	其他助剂	适量
液体聚硫橡胶	10		

13. 电机绕组密封用胶黏剂配方（质量份）

环氧树脂	100	固化剂	20～30
石英粉（300目）	200	其他助剂	适量

14. 电流互感器密封用胶黏剂配方（质量份）

环氧树脂	100	固化剂	20
聚酯树脂	30	其他助剂	适量
石英粉	300		

15. 大型制品封装用密封胶黏剂配方（质量份）

环氧树脂（E-44）	100	六氢（代）邻苯二甲酸酐	65
二氧化硅	200	其他助剂	适量

16. 管接头密封用胶黏剂配方（质量份）

A 组分

环氧树脂（E-51）	100	环氧树脂（D-17）	20
环氧树脂（B-63）	20	钛白粉（300目）	50～60

B组分

2-乙基-4-甲基咪唑	100	2,4,6-苯三酚	40
三乙烯四胺	20	其他助剂	适量

17. 真空灌封用胶黏剂配方（质量份）

环氧树脂（E-51）	100	石英粉（200目）	150～200
邻苯二甲酸酐	15	三乙烯醇胺	适量
顺丁烯二酸酐	15		

18. 真空胶接密封用胶黏剂配方（质量份）

环氧树脂（E-51）	100	2-乙基-4-甲基咪唑	5
聚酰胺	50	其他助剂	适量

19. 水中密封用胶黏剂配方（质量份）

环氧树脂（E-44）	100	二乙烯三胺	10
聚酯（307）	10	石油磺酸	3
生石灰（100目）	50	其他助剂	适量

20. 汽车挡风玻璃密封胶黏剂配方 1（质量份）

环氧树脂（E-44）	40.0	钛白粉	40.0
液体聚硫橡胶	100.0	氢氧化钠	0.5
二氧化镉	80.0	脱水沸石分子筛（4A）	4.0

21. 汽车挡风玻璃密封胶黏剂配方 2（质量份）

环氧树脂（E-44）	40.0	促进剂 D	1.0～2.0
液体聚硫橡胶	60.0	硬脂酸铅	0.2
炉法炭黑	30.0	其他助剂	适量
二氧化铅	7.0		

二、环氧密封胶黏剂配方与制备实例

（一）中温固化单组分环氧胶黏剂

1. 原材料与配方（质量份）

环氧树脂（618）	100	有机脲	7
端羧基丁腈橡胶（CTBN）	20	炭黑	10
双氰胺	5	消光粉（OK-40）	适量

2. 制备方法

按配方比例称量各组分，先将环氧树脂与羧基丁腈橡胶加入反应釜中进行反应，再加入其他组分，在一定温度下反应充分后，便可出料，包装备用。

3. 性能

中温固化单组分环氧密封胶多用于电子行业印刷线路的封装，其性能要求如下。

① 120℃/30min 中温固化；

② 凝胶速率快，固化胶膜无光；

③ 胶液黏度低，易施工；

④ 储存期大于三个月。

胶黏剂的主要性能见表 7-1。

表 7-1 胶黏剂的主要性能

项目	性能	项目	性能
外观	黑色膏状物	拉伸强度/MPa	24.5
黏度(25℃)/Pa·s	23	剪切强度/MPa	17.8
固化条件	120℃/30min	储存期(25℃)/月	>3

注:粘接材料为铝/铝。

4. 效果

① 环氧树脂-双氰胺-有机脲固化体系的最佳配比为 100:5:7,储存期达三个月以上,可在 120℃/30min 条件下迅速固化。

② 选用微粉蜡和气相二氧化硅复合消光剂可使固化后的胶膜表面无光;胶黏剂黏度低,触变性低,易于施工操作。

③ 该环氧胶黏剂综合性能优良,用于集成电路的软封装可取得满意的应用效果。

(二)电池封装用环氧密封胶黏剂

1. 原材料与配方(质量份)

A 组分

原材料	XKJ 胶	B311 胶
双酚 A 环氧树脂(CYD-128)	100	100
改性环氧树脂	20~30	20~30
稀释剂	10~20	12~18

B 组分

原材料	XKJ 胶	B311 胶
XKJ(B)固化剂	40~50	—
R311(B)固化剂	—	40~50
其他助剂	适量	适量

A:B=100:(40~50)。

2. 制备方法

按所设计的配料比,在配料容器中,依次加入环氧树脂、稀释剂和固化剂,搅拌均匀,即可实行浇铸成型或粘接作业,然后按所定固化条件(温度和时间)进行固化处理。

3. 性能

固化工艺对胶性能的影响见表 7-2。

表 7-2 固化工艺对胶性能的影响

固化条件	剪切强度(ABS-ABS)/MPa	固化条件	剪切强度(ABS-ABS)/MPa
室温/1d	5.87	60℃/2h	7.16
室温/3d	6.15	60℃/4h	6.96
60℃/1h	6.59		

该胶黏剂在室温下固化 1d 就有较高的使用强度,可转下道工序加工,适当地加热固化可明显地缩短生产周期,并有利于粘接强度的提高。另外,从表 7-2 中也可以看到 25℃/1h 或 60℃/2h 的固化条件已基本达到完全固化的要求,再延长固化时间对粘接强度的提高也不明显。

所制壳盖胶黏剂与同类产品的性能比较见表 7-3。

表 7-3　所制壳盖胶黏剂与同类产品的性能比较

外观		黏度(23℃)/mPa·s		凝胶时间(160℃)/min	适用期(23℃)/min	固化条件/min		剪切强度/MPa	冲击强度/(kJ/m²)	硬度(邵尔 D)	吸酸率/%	储存期/月
A	B	A	B	/min	/min	60℃	25℃					
浅黄色液体	浅黄色液体	2100	480	12～18	20	60～120	24	6.0～8.0	—	74	0.72	3
浅黄色液体	深棕色液体	2100	660	14～22	30	60～120	24	5.0～7.0	≥14	≥75	≤3.5	6
浅黄色液体	浅黄色液体	700～1100	750～950	12～18	30～35	60～120	24	5.5～6.5	≥7	≥75	≤3.5	6
浅黄色液体	棕色液体	800～1200	300～600	12～18	30～40	60～120	24	6～8	≥14	≥75	≤3.5	6
浅黄色液体	浅黄色液体	6000	55	8～12	10～15	—	960	5.5	3.7	73	3.7	6

（三）快速固化环氧/聚硫密封胶黏剂

1. 原材料与配方（质量份）

A 组分

环氧树脂(E-51)	10	填料	20～40
液体聚硫橡胶(JLY-124)	90	其他助剂	适量
增塑剂	5.0～10		

B 组分

硫化剂	100	促进剂	1～2
增塑剂	5.0～10	催化剂	0.1～1

2. 制备方法

① A 组分（基膏）的制备

a. 环氧树脂与液体聚硫橡胶的预聚合反应：称取定量液态聚硫橡胶 JLY-124 置入 500mL 三口烧瓶中，再加入适量的环氧树脂，水浴加热，保持烧瓶内温度为 85～90℃，反应 1h 后，冷却至室温，即制得环氧预聚合液体聚硫橡胶。

b. 按配方称量改性预聚体、增塑剂、填料等于研钵中研磨均匀即得 A 组分。

② B 组分（硫化膏）的制备　按配方称量硫化剂、增塑剂、填料、促进剂、催化剂等于研钵中研磨均匀即得 B 组分。

③ 双组分密封胶黏剂的制备　将 A、B 组分按一定配比混合，研磨均匀即得双组分聚硫密封胶。

配比：A 组分∶B 组分＝10∶1。

3. 性能

胶黏剂的力学性能见表 7-4～表 7-6。

表 7-4　环氧树脂改性预聚体制备的密封胶黏剂的力学性能

性能	环氧树脂用量(质量份)				
	0	5	10	15	20
剪切强度/MPa	0.86	0.98	0.90	0.86	0.80
拉伸强度/MPa	0.59	0.74	0.62	0.60	0.54
断裂伸长率/%	196	200	175	172	168
硬度	36	40	32	30	26

表 7-5　直接添加环氧树脂制备的密封胶黏剂的力学性能

性　能	环氧树脂用量(质量份)				
	0	5	10	15	20
剪切强度/MPa	0.86	0.90	0.88	0.80	0.70
拉伸强度/MPa	0.59	0.69	0.60	0.53	0.42
断裂伸长率/%	196	184	160	152	138
硬度	36	38	30	28	24

表 7-6　不同温度下催化剂的用量与密封胶黏剂力学性能的测试结果

性　能	温度/℃					
	−10	0	10	15	20	30
催化剂用量/份	1.54	0.95	0.64	0.48	0.30	0.20
剪切强度/MPa	0.98	1.32	1.40	1.59	1.75	1.82
拉伸强度/MPa	0.74	1.24	1.48	1.69	1.75	1.88
断裂伸长率/%	186	200	207	210	216	230
硬度	38	43	46	50	52	56

（四）环氧点焊密封胶黏剂

1. 原材料与配方 （质量份）

A 组分

环氧树脂 E-51	100	邻苯二甲酸二丁酯(稀释剂)	5~15
还原铁粉、胶体石墨(填料)	30~100		

B 组分

液体聚硫橡胶(增韧剂)	适量	间苯二酚(固体促进剂)	适量
MPDA、650 聚酰胺、DAM(复合胺 固体剂)	15~35		

2. 制备方法

该密封胶黏剂为双组分，涂胶施工前将两组分混合，搅拌均匀。B 组分在室温高于 25℃时为液体，室温降低时其黏度变大，甚至析出结晶（使用时可用热水浴加热）。A、B 两组分调和后，胶的可使用期在室温时大于 8h，涂胶后 24h，胶基本表干，一周后，胶的强度达到最大。

3. 性能

点焊胶黏剂的性能见表 7-7~表 7-9。

表 7-7　点焊胶黏剂的耐蚀性

介质	质量变化率/%	介质	质量变化率/%
5%NaCl 溶液	0.61	5%NaOH 溶液	0.48
3%盐酸溶液	0.46	10# 机油	0

表 7-8　点焊胶黏剂的耐热老化性能

老化时间/h	0	250	500	1000
剪切强度/MPa	14.1	13.8	14.5	14.3

表 7-9　点焊接头的焊透率

试样类别	点焊电流/A	熔深/mm	焊透率/%
涂胶	13300	3.10	78.7
涂胶	11800	3.00	76.1
不涂胶	11800	2.40	80.9
不涂胶	13300	2.90	73.6

（五）电话机中继电器底盘用环氧密封胶黏剂

1. 原材料与配方（质量份）

原材料	配方 1	配方 2
E-44	100	100
PA-650	80	80
DBP	10	10
丁酮	20	20
滑石粉	50	50
白炭黑	10	10
三乙醇胺	5	5
乙二胺	0	适量

2. 制备方法

按配方比例称量各组分，投入反应釜中进行反应，再加入其他组分，在一定温度下反应充分后，便可出料，进行包装。

3. 性能

胶黏剂的性能见表 7-10 和表 7-11。

表 7-10　不同配方胶黏剂的性能测试结果

性能	配方 1	配方 2	备注
对接强度/MPa			用截面为 1cm×1.5cm
PA	2.75	2.10	的塑料标准试验条对接,固
PC	2.06	1.63	化 3d 后测其拉开强度
PBT	1.82	1.51	
邵尔硬度(A)			使用 LX-77A 型橡胶硬
43h	66(64)	66(65)	度计测定
60h	73(70)	68(64)	括号中的数据为下压后
72h	77(73)	68(65)	10s 的读数(后同)
120h	81(79)	69(66)	
168h	88(85)	71(66)	
10d	81(78)	66(64)	
15d	85(83)	67(64)	
23d	85(82)	67(63)	
43d	86(83)	68(65)	
70d	86(83)	68(65)	
170d	86(84)	66(63)	
500d	87(85)	72(65)	

表 7-11　封胶料硬度

放置时间/d	3	10	30	60	85	170	230
邵尔硬度(A)	69(64)	77(65)	74(63)	73(63)	74(63)	73(64)	75(65)

（六）环氧灌封胶黏剂

1. 原材料与配方（质量份）

环氧树脂(E-51)	100	笼形 β-氨乙基-γ-氨丙基倍半硅氧	
间苯二酚双缩水甘油醚(活性稀释剂)	20	烷固化剂	20
气相二氧化硅	2.5	固化剂	20
N-(β-氨乙基)-γ-氨丙基三甲氧基硅		其他助剂	适量
氧烷偶联剂	2		

2. 制备方法

填料的处理：配制 1% 的 KH-792 的无水乙醇溶液 10mL，将 10g SiO_2 粉末加入其中。待无水乙醇全部挥发后，在 120℃ 左右干燥 30min 待用。

将胶黏剂各组分按比例混合均匀，于真空干燥箱中常温脱气 30min，涂于被粘物表面，于一定压力下固化，固化条件为 80℃×2h＋120℃×4h，按双剪法测试胶接性能。

3. 性能

该胶黏剂的玻璃化转变温度为 139℃，140℃ 以下长期使用可保持高稳定性的粘接性能。老化实验后的胶接性能见表 7-12。

表 7-12 老化实验后的胶接性能

老化类型	条　件	25℃剪切强度/MPa
常温	常规条件	46.0
热老化	(200±2)℃,72h	43.6
湿热老化	(100±2)℃,RH95%～100%,500h	45.0

（七）电器灌封用耐高温环氧密封胶黏剂

1. 原材料与配方（质量份）

环氧树脂(E-44)	100	聚硫橡胶	20
低分子聚酰胺(650)	20	其他助剂	适量

2. 制备方法

按配方称取物料，投入混合机中，在一定的温度下进行充分搅拌，待混合均匀后，便可出料包装备用。此胶可作为电器灌封、密封胶黏剂。

3. 性能

① 胶液为棕色透明的液体，在 25℃ 下黏度为 10Pa·s。

② 固化物经浸水试验后，未发现断裂和其他异常情况。

③ 固化物经盐雾试验后，表面平整光滑，未发现其他异常情况。

④ 耐久性试验条件：温度从 −28.9℃ 到 110℃，每次间隔时间为 3h，经 1200h 反复试验未发现断裂和其他异常情况。

（八）公路视线渗导器密封胶黏剂

1. 原材料与配方（质量份）

A组分		B组分	
E-44 环氧树脂与 711 环氧混合型树脂	100	低分子量聚酰胺	100
丁腈橡胶	20	DMP-30	适量
白炭黑和石英粉	适量	偶联剂	适量

2. 制备方法

配好的胶液分 A、B 组分分装，A 组分为基料，B 组分为固化剂，使用时按 A∶B＝1.4∶1 进行配制，300g 混合料有 60min 的使用期（25℃）。

固化条件：室温 48h 或 80℃/3h 达到最大强度。

3. 性能

环氧密封胶黏剂的性能见表 7-13～表 7-15。

表 7-13　环氧密封胶黏剂的力学性能

项目	数据	项目	数据
拉伸强度/MPa	19.3	冲击强度/(kJ/cm²)	3.21
相对伸长率/%	4	剪切强度/MPa	30.1
布氏硬度(HBS)	5.23	压剪强度/MPa	20.8

注：1kg/cm² ＝0.098MPa，下同。

表 7-14　环氧密封胶黏剂的耐介质性能（剪切强度）　　　　单位：MPa

浸泡时间	介质种类	
	水	3%氯化钠水溶液
原始剪切强度	30.1	30.1
浸泡 30d 后	24.8	23.7
浸泡 220d 后	22.1	22.7
浸泡 300d 后	21.8	21.9
浸泡 400d 后	22	21.2

表 7-15　室温固化不同时间的环氧密封胶黏剂的剪切强度

室温固化时间/h	剪切强度/MPa	室温固化时间/h	剪切强度/MPa
24	15.6	72	23.8
48	24.4	96	23.1

80℃/3h 条件下的固化物的剪切强度为 23.8MPa。

（九）微电子封装用环氧胶黏剂

1. 原材料与配方（质量份）

环氧树脂(E-51)	100	石英粉(200 目)	100
固化剂	25	白炭黑	6～10
环氧丙烯丁基醚	20	其他助剂	适量
三乙醇胺	10		

2. 制备方法

① 配胶　按配方比例称量物料，投入混胶机中，在一定温度下混合均匀便可出料，包装备用。

② 封帽工艺流程　首先对胶黏剂各组分进行称量配比，充分搅拌均匀；盖板在涂胶前要进行清洗并烘干以去除灰尘、颗粒、油污和水分；用涂胶机将胶均匀地涂在盖板或管壳的密封区，要严格控制胶层厚度；将盖板和管壳精确对位粘接到一起，放入烘箱中固化，固化时要施加一定的压力，以提高粘接强度。对固化后的产品 100％地进行细检和粗检。胶粘封帽工艺流程如图 7-1 所示。

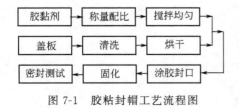

图 7-1　胶粘封帽工艺流程图

3. 性能

表 7-16 固化时加压与不加压固化物剪切强度的对比

项目	剪切强度/MPa			
	1#	2#	3#	4#
加压	10.00	9.75	9.30	9.75
不加压	6.75	8.50	7.00	7.35

固化时加一定的压力有利于胶的流动和浸润，可提高对表面微孔的渗透，保证胶层均匀和致密，促使气泡从胶层中逸出，增强盖板的粘接强度。所加压力要均匀适当，压力太大会将胶黏剂挤出，导致胶层太薄，降低粘接强度及气密性。表 7-16 列出了固化时加压与不加压固化物剪切强度的对比。

（十）大功率绝缘栅双极型晶体管用耐高温环氧灌封胶

1. 原材料与配方（质量份）

A 组分		炭黑	5~10
耐高温环氧树脂(ZTE-1470)	100	偶联剂	1.5
端羟基超支化增韧剂	15~25	其他助剂	适量
三羟甲基丙烷缩水甘油醚（636 稀	10~20	B 组分	
释剂）		桐油	70
α 型 Al₂O₃（1250 目）	40	顺丁烯二酸酐	30
碳化硅微粉	20	赛克	50
硅微粉（600 目）	40	其他助剂	适量

2. 制备方法

（1）环氧灌封胶的制备

① 树脂组分　将耐高温环氧树脂、适量增韧剂、适量助剂混合均匀，加入一定比例的无机填料和炭黑用高速分散机快速分散 30min，继续分散使树脂与填料混合均匀后真空脱泡，得到树脂组分，外观为黑色的黏稠状液体。

② 固化剂组分　将 40g 桐油加热至 65℃，加入 11.3g 顺丁烯二酸酐，然后在 130℃ 搅拌回流 100min，降温至 50℃ 出料。测定桐油酸酐的酸值。在配有回流冷凝管、温度计和搅拌装置的三颈烧瓶中加入自制的桐油酸酐 195.3g、赛克 52.1g，加热搅拌维持在 150℃ 反应 45min，然后降到室温，得到外观为黄色的黏稠液体。

（2）环氧灌封胶的使用工艺

① 用乙酸乙酯将灌封模具清洗干净，并在 120℃ 下干燥 1h。

② 分别将树脂、固化剂两个组分加热至 60℃，在配料容器中按酸酐当量之比称取，搅拌均匀后在真空烘箱中脱泡 30min，制得环氧灌封胶。

③ 将环氧灌封胶缓慢注入灌封模具中，按照 130℃/2h＋170℃/3h＋180℃/8h 的固化工艺进行固化。

表 7-17 为优化胶与国外胶的性能对比。

表 7-17 优化胶与国外胶的性能对比

名称	进口产品	自制产品
邵尔硬度	87.4	90.8
拉伸强度/MPa	25.8	29.3

续表

名称	进口产品	自制产品
弯曲强度/MPa	45.5	42.5
玻璃化转变温度/℃	181.6	201.3
体积电阻率（室温）/Ω·m	1.4×10^{15}	1.9×10^{15}
介电强度/(MV/m)	24.7	26.4
热导率/(W/m·K)	0.71	0.84
线性热膨胀系数/℃$^{-1}$	91	79
耐热指数/℃	179.6	181.9

优化后的耐高温环氧胶的综合性能优于国外产品，尤其是热性能有较大的提升。

（十一）电机用环氧灌封胶黏剂

1. 原材料与配方（质量份）

A组分		B组分	
E-51 环氧树脂	50	脂肪胺/芳香胺(60∶40)	25
F-51 环氧树脂	25	促进剂 B	3
AG-80 环氧树脂	25	白炭黑	5
改性端羧基液体丁腈橡胶	15	其他助剂	适量
稀释剂	10		
其他助剂	适量		

2. 制备方法

（1）将环氧树脂 E-51、环氧树脂 F-51、环氧树脂 AG-80、稀释剂、改性丁腈橡胶按照一定比例加入三口瓶中搅拌 2h，负压脱泡 0.5h，即可得胶黏剂 A 组分。

（2）将脂肪胺、芳香胺、促进剂按一定比例加入三口瓶中搅拌 1h，再加入气相白炭黑搅拌 10min 后，负压脱泡 0.5h，即可得胶黏剂 B 组分。

固化条件：25℃固化 48h 或 80℃固化 2h，固化压力为 0.03MPa。

3. 性能

由表 7-18 可知，80℃固化 2h 及 23℃固化 48h 条件下的产品，其常温剪切强度≥25MPa、155℃剪切强度≥1.5MPa，可满足电机灌封过程中对线圈粘接力学性能的要求。

表 7-18 不同固化条件下胶黏剂剪切性能对比

固化条件		80℃/2h	23℃/48h
剪切强度/MPa	室温	28.70	25.50
	155℃	2.01	1.58

4. 效果

选用耐热性能较好的酚醛环氧树脂与双酚 A 型环氧树脂作主体材料，自制改性端羧基液体丁腈橡胶（CTBN），以脂肪胺与芳香胺按一定比例混合的混胺作固化剂，研制了一种可以室温固化亦可在 80℃中温固化的透明双组分环氧胶黏剂。该胶可在 -40～155℃条件下使用，电机灌封线圈耐温级别可达 F 级。

采用改性 CTBN 对环氧体系进行增韧，采用复配的固化剂并结合自制的促进剂来提高体系反应活性，制得的胶黏剂既可常温 48h 固化，亦可 80℃下 2h 固化。通过以上筛选制得的产品黏度低、浅色透明、耐温性能优良，可用于电机线圈的灌封和定位。

（十二）地铁工程用弹性环氧封缝胶黏剂

1. 原材料与配方（质量份）

双酚 A 型环氧树脂（E-51）	100	脂环胺 C1/杂胺 C2	20
丁基缩水甘油醚 S2 稀释剂	30	其他助剂	适量
聚氨酯改性环氧树脂 B3 增韧剂	100		

2. 制备方法

称料—配料—混料—反应—下料—备用。

3. 性能

弹性环氧封缝胶的综合性能见表 7-19。

表 7-19 弹性环氧封缝胶的综合性能

密度 /(g/cm³)	下垂度 /mm	可操作时间 /min	拉伸强度 /MPa	断裂伸长率/%	粘接强度/MPa	
					干燥	潮湿
1.35	0	30	4.2	55	2.9	1.8

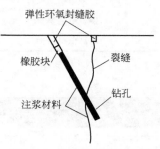

图 7-2 弹性环氧封缝胶的
修补原理示意图

固化产物的柔韧性能良好，其断裂伸长率可达 55%。同时封缝胶与混凝土的粘接性能优异，与干燥混凝土界面的粘接强度可达 2.5MPa 以上。加之其具有良好的触变性，可在顶面或立面进行嵌填施工，施工过程和固化过程中胶黏剂均不发生流坠现象，赋予了弹性环氧封缝胶良好的施工性能。

图 7-2 为弹性环氧封缝胶的修补原理示意图。从现场的修复效果可见，固化产物无任何流坠现象，颜色接近于混凝土本身的颜色，修补效果良好。

（十三）含有两相结构的环氧树脂灌封胶黏剂

1. 原材料与配方（质量份）

环氧树脂（EP-0164）	100	改性胺固化剂	30
液体氨基丁腈橡胶（ATBN）	26	其他助剂	适量
或二异丙基萘（DI）			

2. 制备方法

按照 m_{EP} ∶ $m_{ATBN或DI}$ ∶ $m_{改性胺}$ =100∶26∶30 的比例，将上述物料混合均匀；然后脱气成膜，室温固化 7d 后，制得 ATBN 增韧 EP 灌封胶（记为 ATBN-EP 灌封胶）或 DI 增韧 EP 灌封胶（记为 DI-EP 灌封胶）。

3. 性能与效果

利用液体氨基丁腈（ATBN）与环氧树脂（EP）反应，制备了一种高韧性的 EP 灌封胶，并对其应力-应变曲线、动态力学分析（DMA）曲线及断面形貌进行了分析。研究结果表明，该 EP 灌封胶具有明显的两相结构，其高、低温 T_g（玻璃化转变温度）分别为 76℃和−61℃；拉伸强度和断裂伸长率分别为 38.8MPa 和 17%；由该灌封胶制成的灌封结构件通过了耐湿热老化、耐船体低频振动和耐高低温等海洋环境应用的试验考核。

（十四）耐高低温环氧灌封胶黏剂

1. 原材料与配方（质量份）

E-51 环氧树脂	100	固化剂	20～25
F-44 环氧树脂	20～40	促进剂	1～2
活性增韧剂(D-410)	10～20	其他助剂	适量
活性硅微粉	15～30		

2. 制备方法

将环氧树脂复合后，加入活性增韧剂、活性填料搅拌均匀，经过三辊研磨机研磨后制成 A 组分，按配方计算量称取 A 组分，并真空脱净气泡后加入计量好的固化剂和促进剂，混合均匀并真空脱净气泡后浇注到已预先处理好的模具内，按一定固化条件进行固化后制得样品。

3. 性能

灌封胶的性能见表 7-20。

表 7-20 灌封胶的性能

测试项目	测试结果
拉伸剪切强度/MPa	17
体积电阻率/Ω·cm	1.5×10^{15}
耐高低温性能(−30～+150℃循环 3 次)	不开裂

第二节 机电专用环氧胶黏剂

（一）电机绝缘用环氧胶黏剂

1. 原材料与配方（质量份）

双酚 A 环氧树脂(618)	45	苯甲酸铅固化剂	7
酚醛环氧树脂(644)	30	其他助剂	适量
环氧醚树脂(166)	25		

2. 制备方法

① 苯甲酸铅固化剂的制备　将原料苯甲酸和氧化铅按摩尔比 2∶1 称量，把苯甲酸溶于芳烃溶剂中，缓慢升温，待苯甲酸完全溶解后，分批加入氧化铅，并使体系在回流温度下反应，然后缓慢升温至 170～180℃，反应片刻，抽真空，趁热出料。

② 环氧醚树脂的制备　环氧醚是环氧树脂与醇反应的产物，由于其结构中含有对称且柔性好的醚键，故可以显著提高固化物的冲击强度。其合成配比及工艺如下。

618 环氧树脂∶一缩二乙二醇＝8∶1（质量比），催化剂苄胺的用量为环氧树脂质量的 0.3％。

将称量好的 618 环氧树脂、一缩二乙二醇和苄胺加入三口烧瓶中，加热至 60～70℃时树脂开始溶化。开动搅拌并继续升温至 $140\sim150℃$，恒温反应 $2\sim4h$，然后抽真空 $15min$ 以上，待溶液中无气泡逸出时即可。

3. 性能

胶化时间/s	200℃	210	电性能(tanδ)/%	20℃	0.29
	170℃	894		155℃	1.65
冲击强度/(kJ/m²)		23.3	击穿强度/(kV/mm)		37.8
弯曲强度(130℃)/MPa		35.7	耐热性/℃		155

（二）阻尼钢板用环氧胶黏剂

1. 原材料与配方（质量份）

丁腈橡胶	190.0	癸二酸二酰肼	3.5
双酚 A 环氧树脂	23.0	醋酸乙酯	360.0
酚醛环氧树脂	23.0	醋酸丁酯	350.0

2. 制备方法

将丁腈橡胶在双辊机上塑炼 $5\sim10min$，加入癸二酸二酰肼混炼，混炼至橡胶的威氏可塑度达 0.38，接着加入醋酸乙酯和醋酸丁酯混合溶剂中，搅拌至全部溶解，再加入环氧值为 0.45 的双酚 A 型环氧树脂和环氧值为 0.44 的酚醛环氧树脂持续搅拌 $45min$，溶液呈均匀黏稠液体即可罐装供用户使用。

3. 性能

该胶黏剂的固含量为 30%，胶液黏度为 $5Pa\cdot s$，T 型剥离强度为 $50N/cm$，阻尼系数 $n>0.15$（$60\sim120℃$）。

4. 应用

该胶黏剂主要用于阻尼钢板的粘接，亦用于金属材料及非金属材料的粘接。

（三）电机绝缘用单组分环氧胶黏剂

1. 原材料与配方（质量份）

双酚 A 环氧树脂	100	硅微粉	55
固化促进剂	3	白炭黑	3
双氰胺	8	其他助剂	适量

2. 制备方法

向装配有高速搅拌器和温度计的 $300mL$ 不锈钢容器中加入环氧当量为 $185\sim195g/mol$ 的双酚 A 型环氧树脂，在搅拌下加热至 $70℃$，接着加入固化促进剂 2-乙基-4-甲基咪唑，混合均匀后加入潜伏型固化剂双氰胺，连续搅拌 $25min$，接着加入粒径为 600 目的填充料硅微粉和触变剂气相法白炭黑，搅拌至呈灰白色糊状树脂后，把上述混合物移至三辊研磨机上辊压均匀制得单组分环氧胶黏剂。

3. 性能

该胶黏剂的黏度为 $35Pa\cdot s$（$25℃$），储存期为 6 个月（$25℃$），于 $150℃$固化 $4h$ 后，粘接物耐温 $155℃$，剪切强度为 $17MPa$，肖氏硬度（D）为 90，体积电阻率为 $1.7\times10^{15}\Omega\cdot cm$，表面电阻率为 $1.0\times10^{14}\Omega$。该单组分环氧胶黏剂在 $25℃$储存 6 个月后黏度为 $38Pa\cdot s$（$25℃$），剪切强度为 $16.3MPa$。

4. 应用

该胶黏剂适用于交流变频电机定子绕组导体和转子绕组导体的对地绝缘。

（四）MW级风力发电机组风轮叶片用环氧结构胶黏剂

1. 原材料与配方（质量份）

E-51环氧树脂	100.0	硅烷偶联剂	1.5
抗冲击改性剂	20.0	硅微粉	10.0～15.0
二氨基二苯基甲烷（DDM固化剂）	45.0	其他助剂	适量
改性脂环胺催化剂	1.0～2.0		

2. 制备方法

（1）环氧树脂增柔处理　将环氧树脂E-51和抗冲击改性剂按80:20的比例混合均匀，90～110℃下高速分散30～60min即可。

（2）制备工艺　将增柔处理的环氧树脂和纳米钙、硅微粉及偶联剂按既定的比例和顺序加入双行星混合动力反应釜中，搅拌并高速分散1h，再抽真空1h放料，得到树脂组分，放置待用。

将DDM固化剂、改性脂环胺催化剂及纳米钙、硅微粉按既定比例和顺序加入双行星混合动力反应釜中，搅拌并高速分散1h，再抽真空1h放料，得到固化剂组分，放置待用。

3. 性能

风力发电机组风轮叶片用环氧胶黏剂的技术要求见表7-21。

胶黏剂本体材料的性能测试结果见表7-22～表7-24。

表7-21　风力发电机组风轮叶片用环氧胶黏剂的技术要求

试验项目	技术要求
拉伸强度/MPa	≥50
拉伸模量/GPa	≥3.5
断裂伸长率/%	≥1.5
拉剪强度/MPa	≥14
T型剥离强度/(N/mm)	≥2

表7-22　胶黏剂本体材料拉伸性能的测试结果

编号	拉伸强度/MPa	拉伸模量/MPa	断裂伸长率/%
1	62.20	5521.80	1.69
2	59.38	6274.29	1.12
3	65.02	5539.37	1.71
4	55.98	5174.06	1.63
5	49.67	5362.14	1.94
6	60.14	4693.27	2.03
最大值	65.02	6274.29	2.03
平均值	58.73	5427.49	1.67

表7-23　胶黏剂本体材料剪切强度的测试结果

编号	剪切强度/MPa
1	23.98
2	29.67
3	31.00
4	28.20
5	27.73
6	26.94
最大值	31.00
平均值	27.92

表7-24　胶黏剂T形剥离强度的测试结果

编号	平均剥离强度/(N/mm)	最大剥离强度/(N/mm)
1	2.42	3.16
2	2.80	4.49
3	1.92	4.85
4	3.34	6.30
5	1.85	3.62
6	2.54	3.85
平均值	2.48	4.38

表7-22～表7-24中的各项测试数据与表7-21中的各项技术要求相比，所制胶黏剂同类性能测试有明显优势，完全满足现市场风轮叶片合模粘接要求并有盈余量，这为更大尺寸风

轮叶片的合模粘接应用提供了理论和数据依据。

（五）电机用单组分环氧胶黏剂

1. 原材料与配方（质量份）

CYD-128 环氧树脂	100	纳米丁腈橡胶粒子（VP-501）	15～20
NPEF-170 环氧树脂	20	气相炭黑 N20	5～6
双氰胺	25	轻质 $CaCO_3$	20～30
咪唑改性促进剂	3	其他助剂	适量

2. 制备方法

（1）胶黏剂的配制　按比例依次加入环氧树脂、增韧剂、固化剂、促进剂、填料、触变剂等，搅拌均匀，用三辊研磨机碾压均匀。

（2）固化工艺　温度为 150℃；时间为 0.5h；压力为 0.2MPa。

3. 性能与效果

通过不同配比的性能比较，选择 CYD-128 环氧 80 份和双酚 F 环氧 20 份，配合使用作为主体树脂，纳米丁腈橡胶粒子 VP-501 改性环氧树脂作为增韧剂，双氰胺作为固化剂，咪唑改性促进剂作为固化体系，同时配合适当的填料、触变剂，制得性能优异的单组分环氧树脂胶黏剂。该胶黏剂 25℃剪切强度可达 15.9MPa，150℃剪切强度达到 7.3MPa，现已被厂家大量使用。该胶黏剂在 150℃加热 0.5h 即可完全固化，固化过程中胶料不流淌，性能全部达到或超过了进口同类产品的水平。

（六）风电叶片用环氧结构胶黏剂

1. 原材料与配方（质量份）

A 组分			
环氧树脂	100.0	偶联剂	1.5
液体丁腈橡胶	25.0	消泡剂	0.5
活性稀释剂	15.0	溶剂	适量
填料	50.0～80.0	其他助剂	适量
促进剂	3.0		
B 组分			
固化剂	25.0		

2. 制备方法

（1）胶黏剂的制备　称料—配料—混料—反应—出料—备用。

（2）试样的制备

参考标准 GB/T 7124—2008，将按比例（A∶B＝100∶45）混合好的环氧结构胶粘单向板，制作环氧结构胶剪切试样，胶层厚度为（0.5±0.05）mm，用于测试静态拉剪强度和疲劳性能。

样品制备过程中采用酒精清理单向板，控制搭接宽度为（12.5±0.25）mm，搭接完成后放入恒温、恒湿箱中进行固化，固化工艺为 45℃/2h＋75℃/6h。

3. 性能与效果

（1）采用单向剪切疲劳测试评价了叶片用环氧结构胶的疲劳性能，根据 ISO 9664—1995，设定平均应力 $\tau_m = 0.35\tau_R$，频率为 30Hz，振幅为 2.0MPa $\leqslant \tau_a \leqslant$ 3.0MPa，测试环

氧结构胶疲劳次数，得到 S-N 曲线并计算疲劳极限，研究胶层厚度、增韧剂及试样破坏形式等因素对疲劳性能的影响。本研究证明叶片用环氧结构胶疲劳性能指标对叶片设计和使用具有重要价值。

（2）测出的环氧结构胶 S-N 曲线、极限疲劳，通过拟合曲线上 1000 万次时的振幅来进行试验，验证了其一致性。

（3）本研究所测试的环氧结构胶能达到叶片设计要求，具有优异的疲劳性能。

（4）为了叶片结构设计和使用安全性，需要对环氧结构胶进行疲劳测试，叶片相关认证部门和设计部门应将结构胶疲劳性能纳入考虑范围中。

（七）大型原体修复用环氧胶黏剂

1. 原材料与配方

原料	牌号或级别	质量份	用途
EP	E-44(6101)	100	胶黏剂
邻苯二甲酸二丁酯（DBP）	含量≥99.5%	16～18	增塑剂
乙二胺	含量≥99%	6～8	固化剂
填料	工业级	20～30	填料
丙酮	分析纯	5～15	稀释剂

2. 制备方法

（1）配胶 采用"现配现用"方法配制 EP 胶黏剂，各种物料的称量误差必须低于 0.05g。首先将 EP 在水浴中进行间接加热，使之熔化；然后加入 DBP，用玻璃棒按顺时针搅拌均匀；待体系呈透明状时冷却至室温，边搅拌边缓慢加入乙二胺（升温速率要小，近似室温），搅拌均匀；静置 5min，待体系中气泡消失即得 EP 胶黏剂。

（2）堵漏的操作步骤

① 对泵体油箱进行表面处理（除油、除锈去污），必要时进行氧气烘烤、酸洗等处理。

② 利用毛刷将 EP 胶黏剂涂覆在泵体油箱渗油处，然后粘贴 2～3 层玻璃纤维布（见图 7-3）。

③ 控制固化时间使之完全固化：夏天 12～18h，冬天 18～24h，80℃时仅需 3～6h。

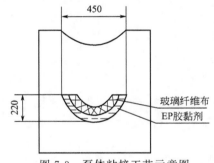

图 7-3 泵体粘接工艺示意图

3. 性能与效果

（1）经过两年多的研究和试验证明，在高压泵体油箱渗油堵漏中使用的 EP 胶接技术，具有工艺先进、工作效率高和耐用性强等特点，既保持了泵体油箱原有的性能，又延长了泵体油箱的使用寿命，并且节约了大量的修理费用。

（2）采用 EP 胶黏剂进行技术性粘堵，是目前设备修理治漏中的新技术、新工艺，应大力推广与应用。

（八）挠性覆铜板用高剥离强度环氧胶黏剂

1. 原材料与配方（质量份）

双酚 A 型环氧树脂(E-51)	100	溶剂	适量
液体端羧基丁腈橡胶(CTBN)	15	其他助剂	适量
双氰胺(DICY)	25		

2. 制备方法

将环氧树脂 E-51、不同质量的 CTBN 加入带有温度计的三口烧瓶中，通入氮气保护，加热并机械搅拌，在一定温度下预聚反应一定时间，降温至 60℃，加入 15%（质量分数）的固化剂 DICY，充分搅拌 30min，得到环氧树脂胶黏剂。

3. 性能与效果

（1）红外光谱分析表明，CTBN 与环氧树脂发生预聚反应是由环氧树脂中的环氧基与 CTBN 中的羧基发生了反应。

（2）DSC 分析表明，随着预聚反应升温速率的增大，固化温度、固化起始、终止温度相应增大，放热量相应减小；利用反应温度 T 和升温速率 β 的线性关系，采用外延法求得起始固化温度为 184.3℃，恒温固化温度为 188.3℃，后处理温度为 191.5℃。

（3）CTBN 改性的环氧树脂胶黏剂中，CTBN 质量分数为 15%、预聚温度为 90℃时所制得的环氧胶黏剂剥离强度最大。随着剥离强度的增强胶黏剂从铜箔向薄膜表面发生转移。

（九）成像组件精密组装用环氧胶黏剂

1. 原材料与配方（质量份）

双酚 A 型环氧树脂	100.0	偶联剂	1.5
柔性环氧树脂	20.0	消泡剂	0.5
环氧酯	10.0	润湿剂	1.0
固化剂 6430	40.0～60.0	其他助剂	适量
填料	40.0～50.0		

2. 制备方法

按所设计的配方及配料，依次将改性环氧树脂或含填料的改性环氧树脂与固化剂搅拌均匀，放入真空干燥箱中真空脱除气泡，倒入模具中，实施浇铸成型或粘接作业。

3. 性能

固化工艺对胶接性能的影响见表 7-25。

表 7-25　固化工艺对胶接性能的影响

固化工艺	剪切强度/MPa
23℃/3d	7.15
23℃/24h，+55℃/3h	16.20
23℃/24h+55℃/4h	16.30
23℃/24h+60℃/3h	16.50

固化温度越低，粘接强度越差，在室温条件下，固化反应不完全，剪切强度低，不能保证相机元器件长期使用的稳定可靠性；升高固化温度能使固化反应趋于完全，剪切强度提高。该胶的最佳固化条件为 23℃/24h+60℃/3h。

4. 效果

（1）该结构胶所要求的技术指标为凝胶时间（60℃）30～40min；热膨胀系数 10^{-4}～10^{-5}/℃；剪切强度≥12MPa。

（2）环氧树脂经柔性环氧树脂及环氧酯混合改性后，体系的韧性和剪切强度得到了较大的提高，当 $m_{柔性环氧树脂}:m_{环氧酯}$ 为 2∶1 时，其环氧胶的综合性能最佳。

（3）固化工艺对其粘接性能有一定的影响，当胶在 23℃/24h+60℃/3h 条件下固化可达最佳固化性能。

（4）该结构胶具有较高的粘接强度、冲击强度及优异的耐高低温循环性能，—55～60℃循环 3 次未见开胶、脱胶等现象，且老化前后，具有优异的胶接、剪切强度。

（5）实验表明，耐老化前后的胶接、剪切强度分别为 16.5MPa 和 16.6MPa。可以看出，该胶黏剂胶接试片在—55～60℃的交变温度下循环 3 次后，其剪切强度未有明显变化，且未发现开胶等异常现象。

（十）高导热挠性铝基覆铜板用环氧胶黏剂

1. 原材料与配方（质量份）

环氧树脂	100	离子捕捉剂	1
液态端羧基丁腈橡胶	15	环氧固化剂	25
球形氧化铝粉体	1～2	溶剂	适量
偶联剂	1	其他助剂	适量

2. 制备方法

（1）胶黏剂的配制　按照配方把液态端羧基丁腈橡胶（CTBN）和液体环氧树脂（F-51）加入配有搅拌器、温度计、氮气装置的 500mL 反应瓶中；开动搅拌器，并充入氮气；升温到 90℃左右加入三苯基膦催化剂；升温到 130℃开始计时，保持在 130℃左右继续反应 3h；停止反应后，将温度降到 50℃左右，搅拌中加入溶剂，制成大约 30％的溶液。然后，按照配方补加环氧树脂、固化剂、离子捕捉剂和碾磨分散好的粉体填料，搅拌均匀后，配成环氧胶黏剂。

（2）挠性铝基覆铜板样品的制备　把已配制好的环氧胶黏剂均匀涂在 BOPP 薄膜上，保持胶层厚度大约为 50μm。在 85℃下烘烤 5min，冷却到室温后，把已经裁成小片的 35μm 电解铜箔贴在已涂胶的 BOPP 薄膜上。除去多余的边料，120℃过塑后，揭去 BOPP 薄膜，贴上 100μm 铝箔放到热压机中加压 0.16MPa，加热至 175℃并保温 90min，自然冷却到室温即制成挠性铝基覆铜板样品。

3. 性能

高导热挠性铝基覆铜板的综合性能见表 7-26。

表 7-26　高导热挠性铝基覆铜板的综合性能

测试项目	测试方法	实验样品测试值	普通胶样品测试值
热导率/(W/m·K)	ASTM D54705	2.05	0.38
耐锡焊性(288℃/10s)	IPC-TM-650-2.4.13	通过	通过
剥离强度/(N/mm)	IPC-TM-650-2.4.9	1.68	1.50
击穿电压/kV	ASTM D149	≥3.5	1.3
耐折性/次	IPC-TM-650-2.4.3	≥10	≥100
尺寸稳定性/%	IPC-TM-650-2.2.4	±0.2	±0.3
表面电阻(常态)/MΩ	IPC-TM-650-2.5.17	$3.0×10^6$	$3.5×10^5$
体积电阻(常态)/MΩ	IPC-TM-650-2.5.17	$2.6×10^7$	$1.1×10^7$

4. 效果

高导热挠性铝基覆铜板用环氧胶黏剂的热固化温度确定为（160±5）℃，热固化时间为 60～70min；用该胶制备导热材料的热导率随着填料填充量的增加而增大，当填料含量由 30％提高到 50％，样品的热导率迅速由 0.5W/m·K 左右上升至 2.3W/m·K；导热球形氧化铝填料通过高速球磨机研磨分散后能够在胶黏剂中均匀分散；离子捕捉剂能有效地防止有害离子的电子迁移，可明显提高耐击穿电压；在最优配方及最佳固化工艺下，所制样品的热导率为 2.01W/m·K，剥离强度为 1.68N/mm，耐折性为 10 次以上。

（十一）光电组件组装用环氧胶黏剂

1. 原材料与配方 （质量份）

环氧树脂（E-51）	100	乙二醇二缩水甘油醚稀释剂	10
端羧基丁腈橡胶（CTBN）	25	甲基硅油消泡剂	1
聚醚胺（D230）	20	其他助剂	适量

2. 制备方法

（1）将环氧树脂、0～25 份 CTBN 加入带有温度计的三口烧瓶中，加热并机械搅拌，150℃反应 3h，得到 CTBN 改性的环氧树脂共聚物，分别标记为 GJ0～GJ25；将环氧树脂、0～25 份 CTBN 加入烧杯中，混合均匀，得到环氧树脂与 CTBN 的共混物，分别标记为 GH0～GH25。

（2）将 CTBN/EP 共聚物、CTBN/EP 共混物各加入按化学式计量比的聚醚胺固化剂，并加入乙二醇二缩水甘油醚作为稀释剂，二甲基硅油作为消泡剂，搅拌均匀后预热并反复真空脱泡，脱泡完成后转移到已预热过的模具中，模具端口用贴纸和透明胶带封住一端，用铁夹固定模具。

在 70℃下固化 6h 便固化完全。

3. 性能与效果

采用端羧基丁腈橡胶（CTBN）对环氧树脂改性，增强环氧树脂体系的韧性，有物理共混、化学共聚两种方法。物理共混是将 CTBN 溶于环氧树脂中，在固化时与环氧树脂产生相分离，形成"海岛结构"，增强混合树脂的韧性；化学共聚是将 CTBN 与环氧树脂预聚，CTBN 末端的羧基与环氧基团发生反应，形成嵌段结构，这种结构在室温下具有更高的剥离强度和断裂韧性。引入 CTBN 后的环氧树脂，不仅增强了韧性，改善了强度，而且没有显著地降低其他力学性能和耐热性。

CTBN 的引入对复合树脂的性能有显著性影响。一方面，随着复合树脂体系中 CTBN 含量的增加，共混树脂和共聚树脂的断裂伸长率和抗冲击强度都逐渐提高，而拉伸强度和杨氏模量则逐渐降低；根据实验数据可知，随着 CTBN 含量的增加，抗冲击强度的增加量远远高于拉伸强度的削弱量。另一方面，化学共聚树脂的各项性能均优于物理共混树脂，当 CTBN 含量为 20% 时，化学共聚树脂的断裂伸长率高达 90.63%，抗冲击强度达到 59.5kJ/m²，拉伸强度达到 29.0MPa，杨氏模量达到 372MPa，完全能满足作为光电组件粘接剂的应用要求。

（十二）运载火箭推进剂用液氮温度下的环氧胶黏剂

1. 原材料与配方 （质量份）

环氧树脂	100	润湿剂	1～2
改性芳胺固化剂	20～22	其他助剂	适量

2. 胶黏剂的制备

普通环氧树脂胶黏剂低温下容易脆裂、脱粘。研制的环氧胶黏剂能耐低温，是因为在环氧分子链上引入了柔性链段。提高柔性链段的比例可使胶黏剂固化后变得较软，柔性好的胶黏剂耐低温性能更好。固化剂是由间苯二胺与化合物反应制备的位阻胺，其结构如下所示。

$$H_2N \quad\quad NHR$$

使用固化剂时必需将其加热全部熔化，并搅拌均匀，否则影响胶黏剂的均匀性和粘接性能。改性胺是多组分混合物，分子量有大有小，大分子在低温下容易沉淀，上面的未沉淀小分子液体和下面的沉淀固体组分分子量、结构不同，如果不混匀使用，对胶黏剂固化物性能影响较大。位阻胺在室温下反应较慢，长时间也可固化，胶黏剂25℃/24h以上表干，1周以上完全固化，加热使固化速度大大提高，100℃/2h可固化完全。配制好的胶黏剂使用温度不能过低，不低于10℃，以防固化剂沉淀，被粘件温度也不可过低。胶黏剂黏度较低，约为100mPa·s，低黏度胶黏剂可能对被粘基材不润湿，也可能从斜放的粘接件中流淌掉，如有这些问题，可适量加入润湿剂或等胶黏剂增大至一定黏度后再施涂。

3. 性能

胶黏剂固化物的力学性能见表7-27。

表7-27　胶黏剂固化物的力学性能

项目	铝合金粘接试件	铝-双面镀铝聚酯膜-铝粘接件	铝-双面聚酰亚胺铝膜-铝粘接件	胶黏剂固化物
拉剪强度/MPa	≥17(-198℃) ≥17(室温) ≥2(60℃) ≥1(150℃)	≥6(室温)	11.8~22.4(室温)	
拉伸强度/MPa				15.2~30.4(室温) 40.8~110.3(-198℃)
拉伸模量/GPa				0.5~0.9(室温) 5.4~6.4(-198℃)

普通环氧树脂胶黏剂在-40℃左右就会开裂，而研制的胶黏剂在液氮温度不开裂、不脱粘，有较高的强度和一定的韧性。

低温环氧树脂胶黏剂有较高的强度，液氮温度的强度高于室温，室温韧性较大，液氮温度韧性相对较小。

胶黏剂固化物温度和失重的关系见表7-28。

表7-28　胶黏剂固化物温度和失重的关系

胶黏剂固化物	分解10%温度/℃	分解完全温度/℃
在空气中	315	625
在氮气中	330	900(15%没分解,生成了稳定的炭化产物)

先将粘接试片经100℃/2h固化，再经120℃老化1个月，测室温和液氮温度拉剪强度。结果表明，室温拉剪强度为18.4MPa，液氮温度拉剪强度为24.4MPa，满足设计和使用要求。

4. 效果

运载火箭等使用低温液体作为推进剂冷却剂，在液氢液氧储箱及其管路等相关部位需要使用环氧树脂胶黏剂进行粘接和密封。通过大量试验，研制了一类可用于液氮温度下使用的低温环氧树脂胶黏剂。

该胶黏剂室温、液氮温度拉剪强度≥17MPa，有较高的强度；室温断裂伸长率大于16%，液氮温度断裂伸长率为0.7%~1.4%，有良好的韧性；对于多种基材有较高的粘接强度；具有良好的耐低温性能和耐温度交变性能，已广泛应用于多种航天产品中：钢壳体和外层玻璃钢隔热层界面处微小缝隙粘接、密封；低温电机灌封；插头座等金属底涂（供聚氨酯胶黏剂使用）；耐低温复合材料结构件制备等。

（十三）耐热耐焊型环氧胶黏剂

1. 原材料与配方（质量份）

EP638	50.0	咪唑促进剂	0.5
EP828	50.0	Al_2O_3	30.0
丁腈橡胶	20.0	BN	30.0
酰肼固化剂	10.0	其他助剂	适量

2. 环氧胶膜的制备

将环氧树脂按照 $m_{EP638}:m_{EP828}=1:1$（EP638 的软化点为 45℃）的比例置于反应釜中，水浴加热至 60～80℃，使固体完全熔融，搅拌均匀，加入一定量丙酮溶解的增韧剂、填料等继续搅拌 30min，加入 10% 的固化剂酰肼，搅拌均匀后冷却至 40℃左右时加入 0.5% 的固化促进剂咪唑，再次搅拌均匀后倒出产物，得到环氧树脂胶黏剂，用湿法流延成膜方式将环氧树脂胶黏剂在 80℃左右涂覆在离型纸上，制成环氧树脂胶膜。

3. 性能与效果

（1）以双酚 A 型 EP638、EP828 为基体树脂，丁腈橡胶为增韧剂，酰肼为固化剂，咪唑为固化促进剂，引入导热填料氮化硼、氧化铝，可以制备出高耐热、高耐焊型环氧胶膜。

（2）采用单因素试验法优选出制备高耐热、高耐焊型环氧胶膜的最佳工艺条件：固化条件为 120℃/1h+150℃/1h；$m_{EP638}:m_{EP828}=1:1$；w（丁腈橡胶）$=20\%$；w（酰肼）$=10\%$；w（咪唑）$=0.5\%$；w（混合填料）$=60\%$，$m_{Al_2O_3}:m_{BN}=1:1$。此条件下的环氧胶膜的介电常数为 5.66，热导率为 0.581W/(m·K)，粘接强度为 36.99MPa，T_g 为 174.77℃，耐浸焊时间为 10min。

（十四）电气绝缘用 F 级云母/环氧胶带

1. 原材料与配方（质量份）

原材料	A 胶	B 胶	原材料	A 胶	B 胶
树脂胶（TDA）	100	100	二氨基二苯基甲烷双马来酰亚胺	—	10
环氧树脂	20	20			
聚酰亚胺 H	10	—	固化促进剂 N	—	1～2
溶剂	适量	—	其他助剂	适量	适量

2. 制备方法

① 树脂胶的制备

a. 第一步，TOA 的制备。在反应器中投入桐油，同时加热，开动搅拌，将桐油真空脱气后，降温至 80℃时，停止加热，投入顺丁烯二酸酐，随着反应放热，温度自动上升，温度达到 160℃，开始保温反应，保温 1h。

b. 第二步，把第一步 TOA 分成两部分。第一部分加入环氧树脂、聚酰亚胺 H、溶剂，用固化促进剂 N 调节成型时间；第二部分加入二氨基二苯基甲烷双马来酰亚胺，保温搅拌至透明，加入环氧树脂和固化促进剂 N，保温一定时间，调节成型时间达 10～14min/170℃。将第一部分和第二部分树脂胶分别冷却并稀释至需要的固体量和黏度，即为云母带用胶黏剂 A 与 B。

② 粉云母带的制造　云母带在云母带机上生产，调整好 A 与 B 两种胶的黏度，按照上下为补强玻璃布中间夹粉云母纸的方式，经浸胶、复合、烘焙、收卷，按一定速率生产，云母带机烘箱控制在 130～140℃，最后将收卷的粉云母带车切成需要宽度的云母带 C 和 D 两种。

3. 性能

各物质的性能参数见表 7-29～表 7-31。

表 7-29　A 与 B 介质损耗因数

项目	介质损耗因数(tanδ)/%					
	A			B		
常态	0.2	0.3	0.2	0.1	0.2	0.1
热态(155℃)	1.6	1.4	1.5	2.0	1.9	1.6

表 7-30　A 与 B 温度指数试验

项目	A	B
表面热分解温度/℃	313	289
TEG/℃	173	168

表 7-31　C 与 D 的介质损耗因数

项目	介质损耗因数(tanδ)/%					
	C			D		
常态	1.0	0.9	0.8	1.8	1.5	1.2
热态(155℃)	1.8	1.6	1.3	2.0	1.9	1.6

（十五）散热型印刷电路板用环氧胶黏剂

1. 原材料与配方（质量份）

A 组分		活性稀释剂	10
环氧树脂(E-51)	100	填料	20～40
改性剂	20～40		
B 组分			
脂肪与芳香混合胺固化剂	20～40		

2. 制备方法

按配方称量物料，将物料投入混合机或反应釜中，在一定的温度下，混合反应一段时间，待混合均匀后，便可出料包装备用。这样便完成 A 组分的制备。A、B 组分混合，制备胶黏剂。

3. 性能

（1）技术性能指标　所研制的胶黏剂应满足 HDPCB 的使用要求。根据航空机载设备应达到的功能要求和所处的环境条件，HDPCB 应满足以下性能要求。

① 室温性能　层间剪切强度≥10MPa；绝缘电阻（500V）≥50MΩ；翘曲度＜2%（按 HDPCB 对角线计算）。

② 工作温度　长期 80℃，短期 150℃。

③ 耐高低温冲击性能　−55～70℃三个循环。转换时间＜5min，高低温各保温 2h。然后经 1m 高自由下落冲击无损伤。

④ 耐湿热交变冲击性能　10 个循环（240h）后，剪切强度为 3～5MPa（或阻焊膜拉脱）；绝缘电阻（500V）≥2MΩ；翘曲度＜2%。

⑤ 固化温度低于 85℃，工艺稳定、可靠、简便。

（2）改性环氧胶黏剂的工艺性能

① 配比（质量比）为 A 组分：B 组分＝1：1。

② 室温使用期≥3h。

③ 固化条件：(23±3)℃/7d；(23±3)℃/1d＋(50±5)℃/1h＋(75±5)℃/1h；(23±3)℃/4h＋(75±5)℃/2h。

（3）改性环氧胶黏剂的使用性能

① 室温性能

a. 浇铸体密度：$(1.36±0.06)g/cm^3$。

b. 浇铸体硬度：邵尔 D 硬度≥80。

c. 剪切强度：(Al-Al) 22MPa；(Al-PCB) 11.7MPa。

d. 绝缘电阻（500V）：500MΩ。

② 高低温冲击性能（−60～80℃，3 个循环）

a. 针刺法软化情况检验（PCB）：通过。

b. 1m 高自由下落冲击试验（PCB）：通过。

c. 绝缘电阻（500MΩ 电表，500V）：500MΩ。

③ 湿热交变冲击性能（30～60℃，95%RH，4 个循环共 96h）

a. 剪切强度（Al-PCB）：9.64MPa。

b. 绝缘电阻：500MΩ。

④ 振动试验（GJB 150.6—1986，第 2.3.5 条）。

a. 剪切强度（Al-PCB）：10.5MPa。

b. 绝缘电阻：500MΩ。

（十六）挠性印刷电路板用环氧胶黏剂

1. 原材料与配方（质量份）

环氧树脂	100	促进剂 AA	1～2
增韧剂	20～40	三氧化二铝粉(300 目)	50～60
固化剂	20	其他助剂	适量

2. 制备方法

① 复合工艺　挠性印刷电路板通常是在大型复合机上采用双辊薄膜涂胶和双辊压延法进行制备的，复合后的挠性印制线路板材经收卷后于热空气中进行固化。

从生产成本考虑，一般采用普通的环氧树脂作为胶黏剂的主材料，但普通的环氧树脂很难达到耐 250℃的高温。为获得这样的耐高温性能，所用固化体系需在高温（≥160℃）下长时间固化，这样做对控制挠性印刷电路板的全面质量极为不利。因而，选择理想的固化体系在中低温下固化，将是今后挠性印刷电路板生产研制的方向。采用的环氧类胶黏剂以挠性印刷电路板生产常用的胶黏剂为基础，经预聚合改性而制备。

② 环氧树脂改性预聚合　在三口瓶中加入环氧树脂，开动搅拌，将内温升至（130±

10)℃，加入预聚合改性剂，保温反应 1.5h，趁热出料，待冷却后将其粉碎备用。

③ 溶胶　按配方将各原料投入高速搅拌釜内，在混合溶剂中将其全部溶解均匀，得固含量为（30±2）%（1g/135℃/1h）、黏度为（20±5）s（23℃，涂-4 杯）的胶液。

3. 性能

挠性印刷电路板材的质量见表 7-32 和表 7-33。

表 7-32　未用固化促进剂时挠性印刷电路板材的质量

剥离强度/(N/mm)			可焊性	耐浸焊性	尺寸稳定性/(μm/mm)	表面光洁度
常态	浸焊后	215A/m²模拟电镀后				
1.69	1.48	1.50	合格	60s 不起泡，不脱胶	4.8	有大量微小气泡、鱼眼、针孔

注：依据 IEC-249 标准及行业标准，常态、浸焊后、215A/m² 模拟电镀后的剥离强度（N/mm）分别为≥1.4、≥1.3、≥1.3；耐浸焊为 260℃，＞30s；尺寸稳定性＜2.5μm/mm。

表 7-33　采用合成促进剂时挠性印刷电路板材的质量

剥离强度/(N/mm)			可焊性	耐浸焊性	尺寸稳定性/(μm/mm)	表面光洁度
常态	浸焊后	215A/m²模拟电镀后				
1.53	1.41	1.46	合格	60s 不起泡，不脱胶	1.9	有少量的微小气泡、鱼眼、针孔

注：依据 IEC-249 标准及行业标准，常态、浸焊后、215A/m² 模拟电镀后的剥离强度（N/mm）分别为≥1.4、≥1.3、≥1.3；耐浸焊为 260℃，＞30s；尺寸稳定性＜2.5μm/mm。

（十七）挠性导热绝缘环氧胶黏剂

1. 原材料与配方（质量份）

环氧树脂	100	增韧剂	20
增塑剂	10～15	填料	50～80
流平剂	2～5	偶联剂	1～2
溶剂	适量	其他助剂	适量

2. 制备方法

将经表面处理的填料、环氧树脂、增塑剂、流平剂、溶剂等按一定比例加入 250mL 单口烧瓶中分散均匀。向混合液中加入固化剂继续搅拌一段时间后，过滤得所需胶液。以玻璃棒将胶液涂覆于贴有离型膜的平整玻璃板上，并于 80℃烘箱中烘除溶剂。将胶膜于 170℃下固化，裁片，待测。以预固化胶膜贴合 50μm 铝箔和 35μm 铜箔，在 5MPa/170℃下快压 2min，170℃下固化 70min。

3. 性能与效果

随着填料填充量的增加，材料的热导率大幅提高，粘接力、耐折性及介电性能有所下降。通过实验确定了材料在固化温度为 170℃，固化时间为 60min 的条件下能完全固化，剥离强度最佳。在最佳配方及最佳固化工艺下，所得胶片的热导率为 2.31W/m·K，介电常数为 4.87、介电损耗为 0.058，所制挠性覆铜板的剥离强度为 2.20N/mm，挠曲性能优良。所制备的挠性导热绝缘环氧胶综合性能良好，能满足 FCCL 的生产要求，可解决电子元器件的散热问题。

（十八）空压机管式冷却器专用胶黏剂

1. 原材料与配方（质量份）

环氧树脂	100	聚酰胺固化剂	100
二丁酯	8	其他助剂	适量
还原铁粉(300目)	30		

2. 制备方法

① 将更换了管芯的芯子部件一头平放在工作台上，用汽油、煤油或柴油初步清洗管芯和隔板粘接部位。

② 用砂布、刮刀或锉刀处理粘接部位，使其呈现具有一定粗糙度的崭新金属表面，然后再用浸有丙酮的棉纱擦洗。

③ 按配方将环氧树脂和聚酰胺混合均匀后，加入还原铁粉进行搅拌，最后再加入二丁酯搅拌均匀。

④ 在室温下将胶黏剂涂覆在管芯与隔板的间隙里，管芯与隔板的间隙最好为 $0.05\sim0.15$mm。然后再均匀地涂覆管芯与隔板的连接表面。

⑤ 做一块压板，紧压在已涂覆好的胶黏剂面上。

⑥ 在室温下固化 24h。

3. 性能与效果

应用环氧树脂胶黏剂修复油冷却器是一种新工艺，先后粘接了 4 件，通过 1.2MPa 水压试验后，完全符合质量要求，使用至今已两年多，未发现泄漏现象。它与用胀接器胀接或焊接等常规工艺相比，具有工艺简单、质量可靠等一系列优点。

（十九）高精密传感器专用环氧胶黏剂

1. 原材料与配方（质量份）

E-51 环氧树脂	100	KH-550	2
改性胺固化剂	74	DMP-30	1
增韧增柔剂 CE-50A	20	HN-014(染料)	适量

2. 制备方法

按配方比例称量物料，将物料投入混合机中，在一定温度下高速混合搅拌一段时间，待混合均匀后，便可出料，包装备用。

3. 性能与效果

新型弹性环氧胶黏剂在高精密传感器上的应用工艺，已通过鉴定和评审，并在科研生产上逐步扩大应用范围。粘接的镀金摆片各项技术指标满足设计要求，一次通过检验合格率达到 100%。

（二十）纺织配件粘接专用胶黏剂

1. 原材料与配方（质量份）

环氧树脂(F-51)	100	溶剂	适量
顺丁烯二酸酐固化剂	$20\sim50$	填料	$20\sim40$
偶联剂(KH-550)	$1\sim2$	其他助剂	适量

2. 制备方法

称取 F-51 树脂于烧杯中,用溶剂将其溶解成均相溶液,再将顺丁烯二酸酐加入树脂溶液中,充分搅拌,使酸酐完全溶解,最后将用偶联剂处理过的填料加入树脂-酸酐溶液中,搅拌均匀即可。

3. 性能

经测定该胶黏剂涂层的性能指标如下。

① 使用温度范围为 $-50\sim200℃$。

② 使用寿命大于 $48\times365h$。

③ 经过水煮 80h(连续进行)涂层与铝试件之间粘接良好,无剥落现象发生。

④ 按照该涂层固化条件胶接的 LY12 铝试件,常温下的剪切强度为 $12\sim14MPa$。

4. 效果

在胶黏剂的制备过程中发现,同样的原料,由于其配制方法的差异,会造成胶黏剂性能截然不同。

① 先将偶联剂 KH-550 直接加入树脂-酸酐溶液中,立即引起分相,有絮状物沉析出来,填料很难加入。

② 将偶联剂先配制成溶液,再加入树脂-酸酐溶液体系中,同样出现絮状沉淀物。

③ 先用 $2\%\sim3\%$ 的偶联剂溶液处理所用填料(处理方法:对填料首先进行浸润,其次在空气中晾置,最后于烘箱中彻底干燥),再将填料加入树脂-酸酐体系中,以此方法制备的胶黏剂涂层,生产工艺简单,性能优良。

(二十一)汽车车灯粘接专用环氧胶黏剂

1. 原材料与配方(SE-9)(质量份)

改性环氧树脂	100	2# 促进剂	2
增韧剂	60	消泡剂	1
双氰胺	10	填料	60

2. 制备方法

① 配胶 按配方比例称量物料,将物料投入混合机中,在一定温度下高速混合搅拌一段时间,待混合均匀后,便可出料,包装备用。

② 车灯粘接工艺

a. 表面处理 粘接面应清洁无污物,防眩目车灯的散光镜玻璃和反光镜均保持清洁。

b. 涂胶过程 将车灯的散光镜与反光镜进行组合,装在涂胶机上注胶涂布,仅需 $10\sim30s$,取下固化。

c. 固化工艺 将涂胶的车灯置于烘箱中,升温至 $(110\pm2)℃$,然后恒温 1h,降温至 30℃时,即可取出。

3. 性能

胶黏剂的性能见表 7-34~表 7-37。

4. 效果

① SE-9 单组分环氧胶是采用双氰胺-高活性促进剂反应的固化系统,为车灯胶的新品种。其主要技术性能指标均达到日本日星牌同类车灯胶的性能标准。

② 该胶黏度低,不流淌性好,用于密封粘接,具有良好的消泡性和粘接性能。

表 7-34 粘接强度

胶种	被粘材料	剪切强度/MPa	剥离强度/(N/m)
SE-9 胶	钢-钢	10.0~20.0	—
	铝-铝	9.8	—
	玻璃-金属丝网	—	>4600
日星胶	钢-钢	10.0~20.0	—
	铝-铝	10.2	—
	玻璃-金属丝网	—	1960

注：1. 采用 Instron-1195 型电子万能试验机测试。

2. 剪切试验：按金属胶合机械方法说明书中的方法测定。

表 7-35 储存时间对黏度及粘接强度的影响

储存期/d	储存温度/℃	黏度/Pa·s	剪切强度(钢-钢)/MPa
1	约 30	19	约 15
30		20	约 15
60		40	约 15
>90		100	约 15

表 7-36 耐温水及密封性

性能	被粘材料	环境条件	数据	保持率/%
剪切强度/MPa	钢-钢	常态 40℃/140h	15.0 12.8	85
	铝-铝	常态 40℃/140h	10.0 7.0	70
剥离强度/(N/m)	玻璃-金属丝网	常态 40℃/140h	>4606.0 1960.0	43
密封性	粘接车灯 100 个	水中浸泡 1 年	无脱落和渗漏	100

表 7-37 湿热老化性能

老化时间/d	剪切强度/MPa	保持率/%	备注
空白	15.0	—	试验条件
10	15.0	100	①温度 50℃；
20	15.0	100	湿度 95%
30	13.6	91	②取样后 24h 内测

③ 该胶的粘接强度、耐湿热老化性较好。胶的柔韧性可采用弹性体和柔性树脂加以改进，以解决车灯胶胶层的可挠性问题。

④ 该胶的储存期（即适用期）为 4 个月，用作车灯胶需具备的流淌适用期为 15~30d，已超过日星车灯胶的 15d 指标，单组分环氧胶体系的流淌适用期，要达到储存期（适用期）是比较困难的，有待进一步的研究。

（二十二）塑料薄膜四色凹印机大胶轮修复用环氧胶黏剂

1. 原材料与配方（质量份）

① 橡胶-钢轮粘接用胶配方

E-44	100	邻苯二甲酸二丁酯	30
聚酰胺(650)	80		

② 橡胶-橡胶粘接用胶配方

E-44	100	邻苯二甲酸二丁酯	30
聚酰胺(650)	100		

③ 磨削后接口处或表面缺陷修复用胶配方

E-44	100	胶粉	适量
聚酰胺	100		
邻苯二甲酸二丁酯	15		

固化 24h 再精加工，直至满意为止。

2. 制备方法

按配方比例称量物料，将物料投入混合机中，在一定温度下高速混合搅拌一段时间，待混合均匀后，便可出料，包装备用。

3. 修复工艺

① 清除轮上的残胶后，将一台 C0628 台式车床固定在大胶轮前面，以胶轮中心轴线为基准校正车床导轨，确保加工后的精度。

② 选用的橡胶板需长于钢轮周长 100mm，表面无疤痕杂质，弹性好，厚 10mm 即可。胶板出厂时每卷 60kg 左右，太厚不够长，太薄则加工后弹性不好。

③ 接头设计为斜坡式，坡度 1∶6，与印刷方向反向搭接，以减少接头受力。用大坡度是为了增大接口强度，同时便于接口的固定。

④ 表面处理：对钢轮进行机械除锈，用木工锉将胶板表面锉粗，并用乙醇清擦一遍，丙酮清擦两遍进行脱脂处理。

⑤ 由于能用稀释剂降低黏度，调胶前将 E-44 与聚酰胺隔水加热到 40℃ 左右再进行混合。涂布时力求均匀、快速，因粘接面积达 1.8m²，胶层厚度应保持在 2～3mm，以防缺胶。

⑥ 涂胶后立即将开坡口处用螺钉压板拴在轮上，晾置一段时间，待胶干至手按后能印上手印而又扯不起丝时，用凹版将胶板压紧，开机低速旋转，胶板在转动中逐渐粘接到钢轮上。这样，凹版的滚压排除了胶板与钢轮之间的空气和余胶，达到压力下粘接的效果。转到接口前 20～30mm 即停，以免凹版被损坏。停止转动后立即用压板将胶轮固定 2～3 处，以防胶板回弹和因蠕动产生气泡和空洞。

⑦ 4h 后可撤除压板，将接口处多余的胶板截掉，清理干净，粘好坡口，再用压板固定。

⑧ 24h 后撤除全部压板。在台车大拖板上安装一个手提砂轮对胶轮外圆进行磨削。

依此工艺粘接三层即可恢复原尺寸。

4. 注意事项

① 粘接如此大面积的胶板，很容易产生一些气泡和空洞。胶板磨削后也会出现一些缺陷。若发现缺胶，可将缺胶处撬开，补灌一些胶液，再用压板压紧，24h 后再进行磨削加工。

② 橡胶板涂胶后有些变形，边缘处有翘起现象，可用铁丝捆扎使其贴紧，干后即平整如新，不影响使用及外观。

（二十三）选煤旋流器结构耐磨衬里粘接专用胶黏剂

1. 原材料与配方 （质量份）

A 组分

环氧树脂	100	填料	20～40
环氧稀释剂	10～20	触变剂	1～2
增韧剂	20～30	其他助剂	适量

B 组分

环氧固化剂	20～40	环氧促进剂	5～10

2. 制备方法

在环氧树脂里加入稀释剂、触变剂、填料等助剂，搅拌均匀后装入 A 料桶；在固化剂里加入促进剂、触变剂、填料等助剂，混合均匀后装入 B 料桶；A 料和 B 料的比例为 4∶1。

3. 修复工艺

使用前分别搅拌 A、B 料，使胶料混合均匀；按推荐比例 A∶B＝4∶1 配制胶料，一定要使两组分充分混合成为均匀一体，放置片刻，待气泡基本散尽后即可使用。不要随意调动配制比例，否则会影响粘接性能；如有条件，耐磨块粘接面和旋流器粘接面应用丙酮擦拭干净，除油、除污；按正常程序进行粘接操作，每次配制胶黏剂不可过多，避免胶料浪费；粘接完毕，至少养护 24h 后才可进行下道工序操作。

4. 性能

胶黏剂的相关性能见表 7-38 和表 7-39。

表 7-38 胶黏剂的相关性能测定结果 单位：MPa

测试项目	技术指标	测试结果	
压缩强度	>50	常温	61.9
		低温	65.8
钢-钢拉剪强度	>18	常温	30.2
		低温	24.2
弯曲强度	>30	常温	34.0
		低温	33.4
石材-石材压剪强度	>7	常温	18.5
		低温	17.9

表 7-39 与国内其他厂家产品性能的对比 单位：MPa

性能	自研常温	自研低温	国产 1	国产 2
抗压强度	61.9	65.8	61.8	54.2
拉剪强度	30.2	24.2	25.8	23.3
抗弯强度	34.0	33.4	35.9	32.8

（二十四）水利机械修复用环氧胶黏剂

1. 原材料与配方（质量份）

A 组分

环氧树脂(E-44)	100	二硫化钼	10～20
环氧活性稀释剂	10～15	其他助剂	适量
三氧化二铝粉(200 目)	75		

B 组分

胺类混合固化剂	100	其他助剂	适量
促进剂	10		

配比：A∶B＝2∶1。

2. 制备方法

按配方比例称量物料，将物料投入混合机中，在一定温度下高速混合搅拌一段时间，待混合均匀后，便可出料，包装备用。

3. 性能与效果

① 当耐磨环氧胶粘涂层中填料含量为 75％（质量分数）时，其相对耐磨性最好。

② 耐磨胶粘涂层的相对耐磨性随着填料颗粒度的增大而略有提高。

③ 填料经偶联剂处理后，耐磨涂层的相对耐磨性明显提高。

④ 不同粒度的填料混合使用时，效果比采用单一粒度的填料更好。

⑤ 环氧胶粘涂层具有很好的耐浆体冲蚀磨损性能，以 45 钢为参考试样，其相对耐磨性达到 8.2，实际应用证明，胶粘涂层能显著提高机械过流部件的使用寿命。

（二十五）铝蜂窝芯材拼接胶膜

1. 原材料与配方 （质量份）

B 阶树脂	100.0	增黏剂	2.6
丁腈-40 橡胶	70.0	触变剂	0.4
复合促进剂	6.0	助剂	1.3

2. 制备方法

① B 阶树脂的合成　由双酚 A 型环氧树脂、线型酚醛树脂及胺类固化剂在一定温度和压力下反应一定时间制得。

② 复合促进剂的制备　由咪唑类和改性胺类促进剂按比例混合均匀制得。

③ 拼接胶膜的制备　先将丁腈橡胶在开炼双辊机上薄通数遍，然后加入 B 阶树脂混炼均匀，再加入增黏剂、复合促进剂、触变剂和助剂混炼均匀，出料。将该料在无溶剂自动化成膜设备上热压成膜。

3. 性能

外观为蓝色平整的胶膜；厚度为 0.20～0.40mm；该胶膜对铝合金材料有较好的压敏粘接。储存期：常温下为 30d；－18℃以下为 180d。

4. 应用

该产品是铝蜂窝芯材拼接专用胶膜。

第三节　建筑与工程用环氧胶黏剂

一、建筑用环氧胶黏剂

（一）建筑用环氧结构胶黏剂

1. 原材料与配方 （质量份）

环氧树脂(E-44)	100	二甲苯	50
邻苯二甲酸二丁酯	10	乙二胺	15
环氧氯丙烷	20		

2. 制备方法

按照配方设计配比，分别将原材料加入混合器或捏合机中，将其均匀混合即可使用。若与水泥掺混可制得高强度混凝土,掺混时可按5:1的比例将1份胶黏剂加入5份水泥中去制成混合胶浆。这样可显著提高混凝土的强度。

3. 性能 (见表 7-40)

该胶黏剂固化温度低、固化时间短、强度高、可调节性强,适用范围广。

表 7-40 环氧/水泥胶浆的性能

性能		固化时间/h	数值
压缩强度/MPa		1	2.6
		2	25.0
		3	>50.0
粘接混凝土	弯曲强度/MPa	7	>7.5
	拉伸强度/MPa	7	>3.6
弹性模量/MPa		7	5.39×10^3

4. 应用

该胶黏剂可与水泥掺混制成高强度混凝土,也可用于粘接混凝土,用于桥梁、建筑物和道路的裂缝修复等。

(二)糠醛丙酮改性环氧建筑结构胶黏剂

1. 原材料与配方 (质量份)

	配方1	配方2	配方3		配方1	配方2	配方3
E-44 环氧树脂	50.0	50.0	50.0	硫酸二甲酯	—	—	2.0~3.0
糠醛	50.0	50.0	50.0	丙酮	适量	适量	适量
浓硫酸-乙醇	4.0	—	—	其他助剂	适量	适量	适量
对甲苯磺酸	—	3.3	—				

2. 制备方法

① 碱法改性环氧结构胶黏剂的制备 将 NaOH 水溶液、NaOH 乳化液、乙醇钠(SA)乳化液及相转移催化剂加入一定比例的糠醛丙酮中,边加边搅拌,冷却至室温,加入 E-44,再加入一定量的酮亚胺(丙酮与二乙烯三胺的反应物),即得碱法改性环氧结构胶,放置,固化。

② 酸法改性环氧结构胶黏剂的制备 将酸性催化剂加入一定比例的糠醛丙酮中,边加边搅拌,放置一段时间,按时加入终止剂,掺入 E-44。再按要求加入一定量的酮亚胺固化,放置,即得改性环氧固结体。

3. 性能

此胶黏剂的力学性能见表 7-41。

表 7-41 糖醛丙酮改性环氧建筑结构胶黏剂的力学性能 (25℃)　　　单位:MPa

拉伸强度	压缩强度	压缩弹性模量	剪切强度	拉伸粘接强度
16.5	72.4	1.40×10^3	13.8	>7.0

采用酸碱催化剂催化合成糠醛丙酮改性环氧树脂,改性后的环氧树脂经胺固化后都具有良好的应力-应变关系,碱法压缩强度达到 72.4MPa,拉伸强度达 16.5MPa,剪切强度达 13.8MPa,压缩弹性模量达 1.40×10^3 MPa,拉伸粘接强度超过 7.0MPa;酸法压缩强度可

达到86.2MPa，压缩弹性模量为9.23×10^2MPa。酸催化合成的糠醛丙酮改性环氧树脂具有储存时间长、反应易控制及成本较低的优点。

4. 应用

该胶黏剂主要用作建筑结构材料的粘接。

（三）环氧建筑改性结构胶黏剂(JGN-TCA型)

1. 原材料与配方（质量份）

A组分

双酚A环氧树脂	100	填料	10~30
复合型弹性体	20~30	助剂	适量

B组分

长链胺/芳胺混合物固化物	100	促进剂	1~2
填料	10~20	其他助剂	适量
催化剂	1~2		

2. 制备方法

按配方比例称量A、B组分分别制备，投入混合机中，在一定的温度下，充分搅拌混合，直到混合均匀后，方可出料包装备用。

使用时，按一定比例将A、B组分混合均匀，便可使用。

A∶B＝3∶1。固化条件为：常温/24h＋常温/72h。

3. 性能

① 外观　A、B组分均为黏稠状胶液。

② 密度　甲、乙组分混合后密度为(1.70 ± 0.05)g/cm^3（20℃）。

③ 粘接性能　粘接剪切强度（钢-钢）为18MPa；粘接拉伸强度（钢-钢）为35MPa；粘接不均匀剥离强度（钢-钢）为274.4N/cm。

将钢与C$_{30}$混凝土粘接不论剪切、拉伸均造成混凝土破坏，而胶层未受损伤。

④ 胶的固化物的力学性能　拉伸强度为32MPa；压缩强度为61MPa；弯曲强度为64MPa；膨胀系数为2.6×10^{-5}/℃。

人工老化（$T=55℃$，HR70%，周期降雨）1000h后粘接剪切试件强度不下降。

4. 效果

改进韧性的环氧建筑结构胶［JGN-1(A)型］应用于粘钢加固中，既可承担设计允许的静荷载，也可承担200万次之内的允许设计值范围内的疲劳荷载，这对丰富建筑物在加固施工中的胶种具有重要的学术与实用意义。

（四）高性能双组分环氧建筑结构胶黏剂

1. 原材料与配方（质量份）

A组分		B组分	
E-51双酚A环氧树脂	100.00	改性聚酰胺固化剂	26.00
正丁基缩水甘油醚(501)	5.00	二乙烯三胺（DETA）	4.00
石英砂(200目)	222.00	石英砂(200目)	78.00
气相SiO$_2$	3.00	硅烷偶联剂KH-550	0.78
硅烷偶联剂KH-550	2.00~3.00	Fe$_3$O$_4$	0.50
其他助剂	适量	其他助剂	适量

2. 制备方法

（1）A 组分的制备 按质量称取 E-51 双酚 A 环氧树脂和活性稀释剂置于罐中低速搅拌，然后依次加入无机填料、气相 SiO_2、硅烷偶联剂 KH-550，待液体科充分润湿固体粉末料后高速搅拌分散，充分混匀，出料备用。

（2）B 组分的制备 按质量称取固化剂置于搅拌罐中，混合搅拌 10min，再依次加入无机填料、硅烷偶联剂 KH-550、氧化铁，搅拌分散，充分混匀制得 B 组分。

配比：A：B＝3：1。

3. 性能与效果

使用自制改性聚酰胺 380T 与 DETA 共混作为环氧树脂固化剂，以石英砂作为填料，在活性稀释剂、触变剂及偶联剂的共同作用下，所制得的结构胶常温固化 7d 的拉伸强度和剪切强度可分别达到 52MPa 和 19.2MPa，具有力学性能优、粘接力强、韧性好、触变性及湿润性优、硬化后不收缩等特点，是一种高性能双组分环氧树脂结构胶产品。

二、工程用环氧胶黏剂

（一）煤气管道修复用高效环氧胶黏剂

1. 原材料与配方 （质量份）

环氧树脂（E-51）	100	防老剂 D	2
液态聚硫橡胶（JLY-121）	50	二氧化硅（200 目）	3
二乙烯三胺	12	氧化锌	4
邻苯二甲酸二丁酯	4	其他助剂	适量

2. 制备方法

① 高效环氧胶黏剂的配制方法 按照高效环氧胶黏剂的配方质量比，准确称取各组分，依次将 E-51 环氧树脂、液态聚硫橡胶 JLY-121、二乙烯三胺、邻苯二甲酸二丁酯、二氧化硅、氧化锌、防老剂 D 加入容器内，边加边搅拌，至搅拌均匀，并抽真空脱气以防胶内含有气泡，影响粘接质量。

② 煤气管道修补工艺操作 煤气管道修补工艺操作分为三步：一是对管道修补面进行表面处理，以保证界面干净，具有活性；二是配制高效胶黏剂；三是高效胶黏剂涂覆固化。

a. 表面处理 用铜质铲铲除煤气管道裂纹或腐蚀孔周围的腐蚀物，然后用铜丝刷刷去漆层和铁锈，再用粗砂纸进行打毛，使修补面露出金属光泽；用化学纯乙酸乙酯清洗玻璃纤维布，再涂刷一层 KH-550，烘干；将管道修补面用化学纯乙酸乙酯清洗干净，静置 5～6min。清洗时最好使用干净的化纤布，以防短纤维留在修补面上，影响粘接质量。

b. 配制高效胶黏剂 按高效环氧胶黏剂的配方质量比及配制方法进行配制。

c. 高效胶黏剂涂覆固化 将配制好的高效环氧胶黏剂用毛刷涂在修补面上，涂层应均匀且不得漏涂，然后贴上一层已经处理的玻璃纤维布，如此共贴四层。最后涂一层高效环氧胶黏剂后用力包上耐热塑料布。修补部位若在露天情况下应予以遮蔽 3～4h。

3. 性能（见表 7-42）

表 7-42　高效环氧胶黏剂的性能

性　能	指标	性　能	指标
树脂与固化剂混合比	100∶12	伸展率/%	620
比体积/(cm³/kg)	863.25	加入固化剂后的黏度	胶泥状
混合后使用时间(24℃)/min	8	固化后的硬度	82
最高使用温度/℃		固化时间/h	3
$V_干$	130	固化收缩率/(cm/cm)	0.14
$V_湿$	42	拉伸强度/MPa	31.95

（二）铸铁管修复专用胶黏剂

1. 原材料与配方（质量份）

E-51 环氧树脂	工业级	100	氧化锌	化学纯	2~6
液态聚硫橡胶 JLY-121	工业级	50	乙二胺	化学纯	12
邻苯二甲酸二丁酯	化学纯	14	防老剂 D	工业级	2
二氧化硅	工业级	1~5	KH-550	工业级	1~2

2. 制备方法

① 配制胶黏剂　按照配方质量比，精确称取各组分，在容器内搅拌均匀并抽真空脱气，以防胶液内含有气泡，影响粘接质量。

② 修补工艺　修补工艺分三步：一是对修补面进行表面处理，以保证界面干净，具有活性；二是配制胶黏剂；三是胶黏剂涂覆固化。其要求如下。

a. 表面处理　用铁丝刷刷去铸铁管裂纹或腐蚀孔周围的腐蚀物和铁锈，用粗砂纸进行打毛，使修补面露出金属光泽；在裂纹端头打止裂孔，以防裂纹继续扩展；用化学纯乙酸乙酯清洗玻璃纤维布，再涂刷一层 KH-550，烘干；将铸铁管修补面用化学纯乙酸乙酯清洗干净，清洗时最好使用干净的化纤布，以防有短纤维留在修补面上，影响粘接强度。冬天可用电吹风吹一下，以保证清洗溶剂迅速挥发，其余季节晾置 5~6min。

b. 胶黏剂涂覆固化　将胶黏剂用毛刷涂在修补面上，涂层应均匀且不得漏涂，贴上一层玻璃纤维布，如此共贴四层。最后再涂一层胶黏剂，用力包上塑料布。修补部位若在露天情况下应予以遮蔽，10h 后达到基本固化即可使用。

3. 性能与效果

采用以上环氧胶黏剂配方和修补工艺，修补了 10 根在线铸铁管（输送介质分别为液氮、蒸汽和自来水），使用周期最短者也已达 4 年，尚未出现任何问题。这说明所研制的环氧胶黏剂和修补工艺能够修补铸铁管出现的裂纹和腐蚀孔等缺陷，并且能够保证修补后的铸铁管长期使用，为企业节省了修理费用和时间，保证了生产的正常进行。

（三）油介质混凝土修补用环氧胶黏剂

1. 原材料与配方（质量份）

	配方 1	配方 2	配方 3	配方 4	配方 5
环氧树脂	100	100	100	100	100
固化剂	45	40	50	50	45
促进剂	3	2	6	5	4

	配方 1	配方 2	配方 3	配方 4	配方 5
偶联剂	3	2	6	5	5
稀释剂	20	10	40	50	40
吸油树脂	10	—	40	50	28
PVC 树脂	15	—	35	50	25

2. 制备方法

将环氧树脂、吸油树脂及 PVC 树脂混合后搅拌均匀成浆料，加入稀释剂和偶联剂搅拌均匀后再加入固化剂及促进剂，拌匀后得环氧树脂修复浆料。

3. 性能

对环氧树脂进行改性，使得它在吸油性、粘接性方面取得好的效果，使被粘物表面在固化过程中不仅能吸收混凝土表面的油层，而且使之逐步扩散到胶黏剂层中，形成均一整体，从而达到胶黏剂分子与被粘物分子最大程度的接触，使已渗入混凝土中的油介质能充分被修复材料吸收，且与混凝土本体粘接具有很高的强度。

4. 应用

该胶黏剂主要用于修补混凝土，也可用于建筑物的修复。

（四）预应力钢绞线防腐用环氧胶黏剂

1. 原材料与配方（质量份）

A 组分

环氧树脂 E-44	80	玻璃鳞片	2
改性环氧树脂	15	石英粉	3
环氧丙烷丁基醚稀释剂	13	二氧化硅	2
低分子量聚酰胺增韧剂	15	颜料	1

B 组分

腰果壳油固化剂	110

2. 制备方法

按照 A 组分配比，将物料投入搅拌器中，搅拌混合均匀成糊状物，再将糊状物投入三辊磨内研磨，脱去气泡混匀便制成 A 组分胶。

使用时，将 A 组分与 B 组分按 1.2∶1 的比例混合均匀，即可使用。

3. 性能

此胶黏剂可使普通预应力钢绞线成为环氧防腐型预应力钢绞线。该胶黏剂的固化剂和各组分可在常、低温环境下进行使用，能在 −5℃ 的条件下与环氧树脂发生交联反应，且这种被固化的预应力钢绞线的涂层与金属之间有极强的粘接力、韧性、抗冲击力及耐化学腐蚀等性能。

涂层工艺简单、材料资源丰富、成本低、更加环保。

4. 应用

胶黏剂须在涂层生产线上快速反应进行固化，连续生产出带有环氧涂层的预应力钢绞线。

（五）油污面混凝土用胶黏剂

1. 原材料与配方（质量份）

环氧树脂	100	吸油树脂	30～40
固化剂	40～70	溶油助剂	适量
偶联剂	4～6		

2. 制备方法

按质量配比准确称量环氧树脂、固化剂、偶联剂及稀释剂（稀释剂用量根据使用环境适当变化或不使用），置于容器中搅拌均匀，再加入吸油树脂，搅拌均匀后放入研钵内研磨，直至树脂均匀分散，即得所需产品。

3. 性能

① 能够在存在油污的环境下固化，固化后对混凝土材料具有较高的粘接力。一般油污混凝土正拉粘接强度可达 1.91～3.14MPa。可以用于工厂、车间及储油场所混凝土结构损伤修补或者混凝土裂缝的灌浆堵漏及补强。

② 原材料均为工业产品，简单易得，配制方便，可以根据具体损伤情况随用随配，施工操作简便。

③ 应用广泛，对于普通润滑机油、缝纫机油、液压机油等不同油类污染的混凝土均有显著效果。

4. 使用方法

① 对于表面有损伤的区域，先擦干表面油迹再喷涂溶油助剂，然后倒入胶黏剂胶体直至填满缺陷区域。

② 对于混凝土裂缝区域，先用空气压缩机吹干缝内残留油污，再喷涂表面溶油助剂，最后根据裂缝空间位置采用泵送注入或者手工浇注方式灌入胶黏剂。

（六）湿性石材粘接用胶黏剂

1. 原材料与配方（质量份）

A 组分

双酚 A 环氧树脂（E-44）	100	γ-氨基丙基三乙氧基硅烷	1～33
活性碳酸钙粉	100～200	其他助剂	适量
乙醇	5～20		

B 组分

酚醛胺	50～80	邻苯二甲酸二丁酯	5～20

A 组分与 B 组分的比例为 1：（0.5～2）。

2. 制备方法

按配方将物料投入混合器中，搅拌混合均匀，然后再用研磨机研磨过滤，即得 A 组分，将酚醛胺与邻苯二甲酸二丁酯混合均匀即得 B 组分。

3. 性能

采用酚醛胺为固化剂，可在相对湿度大于 90% 甚至水下固化环氧树脂，因此，本胶黏剂可对湿性板材实施粘接，生产成本低，效率高，而且具有可在低温情况下进行操作、耐温情况好、抗冲击能力强、固化时间短的特点。

4. 应用

该胶黏剂主要用于大理石复合板制作中湿性大理石、花岗石、瓷砖等板材的粘接。

（七）石材薄板复合用环氧胶黏剂

1. 原材料与配方（质量份）

A 组分		B 组分	
环氧树脂 E-44	38.0	改性胺	30.0
丙烯酸环氧树脂	2.0	咪唑类促进剂	10.0
单环氧基化合物	1.5	KH-550 偶联剂	5.0
稀释剂		石英粉	15.0
紫外线屏蔽剂	0.5	硅微粉	25.0
石英粉	10.0	滑石粉	10.0
硅微粉	30.0	钛白粉	5.0
滑石粉	9.0		
钛白粉	9.0		
其他助剂	适量		

2. 制备方法

① 改性胺的制备方法　将脂环胺加入反应釜中，开动搅拌，慢慢滴加一部分缩水甘油醚，在 30min 内滴加完，继续反应 30min；接着加入脂肪胺，搅匀后慢慢滴加余下的缩水甘油醚，在 30min 内滴加完，继续反应 1h，即得改性胺。

② 薄板复合胶 A、B 组分的制备方法　在反应釜中加入环氧树脂、稀释剂、紫外线屏蔽剂搅拌 30min，加入无机粉料搅拌 2h，出料即得 A 组分。B 组分是在制得改性胺后加入促进剂、偶联剂搅拌 30min，再加入无机粉料搅拌 2h，过滤即得。

石材薄板复合胶在使用时，按质量比称量 A 组分 5 份、B 组分 1 份，混合均匀，涂刷于粘接面上，然后贴合、施压，复合胶反应固化将石材薄板和基材牢固地粘接在一起。

3. 性能

该胶黏剂室温反应固化后，粘接强度高、收缩率极小、耐老化、耐黄变、耐冻融。

4. 应用

该胶黏剂广泛用于石材、水泥、玻璃、金属的粘接，尤其适用于大理石薄板与瓷板、石质基材的复合。

（八）环氧锚固胶黏剂

1. 原材料与配方（质量份）

环氧树脂(E-44)	100	邻苯二甲酸二丁酯(DCP)	17
乙二胺(无水,含胺量 98% 以上)	8	砂	250

2. 制备方法

按配方计量将环氧树脂与邻苯二甲酸二丁酯放入混合器或反应釜中混合均匀即可出料，装入容器中待用。

使用时加入砂和固化剂乙二胺，浇铸到锚固部位即可。

3. 性能

① 粘接对象广泛，包括金属及非金属材料同种间或相互间粘接。

② 可以粘接异型、复杂和大型薄板结构件。

③ 对基孔无膨胀挤压力，锚固深度不受限制，锚固性能与钢筋预埋件相近。

④ 具有良好的疲劳强度。

4. 应用

该胶黏剂被广泛用于结构加固、岩层支护、设备基础固定、堤坝裂缝修复及高层建筑外墙石材干挂、金属或玻璃幕墙框架的安装及固定等。而金属膨胀螺栓则只能用于静力载荷下非结构件的锚固。

（九）混凝土渡槽用环氧胶黏剂

1. 原材料与配方（质量份）

原材料	配方 1	配方 2	原材料	配方 1	配方 2
环氧树脂（E-44）	100	100	间苯二胺	10~20	10~20
聚酯树脂（TOA）	—	20~40	二乙烯三胺	5~10	5~10
聚酰胺活性稀释剂	10~15	10~15	其他助剂	适量	适量

2. 制备方法

按配方比例称量物料，将物料投入混合机中搅拌混合，待混合均匀方可出料，包装备用。

混凝土渡槽制备是在本胶黏剂中加入水泥制成胶泥，然后再加入砂石制成砂浆，室温固化即可成制品。

3. 性能（见表 7-43）

表 7-43　各项性能的测试结果

测试项目	材料	配方 1	配方 2
剪切强度（钢-钢）/MPa	胶黏剂 胶泥	10.52 4.52	13.20 10.90
弯曲强度（混凝土试样断裂时的负荷）/MPa	胶泥 砂浆	122 264	161 271
涂层撕裂时混凝土试件缝宽/mm	胶泥	同时断裂	0.7
涂层破裂时伸曲次数/次	胶黏剂胶泥	42 91	330 380
涂在玻纤布上厚 1.5mm，动水压 0.3MPa，不透水持续时间/h	胶泥	3	4
耐高温/℃ 耐低温/℃	胶泥 胶泥	80℃不淌， −30℃有裂纹	80℃不淌， −30℃不裂不起鼓

（十）高弹性改性环氧道路修补胶黏剂

1. 原材料与配方及产品性能

序号	A 组分	B 组分	拉伸强度/MPa	伸长率/%
1	$m_{\text{NPEL128}} : m_{227} = 75 : 25$	$m_{651} : m_{\text{KH-550}} : m_{\text{DMP-30}} = 48 : 1 : 1$	13.0	8.7
2	$m_{\text{NPEL128}} : m_{01} = 75 : 25$	$m_{651} : m_{\text{KH-550}} : m_{\text{DMP-30}} = 48 : 1 : 1$	13.3	31.2
3	$m_{\text{NPEL128}} : m_{01} : m_{227} = 50 : 25 : 25$	$m_{\text{HDJ-1}} : m_{\text{KH-550}} : m_{\text{DMP-30}} = 48 : 1 : 1$	5.7	79.0
4	$m_{\text{NPEL128}} : m_{01} : m_{227} = 55 : 25 : 20$	$m_{\text{HDJ-1}} : m_{\text{KH-550}} : m_{\text{DMP-30}} = 48 : 1 : 1$	5.8	50.0

续表

序号	A组分			B组分			拉伸强度/MPa	伸长率/%
5	$m_{NPEL128} : m_{01} : m_{227} = 60 : 25 : 15$			$m_{HDJ-1} : m_{KH-550} : m_{DMP-30} = 48 : 1 : 1$			7.3	35.0
6	$m_{NPEL128} : m_{01} : m_{02} = 60 : 25 : 15$			$m_{HDJ-1} : m_{KH-550} : m_{DMP-30} = 48 : 1 : 1$			28.7	9.5
7	$m_{NPEL128} : m_{01} : m_{02} = 55 : 25 : 20$			$m_{HDJ-1} : m_{KH-550} : m_{DMP-30} = 48 : 1 : 1$			6.0	70.0
8	$m_{NPEL128} : m_{01} : m_{02} = 60 : 20 : 20$			$m_{HDJ-1} : m_{KH-550} : m_{DMP-30} = 48 : 1 : 1$			10.5	50.5
9	$m_{NPEL128} : m_{01} : m_{02} = 55 : 20 : 25$			$m_{HDJ-1} : m_{KH-550} : m_{DMP-30} = 48 : 1 : 1$			6.5	90.0
10	$m_{NPEL128} : m_{01} : m_{02} = 50 : 25 : 25$			$m_{HDJ-1} : m_{KH-550} : m_{DMP-30} = 48 : 1 : 1$			4.3	115.0
要求	—			—			≥10.0	≥50.0

注：1. A组分：B组分质量比为2:1。

2. 固化方法：室温固化24h+60℃固化2h，冷却至室温检测。

3. 原材料：环氧树脂（NPEL128）；活性增韧性（227）；活性增韧剂（01、02）；固化剂聚酰胺树脂（650#）；韧性酚醛胺（HDJ-1）；促进剂（DMP-30）；偶联剂（KH-550）。

2. 制备方法

称料—配料—混料—反应—出料—备用。

3. 性能

环氧树脂活性增韧剂的性能见表7-44。

表7-44　环氧树脂活性增韧剂的性能

型号	类型	环氧值/(mol/100g)	黏度(25℃)/mPa·s	性能描述
227	聚醚多元醇缩水甘油醚	0.08～0.10	100～150	分子内含柔性链段、醚键和环氧基，是环氧树脂的良好增韧剂，同时能起到一定的稀释效果
01	脂环族缩水甘油醚类	0.45～0.60	10～60	具有极好的耐候性、黏度低
02	活性增韧剂	—	40～60	增韧性能好、耐湿热老化性能优异

固化剂的基本指标见表7-45。

表7-45　固化剂的基本指标

项目名称	类型	胺值/(mgKOH/g)	黏度/mPa·s
651#	聚酰胺	300±20	2000～10000(40℃)
HDJ-1	酚醛胺	460±20	9000～10000(25℃)

（1）在拉伸强度相当的情况下，增韧剂01的伸长率大一些。

（2）227比例在15～25份变化时，伸长率变化较大，但拉伸强度变化不大，且小于10.0MPa。

（3）增韧剂01和02对体系伸长率影响较大，7～10号配方伸长率均超过50.0%，10号配方达到115.0%，但强度只有4.3MPa。

（4）综合考虑，8号配方性能满足修补胶的要求。

4. 效果

通过添加合适的增韧剂（01/02按一定比例）对双酚A环氧树脂进行改性，得到改性环氧树脂；同时筛选合适的韧性固化剂HDJ-1，添加KH-550/DMP-30，室温固化24h+60℃固化2h后得到高弹性道路修补胶，能够满足客户需要，其拉伸强度≥10.0MPa，伸长率≥50.0%。

还可根据该胶黏剂特点，进一步改善其韧性，用于高弹性界面的粘接。

三、水下工程用环氧胶黏剂

（一）水中固化环氧胶黏剂

1. 原材料与配方（质量份）

A 组分

环氧树脂 E-44	100	活性稀释剂	0～10

B 组分

复合固化剂	20～50	钛白粉	0～5
偶联剂	0～5	滑石粉	0～30
气相白炭黑	0～5		

2. 制备方法

① 反应机理　低分子量聚酰胺是由二聚、三聚植物油式不饱和脂肪酸与多元胺酰胺反应制得的。由于结构中含有较长的脂肪酸碳链和氨基，所以固化产物具有高的韧性和粘接力及耐水性，能在潮湿的表面施工，但固化产物的耐热性比较低。酚醛胺和环氧树脂固化反应主要是环氧基和氨基的交联，可使固化产物具有很强的耐化学品性能以及机械强度。

环氧树脂和复合固化剂的反应产物具有很好的耐水性、高的韧性、粘接力、耐化学品性能以及高的机械强度。

② 工艺操作

a. A 组分　将环氧树脂 E-44 置于水浴池中加热使其变稀，物料夹套管通蒸汽预热后，用齿轮泵打入高位槽，然后进行包装。

b. B 组分　按配方量准备好各物料，将液体、固体物料依次投入反应釜中，开蒸汽加热至 70～90℃，并搅拌均匀，检验合格包装。

③ 施工方法　施工工件表面应干净、无油污。A 和 B 组分按比例混合搅拌均匀，用多少配多少，配胶后 1h 用完。在少水的表面中涂胶，涂胶后即可进行粘接。施加一定的压力，1h 初固化，24h 完全固化。用 501# 稀释剂调节胶的黏度，稀释剂的用量一般不超过树脂量的 10%。

3. 性能（见表 7-46～表 7-48）

表 7-46　复合固化剂配比对剪切强度的影响

$m_{低分子量聚酰胺}:m_{酚醛胺}$	剪切强度/MPa	$m_{低分子量聚酰胺}:m_{酚醛胺}$	剪切强度/MPa
3:1	3.70	3:4	1.22
3:2	3.87	3:5	1.13
3:3	6.55		

表 7-47　固化时间对性能的影响

时间/h	4	8	12	16	20	24	28
剪切强度/MPa	1.9	3.3	4.8	5.7	6.2	6.6	6.5

表 7-48　活性稀释剂对黏度的影响

活性稀释剂 501#（质量分数）/%	黏度/mPa·s	活性稀释剂 501#（质量分数）/%	黏度/mPa·s
5	4290	12	2080
8	3780	15	1040
10	3120		

4. 效果

① 低分子量聚酰胺和酚醛胺质量比为 1∶1，固化时间为 24h，稀释剂的质量分数为 8%（以环氧树脂为基准）时，胶黏剂的剪切强度最大。

② 水中固化环氧胶黏剂特别适用于纸张、木材、玻璃、玉石、陶瓷、金属、硫化橡胶、皮革以及某些塑料的粘接。此胶黏剂强度较高，无毒，耐水、酸、碱性好。该胶黏剂能在水中使用，已实现了工业化生产。

（二）水下施工专用环氧胶黏剂

1. 原材料与配方（质量份）

环氧树脂(E-44)	100.0	增稠剂(R-70)	1.0～2.0
增韧剂(601)	20.0	界面活性剂(N-5)	0.5～1.0
稀释剂二丁酯	10.0	改性胺固化剂(G-8)	30.0
石油树脂(A-30)	30.0	水泥/黄砂	300.0

2. 制备方法

胶黏剂的制备方法如图 7-4 所示。

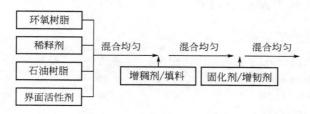

图 7-4 胶黏剂调配示意

3. 性能与效果

水下施固胶黏剂一般要求能在水下进行有效粘接并固化。其关键主要是如何克服水对胶黏剂浸润/粘接和固化的不利影响。目前，其研究的种类主要有：①α-氰基丙烯酸类；②环氧类；③聚氨酯类；④多肽类；⑤复合型等。

该水下固化环氧胶黏剂配方合理，制备工艺简便，固化性能优良，水中粘接强度超过了 0.9MPa，值得推广应用。

（三）水下固化环氧胶黏剂

1. 原材料与配方（质量份）

A 组分		B 组分	
环氧树脂(E-51)	100	801 固化剂/301P 固化剂	50
增韧剂(PS-121)	20	促进剂 DMP-30	3
填料	40～60	填料	10
偶联剂	1	偶联剂	1
其他助剂	适量	其他助剂	适量

2. 制备方法

（1）A 组分的制备　将 EP、增韧剂（PS-121）和填料按比例搅拌均匀，然后用三辊研磨机连续研磨 1h 后，出料即可。

（2）B组分的制备　将不同的水下固化剂（如301P和810等）、偶联剂（KH-550）、促进剂（DMP-30）和填料等按比例混合均匀后，出料即可。

（3）使用时按照 $m_{A组分}:m_{B组分}=1:x$（由于各类水下固化剂的胺值随种类不同而异，故 x 为水下固化剂生产厂家推荐的掺量）比例，将上述物料混合均匀即可。

3. 性能与效果

（1）不同的水下固化剂具有不同的本体黏度，适宜的体系黏度，能有效提高相应水下胶黏剂对被粘物表面的浸润性和水下剪切强度。

（2）水下EP胶黏剂的水下凝胶时间越长，意味着水分子重新渗入粘接界面的影响因素越大，体系固化后的强度也就越低。水下EP胶黏剂适宜的水下凝胶时间为1h左右。

（3）水下固化剂均有一定的憎水性（亲水性EP固化剂除外），由于压缩试件不存在水膜隔离胶黏剂/被粘物的界面问题，故水下胶黏剂的压缩强度通常都能符合使用要求，但其钢/钢拉伸剪切强度会受到一定的影响。

（4）810和301P具有一定的憎水性，并且相应EP胶黏剂的水下凝胶时间为1h左右，而且两者的水下压缩强度和钢/钢水下拉伸剪切强度相对较大。由于810和301P的本体黏度不同，复配此两种水下固化剂会得到综合性能更好的水下EP胶黏剂。

（四）环氧树脂水下修补胶黏剂

1. 原材料与配方（质量份）

	原材料	配方1	配方2	配方3	配方4	配方5
基料组分	NPEL128（环氧）	80	80	80	80	80
	LR600（增韧剂）	19	19	19	19	19
	KH-560（偶联剂）	1	1	1	1	1
	硅铁粉	90	140	190	240	290
	分子筛活化粉	5	5	5	5	5
	TS-720 SiO_2	5	5	5	5	5
	环氧当量	400	500	600	700	800
固化剂组分	Ancamine2636 固化剂	40	40	40	40	40
	Sunmide I-965 固化剂	50	50	50	50	50
	K-54 催化剂	10	10	10	10	10
	R-902 钛白粉	10	10	10	10	10
	滑石粉	82	82	82	82	82
	TS-720 气相 SiO_2	8	8	8	8	8
活泼氢当量		200	200	200	200	200
基料：固化剂		2：1	2.5：1	3：1	3.5：1	4：1

2. 水下修补剂的制备

将液体原料加入真空行星搅拌机的缸内，开动设备搅拌约5min，然后在加料口加入粉体原料（如果有），再分散30min，最后开真空脱泡再分散15min，出料。基料组分和固化剂组分分开生产，分开包装。

3. 性能

各配方胶黏剂的性能见表7-49。

综合考虑水下施工性、水下剪切强度、附着力、耐中性盐雾、材料机械强度，3号配方各方面性能都比较好，明显优于1、2、4、5号配方，可以作为水下修补剂用于水下钢结构缺损部位的修复和水下破损涂层的修复。

表 7-49　性能

性能	配方 1	配方 2	配方 3	配方 4	配方 5
混合密度/(g/cm³)	1.7	1.9	2.1	2.3	2.5
表干时间/min	50	48	46	46	45
水下施工性	容易润湿、但涂刮手感差、容易漂浮	容易润湿、涂刮手感略差、有漂浮	容易润湿、涂刮手感较好、几乎无漂浮	材料润湿性略差、有随刮板卷起倾向	材料润湿性差、容易跟随刮板卷起
水下剪切强度/MPa	12.8	13.2	14.0	10.6	6.5
附着力（划格）/级	0	0	0	1	2
浸泡 90d 附着力/级	0	0	0	2	3
中性盐雾试验(5000h)	不起泡、无生锈	不起泡、无生锈	不起泡、无尘锈	不起泡、无生锈	不起泡、无生锈
压缩强度/MPa	125	142	161	162	164
拉伸强度/MPa	37.5	40.5	44.2	45.5	47.1
缺口冲击强度/(J/m)	48	47	45	44	42

4. 效果

（1）首先用测试水下剪切力的方法，确定了固化剂基础配方中疏水性固化剂 Ancamine2636 和亲水性固化剂 Sunmide Ⅰ-965、K-54 的最佳配比，从而确定了不含颜填料的树脂固化剂组合配方。

（2）通过调整基料配方中硅铁粉的含量，研究了配方中颜填料含量对材料表干时间、水下施工性、水下剪切强度、附着力、耐中性盐雾及其他力学性能的影响，通过综合分析配方 3 为综合性能最优组合。

第四节　金属、塑料、橡胶粘接专用环氧胶黏剂

一、金属粘接专用环氧胶黏剂

（一）金属粘接用环氧/橡胶类胶黏剂

1. 原材料与配方（质量份）

E-51 环氧树脂	100.0	三氧化二铝粉(29μm/2.54cm，	50.0
丁腈橡胶（丁腈-40）	4.0	900℃灼烧 2h)	
磷酸三甲酚酯	1.5	三亚乙基三胺	12.5

2. 制备方法

按配方顺序将各组分加入制胶容器中，搅拌均匀即可。

3. 性能

用丁腈橡胶改性环氧树脂胶黏剂，其冲击强度和耐热性能均有所提高。

（二）金属粘接用环氧/酚醛胶黏剂

1. 原材料与配方（质量份）

E-42 环氧树脂	100.0	间苯二酚(交联剂)	7.5~10.0
氨酚醛树脂	22.5~50.0		

2. 胶黏剂的配制

① 氨酚醛树脂的制造 在装有温度计、搅拌器和回流冷凝器的三口烧瓶中，按苯酚：甲醛液＝1：1 的比例加入熔化了的苯酚和 37％的甲醛溶液，再加入氨水 6 份，搅拌升温至开始回流时起计算时间，反应 25～45min 后停止。在 0.08～0.09MPa 真空度下脱水，瓶内温度升至 87～90℃时停止脱水。

② 胶液配制 将环氧树脂和氨酚醛树脂及其他成分按配方顺序加入制胶容器，搅拌均匀即可使用。

③ 固化条件 胶黏剂配制好后涂刷在预热的被粘面上，置于 80℃烘箱中加热固化 30min 使胶预固化，并排出产生的水分。然后将被粘物粘接，加 0.3～0.5MPa 的压力，放入烘箱升温固化。升温方式为：105℃下预热 60min，然后在 60min 内由 105℃升至 150℃，于 150℃保温 10h，最后自然冷却而成。

3. 性能

环氧树脂采用酚醛树脂改性之后，耐热性明显提高。但改性也带来一些缺点，如胶黏剂的固化时间延长，而且胶层具有酚醛树脂的脆性。所以该胶黏剂不适宜在受冲击或剥离力的情况下使用。

（三）金属粘接用环氧/缩醛改性胶黏剂

1. 原材料与配方 （质量份）

	A组分	B组分		A组分	B组分
E-51 环氧树脂	100		KH-550（γ-氨丙基三乙氧		2
聚乙烯醇缩丁醛	20		基硅烷）		
200# 低分子量聚酰胺		100	无水乙醇		12

2. 制备方法

将 A、B 两组分分别配制包装，按 100：250 的配比混合均匀即可使用。

3. 性能

该胶黏剂可直接粘接、室温固化，粘接强度高。

（四）金属粘接用聚氨酯/环氧胶黏剂

1. 原材料与配方 （质量份）

原料	配方 A	配方 B	配方 C	配方 D
CYD-128 环氧树脂	70	60	63	62
HTBN	—	—	7	7
KH-550	—	—	—	1
NC-1 固化剂	30	40	30	39

2. 制备方法

将环氧树脂与端羟基液体丁腈橡胶按比例混合配制成 A 组分，室温固化剂和偶联剂按比例混合配制成 B 组分。然后将 A、B 组分按比例混合均匀即配制出底胶。

3. 性能

对上述 A、B、C、D 四种配方配制的改性环氧树脂胶黏剂进行的性能测试表明，B、C 配方的拉伸剪切强度分别达到 14.3MPa 和 19.8MPa，180°剥离强度（聚氨酯橡胶/不锈钢）

因在测试中聚氨酯橡胶胶条断裂而未被剥离开，测定值都大于 11.0kN/m。由此可见，B、C 配方改性环氧树脂胶黏剂用于浇铸型聚氨酯橡胶与不锈钢的粘接比较理想，其中 C 配方性能最好。

将如此设计的 C 配方改性环氧树脂胶黏剂与异氰酸酯胶黏剂（JQ-6）、氯化橡胶/异氰酸酯-氯丁橡胶/异氰酸酯胶黏剂（CIR/PI-CR/PL）进行了性能对比，见表 7-50。

表 7-50　三种胶黏剂的粘接性能

胶黏剂名称	180°剥离强度/(kN/m)
JQ-6[①]	6.5
CIR/PI-CR/PI[②]	14.4～16.0
C 配方	>11.0,未剥离开,聚氨酯橡胶条断裂

① 钢与浇铸聚醚型聚氨酯橡胶粘接。
② 钢与浇铸型聚氨酯橡胶粘接。

由表 7-50 可见，C 配方改性环氧树脂胶黏剂的 180°剥离强度测定值比 JQ-6 胶黏剂的大。由于聚氨酯橡胶胶条断裂而未被剥离开，可以断定它的粘接强度高于此测定值，具有较好的粘接性能。

（五）金属粘接用环氧/丁腈胶黏剂

1. 原材料与配方（质量份）

E-51 环氧树脂	100	间苯二胺	13
JYL-121 聚硫橡胶	20	二乙烯三胺	1
邻苯二甲酸二丁酯	15	滑石粉	40

2. 制备方法

按配方称量好各个组分，置于干净的容器中，加热到 70℃左右，使间苯二胺全部熔化后，搅拌均匀即可使用。

3. 性能

所谓粘接点焊是指焊点周围充入胶液（先焊后粘）或者是粘接后再辅以点焊（先粘后焊），满足上述粘接点焊目的的就是粘接点焊胶黏剂。以上述配方的点焊胶黏剂的使用温度为 -40～60℃，适用铝合金先粘后焊再固化。

粘接方法与一般环氧胶黏剂相同，粘接后于 80℃固化 3h。

粘接铝合金剪切强度：

室温	>17.65MPa	不均匀扯离强度	166.7N/m
60℃	>13.71MPa	点焊强度	>6864.66N/(3cm×3cm)
100℃	>11.28MPa		

（六）铝合金粘接用环氧胶黏剂

1. 快速固化胶黏剂配方（质量份）

A 组分

环氧树脂	100.0	炭黑	0.1
硅粉	60.0	石棉	3.0

B 组分

聚硫醇（Dion 3-800 LC）	75.0	硅粉（Imsil A-10）	50.0
聚酰胺（Dion modifier 38）	12.0	二氧化钛	10.0
叔胺（Dion EH-30）	8.0	石棉	4.0

固化条件为 24℃/8min，铝-铝剪切强度（24℃）为 1.5MPa。

2. 单组分胶黏剂配方（质量份）

环氧树脂	100	矾土	25
镓酸盐(Bentone 34)	25	双氰胺	6

固化条件为 177℃/(1～1.5)h，铝-铝剪切强度（25℃）为 1.8MPa。

二、塑料粘接用环氧胶黏剂

（一）塑料粘接用环氧胶黏剂

1. 原材料与配方（质量份）

A 组分

环氧树脂	100.0	石英粉(53μm)	54.0
聚硫橡胶	60.0	白炭黑	1.8

B 组分

701 固化剂	36.0	石英粉(53μm)	12.0
偶联剂	2.0	白炭黑	0.4
促进剂	5.0		

2. 制备方法

将 A、B 两组分按（2～2.5）:1 的比例配制。固化条件为 20℃/10h 达到使用强度，24h 完全固化。

3. 性能

该胶固化速率较快，粘接性好，接头密封性好，抗震性强。

4. 用途

该胶可用于聚碳酸酯（PC）、硬质聚氯乙烯、聚甲基丙烯酸甲酯、ABS 树脂等非金属材料及金属的粘接，也可用于有机玻璃-铝合金、聚碳酸酯-铝合金、ABS 树脂-铝合金的粘接等，使用温度一般不高于 60℃。

（二）硬质 PVC 管材用环氧树脂胶黏剂

1. 原材料与配方（质量份）

A 组分		B 组分	
双酚 A 环氧树脂	100	105 缩胺	适量
液体端羧基聚丁二烯	20～30		

2. 制备方法

将 A、B 两组分分别配制包装，使用时的配比是 A:B=(1.5～2):1。

3. 性能

此胶黏剂毒性小，其粘接性能见表 7-51。

4. 用途

该胶黏剂主要用于聚氯乙烯等硬质管材塑料的粘接，也可用于塑料［ABS 树脂、聚苯乙烯（PS）、聚氯乙烯（PVC）、聚碳酸酯（PC）、聚甲基丙烯酸甲酯（PMMA）］与金属的粘接。

表 7-51　硬质管材用环氧树脂胶黏剂的性能

被粘物	测试条件	剪切强度/MPa	被粘物	测试条件	剪切强度/MPa
PVC-PVC	室温	4.3～6.0	PMMA-PMMA	室温	材料断
ABS-ABS	室温	5.3～7.8	PC-PC	室温	材料断
PS-PS	室温	材料断	PVC-钢	室温	8.1～10.3

（三）玻璃钢粘接用环氧树脂胶黏剂

1. 原材料与配方

各环氧胶黏剂的配方见表 7-52～表 7-56。

表 7-52　玻璃钢与金属粘接用环氧树脂胶黏剂的配方

组　成	用量/质量份	组　成	用量/质量份
E-51 环氧树脂	100	气相二氧化硅	2～5
液体羧基丁腈橡胶	16	2-乙基-4-甲基咪唑	8
三氧化二铝粉	25		

表 7-53　聚酰亚胺、玻璃钢粘接用环氧树脂胶黏剂的配方

组　成	用量/质量份	组　成	用量/质量份
W-95 环氧树脂	100.0	正硅酸乙酯	2.0
端羧基液体丁腈橡胶	20.0	间苯二胺	28.0
聚乙烯醇缩丁醛	15.0	过氧化二异丙苯	0.5

表 7-54　玻璃钢粘接用 KH-511 环氧树脂胶黏剂的配方

组　成	用量/质量份	组　成	用量/质量份
E-51 环氧树脂	100	间苯二胺	14
液体丁腈橡胶-40	18～20	2-乙基-4-甲基咪唑	4

表 7-55　玻璃钢和热固性塑料粘接用 KH-512 环氧树脂胶黏剂的配方

组　成	用量/质量份	组　成	用量/质量份
E-51 环氧树脂	100	647 酸酐	80
液体丁腈橡胶	20	2-乙基-4-甲基咪唑	2

表 7-56　玻璃钢粘接用 MS-1 环氧树脂胶黏剂的配方

组　成	用量/质量份	组　成	用量/质量份
E-44 环氧树脂	100	MS-1 微胶囊	38
JLY-121 聚硫橡胶	10		

2. 制备方法

按各配方将固化剂加入环氧树脂和其他组分中，充分搅拌混合均匀即可。

3. 性能

按表 7-52 配制成的胶黏剂韧性好。按表 7-53 配制成的胶黏剂可高温（150℃）固化，使用温度为-70～200℃。按表 7-54 制成的环氧树脂胶黏剂的耐老化性好。按表 7-55 和表 7-56 制成的胶黏剂粘接强度高，可高温固化。按表 7-58 制成的胶黏剂其长期使用温度为-60～100℃，短期为 150℃。

（四）泡沫塑料粘接用环氧树脂胶黏剂

1. 原材料与配方

各环氧胶黏剂的配方见表 7-57～表 7-59。

表 7-57　泡沫塑料与金属粘接用 HY-916 环氧树脂胶黏剂的配方

组　成	用量/质量份		组　成	用量/质量份	
	A 组分	B 组分		A 组分	B 组分
D-17 环氧树脂	100		乙醇	适量	适量
聚乙烯醇缩丁醛	30～50		草酸		15

注：A 组分：B 组分＝（130～150）：15。

表 7-58　室温固化 YY-921 环氧树脂胶黏剂的配方

组　成	用量/质量份		组　成	用量/质量份	
	A 组分	B 组分		A 组分	B 组分
711 环氧树脂	100.00	—	46％过氧化环己酮乙醇溶液	—	3.75
环烷酸钴	0.20	—			

表 7-59　聚苯乙烯泡沫塑料与钢板粘接用环氧树脂胶黏剂的配方

组　成	用量/质量份	组　成	用量/质量份
E-42 环氧树脂	100	生石灰（150μm）	60
乙二氨基甲酸酯	15	水	10
石英粉（75μm）	20		

2. 制备方法

按各配方的配比量混合均匀即可。

3. 性能

这类胶黏剂的突出特点是毒性低、用途广、粘接性好等。

4. 用途

该类胶黏剂可用于泡沫塑料自身或泡沫塑料与金属的粘接，YY-921 胶黏剂还可用于 PMMA、硬 PVC 的粘接。

（五）玻璃钢高压断路器灭弧筒与铝材粘接用环氧树脂胶黏剂

1. 原材料与配方

环氧树脂胶黏剂的配方见表 7-60～表 7-63。

表 7-60　环氧树脂胶黏剂配方 1

组　成	用量/质量份	组　成	用量/质量份
环氧树脂（E-44）	100	三氧化二铝粉	130
聚酰胺树脂（650）	50		

注：该配方室温固化 24h。

表 7-61　环氧树脂胶黏剂配方 2

组　成	用量/质量份	组　成	用量/质量份
环氧树脂（E-44）	100	石英粉（53μm）	100
邻苯二甲酸二丁酯	10	乙二胺	8

注：使用时室温下静置固化 48h 以上。

表 7-62　环氧树脂胶黏剂配方 3

组　成	用量/质量份	组　成	用量/质量份
环氧树脂(E-44)	100	邻苯二甲酸酐	45
邻苯二甲酸二丁酯	15	石棉粉(75～120μm)	50

表 7-63　环氧树脂胶黏剂配方 4

组　成	用量/质量份	组　成	用量/质量份
环氧树脂(E-44)	100	501 活性稀释剂	6
二甲基咪唑	5	石英粉	100

2. 制备方法

① 配方 1 的配制工序为：按配方将环氧树脂和聚酰胺树脂混合均匀，然后加入三氧化二铝粉，搅拌均匀即可使用。

② 配方 2、配方 4 的配制工序为：按配方将各组分顺序放入容器内搅拌均匀即可。

③ 配方 3 的配制工序为：将称好的环氧树脂和二丁酯混合加热至 80℃，然后加入称好的石棉粉（经 120℃，2h 烘干处理），搅拌并加热至 128℃，再加入称好的邻苯二甲酸酐，搅拌均匀至固化剂完全熔化，停止加热，待无气泡时开始涂刷。

3. 性能

胶黏剂不但在常温下可达到产品技术要求（13 吨力，1 吨力＝9800 牛顿），而且其热老化、冷热循环性能均可满足使用需求。

（六）环氧/聚氯乙烯胶黏剂

1. 原材料与配方 （质量份）

E-51 环氧树脂	100	环己酮	34
聚氯乙烯树脂	3	多亚乙基多胺	15
邻苯二甲酸二辛酯	3		

2. 制备方法

按配方顺序将原料加入制胶容器中，搅拌均匀即可使用。

3. 性能

该胶黏剂具有粘接性能良好、用途广等特点。

4. 用途

环氧/聚氯乙烯胶黏剂可用于聚氯乙烯与金属、聚氯乙烯与聚氯乙烯以及泡沫塑料间的粘接。

（七）有机硅改性环氧树脂复合材料粘接专用胶黏剂

1. 原材料与配方 （质量份）

E-51 环氧树脂	100	苄基-2-甲胺催化剂	4
有机硅液体橡胶	10	其他助剂	适量
200# 聚酰胺	20		

2. 改性环氧树脂的制备

这种树脂的制备非常简单，首先，要保证温度是室温，不能太低也不能太高，然后需要称取环氧树脂 E-51，再取适量的有机硅液体橡胶，将这两种物质放在反应器中，慢慢摇晃，直到液体分布均匀，再次，就是添加苄基-2-甲胺，因为这种物质具有催化的功能，所以可以把它当作催化剂，之后把温度从室温慢慢地加热到 150℃，最后，等待 1h，打开反应器，就可以得到性能比较好的环氧树脂，而且这个改性环氧树脂主要的成分就是有机硅液体橡胶。

3. 性能与效果

利用有机硅液体橡胶来制备环氧树脂胶黏剂能够提升其性能，使其不仅适用于金属材料的粘接，还适用于非金属材料的粘接，这种设备模式，无论是原料选择上还是实验步骤上，都非常的简单，而且造价也很低廉，值得推广。

三、橡胶粘接专用环氧胶黏剂

（一）橡胶粘接用环氧胶黏剂

1. 原材料与配方 （质量份）

组成	配方 1	配方 2	组成	配方 1	配方 2
E-51 环氧树脂	100	100	2-乙基-4-甲基咪唑	4	10
液体丁腈橡胶-40	18～20		间苯二胺	14	
端羧基液体丁腈橡胶		25～35	二氧化硅(气相法)		0～2

2. 制备方法

按配方量称量，将环氧树脂、液体丁腈橡胶-40、2-乙基-4-甲基咪唑混合均匀，再加入间苯二胺，混合搅拌均匀即可。

3. 性能与用法

具有很强的粘接性能和耐介质性能，韧性好，适合于橡胶的粘接。

用配好的胶涂刷在事先预热到 60℃的被粘物的两表面上，在 80℃烘箱中烘烤 30min；然后加 0.49MPa 的压力，再放入烘箱中升温固化，在 105℃固化 1h。

（二）橡胶粘接用环氧 65-01 胶黏剂

1. 原材料与配方 （质量份）

A 组分

E-51 环氧树脂	100	磷酸三甲酚酯	15
丁腈橡胶-40	4	三氧化二铝粉(300 目)	50

B 组分

间苯二胺	15

A：B＝100：8.87。

2. 制备方法

按配方量称量物料，将物料投入混胶机中混合一段时间，待混合均匀后，便可出料包装备用。

3. 性能指标

65-01 胶黏剂用于橡胶与金属、玻璃钢的粘接，其粘接性能见表 7-64。

表 7-64　65-01 胶黏剂对橡胶与金属等的粘接性能

粘接材料	拉伸强度/MPa	剥离强度/(N/cm)
钢-50％天然橡胶＋50％软丁苯橡胶	4.2～6.3	—
钢-30％顺丁橡胶＋70％天然橡胶	5.9～6.3	80～90
钢-30％丁苯橡胶＋70％天然橡胶	4.3～5.5	80～90
钢-丁苯橡胶	5.5～9.5	70～90
铝-丁苯橡胶	—	60
玻璃钢-丁腈橡胶	—	160～200

参 考 文 献

[1] 李瑞岩，柳静. 环氧胶黏剂及其生产工艺 [J]. 中国包装工业，2014，(4)：12.

[2] 武杨，巫辉，原晔. 耐高温环氧树脂胶黏剂的研究进展 [J]. 中国胶粘剂，2014，23 (10)：55-58.

[3] 叶婷，田甜，彭勃. 环氧胶粘剂的绝热温升和收缩内应力研究 [J]. 热固性树脂，2016，31 (1)：6-9.

[4] 杨卫朋，郝壮，明璐. 环氧树脂及其胶粘剂的增韧改性研究进展 [J]. 中国胶粘剂，2011，20 (10)：58-62.

[5] 梁西良，王旭，王文博. 提高环氧胶粘剂耐热性能的途径 [J]. 黑龙江科学，2015，6 (6)：16-19.

[6] 高广颖，刘哲，沈镭. 耐热环氧胶粘剂的研究进展 [J]. 化工新型材料，2013，40 (9)：12-13.

[7] 查尚文，李福志，管蓉. 室温固化耐高温环氧树脂胶粘剂的研究进展 [J]. 粘接，2011 (5)：76-79.

[8] 范福庭，沈晓成. 高性能双组份室温固化环氧胶粘剂的研制 [J]. 粘接，2012 (3)：61-64.

[9] 郝胜强，谭业发，谭华等. 室温快速固化高性能环氧树脂胶粘剂研究 [J]. 机械制造与自动化，2012，41 (3)：30-33.

[10] 李佳，季铁正，陈立新. 高温固化环氧树脂胶粘剂的研究 [J]. 中国胶粘剂，2011，20 (11)：18-21.

[11] 李吉明，薛纪东，钟汉荣. 一种低成本室温固化双组份环氧密封胶的研制 [J]. 粘接，2013 (6)：55-58.

[12] 刘运学，姚鹏程，李兰，等. 室温固化环氧树脂胶粘剂的制备及性能研究 [J]. 中国胶粘剂，2014，23 (9)：29-32.

[13] 冯伟. 低成本常温固化、高温使用环氧树脂胶粘剂的研制 [J]. 应用化工，2010，39 (4)：616-619.

[14] 李坚辉，张绪刚，薛刚，等. 室温固化耐高低温环氧胶粘剂的研制 [J]. 化学与黏合，2013，35 (6)：13-15.

[15] 贺曼罗，刘佳欢，任廷煜. 单组份室温固化环氧建筑胶粘剂的研究动向 [J]. 粘接，2013 (9)：37-39.

[16] 钟震，任天斌，黄超. 低放热室温固化环氧胶粘剂的制备及性能研究 [J]. 热固性树脂，2011，26 (3)：29-31.

[17] 王晨，夏英，唐乃玲，等. 室温固化环氧树脂结构胶的研制及性能研究 [J]. 塑料制造，2011 (7)：79-81.

[18] 姚其胜，陆企亭. 室温固化高剥离强度、耐中/低温环氧结构胶的研究 [J]. 上海化工，2012，37 (6)：13-15.

[19] 庄缅. 室温固化环氧树脂灌封胶的制备 [J]. 化学工程师，2012，(9)：50-51.

[20] 谢建军，冉德龙，丁出等. 室温固化耐热环氧胶粘剂的耐介质性能 [J]. 化学与黏合，2014，36 (2)：79-82.

[21] 俞寅辉，乔敏，高南箫，等. KH560 改性双组分室温固化环氧结构胶的制备与性能 [J]. 粘接，2013，(11)：48-50.

[22] 朱正柱，康保利. 复合板用室温固化环氧树脂结构胶的研制 [J]. 中国胶粘剂，2015，24 (1)：9-12.

[23] 冯朝波，侯甫文. 室温快固化环氧密封胶的增韧改性研究 [J]. 广州化工，2015，43 (22)：90-91.

[24] 冯朝波，侯甫文，王运利. 室温固化无卤阻燃环氧灌封胶的研究 [J]. 山东化工，2015，44 (15)：42-43.

[25] 路明昌，杨继泽，黄鹏程，等. 室温固化高低温使用环氧胶粘剂的制备与性能 [J]. 高分子材料科学与工程，2014，30 (12)：113-117.

[26] 白天，薛刚，李坚辉等. 室温固化柔性环氧胶粘剂的制备研究 [J]. 化学与黏合，2014，36 (6)：418-420.

[27] 张菁妤，杨继萍，黄鹏程，等. 低粘度耐超低温室温固化环氧密封剂 [J]. 中国胶粘剂，2013，22 (1)：32-35.

[28] 俞寅辉，乔敏，高南箫，等. 端羧基液体丁腈橡胶改性双组份室温固化环氧结构胶的制备与性能 [J]. 高分子材料科学与工程，2013，29 (11)：146-148.

[29] 段国红，赵玉英，王二兵. 双酚 A 型环氧树脂胶粘剂的合成及配制 [J]. 化工时刊，2011，25 (12)：12-16.

[30] 张梦玉，齐暑华，杨莎，等. 中温潜伏性固化剂在环氧树脂胶粘剂中的应用 [J]. 粘接，2014 (6)：25-28.

[31] 赵玉宇，吴健伟，杨小强，等. 中温固化阻燃环氧结构胶的研究 [J]. 化学与黏合，2015，37 (4)：238-243.

[32] 赵攀，何明胜. 环氧树脂结构胶低温固化技术及展望 [J]. 低温建筑技术，2014，(3)：10-12.

[33] 马哲，徐宇亮，杨元龙，等. 低温快速固化环氧树脂灌浆材料的制备及性能研究 [J]. 新型建筑材料，2014，(12)：60-65.

[34] 屈雪艳，胡生祥，吴欢，等. 低温固化环氧灌注结构胶的研制 [J]. 粘接，2014 (8)：71-73.

[35] 乔敏，俞寅辉，高南箫，等. 适用于低温固化的低粘度高强度环氧树脂结构胶 [J]. 中国胶粘剂，2012，21 (7)：39-42.

[36] 吴冯，虞鑫海. PPDA 型多官能环氧树脂的合成及其胶粘剂的研制 [J] 粘接，2014 (6)：64-66.

[37] 孙东洲，张广鑫，李岳等. 双酚 S 环氧树脂胶粘剂的制备 [J]. 化学与黏合，2016，38 (2)：109-112.

[38] 王锦艳，栾国栋，宋蕾，等. 含氮杂：环二胺固化双酚 F 环氧胶粘剂的研究 [J]. 热固性树脂，2012，27 (4)：51-54.

[39] 闫睿，虞鑫海，陈思远. 缩水甘油胺型环氧黏合剂的制备及性能研究 [J]. 绝缘材料，2013，46 (9)：59-62.

[40] 闫睿，虞鑫海，李恩，等. 新型环氧胶粘剂的制备及性能研究 [J]. 绝缘材料，2012，45 (2)：12-14.

[41] 郭翔，虞鑫海，刘万章. 耐高温环氧胶粘剂及其固化动力学研究 [J]. 粘接，2014 (6)：56-60.

［42］ 赵颖，黄倪丽，王刚，等. 端氨基液体丁腈橡胶增韧环氧胶粘剂的研究概况［J］. 化学与黏合，2013，35（2）：49-52.

［43］ 赵颖，刘晓辉，李欣，等. 端氨基丁腈橡胶增韧环氧-聚酰胺胶粘剂［J］. 热固性树脂，2013，28（3）：29-32.

［44］ 孟珍珍，郭金彦，曾照坤. CTBN 与 ATBN 改性环氧胶粘剂的研究［J］. 粘接，2011（9）：67-69.

［45］ 李恩，虞鑫海，徐永芬，等. 高强度单组份环氧胶粘剂的制备及其性能研究［J］. 绝缘材料，2012，45（1）：12-14.

［46］ 闵志刚，文季秋. 橡胶/环氧树脂复合补强胶片的制备及性能研究［J］. 化工新型材料，2012，40（4）：46-48.

［47］ 李福志，张新建，李欢. 纳米橡胶改性环氧水下结构胶的研制与应用［J］. 粘接，2013，（9）：36-37.

［48］ 古忠云，廖宏，李茂果. 环氧树脂灌封胶增韧研究［J］. 粘接，2013（8）：64-66.

［49］ 丁宇辉，薛敏钊，陆卫忠. 丙烯酸酯单体改性环氧树脂胶粘剂的研究［J］. 广州化工，2014，42（20）：102-104.

［50］ 张绪刚，薛刚，赵明. 核-壳粒子和液体橡胶增韧环氧胶粘剂的研究［J］. 粘接，2014（1）：40-43.

［51］ 黄斌全，章嘉丽，虞鑫海，等. 新型双组份丙烯酸环氧酯胶粘剂的制备与性能研究［J］. 粘接，2012（11）：65-67.

［52］ 史有强，张秋禹，何兰，等. 含微胶囊单组分环氧树脂黏结剂的制备及性能研究［J］. 材料工程，2013（11）：32-37.

［53］ 黄强，赵鑫刚，刘波，等. 改性环氧树脂胶粘剂耐老化性能的研究［J］. 黑龙江大学自然科学学报，2011，28（2）：229-232.

［54］ 刘春彦，王玉芬，吴全才. 环氧树脂改性酯-丙乳液胶粘剂的研究［J］. 广州化工，2011，39（15）：76-78.

［55］ 刘献锋，吴功德，张东平. 聚乙烯缩丁醛-酚醛-环氧树脂结构胶的研制［J］. 中国胶粘剂，2013，22（10）：32-34.

［56］ 雷文，杨涛，王考将，等. 环氧树脂改性大豆基木材胶粘剂的制备与表征［J］. 大豆科学，2010，29（1）：118-120.

［57］ 李刚. 聚氨酯改性环氧树脂胶粘剂的制备及性能研究［J］. 化工管理，2015（4）：156.

［58］ 宫涛. 环氧树脂改性水性聚氨酯胶粘剂的性能研究［J］. 化工新型材料，2014，42（7）：226-228.

［59］ 席尔莉，俞中锋，申剑冰，等. 聚氨酯改性环氧树脂的制备及固化动力学［J］. 南京工业大学学报，2014，36（2）：95-100.

［60］ 李凡，陈立新，巫光毅. 聚氨酯预聚体的合成及其增韧环氧树脂胶粘剂的研究［J］. 中国胶粘剂，2014，23（7）：29-32.

［61］ 吴洪香，周正发，安佳丽，等. 聚氨酯-氟化环氧丙烯酸酯单组份胶粘剂的合成［J］. 高分子材料科学与工程，2013，29（3）：18-21.

［62］ 贾金荣，黄志雄，王雁冰，等. 蓖麻油聚氨酯/环氧互穿网络胶粘剂的粘接及热稳定性研究［J］. 化工新型材料，2013，41（6）：110-111.

［63］ 张菁妤，杨继萍，黄鹏程，等. 低温使用聚氨酯改性环氧树脂密封胶的合成及性能［J］. 高分子材料科学与工程，2013，29（9）：1-5.

［64］ 李辉. 环氧 E-51 改性水性聚氨酯胶粘剂的制备及性能研究［J］. 石油化工高等学校学报，2010，23（2）：37-39.

［65］ 李镇江，梁玮，张琳. 新型含羟基的聚氨酯丙烯酸酯/环氧丙烯酸酯胶粘剂［J］. 化工与黏合，2012，34（5）：9-12.

［66］ 马云云，曹旭辉，王晓，等. 聚氨酯增韧改性环氧树脂胶粘剂研究［J］. 科学技术与工程，2012，34（12）：9403-9404.

［67］ 罗健军，梁玮，李镇江，等. 二缩水甘油乙醇胺封端聚氨酯改性环氧树脂胶粘剂的研制［J］. 中国胶粘剂，2011，20（3）：25-29.

［68］ 梁玮，李镇江，张琳. 新型环氧封端聚氨酯/环氧树脂胶粘剂的研制［J］. 中国胶粘剂，2012，21（6）：45-48.

［69］ 章成芬，杨建军，吴庆云，等. 环氧树脂-聚氨酯/纳米 SiO_2 醇溶性胶粘剂性能研究［J］. 中国胶粘剂，2012，21（8）：27-31.

［70］ 李坚辉，张绪刚，张斌，等. 改性剂对环氧灌封胶性能的影响［J］. 化学与黏合，2012，34（5）：33-34.

［71］ 薛刚，李坚辉，王磊，等. 耐高温、环氧有机硅、灌封胶的研制［J］. 中国胶粘剂，2014，23（12）：30-33.

［72］ 肖家伟，丁俊荣，陈蕾，等. 环氧树脂/有机硅双重改性聚氨酯胶粘剂的合成及性能研究［J］. 化工新型材料，2013，41（10）：92-94.

［73］ 刘伟，杨坤，李超，等. 氨基修饰二氧化硅改性环氧树脂胶粘剂［J］. 广东化工，2012，39（15）：94-95.

［74］ 俞寅辉，乔敏，高南箫，等. 曼尼希改性二乙烯三胺环氧建筑胶固化剂的制备［J］. 粘接，2012（6）：61-63.

［75］ 虞鑫海，闾睿，刘思岑，等. 有机硅环氧体系黏合剂的研制与性能研究［J］. 绝缘材料，2012，45（2）：1-3.

［76］ 虞鑫海，闾睿，刘思岑，等. 有机硅改性环氧树脂黏合剂的研制［J］. 粘接，2011，（3）：53-56.

［77］ 裴晶龙，陈清，钟桂云，等. 有机硅/环氧树脂耐高温封装胶的制备［J］化工新型材料，2012，40（1）：134-136.

［78］ 黄强，刘波，王超，等. 有机硅改性丙烯酸酯聚合物对环氧树脂胶粘剂性能的影响［J］. 高分子材料科学与工程，

2011, 27 (12)：75-77.

[79] 武杨，巫辉，杨凤志，等. 双马来酰亚胺改性耐高温环氧树脂胶粘剂的研究 [J]. 中国胶粘剂，2014，23 (1)：38-41.

[80] 徐永芬，虞鑫海，赵炳心，等. 含羟基聚酰亚胺改性环氧胶粘剂的制备及性能研究 [J]. 热固性树脂，2013，28 (2)：26-39.

[81] 李恩，虞鑫海，徐永芬，等. 新型热塑性聚酰亚胺改性环氧胶粘剂的制制 [J]. 粘接，2011，(7)：56-58.

[82] 毛蒋莉，许梅芳，虞鑫海，等. 热塑性聚酰亚胺增韧环氧树脂胶粘剂的研制 [J]. 粘接，2010，(4)：56-59.

[83] 杨满红，张教强，季铁正，等. 氰酸酯环氧双马来酰亚氨基胶粘剂的苯并噁嗪改性研究 [J]. 中国胶粘剂，2011，20 (11)：34-37.

[84] 徐永芬，虞鑫海，徐本科，等. 新型聚酰亚胺-环氧胶粘剂的制备及性能研究 [J]. 热固性树脂，2013，28 (4)：34-37.

[85] 姜建洲，虞鑫海，倪柳青，等. 新型耐高温磷氮型环氧胶粘剂的研制 [J]. 粘接，2014 (12)：61-64.

[86] 虞鑫海，杜琳，陈波，等. 端羧基亚胺-环氧黏合剂的制备 [J]. 绝缘材料，2013，46 (1)：8-11.

[87] 冯艳丽，彭秋柏，杜伟，等. 纳米增韧剂 FORTEGRA™ 202 增韧环氧胶粘剂的研究 [J]. 粘接，2014 (6)：52-55.

[88] 李向涛. 环氧树脂建筑结构胶用聚脲触变剂 [J]. 广东建材，2013 (7)：2-4.

[89] 吴唯，刘勇，陈玉，等. 聚酰胺胺对环氧树脂膜固化反应的影响及其机理 [J]. 塑料工业，2011，39 (7)：24-27.

[90] 辛洪海，虞鑫海，刘万章，等. DDS 型多官能环氧树脂的合成及其胶粘剂的研制 [J]. 粘接，2014 (6)：50-53.

[91] 冯浩，曲春艳，王德志，等. 酚酞基聚芳醚酮改性环氧树脂结构胶-膜的研制 [J]. 中国胶粘剂，2015，24 (12)：27-30.

[92] 赵立英，吴清军. 端氨基聚醚-环氧树脂黏结剂的制备与力学性能 [J]. 广州化工，2015，43 (20)：71-72.

[93] 张银钟，胡孝勇，陈耀. 纳米粒子改性环氧树脂胶粘剂的研究进展 [J]. 粘接，2010 (10)：75-78.

[94] 牛苗淼，王汝敏，程雷. 纳米材料在环氧树脂胶粘剂改性中的应用进展 [J]. 中国胶粘剂，2010，19 (8)：54-58.

[95] 陈宇飞，李世霞，白孟瑶，等. 二氧化硅改性环氧树脂胶粘剂性能研究 [J]. 哈尔滨理工大学学报，2011，16 (4)：21-25.

[96] 王熙，郑水蓉，王汝敏. 纳米 SiO_2 对环氧树脂胶粘剂的改性机制及应用研究 [J]. 中国胶粘剂，2011，20 (6)：18-21.

[97] 任丹凤，黄凯兵. 纳米蒙脱土对环氧胶粘剂的改性机理及应用研究 [J]. 非金属矿，2010，33 (3)：52-54.

[98] 唐明，王丽华. 纳米级 SiO_2 改性环氧树脂结构胶的研制 [J]. 沈阳建筑大学学报，2008，24 (6)：1009-1013.

[99] 张晓艳. 纳米碳酸钙粒子改性环氧树脂胶粘剂性能研究 [J]. 航天制造技术，2012 (3)：43-46.

[100] 巨维博，BN/环氧树脂导热灌封胶的制备与性能 [J]. 粘接，2011 (12)：60-62.

[101] 陈宇飞，张旭，孙桂林，等. 二氧化钛改性环氧树脂胶粘剂的性能 [J]. 江苏大学学报，2013，34 (3)：335-339.

[102] 邵水才，石程程，王知，等. 短切玻璃纤维增强环氧树脂胶粘剂的耐温性能研究 [J]. 中国胶粘剂，2014，23 (7)：17-20.

[103] 郝娟，刘浩，李吴琦，等. 碳酸钙晶须改性环氧树脂胶粘剂的研究 [J]. 中国胶粘剂，2011，20 (8)：29-32.

[104] 郑涛，王洪，杨旭明. 银粉-环氧树脂导电胶的研制 [J]. 塑料工业，2016，44 (1)：133-136.

[105] 李钒. 低黏度导热环氧胶粘剂的研究 [J]. 天津职业学院联合学报，2014，16 (12)：94-97.

[106] 郝娟，刘浩，王朝阳. 环氧大豆油改性透明环氧树脂胶粘剂的研究 [J]. 中国胶粘剂，2012，21 (6)：39-41.

[107] 李明坤，虞鑫海，陈吉伟，等. 无色透明环氧胶粘剂的研究进展 [J]. 粘接，2014 (5)：82-86.

[108] 虞鑫海，李明坤，陈吉伟，等. 无溶剂无色透明快速固化环氧胶粘剂的研制 [J]. 热固性树脂，2016，31 (2)：29-32.

[109] 虞鑫海，郭翔，陈吉伟，等. 新型耐高温无溶剂环氧胶粘剂的研制 [J]. 粘接，2013 (12)：33-35.

[110] 虞静远，虞鑫海，刘万章，等. 无溶剂 TGBAPP 型环氧胶粘剂的研制 [J]. 粘接，2013，(12)：61-64.

[111] 虞鑫海，虞静远，陈吉伟，等. 无溶剂 TGBAPP 型耐高温环氧胶粘剂的研制 [J]. 绝缘材料，2014，47 (5)：19-22.

[112] 李镇江，刘天时，梁玮，等. 紫外光固化环氧丙烯酸酯/纳米 SiO_2 复合胶粘剂的研制 [J]. 中国胶粘剂，2012，21 (7)：43-45.

[113] 马晓旺，陈贻炽，朱立群，等. 改性环氧树脂光固化速粘胶的粘接应用研究 [J]. 中国胶粘剂，2010，19 (2)：33-37.

[114] 李国强，于洁，郭文勇，等. 聚氨酯丙烯酸酯增韧环氧丙烯酸酯光固化胶的制备 [J]. 电镀与涂饰，2013，32 (6)：65-68.

[115] 郭常青，张善贵，岳跃法，等. HS-812 环氧水乳胶泥制备及应用技术 [J]. 化工新型材料，2013，41（6）：157-158.

[116] 白雪，郭常青，岳跃法，等. 环保船用改性环氧水乳胶的制备及应用 [J]. 化工新型材料，2012，40（6）：124-126.

[117] 江建华. 新型环氧建筑结构胶改性技术的研究 [J]. 福建轻纺，2012，（8）：21-24.

[118] 崔向红. 耐高低温环氧树脂灌封胶的制备 [J]. 化学工程师，2012，（11）：70-71.

[119] 赵飞明，凌铬博，王昕. 适用于液氮温度下的环氧树脂胶粘剂研究 [J]. 粘接，2014（7）：38-41.

[120] 徐亚娟，张俊红. 风电叶片用高性能环氧树脂胶粘剂改性方法的研究 [J]. 化学与黏合，2016，38（1）：67-69.

[121] 林雪春，徐志娟，罗大为. LED 封装用环氧树脂/金刚石导热胶的研制 [J]. 塑料科技，2015，43（3）：59-62.

[122] 赵书英，杨永梅，郑焕东，等. 用于成像组件精密装接的环氧结构胶的研究 [J]. 热固性树脂，2015，30（1）：37-39.

[123] 高升满，杨庆鑫，窦海方，等. 含两相结构环氧树脂灌封胶的研究与应用 [J]. 中国胶粘剂，2015，24（1）：13-16.

[124] 邵康宸，李会录，韩江凌，等. 高耐热高耐焊性环氧胶膜的研制 [J]. 绝缘材料，2015，48（2）：16-19.

[125] 陈荣杰. 双组份环氧树脂胶在继电器上应用结合力提升研究 [J]. 机电元件，2015，35（3）：32-35.

[126] 李桢林，杨志兰，张雪平，等. 高导热挠性铝基覆铜板用环氧胶粘剂的研究 [J]. 化工新型材，2014，42（3）：194-196.

[127] 彭兴财，张力平，解祥夫，等. 风电叶片用环氧结构胶疲劳性能研究 [J]. 玻璃钢/复合材料，2014，（9）：62-65.

[128] 姜明利，贾鲲鹏，郭文峰，等. 光电组件用环氧树脂黏结剂的增韧研究 [J]. 实验科学与技术，2014，12（3）：2220-2223.

[129] 任风梅，黄艳娜，宋远周，等. ZnO 在 AlO₃/导热环氧灌封胶中的应用研究 [J]. 热固性树脂，2014，29（4）：34-37.

[130] 旷庆华，刘晖，冯李，等. 地铁工程用弹性环氧封缝胶的研究与应用 [J]. 粘接，2014（6）：74-77.

[131] 关胤. 高性能复合材料用环氧树脂胶粘剂的制备与性能 [J]. 科技论坛，2014，（1）：69.

[132] 郑跃卿. 电机用环氧灌封胶粘剂的研制 [J]. 上海化工，2013，38（11）：12-13.

[133] 裴昌龙，贺英，张瑶斐，等. 高导热环氧/有机硅染化封装胶的制备与性能 [J]. 高分子材料科学与工程，2012，28（4）：148-142.

[134] 董艳霞，白乃东，刘洋，等. 电机用单组份环氧树脂胶粘剂的研制 [J]. 热固性树脂，2012，27（3）：50-51.

[135] 许愿，林春霞，王建斌. 新型 MW 级风力发电机组风轮叶片用环氧结构胶粘剂 [J]. 化工新型材料，2012，40（6）：143-144.

[136] 林欣，朱冬玲，张军营，等. 汽车用单组份环氧结构胶性能的研究 [J]. 化学与黏合，2012，34（5）：45-47.

[137] 彭勃，余益斌，单远铭. 加固用环氧结构胶耐热性能研究 [J]. 建筑结构，2012，42（12）：108-111.

[138] 朱冬玲，俞强，林欣，等. 汽车用环氧树脂结构胶固化动力学研究 [J]. 中国胶粘剂，2011，20（6）：14-17.

[139] 王成，俞娟，王晓东，等. 挠性覆铜板用高剥高强度环氧胶的制备及性能 [J]. 热固性树脂，2011，26（5）：34-37.

[140] 孙建军. 采用环氧树脂胶粘剂对大型泵体进行技术性堵漏与修补 [J]. 中国胶粘剂，2011，20（8）：65-66.

[141] 曾亮，黎超华，李忠良，等. 大功率 IGBT 用耐高温环氧灌封胶的研制 [J]. 绝缘材料，2016，49（3）：24-28.

[142] 朱华，张晓华，陈晓龙，等. 水下环氧树脂胶粘剂用水下固化剂的性能研究 [J]. 中国胶粘剂，2013，22（4）：17-20.

[143] 高南箫，乔敏，俞寅辉，等. 高性能双组分环氧树脂建筑结构胶的研制 [J]. 粘接，2012（8）：47-50.

[144] 孙志伟，高少东，鲁毅. 环氧树脂水下修补剂的制备及性能研究 [J]. 广州化工，2015，43（19）：38-40.

[145] 胡高平，高杰，何培新. 一种高弹性改性环氧道路修补胶的研制 [J]. 粘接，2014（6）：65-66.